从零开始 Windows 10+Office 2016 综合应用基础教程

神龙工作室 策划　教传艳 主编

人 民 邮 电 出 版 社
北 京

图书在版编目（CIP）数据

从零开始：Windows 10+Office 2016综合应用基础教程 / 教传艳主编. -- 北京 : 人民邮电出版社, 2021.2（2022.8重印）
ISBN 978-7-115-52599-4

Ⅰ. ①从… Ⅱ. ①教… Ⅲ. ①Windows操作系统－教材②办公自动化－应用软件－教材 Ⅳ. ①TP316.7 ②TP317.1

中国版本图书馆CIP数据核字(2019)第271721号

内 容 提 要

本书是指导初学者学习 Windows 10 操作系统和 Office 2016 办公软件的入门书籍。书中详细地介绍了 Windows 10 操作系统的基础知识和操作技巧，对初学者在使用 Office 2016 进行电脑办公时经常遇到的问题进行了指导。全书共 12 章。第 1 章～第 6 章介绍 Windows 10 操作系统快速入门、个性化设置 Windows 10 操作系统、电脑打字、文件和文件夹的管理、软件的安装与管理、网络办公等内容；第 7 章～第 12 章介绍 Word、Excel 和 PowerPoint 三大办公软件的基础知识和高级应用。

本书附赠内容丰富、实用的教学资源，读者可以从网盘下载。教学资源包含 127 集与本书内容同步的视频讲解、本书案例的素材文件和结果文件、教学 PPT 课件等内容。

本书既适合电脑初学者阅读，又可以作为大专院校或者企业的培训教材，同时对有一定 Office 使用经验的读者也有很高的参考价值。

◆ 主　　编　教传艳
责任编辑　马雪伶
责任印制　马振武

◆ 人民邮电出版社出版发行　　北京市丰台区成寿寺路 11 号
邮编　100164　　电子邮件　315@ptpress.com.cn
网址　https://www.ptpress.com.cn
固安县铭成印刷有限公司印刷

◆ 开本：787×1092　1/16
印张：15.5　　2021 年 2 月第 1 版
字数：397 千字　　2022 年 8 月河北第 2 次印刷

定价：59.80 元

读者服务热线：(010)81055410　印装质量热线：(010)81055316
反盗版热线：(010)81055315
广告经营许可证：京东市监广登字 20170147 号

前　言

电脑是信息社会的重要标志，它与我们的生活息息相关。掌握丰富的电脑知识，熟练地使用Office软件进行办公，是信息时代对我们提出的新要求。为了满足广大读者的需要，我们针对不同学习对象的掌握能力，总结了多位Office办公软件应用高手、网络办公专家的职场经验，精心编写了本书。

本书特点

本书采用“课前导读→课堂讲解→课堂实训→常见疑难问题解析→课后习题”五段法，来激发读者的学习兴趣，更细致地讲解理论知识，重点训练动手能力，有针对性地解答常见问题，并通过课后练习帮助读者强化、巩固所学的知识和技能。

◎ 课前导读：介绍本章相关知识点，以及学完本章内容后读者可以做什么，帮助读者了解本章知识点在办公中的作用，以及学习这些知识点的必要性和重要性。

◎ 课堂讲解：深入浅出地讲解理论知识，理论内容的设计以“必需、够用”为度；强调“应用”，着重实际训练，配合经典实例介绍如何在实际工作当中灵活应用这些知识点。

◎ 课堂实训：紧密结合课堂讲解的内容给出操作要求，并提供适当的操作思路以及专业背景知识供读者参考，要求读者独立完成操作，以充分训练读者的动手能力，并提高其独立完成任务的能力。

◎ 常见疑难问题解析：我们根据十多年的教学经验，精选出读者在理论学习和实际操作中经常会遇到的问题并进行答疑解惑，以帮助读者吃透理论知识并掌握其应用方法。

◎ 课后习题：结合每章内容给出难度适中的习题操作，读者可通过练习，巩固所学知识，达到温故而知新的效果。

本书内容

本书的目标是循序渐进地帮助读者掌握实际办公中要用到的相关知识，让他们能使用电脑办公，能使用Office办公软件完成相关工作，能使用互联网实现网络办公。全书共有12章，可分为两部分，具体内容如下。

◎ 第1部分（第1章～第6章）：主要讲解电脑基础知识，如Windows 10操作系统快速入门，个性化设置Windows 10操作系统，电脑打字，文件和文件夹的管理，软件的安装与管理和网络办公等。

◎ 第2部分（第7章～第12章）：主要讲解Office办公软件的使用，如Word 2016的基础应用，Word 2016的高级应用，Excel 2016的基础应用，Excel 2016的高级应用，编辑与设计PPT幻灯片，动画效果与放映等。

说明：本书以Office 2016为例，在讲解时如使用“在【开始】→【字体】组中……”则表示在【开始】选项卡的【字体】组中进行相应设置。

配套资源

◎ 关注“职场研究社”，回复“52599”，获取本书配套资源下载方式。

◎ 在教学资源主界面中单击相应的内容即可开始学习。教学资源包含127集与本书内容同步的视频讲解、本书案例的素材文件和结果文件、教学PPT课件等。

本书由神龙工作室策划，教传艳主编，参与资料收集和整理工作的有孙冬梅、张学等。由于时间仓促，书中难免有疏漏和不妥之处，恳请广大读者不吝批评指正。

本书责任编辑的联系邮箱：maxueling@ptpress.com.cn。

编　者

目　录

第1章 Windows 10操作系统快速入门

本章内容简介

用户对电脑的大部分操作都是在操作系统下完成的，因此，只有掌握了操作系统的使用方法，才能更好地操作电脑。本章主要介绍了 Windows 10 操作系统的一些基本操作，包括对 Windows 10 操作系统桌面图标、任务栏、【开始】菜单、窗口等的操作。

学完本章读者能做什么

通过本章的学习，读者能熟练操作电脑，并能掌握 Windows 10 操作系统的一些基本操作。

学习目标

- Windows 10 操作系统桌面的操作
- 调整任务栏
- 操作【开始】菜单
- Windows 10 操作系统窗口的操作

1.1 Windows 10操作系统桌面的操作

电脑桌面上的图标能够帮助用户快速地打开窗口或运行程序，因此，用户可以根据需要在桌面上添加各种图标并对其进行管理。

1.1.1 添加常用的系统图标

在第一次运行Windows 10操作系统时，桌面上默认只显示【回收站】图标，用户可以根据需要添加【此电脑】【用户的文件】【控制面板】和【网络】等常用的系统图标，具体的操作步骤如下。

扫码看视频

❶ 在桌面的空白处单击鼠标右键，在弹出的快捷菜单中选择【个性化】选项，如图1.1–1所示。

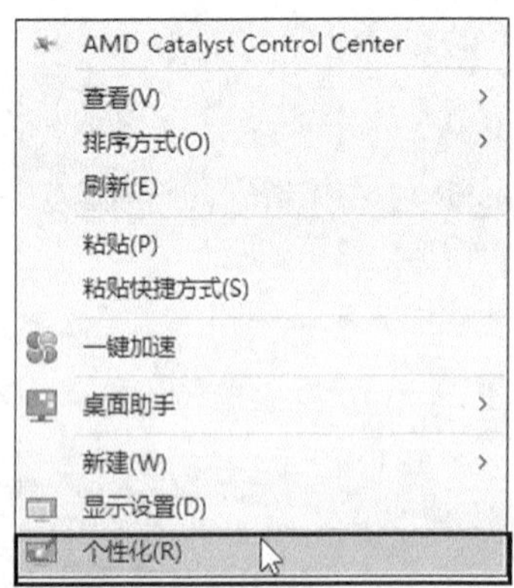

图1.1–1

❷ 弹出【设置】对话框，在对话框中选择【主题】选项。单击右侧窗格中的【桌面图标设置】选项，如图1.1–2所示。

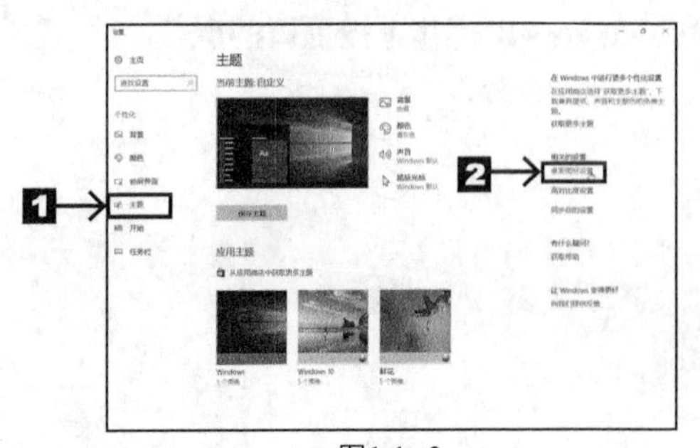

图1.1–2

❸ 弹出【桌面图标设置】对话框，在对话框中选择需要添加到桌面的图标，单击【确定】按钮，如图1.1–3所示。

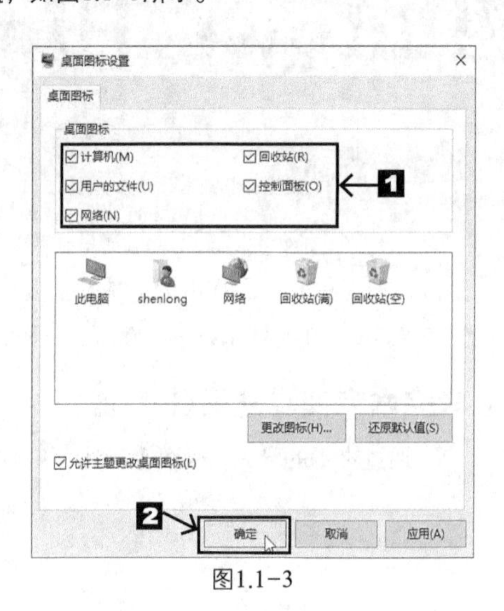

图1.1–3

❹ 返回桌面，可以看到选中的图标已经添加到桌面了，如图1.1–4所示。

图1.1–4

1.1.2 创建应用程序的快捷方式图标

1. 添加桌面快捷方式图标

下面以添加“记事本”程序的快捷方式图标为例，介绍具体的操作方法。

❶ 单击Windows 10操作系统桌面左下方的【开始】按钮，在弹出的界面中找到【记事本】选项，如图1.1-5所示。

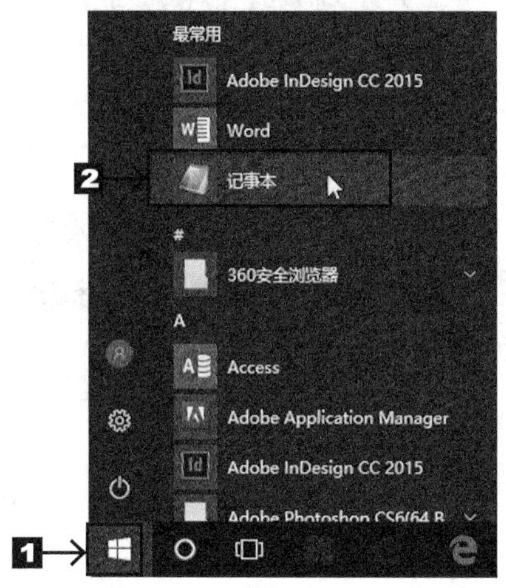

图1.1-5

❷ 将鼠标指针移动至【记事本】选项上，按住鼠标左键不放并拖曳鼠标，如图1.1-6所示。

图1.1-6

❸ 将图标拖曳到桌面上并释放鼠标左键，可以在桌面上创建一个【记事本】的快捷方式图标，如图1.1-7所示。

图1.1-7

2. 添加快捷方式图标到“开始”屏幕

下面以添加“Excel 2016”程序的快捷方式图标为例，介绍具体的操作方法。

❶ 单击Windows 10操作系统桌面左下方的【开始】按钮，在弹出的界面中找到Excel 2016程序，单击鼠标右键，在弹出的快捷菜单中选择【固定到“开始”屏幕】选项，如图1.1-8所示。

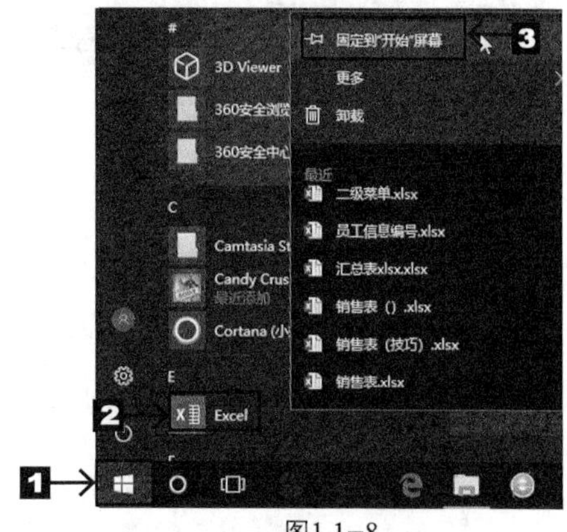

图1.1-8

❷ 可以看到已经将Excel 2016图标固定到“开始”屏幕了，如图1.1-9所示。

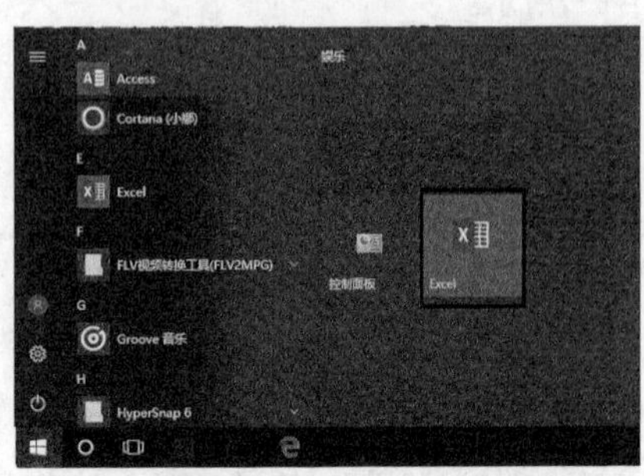

图1.1-9

1.1.3 快速排列桌面图标

随着电脑使用频率的提高，桌面上所添加的图标也会越来越多，并且会显得杂乱无章，不便于查找。这时用户可以按照名称、大小、项目类型或修改时间等顺序来排列桌面图标。

这里以将桌面图标按照“项目类型”顺序排列为例进行介绍，具体的操作步骤如下。

扫码看视频

❶ 在桌面的空白处单击鼠标右键，在弹出的快捷菜单中选择【排序方式】→【项目类型】选项，如图1.1-10所示。

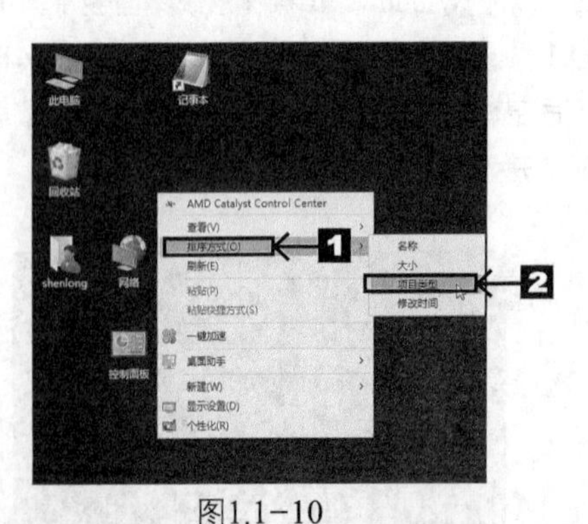

图1.1-10

❷ 返回桌面，可以看到桌面图标都已经按照“项目类型”的顺序进行排列了，如图1.1-11所示。

图1.1-11

1.1.4 删除桌面图标

为了使桌面看起来整洁美观并便于管理，用户可以将一些不常用到的图标删除。

扫码看视频

1. 删除到【回收站】

下面以删除桌面上的【控制面板】图标为例进行介绍。

❶ 在桌面的【控制面板】图标上单击鼠标右键，在弹出的快捷菜单中选择【删除】选项，如图1.1-12所示。

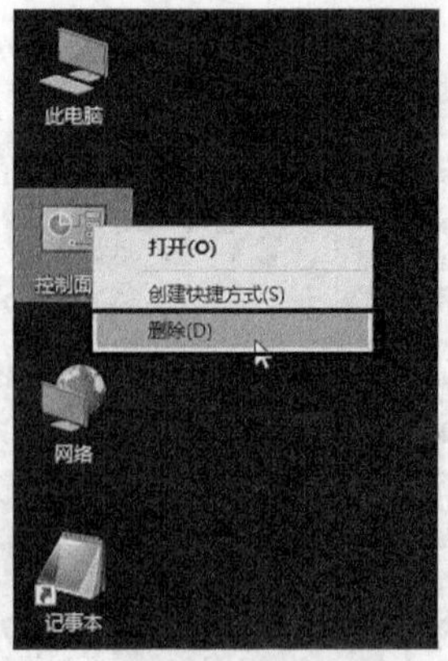

图1.1-12

❷ 可以看到桌面上的【控制面板】图标已被删除，如图1.1-13所示。

图1.1-13

2. 彻底删除

彻底删除桌面图标的方法与删除到【回收站】的方法类似，下面以删除桌面上的【记事本】图标为例进行介绍，具体操作步骤如下。

❶ 按住【Shift】键，然后在桌面的【记事本】图标上单击鼠标右键，在弹出的快捷菜单中选择【删除】选项，如图1.1-14所示。或者单击【记事本】图标，然后同时按【Shift】键和【Delete】键。

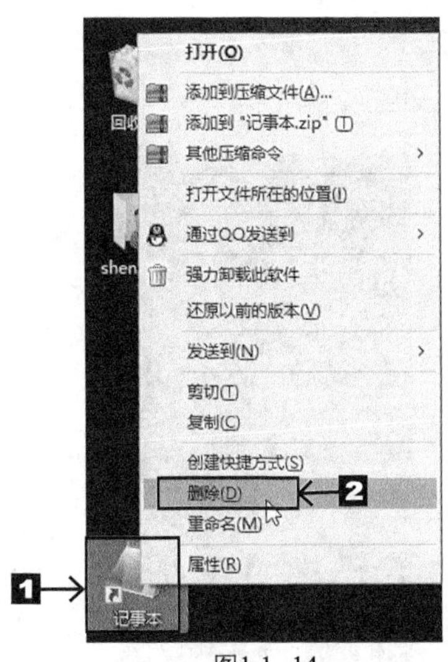

图1.1-14

❷ 弹出【删除快捷方式】对话框，询问是否要永久删除此快捷方式，单击 是(Y) 按钮，如图1.1-15所示。

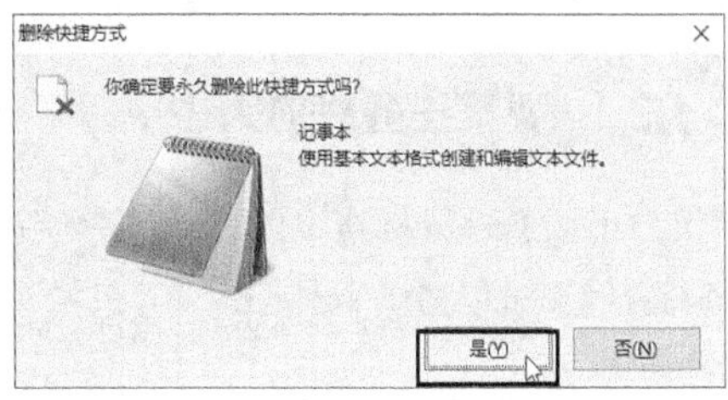

图1.1-15

❸ 可看到已将该桌面图标彻底删除，如图1.1-16所示。

图1.1-16

> **提示：**“删除”和“彻底删除”的区别。删除是指将文件移至回收站，想要恢复时可在回收站里找回。彻底删除是指不经过回收站就直接删除文件，如果想要找回文件，需要使用相关的数据恢复软件进行恢复。

1.2　调整任务栏

如果想给任务栏中的程序按钮和工具栏提供更多的空间，用户可以手动调整任务栏的大小和位置。

1.2.1　调整任务栏的大小

用户可以通过鼠标拖曳的方法来调整任务栏的大小，具体的操作步骤如下。

扫码看视频

❶　在任务栏中的空白处单击鼠标右键，在弹出的快捷菜单中选择【锁定任务栏】选项，使其解除锁定，如图1.2-1所示。

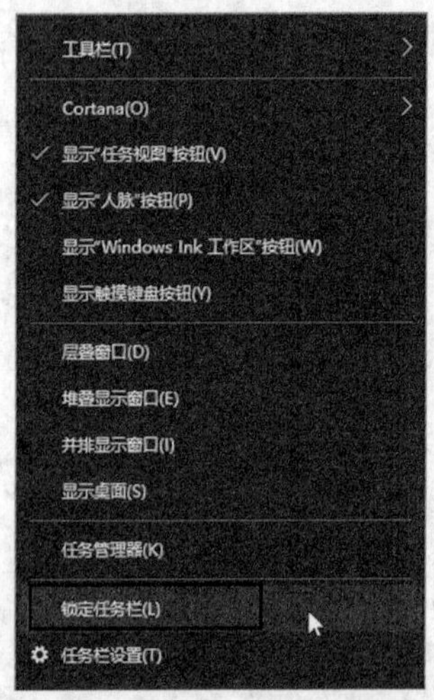

图1.2-1

❷　将鼠标指针移动到任务栏中空白处的上方，此时鼠标指针变成⇕形状。按住鼠标左键不放并向上拖曳，将其拖曳至合适的位置释放鼠标左键，即完成了对任务栏大小的调整，如图1.2-2所示。

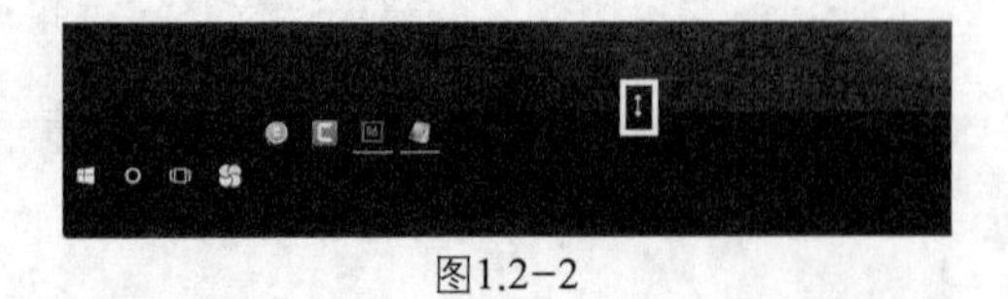
图1.2-2

1.2.2　调整任务栏的位置

在调整任务栏的位置时，也需要先将任务栏解除锁定。调整任务栏位置的具体操作步骤如下。

扫码看视频

❶　首先按照前面所介绍的方法将任务栏解除锁定，然后将鼠标指针移动至任务栏中的空白区域，并按住鼠标左键不放进行拖曳，如图1.2-3所示。

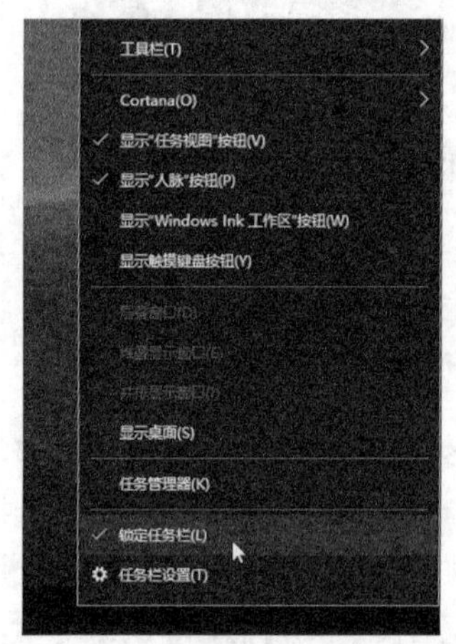

图1.2-3

❷　这里将任务栏拖曳至桌面的右侧，然后释放鼠标左键，如图1.2-4所示。

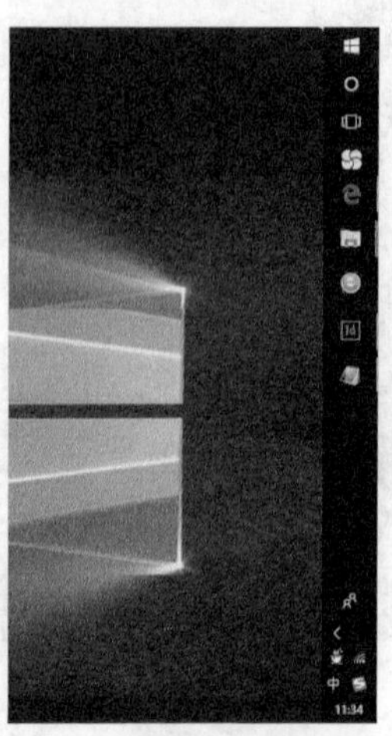
图1.2-4

1.3 操作【开始】菜单

【开始】菜单是Windows 10操作系统中最常用的组件之一，也是启动程序的捷径，通过它用户几乎能够进行所有的操作。

1.3.1 认识【开始】菜单的组成

Windows 10操作系统的【开始】菜单是其相对于以前的操作系统最重要的一项变化，它融合了Windows 7操作系统的【开始】菜单以及Windows 8/Windows 8.1操作系统的【开始】菜单的特点。Windows 10操作系统的【开始】菜单包括常用项目和最近添加项目显示区域，另外还有用于显示所有应用列表、固定所有应用程序的区域，在这些区域中可以快速打开应用，如图1.3-1所示。

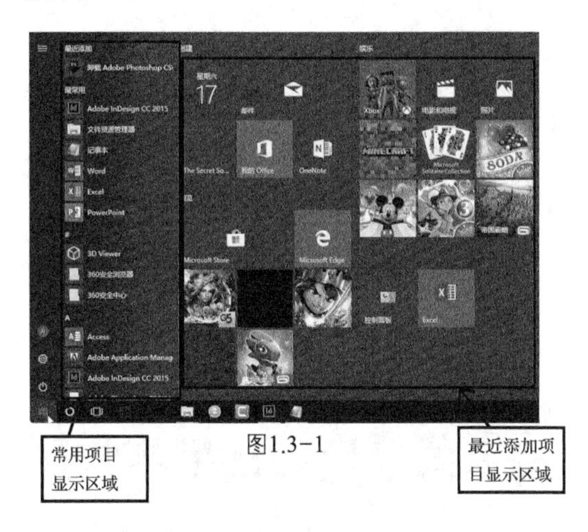

图1.3-1

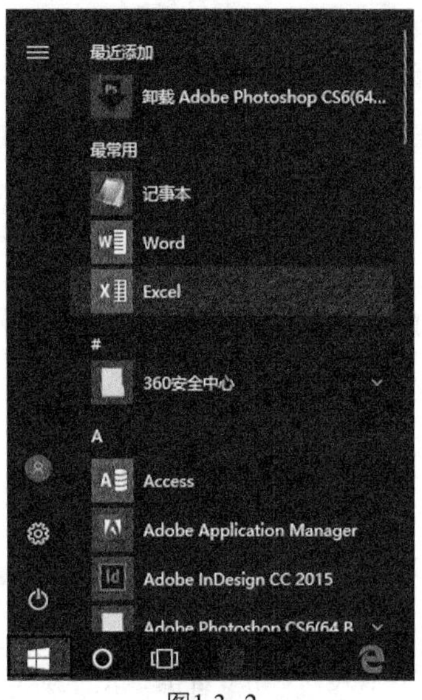

图1.3-2

❷ 在应用程序列表中找到Excel 2016程序，单击此应用程序，如图1.3-3所示。

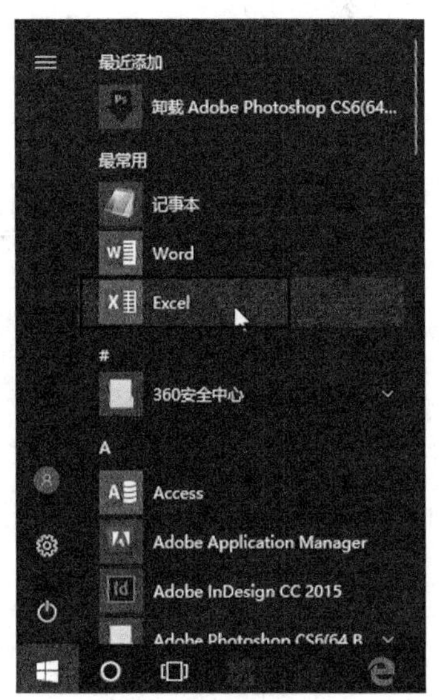

图1.3-3

1.3.2 启动应用程序

用户可以通过【开始】菜单中的最常用列表和所有应用列表，启动电脑中已安装的应用程序。下面以启动Excel 2016程序为例进行介绍，具体的操作步骤如下。

❶ 单击Windows 10桌面左下方的【开始】按钮，弹出所有的应用程序，且所有的应用程序都按照字母顺序进行排序，方便用户进行查找，如图1.3-2所示。

❸ 启动Excel 2016程序，随即打开操作界面，用户就可以使用Excel 2016了，如图1.3-4所示。

图1.3-4

1.3.3 快捷的搜索功能

与以前的版本相比，Windows 10系统的一大变化就是任务栏上的搜索框，用户可以通过它快速搜索并启动程序或打开文件等。下面以通过搜索框搜索并启动"素材文件"文件夹为例进行介绍。

❶ 在任务栏的搜索框中输入"素材"，系统会在搜索界面中列出搜索结果。单击【最佳匹配】选项下方的【素材文件】选项，如图1.3-5所示。

图1.3-5

❷ 找到【素材文件】文件夹，随即打开文件夹，用户就可以使用相关素材文件了，如图1.3-6所示。

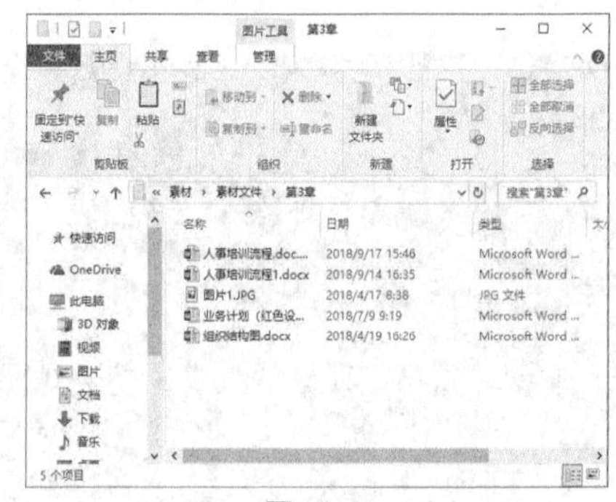

图1.3-6

1.4 课堂实训——使用【开始】菜单启动记事本程序

根据1.3节学习的内容，使用【开始】菜单启动记事本程序。

专业背景

使用【开始】菜单启动记事本程序的方法非常简单，用户可以通过下面的介绍来具体学习。

实训目的

扫码看视频

◎ 熟练掌握【开始】菜单的查找功能

操作思路

单击Windows 10桌面左下方的【开始】按钮，弹出所有的应用程序，在应用程序列表中按照字母排序找到【Windows 附件】文件夹，然后在文件夹下找到【记事本】程序，单击此应用程序，如图1.4-1所示。

图1.4-1

可以启动【记事本】程序，随即打开操作界面，用户就可以使用记事本程序了，如图1.4-2所示。

图1.4-2

1.5 Windows 10窗口的操作

当用户打开程序、文件或文件夹时，其内容都会显示在一个被称为窗口的框架中。在Windows 10中，几乎所有的操作都是通过窗口来实现的。

1.5.1 打开窗口

在Windows 10操作系统中，打开窗口的方法有很多种。下面以打开【此电脑】窗口为例，介绍两种常见的打开方法。

扫码看视频

1. 双击打开法

❶ 选中桌面上的【此电脑】图标，双击鼠标左键可以打开【此电脑】窗口，如图1.5-1所示。

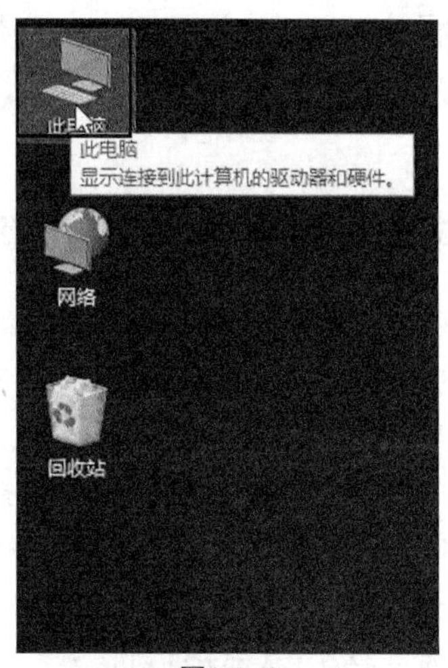

图1.5-1

❷ 打开窗口后可以看到【此电脑】窗口中包含的内容，如图1.5-2所示。

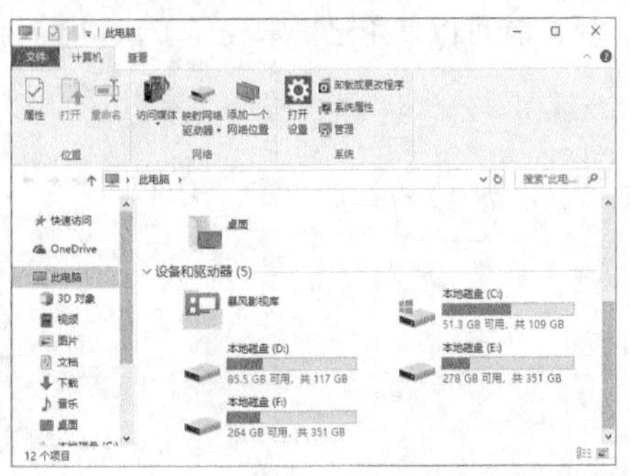

图1.5-2

2. 右键快捷菜单打开法

在桌面的【此电脑】图标上单击鼠标右键，在弹出的快捷菜单中选择【打开】选项，也可打开【此电脑】窗口，如图1.5-3所示。

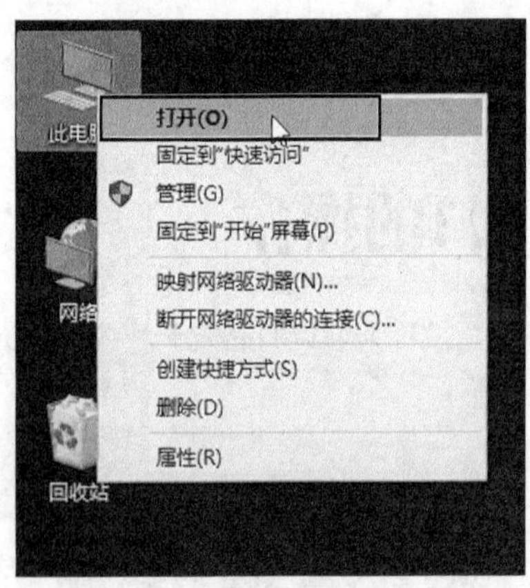

图1.5-3

1.5.2 Windows 10 窗口的组成

在Windows 10操作系统中，虽然各个窗口的内容各不相同，但窗口的组成结构都比较相似。下面以【此电脑】窗口为例进行介绍，如图1.5-4所示。首先按照前面所介绍的方法打开【此电脑】窗口，可以看到窗口一般由标题栏、菜单栏、地址栏、搜索栏、工具栏、导航窗格等部分组成。下面介绍各组成部分的功能。

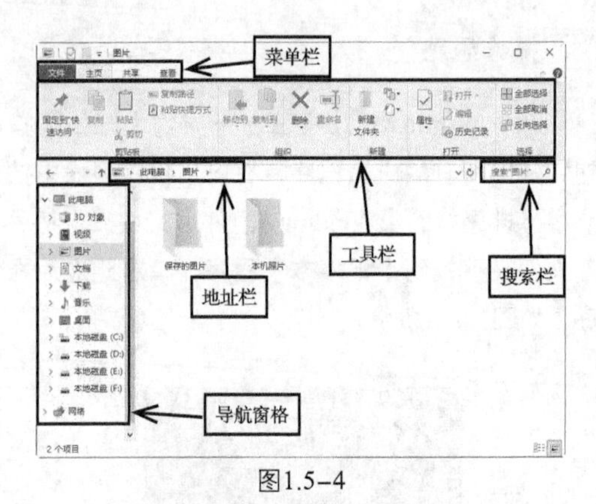

图1.5-4

1. 标题栏

标题栏位于窗口的顶部。其右侧有3个窗口控制按钮，分别是【最小化】按钮、【最大化】按钮和【关闭】按钮，它们具有控制窗口大小和关闭窗口的作用。

2. 菜单栏

菜单栏通常位于标题栏的下方，包含了多个基本命令。例如，单击【查看】菜单，在弹出的下拉菜单中选择相应的命令就可以对窗口内容进行查看。

3. 地址栏

地址栏位于菜单栏下方。地址栏中显示了当前窗口文件所在的位置，通过它还可以访问互联网中的资源。其左侧包括【返回】按钮和【前进】按钮，通过这两个按钮，用户可以打开最近浏览过的窗口。单击【返回】按钮，窗口会返回到上一个打开的窗口；单击【前进】按钮，窗口会前进到之前退出的窗口。

4. 搜索栏

将要查找的目标名称输入【搜索栏】文本框中，然后单击【搜索】按钮或者按【Enter】键可以进行搜索。窗口中【搜索栏】的功能和【开始】菜单中【搜索】框的功能相似，不过在此处只能搜索当前窗口内的目标。

5. 工具栏

工具栏位于菜单栏的下方，“工具栏”中存放着常用的工具命令按钮，而且工具栏窗格中按钮的多少会根据窗口中显示或选择的对象进行同步变化，以便于用户进行快速操作。

6. 导航窗格

导航窗格位于窗口的左侧区域。与以往的Windows操作系统版本不同的是，Windows 10操作系统中的导航窗格包括快速访问、OneDrive、此电脑和网络等4部分，单击前面的箭头按钮，可以打开相应的列表，方便用户快速切换窗口或打开其他窗口。

1.5.3 移动窗口

有时用户会不小心将需要的窗口拖动到屏幕的边缘位置，导致该窗口中一部分内容不能显示在屏幕上，此时用户可以将窗口移动到便于查看的合适位置，具体操作步骤如下。

❶ 首先将鼠标指针移动到该窗口标题栏处，然后按住鼠标左键不放进行拖动，如图1.5-5所示。

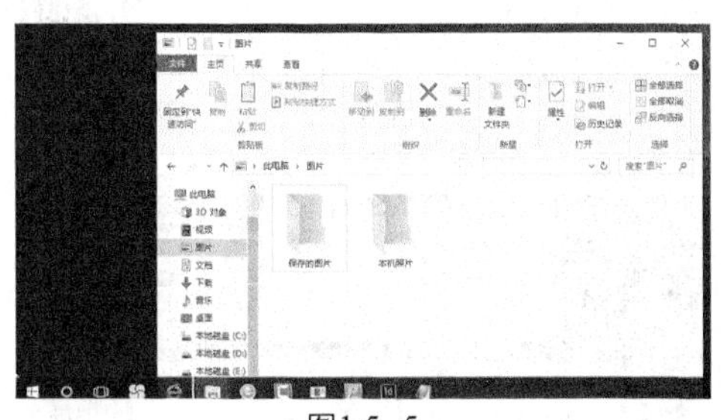

图1.5-5

❷ 拖动窗口至合适位置时，松开鼠标左键即可，如图1.5-6所示。

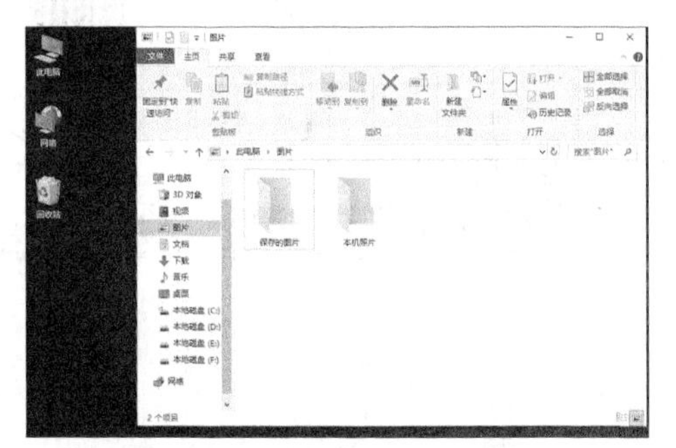

图1.5-6

1.5.4 调整窗口大小

用户可以通过单击窗口标题栏右侧的按钮或拖动鼠标两种方法来调整窗口的大小。

1. 通过单击标题栏右侧的按钮进行调整

用户可以通过单击窗口标题栏右侧的按钮来调整窗口的大小。

最小化窗口：单击窗口标题栏右侧的【最小化】按钮，便可将窗口以任务按钮的形式缩放到桌面上的任务按钮区；在任务按钮区中单击相应的任务按钮，可以将该窗口还原。

最大化窗口：单击窗口标题栏右侧的【最大化】按钮，可以将窗口以全屏形式显示。

还原窗口：当窗口处于最大化显示状态时，标题栏右侧的【最大化】按钮处变成了【还原】按钮，单击该按钮可以将窗口还原到之前的大小。

2. 通过拖动鼠标进行调整

当窗口并没有处在最大化或最小化的状态时，用户可以将鼠标指针移动到窗口的四边或四角处进行拖曳，调整窗口大小。

调整高度：将鼠标指针移动到窗口的上边框或下边框上且指针变成↕形状时，按住鼠标左键不放并向上或向下拖曳窗口，可以调整窗口的高度。

调整宽度：将鼠标指针移动到窗口的左边框或右边框上且指针变成↕形状时，按住鼠标左键不放并向左或向右拖曳窗口，可以调整窗口的宽度。

1.5.5 多窗口排列

当电脑桌面上打开的窗口过多时，就会显得杂乱无章，这时用户可以通过简单的设置将打开的窗口排列整齐。窗口的排列方式主要有4种。

层叠窗口：多个窗口以层叠的方式排列在电脑桌面上。

堆叠显示窗口：多个窗口同时横向排列在电脑桌面上。

并排显示窗口：多个窗口同时纵向排列在桌面上。

显示桌面：使所有打开的窗口最小化。

下面以层叠所有打开的窗口为例进行介绍。具体的操作步骤如下。

❶ 将鼠标指针移动到桌面任务栏的空白处，并单击鼠标右键。在弹出的快捷菜单中，可以看到【层叠窗口】【堆叠显示窗口】【并排显示窗口】和【显示桌面】4个选项，这里选择【层叠窗口】选项，如图1.5-7所示。

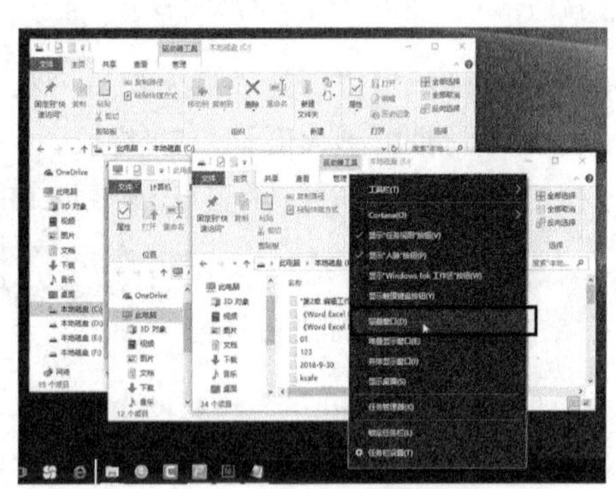

图1.5-7

❷ 可以看到所有打开的窗口都以层叠的方式进行排列了，如图1.5-8所示。

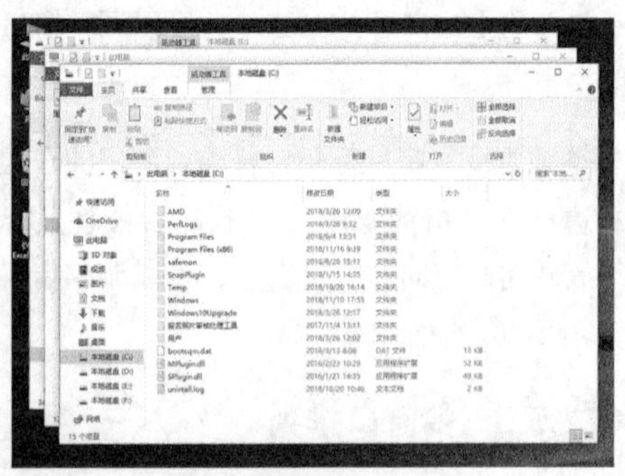

图1.5-8

1.5.6 多窗口快速切换

在Windows 10操作系统中，无论打开多少个窗口，当前的活动窗口只能有一个。因此，用户只有将需要的窗口切换为当前的活动窗口，才能对其进行编辑操作。切换窗口的方法有以下几种。

1. 利用【Alt】+【Tab】组合键

用户可以通过【Alt】+【Tab】组合键进行多个窗口间的快速切换，具体的操作步骤如下。

按住【Alt】键不放，再按一下【Tab】键，可以使所有的窗口图标排列在一起。选中一个窗口图标，松开并再次按【Tab】键，可以选中下一个窗口图标。当选中要切换到的窗口图标时，松开【Alt】+【Tab】组合键，可以将该窗口切换为当前窗口，如图1.5-9所示。

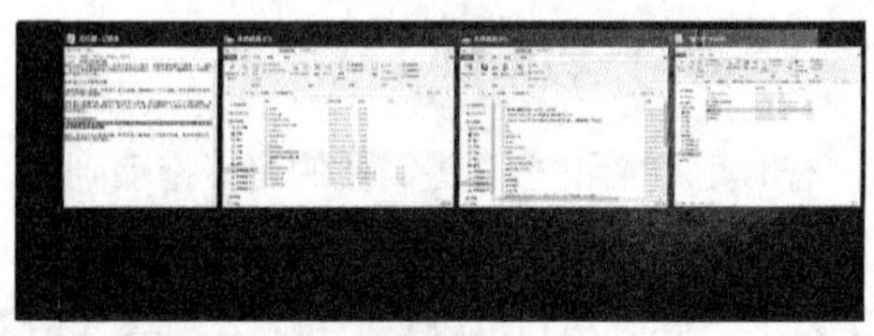

图1.5-9

2. 利用任务视图按钮

单击任务栏上的【任务视图】按钮，桌面上可以弹出所有打开的窗口图标，单击需要的窗口图标可以将其切换为当前窗口，如图1.5-10所示。

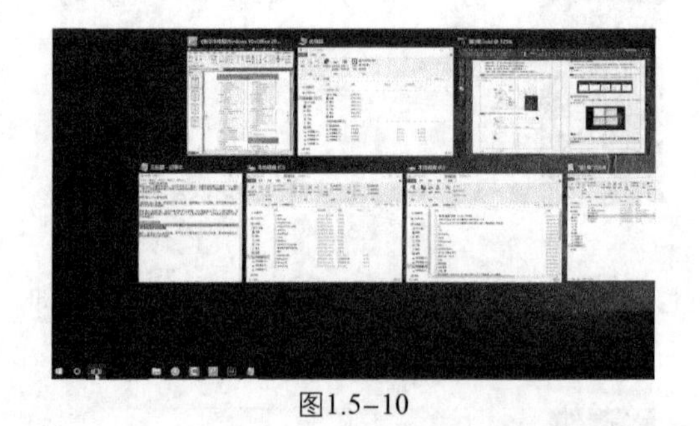

图1.5-10

提示：按【Alt】+【Esc】组合键，可以在各个窗口图标之间依次切换，系统将按照从左到右的顺序依次进行选择。

1.6 操作Windows 10的菜单和对话框

Windows 10的菜单中存放着各种操作命令，用户若要执行菜单上的命令，只需单击相应的命令即可。

1.6.1 操作 Windows 10 的菜单

在Windows 10操作系统中，菜单可以分为下拉菜单和右键快捷菜单两类。

1. 下拉菜单

单击Windows 10系统中的某些选项或按钮时，所弹出的菜单便是下拉菜单。例如，在打开的【此电脑】窗口中单击【访问媒体】按钮，会弹出下拉菜单，如图1.6-1所示。

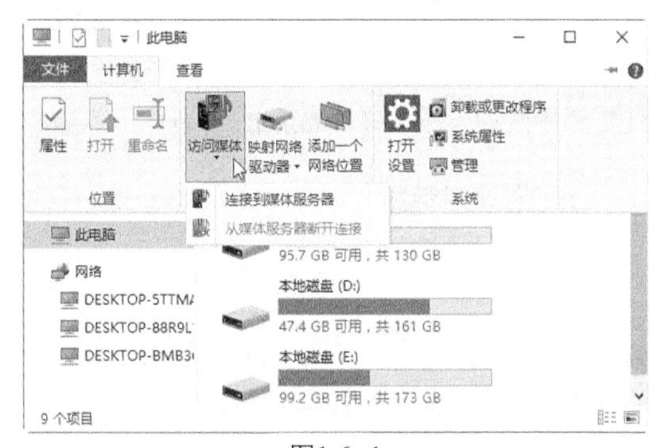

图1.6-1

2. 右键快捷菜单

右键快捷菜单是指在某个位置或对象上单击鼠标右键时所弹出的菜单。例如，在桌面空白处单击鼠标右键，或者在【此电脑】图标上单击鼠标右键，都会弹出右键快捷菜单，分别如图1.6-2和图1.6-3所示。

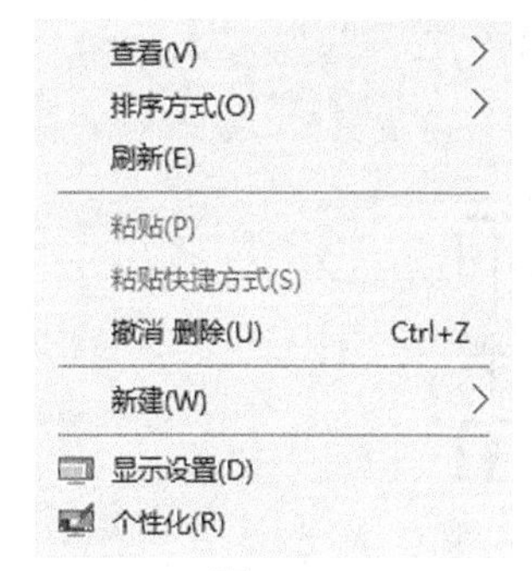

图1.6-2

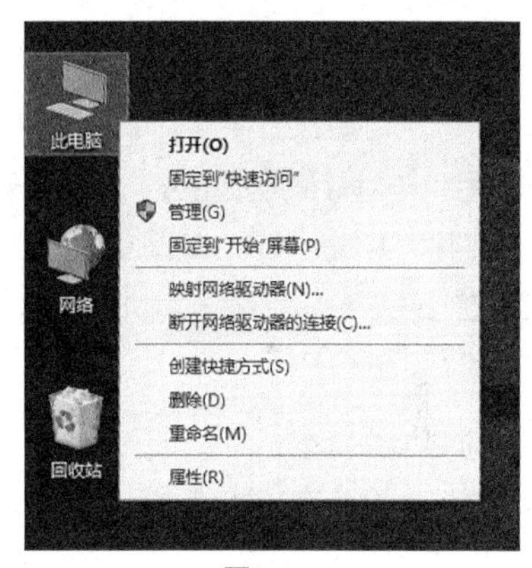

图1.6-3

1.6.2 对话框的组成

尽管Windows 10系统中对话框的形态与以前版本的Windows系统相比有些差异，但是对话框所包含的元素是相似的。一般来说，对话框由标题栏、选项卡、组合框、列表框、复选框、单选钮、下拉列表框、微调框、文本框、下拉列表文本框和命令按钮等几部分组成。

下面只简单介绍其中的几个元素，如图1.6-4所示。

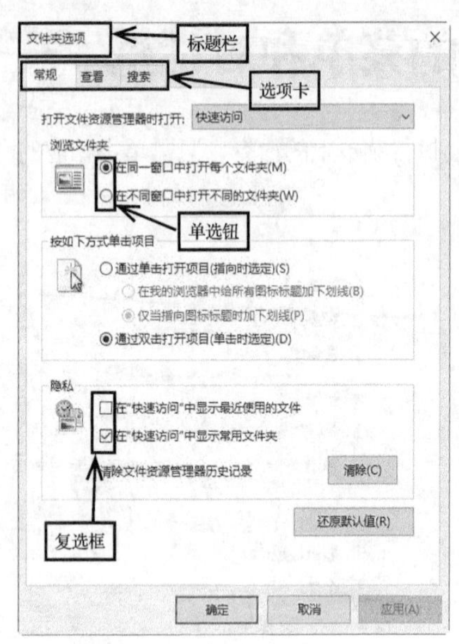

图1.6-4

1. 标题栏

标题栏位于对话框的最上方，它的左侧是该对话框的名称，右侧是关闭按钮 × 。

2. 选项卡

选项卡显示在标题栏的下方。当对话框中的选项卡较多时，会依次排列在一起，选择选项卡的名称可以进行界面切换。

3. 组合框

在选项卡界面中通常会有一个或多个不同的组合框，用户可根据这些组合框来完成需要的操作 。

4. 列表框

在列表框中，所有供用户选择的选项均以列表的形式显示出来。如果可供选择的选项超过了列表框的显示大小，列表框中就会出现滚动条，用户拖动滚动条就可以浏览未显示出来的内容。

5. 复选框

复选框的标识是一个小的方框□，单击该方框，该方框会变成一个含有对钩的方框☑，表示已经选中该复选框。在同一个组合框或列表框中，用户可以根据需要选中多个复选框。

6. 单选钮

单选钮的标识为一个小圆圈○。通常一个组合框或列表框中会有多个单选钮。与复选框不同的是，用户只能选中其中的某一个，而被选中的单选钮中间会出现一个实心的小圆点◉，表示已选中。

1.6.3 操作 Windows 10 对话框

对Windows 10对话框的常用操作主要有移动和关闭。关闭对话框的操作很简单，此处不做介绍。

扫码看视频

用户可以通过拖动、利用右键快捷菜单两种方法来移动对话框。

1. 拖动对话框

拖动对话框的具体操作步骤如下。

❶ 将鼠标指针移动到对话框的标题栏上，然后按住鼠标左键不放，如图1.6-5所示。

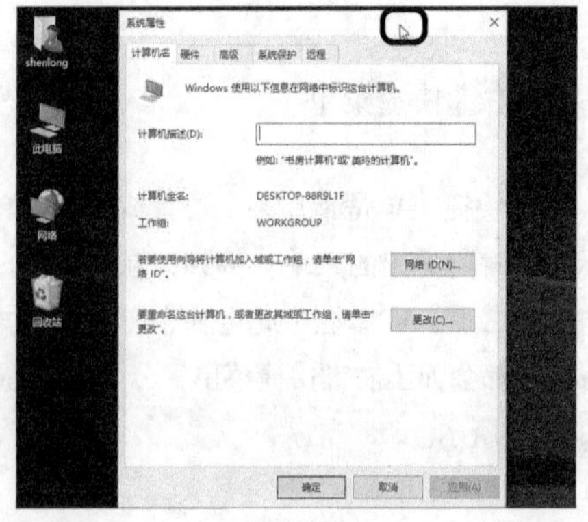

图1.6-5

❷ 将对话框拖动到指定位置后，释放鼠标左键可以完成移动，如图1.6–6所示。

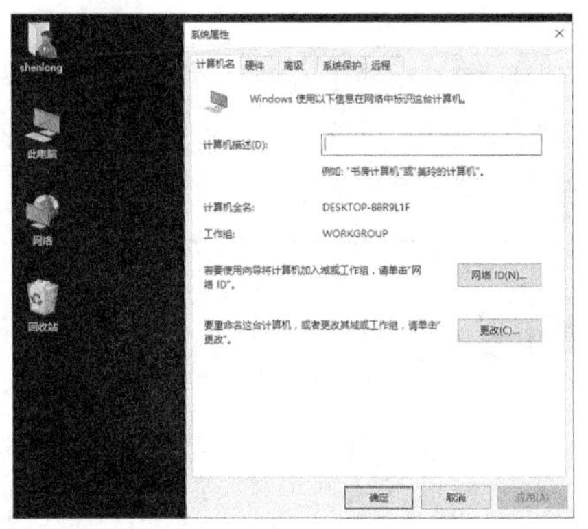

图1.6–6

2. 利用右键快捷菜单

❶ 在对话框的标题栏上单击鼠标右键，并在弹出的快捷菜单中选择【移动】选项，如图1.6–7所示。

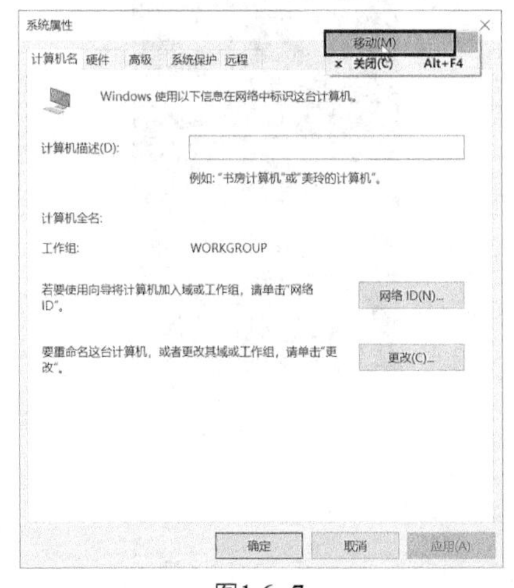

图1.6–7

❷ 鼠标指针变成了✥形状，用户可以按键盘上方向键来调整对话框的位置，如图1.6–8所示。

图1.6–8

1.7 常见疑难问题解析

问：在操作电脑时，电脑桌面中的所有图标突然都不见了，是怎么回事呢？

答：可能是在操作电脑时，不小心取消选择了【显示桌面图标】选项，此时只需在桌面空白处单击鼠标右键，在弹出的快捷菜单中选择【查看】→【显示桌面图标】选项，可以恢复桌面图标的

显示状态。

问：如何调整桌面图标的大小？

答：在桌面空白处单击鼠标右键，在弹出的快捷菜单中选择【查看】选项，在弹出的子菜单中列出了“大图标”“中等图标”和“小图标”3种显示方式，根据需要进行选择即可。或在桌面上选中一个图标并按住【Ctrl】键不放，滚动鼠标轮可以调整桌面图标的大小。

1.8 课后习题

（1）为常用的文件夹创建桌面快捷方式图标，如为“工作记录”文件夹创建桌面快捷方式图标，如图1.8-1所示。

（2）快速排列电脑桌面上的图标，如图1.8-2所示。

图1.8-1

图1.8-2

第2章 个性化设置Windows 10 操作系统

本章内容简介

作为 Windows 新一代的操作系统，Windows 10 操作系统进行了多方面的变革，不仅延续了 Windows 家族的传统，而且带来了更多的新体验。本章主要讲述了电脑的显示设置、系统桌面的个性化设置以及 Microsoft 账户的设置与应用等。

学完本章读者能做什么

通过对本章的学习，读者能熟练地设置操作系统，对电脑进行显示设置等。

学习目标

- 电脑的显示设置
- 个性化设置 Windows 10 操作系统桌面
- Microsoft 账户的设置与应用

2.1 电脑的显示设置

为了改变电脑的显示效果，用户可以对电脑进行个性化操作，如设置电脑屏幕的分辨率、设置任务栏上的图标、启动或关闭系统图标等。

2.1.1 设置合适的屏幕分辨率

屏幕分辨率是指屏幕上显示的文本和图像的清晰度。分辨率越高，项目越清楚，屏幕上的项目越小，屏幕可以容纳的项目越多。分辨率越低，屏幕上的项目越大，在屏幕上可以显示的项目越少，但尺寸越大。

设置合适的分辨率，有助于提高屏幕上图像的清晰度，设置屏幕分辨率的具体操作步骤如下。

扫码看视频

❶ 在桌面上的空白处单击鼠标右键，在弹出的快捷菜单中选择【显示设置】选项，如图2.1-1所示。

图2.1-1

❷ 弹出【设置】对话框，在左侧列表中选择【显示】选项，进入显示设置界面，如图2.1-2所示。

图2.1-2

❸ 单击【分辨率】下方右侧的下拉按钮⌄，在弹出的下拉列表中选择合适的分辨率，如图2.1-3所示。

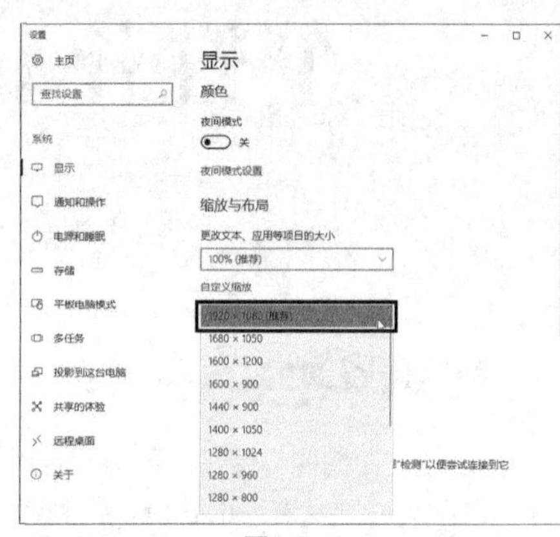

图2.1-3

2.1.2 设置任务栏上的图标

用户可以根据自己的需要对任务栏上的图标进行显示或隐藏操作，具体的操作步骤如下。

扫码看视频

❶ 在任务栏上单击鼠标右键，在弹出的快捷菜单中选择【任务栏设置】选项，如图2.1-4所示。

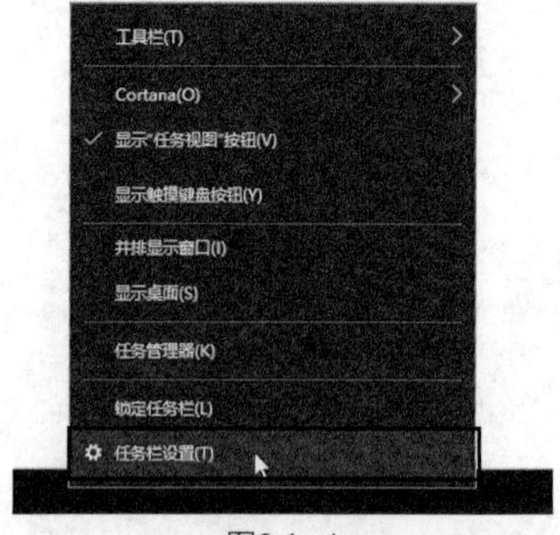

图2.1-4

❷ 弹出【设置】对话框，可以看到图标的【开/关】按钮，如图2.1-5所示。

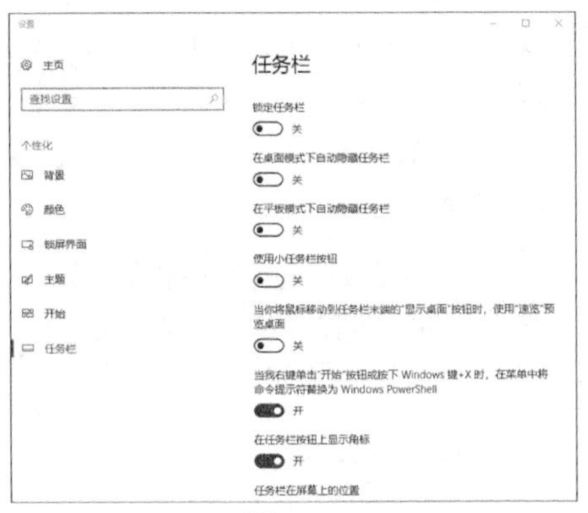

图2.1-5

❸ 单击图标的【开/关】按钮，即可将该图标显示/隐藏在任务栏中。这里单击【在桌面模式下自动隐藏任务栏】的【开/关】按钮，将其状态设置为“开”，如图2.1-6所示。

图2.1-6

❹ 返回系统桌面，可以看到任务栏被自动隐藏起来了，如图2.1-7所示。

图2.1-7

2.1.3 启动或关闭系统图标

用户可以根据自己的需要启动或者关闭任务栏中显示的系统图标，具体的操作步骤如下。

扫码看视频

❶ 使用上述的方法打开【设置】对话框，在该对话框中单击【打开或关闭系统图标】选项，如图2.1-8所示。

图2.1-8

❷ 弹出【打开或关闭系统图标】对话框，如图2.1-9所示。

图2.1-9

❸ 如果想要关闭某个系统图标，需要将其状态设置为“关”，这里单击【时钟】右侧的【开/关】按钮，将其状态设置为“关”，如图2.1-10所示。

图2.1-10

❹ 返回系统桌面，可以看到【时钟】图标在通知区域中不显示了，如图2.1-11所示。

图2.1-11

❺ 如果想要启动某个系统图标，则需将其状态设置为“开”。例如单击【触摸键盘】右侧的【开/关】按钮，将其状态设置为“开”，如图2.1-12所示。

图2.1-12

❻ 返回系统桌面，可以看到通知区域显示出了【触摸键盘】图标，如图2.1-13所示。

图2.1-13

2.1.4 设置显示应用通知

Windows 10操作系统的显示应用通知的主要功能是显示应用的通知信息，若关闭就不会显示应用的通知信息，设置显示应用通知的具体操作步骤如下。

❶ 在桌面的空白处单击鼠标右键，在弹出的快捷菜单中选择【显示设置】选项，如图2.1-14所示。

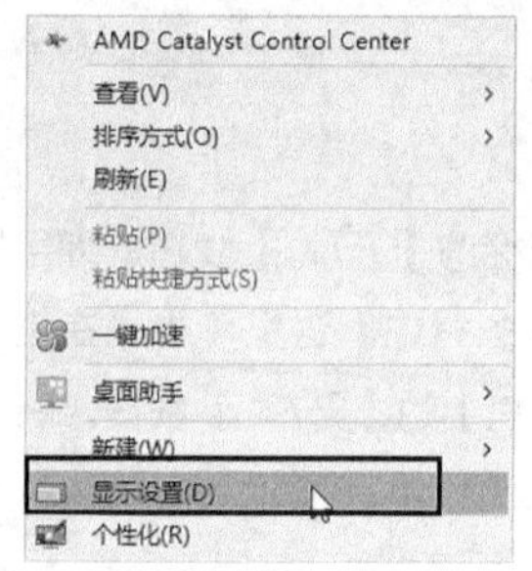

图2.1-14

❷ 弹出【设置】对话框，在该对话框中单击【通知和操作】选项，即可看到和通知有关的所有菜单项，如图2.1-15所示。

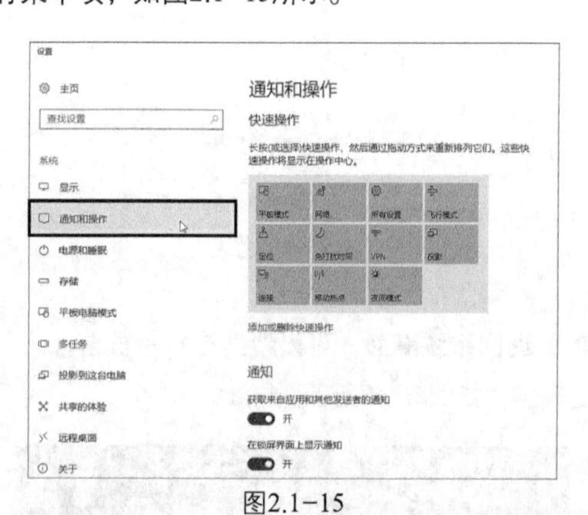

图2.1-15

❸ 默认情况下，显示应用通知的功能处于“开”的状态。单击系统桌面通知区域中的【应用通知】图标，可以打开该应用的操作界面，在其中可以查看相关的通知，如图2.1-16所示。

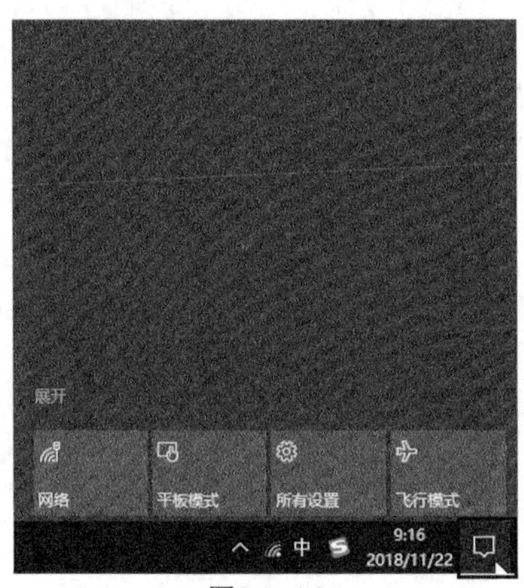

图2.1-16

❹ 如果想要关闭显示应用通知，只需单击【获取来自应用和其他发送者的通知】选项下方的【开/关】按钮，将其状态设置为“关”即可，如图2.1-17所示。

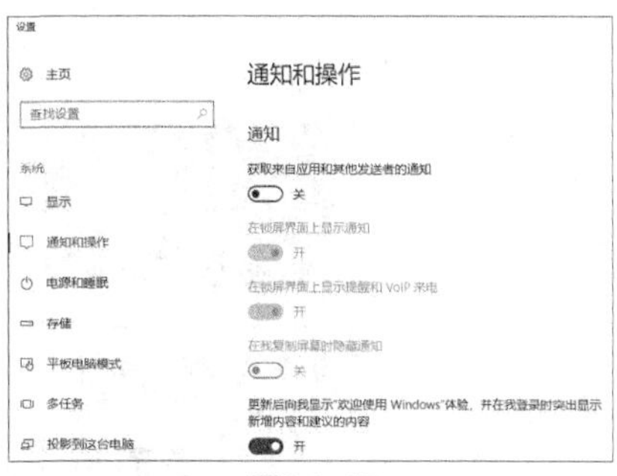

图2.1-17

❺ 返回系统桌面，将鼠标指针放置到【应用通知】图标上，可以看到显示应用通知已被关闭，如图2.1-18所示。

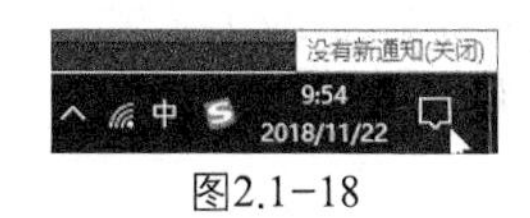

图2.1-18

2.2 个性化设置Windows 10 操作系统桌面

Windows 10 操作系统桌面的个性化设置主要包括桌面背景、背景主题色、锁屏界面、屏幕保护程序、主题等内容的设置。

2.2.1 设置桌面背景

桌面背景可以是个人收集的图片，也可以是Windows 10操作系统提供的图片、纯色图片、幻灯片形式放映的图片。设置桌面背景的具体操作步骤如下。

扫码看视频

❶ 在桌面的空白处单击鼠标右键，在弹出的快捷菜单中选择【个性化】选项，如图2.2-1所示。

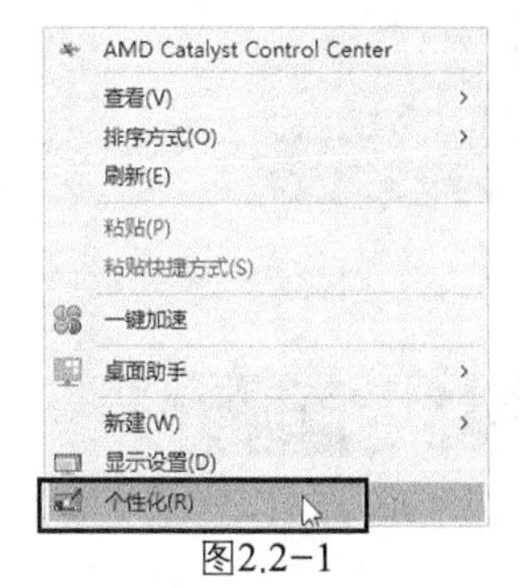

图2.2-1

❷ 打开【设置】对话框，在该对话框中单击【背景】选项，如图2.2-2所示。

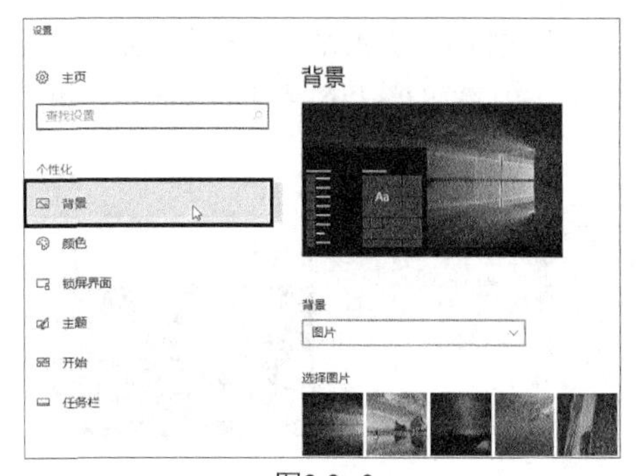

图2.2-2

❸ 单击右侧窗格中的【背景】下方右侧的下拉按钮，在弹出的下拉列表中可以对背景的样式进行设置，有图片、纯色和幻灯片放映3种形式，如图2.2-3所示。

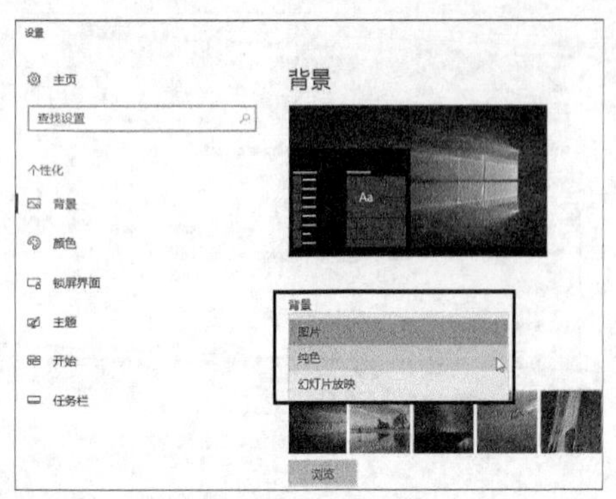

图2.2-3

❹ 如果选择【纯色】选项，可以在下方的界面中选择合适的颜色，选择完毕后可以在【预览】区域查看背景效果，如图2.2-4所示。

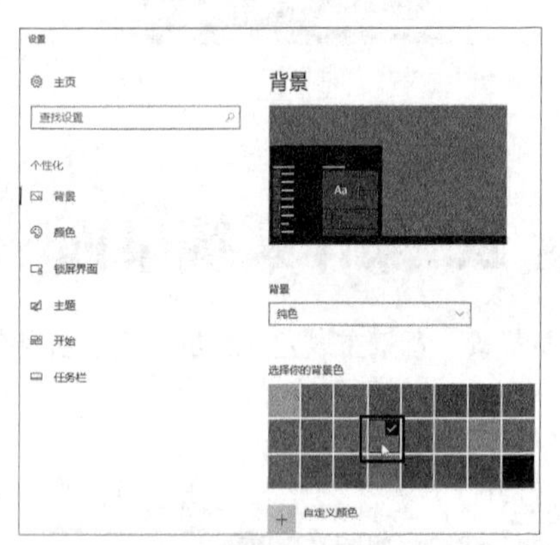

图2.2-4

❺ 如果选择【幻灯片放映】选项，则可以在下方的界面中设置幻灯片图片的播放频率、播放顺序等，如图2.2-5所示。

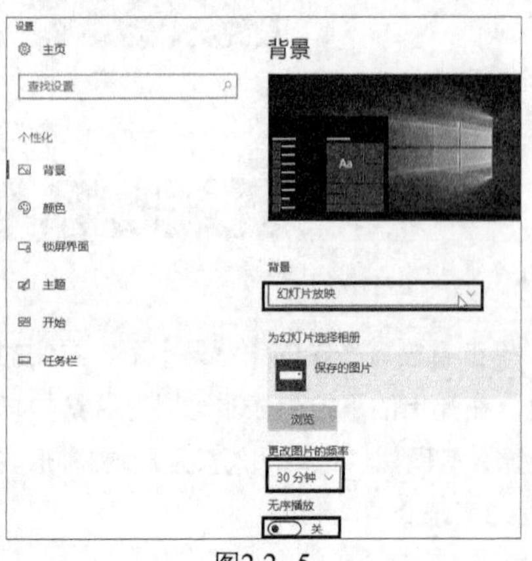

图2.2-5

❻ 如果选择【图片】选项，可以单击下方界面中的【选择契合度】下方的下拉按钮，在弹出的下拉列表中选择图片契合度。再单击【选择图片】下方的【浏览】按钮，如图2.2-6所示。

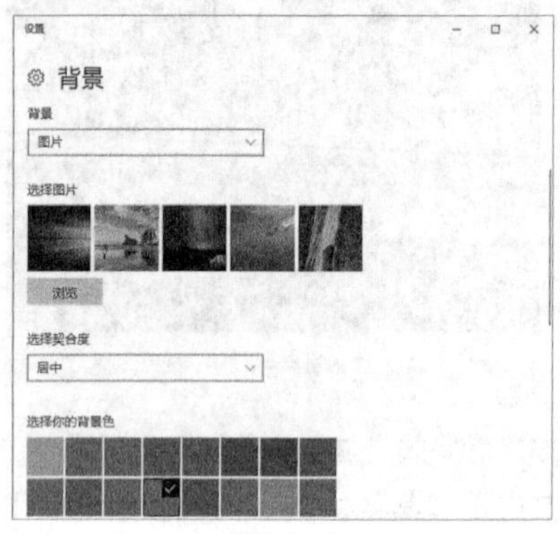

图2.2-6

❼ 弹出【打开】对话框，在其中选择想要设置为背景的图片，再单击 选择图片 按钮，如图2.2-7所示。

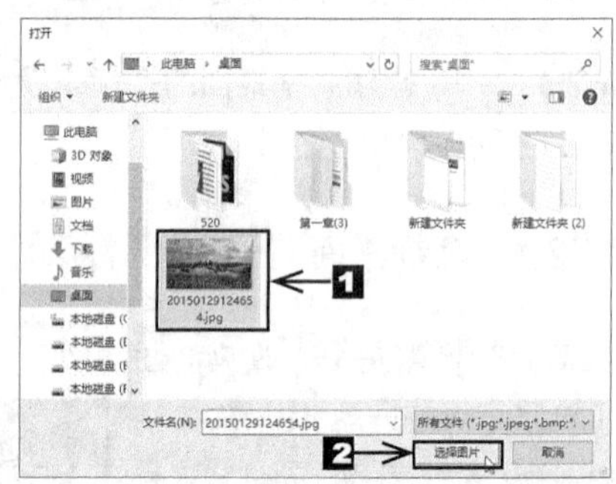

图2.2-7

❽ 返回【设置】对话框，可以在【预览】区域查看背景效果，如图2.2-8所示。

图2.2-8

2.2.2 设置背景主题色

Windows 10操作系统默认的背景主题色为蓝色，用户可以对其进行修改，具体的操作步骤如下。

❶ 使用上述的方法打开【设置】对话框，在该对话框中单击【颜色】选项，如图2.2-9所示。

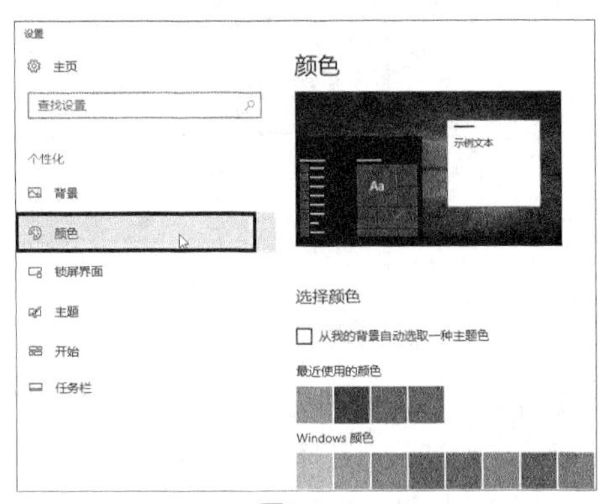

图2.2-9

❷ 在【主题色】面板中选择一种颜色，系统会应用所选的颜色。用户可以在【预览】区域看到设置后的效果，如图2.2-10所示。

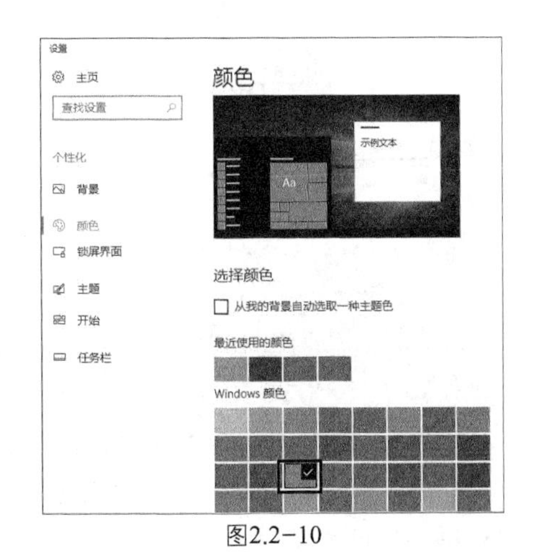

图2.2-10

2.2.3 设置锁屏界面

Windows 10操作系统的锁屏功能主要用于保护计算机的隐私安全，而且在节省电量的情况下还可以实现计算机的快速启动，其锁屏所用的图片被称为锁屏界面。下面以设置【Windows 聚焦】类型的锁屏界面为例进行介绍，具体操作步骤如下。

❶ 在桌面上的空白处单击鼠标右键，在弹出的快捷菜单中选择【个性化】选项。弹出【设置】对话框，在该对话框中选择【锁屏界面】选项，如图2.2-11所示。

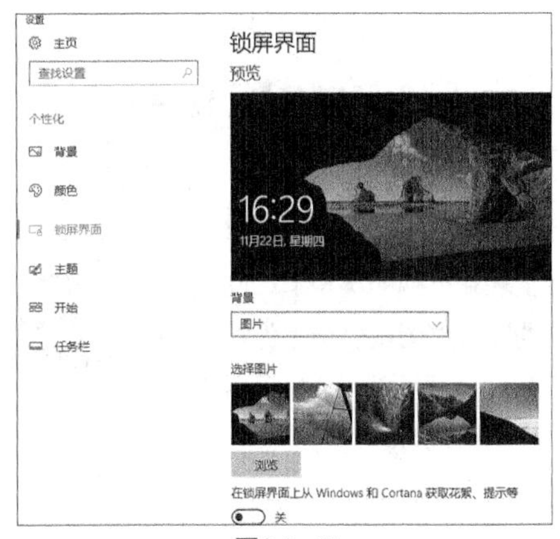

图2.2-11

❷ 单击【背景】下方右侧的下拉按钮，在弹出的下拉列表中可以设置用于锁屏的背景。有Windows聚焦、图片和幻灯片放映3种类型，如图2.2-12所示。

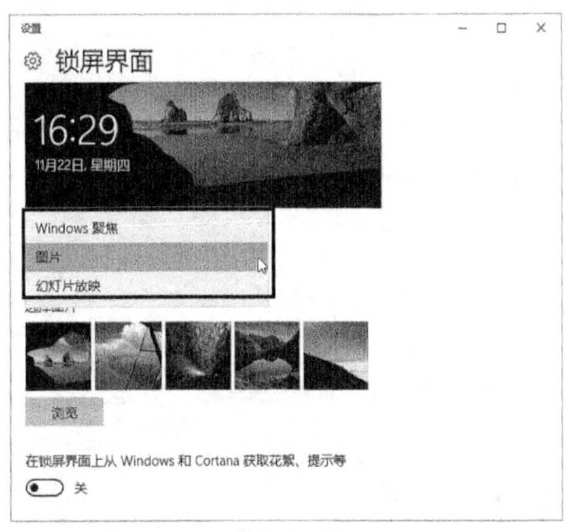

图2.2-12

❸ 选择【Windows聚焦】选项，选择完毕后可以在【预览】区域查看设置好的锁屏图片样式，如图2.2-13所示。

图2.2-13

2.2.4 设置屏幕保护程序

当用户在指定的一段时间内没有使用鼠标或键盘时，屏幕保护程序就会出现在电脑的屏幕上，此程序为移动的图片或图案。屏幕保护程序的作用是保护显示器，让显示器免遭损坏。用户可以对其进行个性化设置，具体操作步骤如下。

❶ 在桌面的空白处单击鼠标右键，在弹出的快捷菜单中选择【个性化】选项。弹出【设置】对话框，在该对话框中选择【锁屏界面】选项，然后单击【屏幕保护程序设置】超链接，如图2.2-14所示。

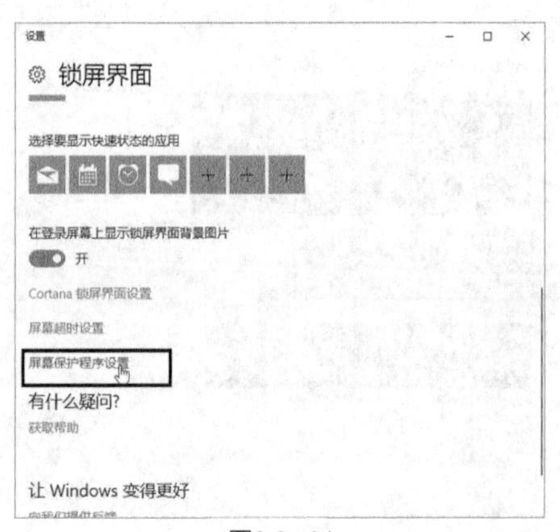

图2.2-14

❷ 弹出【屏幕保护程序设置】对话框，选中【在恢复时显示登录屏幕】复选框，如图2.2-15所示。

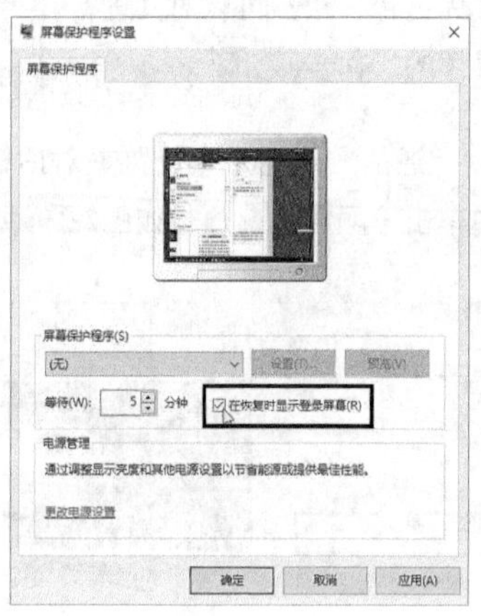

图2.2-15

❸ 在【屏幕保护程序】下拉列表中选择屏幕保护程序的类型，如选择【气泡】选项。选择完毕后在上方的【预览】区域可以看到设置后的效果，如图2.2-16所示。

图2.2-16

❹ 在【等待】微调框中设置等待的时间，如设置为“5分钟”，单击【确定】按钮完成设置，如图2.2-17所示，设置完成后，如果用户在5分钟内没有对电脑进行任何操作，系统会自动启动屏幕保护程序。

图2.2-17

2.2.5 设置主题

主题是桌面背景图片、窗口颜色和声音的组合，用户可以对主题进行设置，具体操作步骤如下。

扫码看视频

❶ 在桌面的空白处单击鼠标右键，在弹出的快捷菜单中选择【个性化】选项。弹出【设置】对话框，在该对话框中选择【主题】选项，然后单击【从应用商店中获取更多主题】选项，如图2.2-18所示。

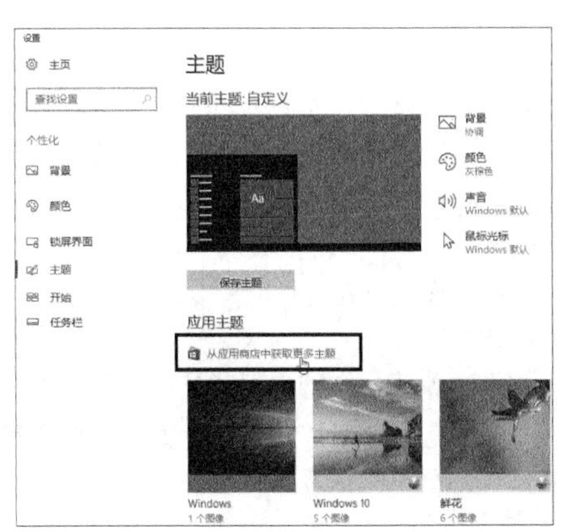

图2.2-18

❷ 在弹出的【Microsoft Store】窗口中选择合适的主题，可一次性同时更改桌面背景、颜色、声音和屏幕保护程序，如图2.2-19所示。

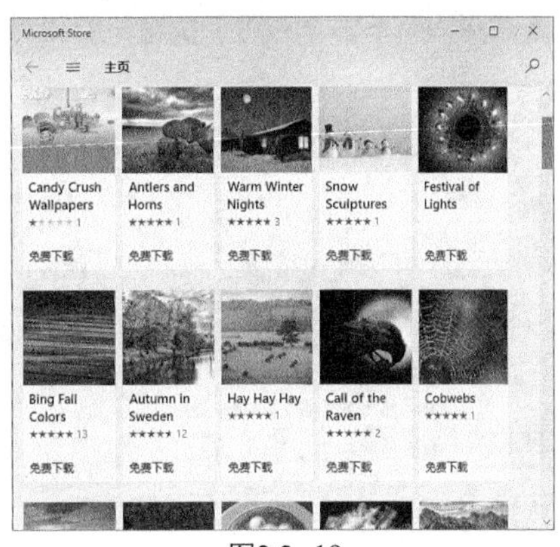

图2.2-19

❸ 选择好合适的主题后，单击【获取】按钮，如图2.2-20所示。

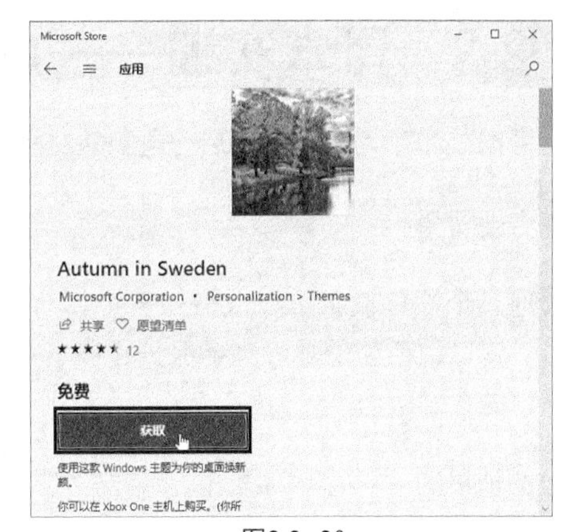

图2.2-20

❹ 可以开始下载主题，并且可以看到下载进度，如图2.2-21所示。

图2.2-21

❺ 下载完毕后单击【应用】按钮，如图2.2-22所示。

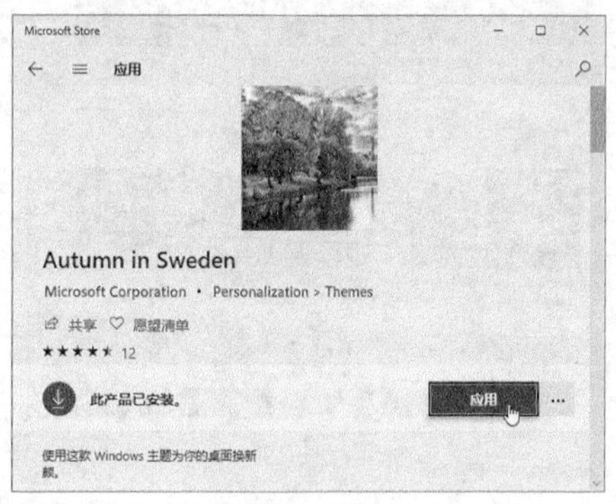

图2.2-22

❻ 返回【主题】界面即可看到应用后的效果，如图2.2-23所示。

图2.2-23

2.3 课堂实训——启动电脑并进行个性化设置

根据2.2节学习的内容，启动电脑并对桌面背景进行个性化设置。

专业背景

通过个性化设置可以改变“开始”屏幕和桌面的视觉效果，包括改变桌面背景、窗口颜色和外观、屏幕保护程序、系统主题、“开始”屏幕颜色和背景图案等。

扫码看视频

实训目的

◎ 熟练掌握启动计算机的方法

◎ 熟练掌握个性化设置的方法

操作思路

（1） 启动电脑

电脑应在正常连接电源的情况下进行启动，启动电脑并登录系统后就可以在电脑中进行一系列相关操作了。

❶ 当显示器的电源接通并正确连接主机后，按下显示器的电源按钮即可启动显示器。

❷ 按下主机的电源按钮，这时电脑将自动启动。

❸ 在启动过程中，系统会进行自检，并对硬件设备进行初始化操作如果系统运行正常，则无须进行其他操作。

（2） 设置桌面背景

如果对默认的电脑桌面背景不满意，用户也可以将自己喜欢的图片或照片设置为桌面背景，体现个人风格。

❶ 在桌面空白处单击鼠标右键，在弹出的快捷菜单中选择【个性化】选项，打开【设置】对话框，在该对话框中选择【背景】选项，如图2.3-1所示。

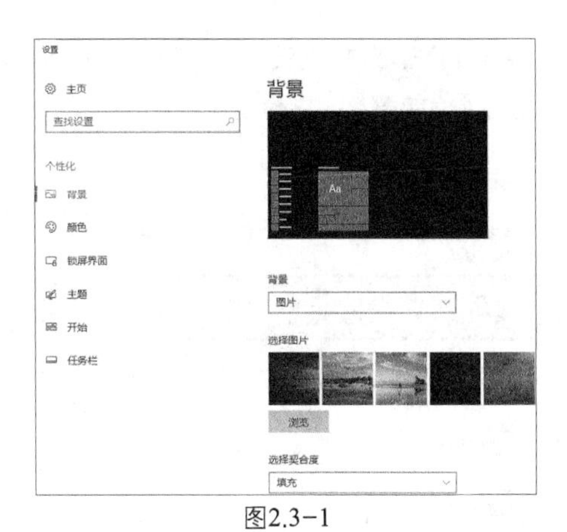

图2.3-1

❷ 在【背景】下拉列表中选择【图片】选项，单击【浏览】按钮，如图2.3-2所示。

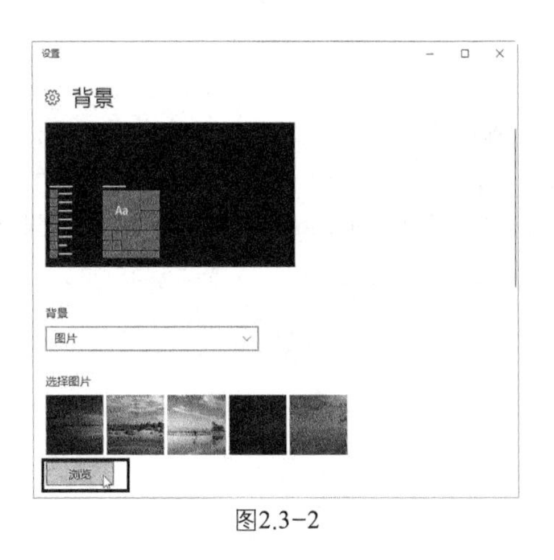

图2.3-2

❸ 弹出【打开】对话框，在其中选择想要设置为背景的图片，单击 选择图片 按钮，如图2.3-3所示。

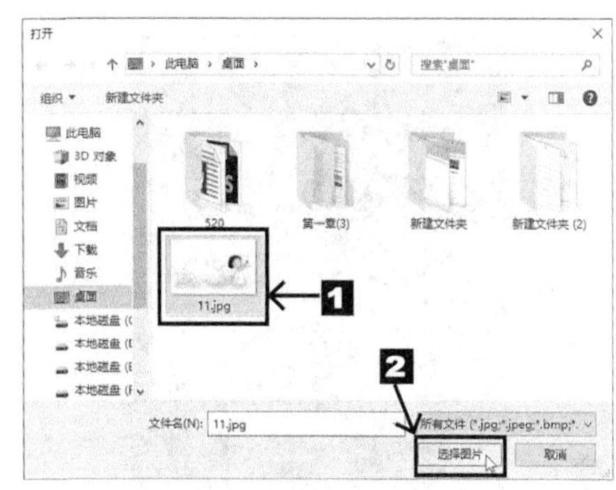

图2.3-3

❹ 返回【设置】对话框，可以在【预览】区域查看设置后的效果，如图2.3-4所示。

图2.3-4

2.4 Microsoft 账户的设置与应用

"Microsoft 账户"是以前的"Windows Live ID"的新名称。Microsoft 账户可以用于登录Hotmail、OneDrive、Windows Phone 或 Xbox LIVE 等，本节将介绍Microsoft 账户的设置与应用。

2.4.1 注册 Microsoft 账户

如果用户想要使用 Microsoft 账户管理电脑，首先需要做的就是在电脑上注册和登录Microsoft 账户，注册 Microsoft 账户的具体操作步骤如下。

扫码看视频

❶ 单击【开始】按钮，在弹出的界面中单击【登录用户】选项，然后在弹出的快捷菜单中单击【更改账户设置】选项，如图2.4−1所示。

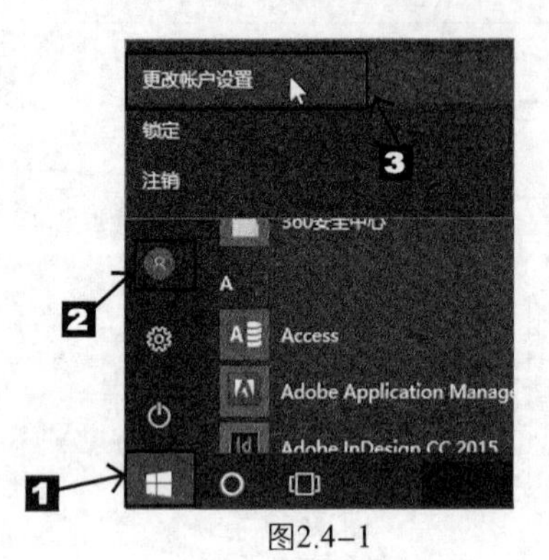

图2.4−1

❷ 弹出【设置】对话框，在该对话框中单击【电子邮件和应用账户】选项，如图2.4−2所示。

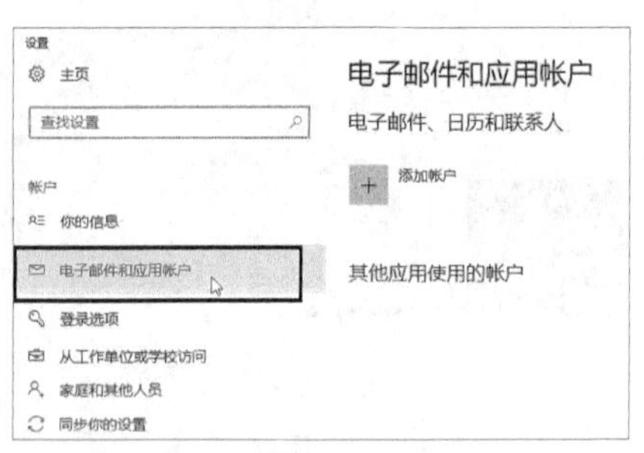

图2.4−2

❸ 单击【电子邮件、日历和联系人】下方的【添加账户】选项，如图2.4−3所示。

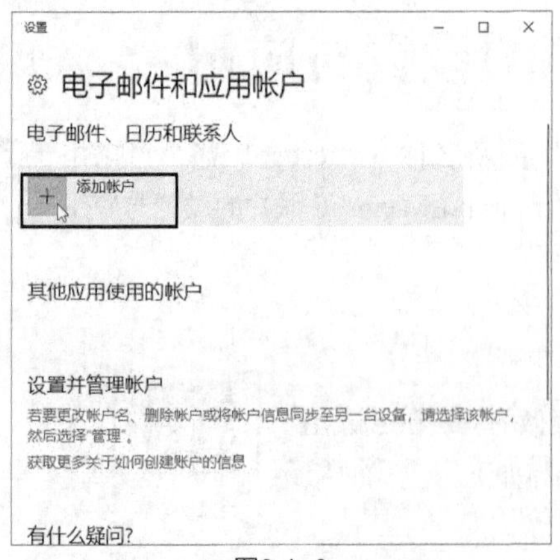

图2.4−3

❹ 弹出【添加账户】对话框，这里选择【Outlook.com】选项，如图2.4−4所示。

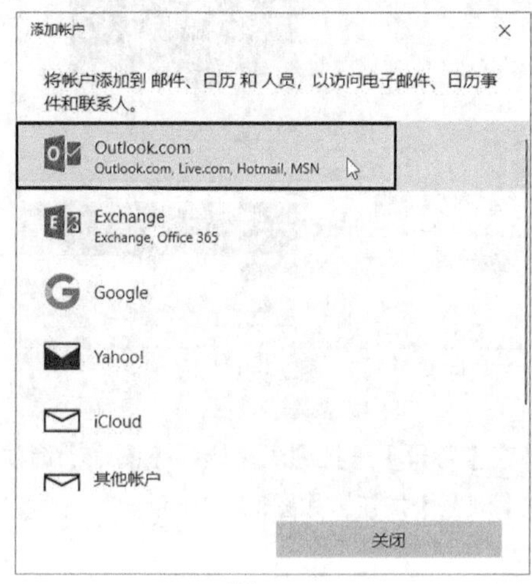

图2.4−4

❺ 弹出【添加你的Microsoft 账户】对话框，在该对话框中可以输入Microsoft 账户的账号和密码。如果没有Microsoft 账户，则需要单击【没有账户？创建一个！】选项，如图2.4−5所示。

图2.4−5

❻ 弹出【让我们来创建你的账户】对话框，在该对话框中输入账户信息，单击【下一步】按钮，如图2.4−6所示。

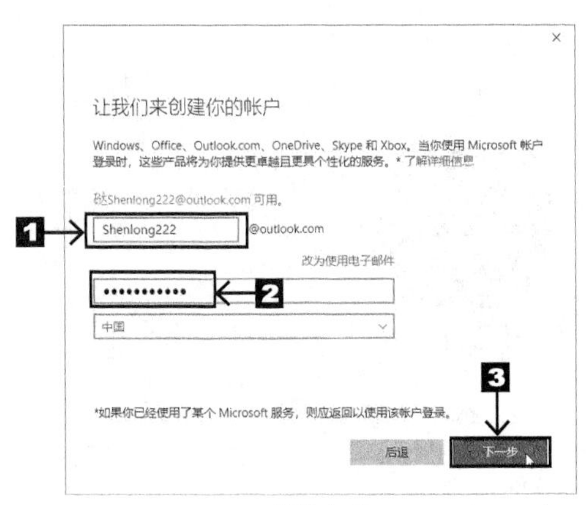

图2.4-6

❼ 弹出【帮助我们保护你孩子的信息】对话框，在该对话框中输入手机号码，单击【下一步】按钮，如图2.4-7所示。

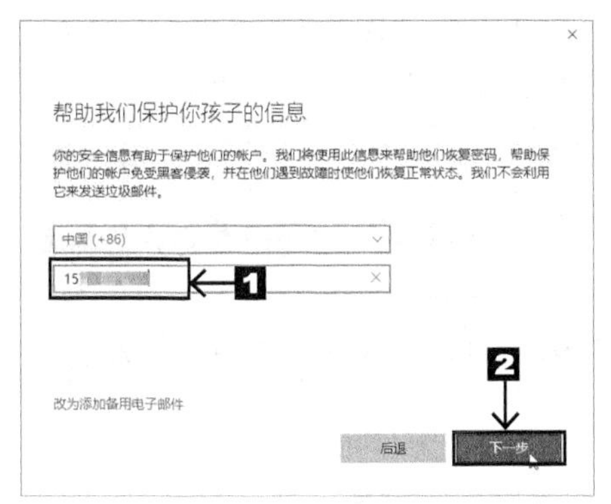

图2.4-7

❽ 弹出【查看与你相关度最高的内容】对话框，在该对话框中查看相关说明信息，单击【下一步】按钮，如图2.4-8所示。

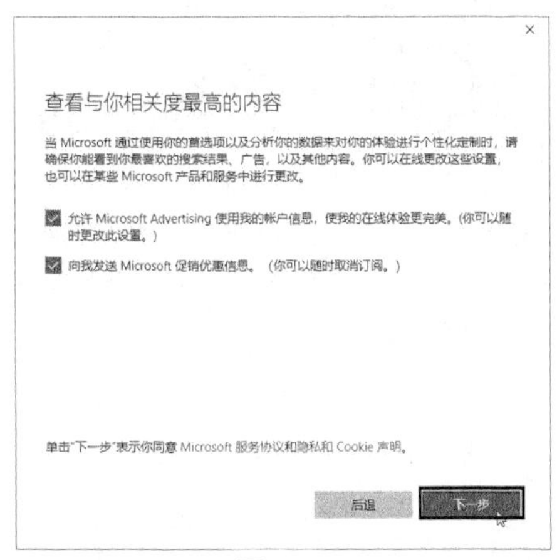

图2.4-8

❾ 弹出【添加账户】对话框，显示“正在创建账户”，如图2.4-9所示。

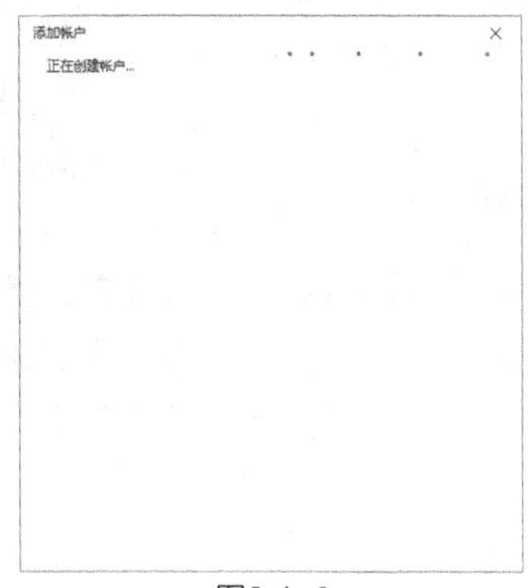

图2.4-9

❿ 当【添加账户】对话框显示“你的账户已成功设置。”时，单击【完成】按钮，如图2.4-10所示。

图2.4-10

⓫ 使用创建好的Microsoft 账户登录即可，如图2.4-11所示。

图2.4-11

2.4.2 设置账户头像

不管是Microsoft 账户还是本地账户，用户都可以对头像进行自定义设置，设置账户头像的具体操作步骤如下。

❶ 打开【设置】对话框，单击【账户信息】选项，在右侧【创建你的头像】下选择创建头像的方式，这里选择【从现有图片中选择】超链接，如图2.4-12所示。

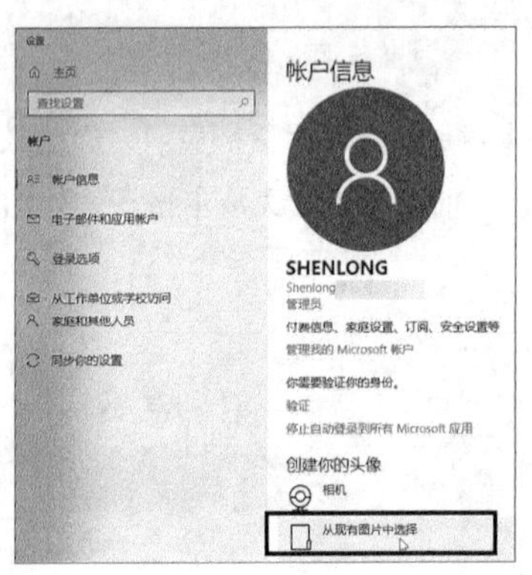

图2.4-12

❷ 弹出【打开】对话框，在该对话框中选择想要作为头像的图片，单击 选择图片 按钮，如图2.4-13所示。

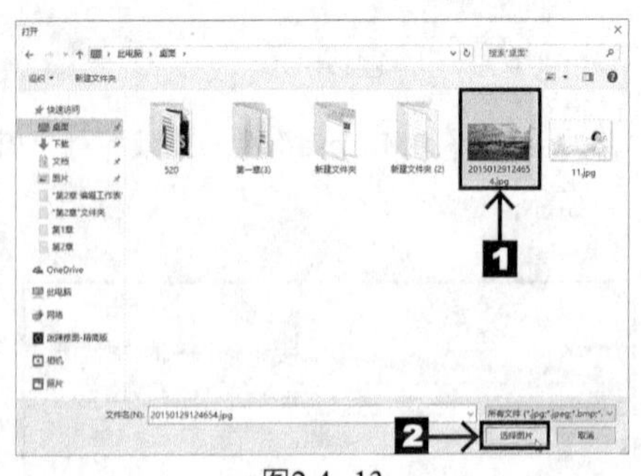

图2.4-13

❸ 返回【设置】对话框，设置后的效果如图2.4-14所示。

图2.4-14

2.4.3 设置账户登录密码

用户可以设置账户登录密码对电脑进行密码保护，下面介绍更改密码的方法。

❶ 在此电脑上使用Microsoft 账户登录后，打开【设置】对话框。在该对话框中单击【登录选项】选项，然后单击 更改 按钮，如图2.4-15所示。

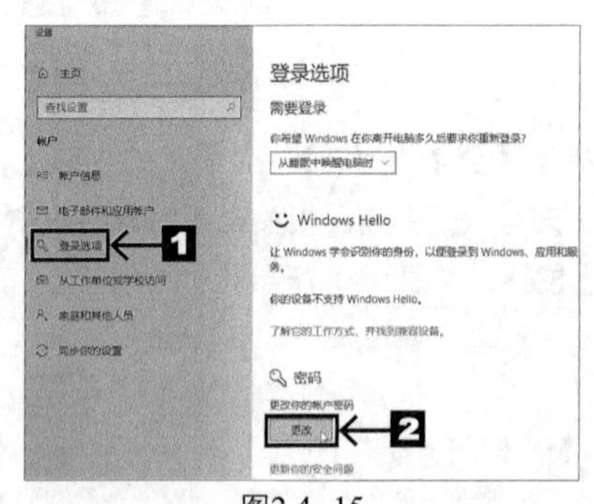

图2.4-15

❷ 弹出【更改密码】对话框，在该对话框中输入当前密码。输入完毕后，单击 下一步 按钮，如图2.4-16所示。

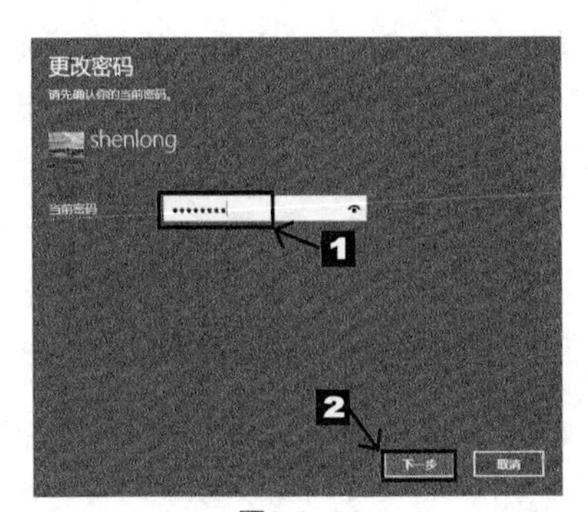

图2.4-16

❸ 弹出【更改密码】对话框，在该对话框中输入想要设置的新密码和密码提示。输入完毕后单击 下一步 按钮，如图2.4-17所示。

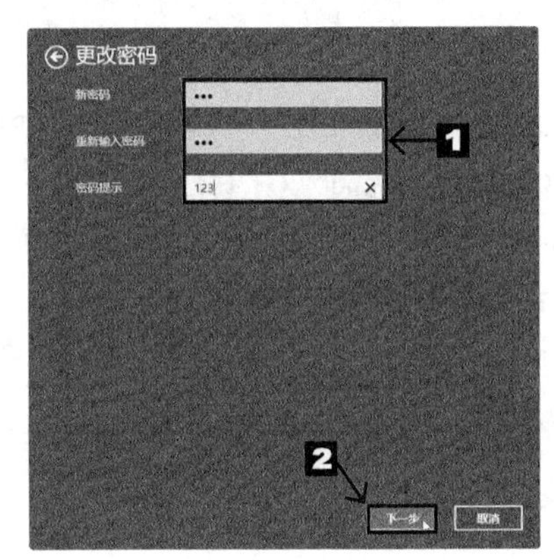

图2.4-17

❹ 弹出【更改密码】对话框，提示用户下次登录时，请使用新密码。单击 完成 按钮，即可完成密码的更改，如图2.4-18所示。

图2.4-18

2.4.4 设置 PIN 密码

PIN码，全称Personal Identification Number，即个人识别码。在Windows 10操作系统中，PIN码表示仅与本机相关联的密码。它与Microsoft账户密码相互独立，可作为Windows 10操作系统的附加登录方式。下面介绍设置PIN 码的具体操作步骤。

扫码看视频

1. 添加PIN码

❶ 打开【设置】对话框，在该对话框中单击【登录选项】选项，然后单击“PIN”文字下方的【添加】按钮，如图2.4-19所示。

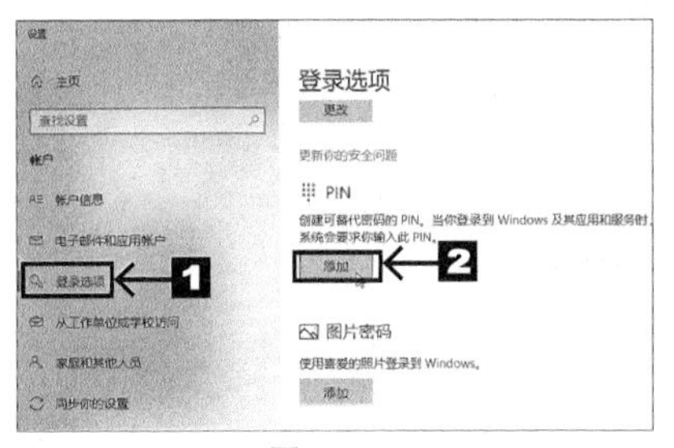

图2.4-19

❷ 弹出提示对话框，提示用户验证账户密码。在密码文本框中输入当前账户的密码，然后单击【确定】按钮，如图2.4-20所示。

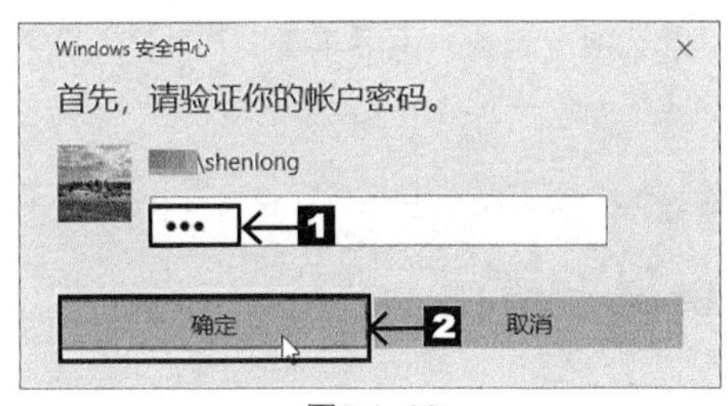

图2.4-20

❸ 弹出【设置 PIN】对话框，在该对话框中输入想要设置的 PIN密码，然后单击【确定】按钮，如图2.4-21所示。

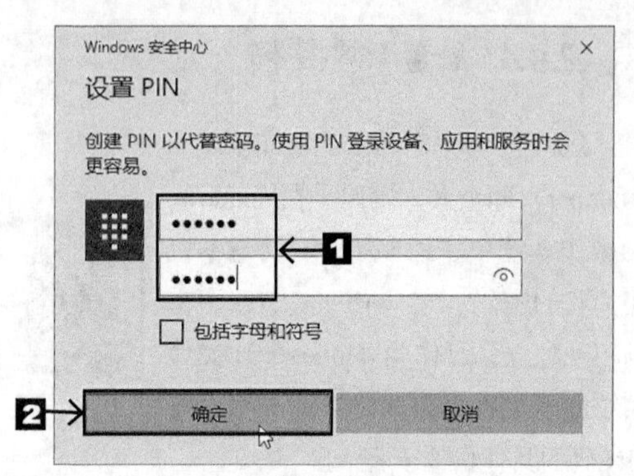

图2.4-21

❹ 返回【设置】对话框，可以看到PIN码已经设置完成了，如图2.4-22所示。

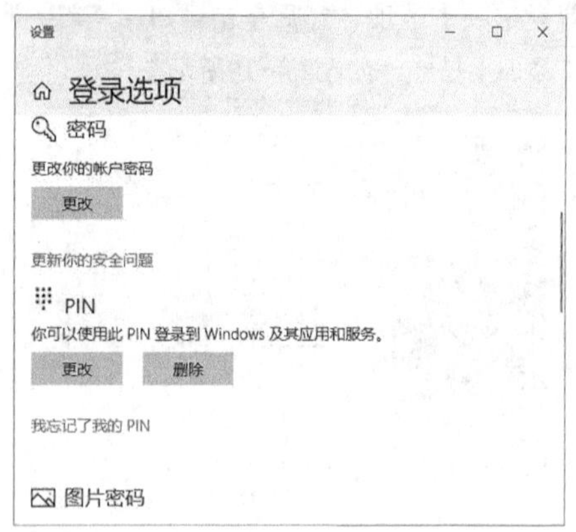

图2.4-22

2. 更改与删除PIN码

❶ 打开【设置】对话框，在该对话框中单击【登录选项】选项，然后单击“PIN”文字下方的 更改 按钮，如图2.4-23所示。

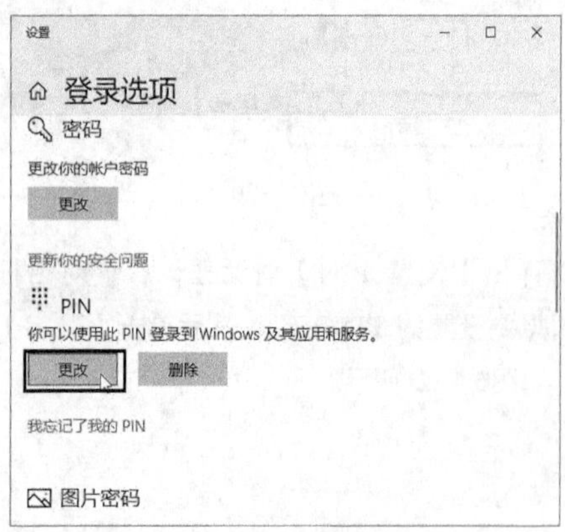

图2.4-23

❷ 弹出【更改PIN】对话框，在该对话框中输入原密码和想要更改的密码，再单击【确定】按钮，如图2.4-24所示。

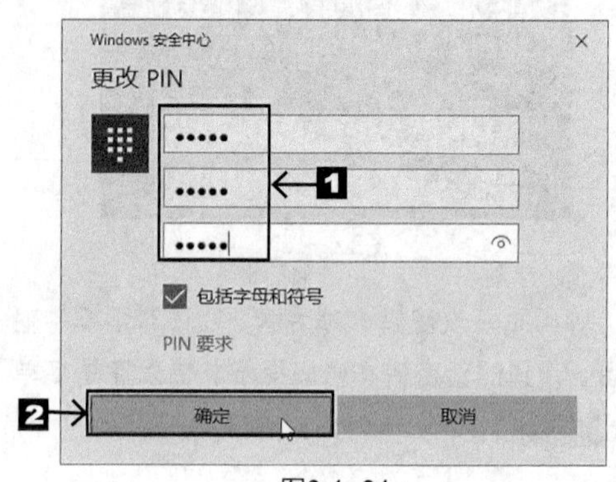

图2.4-24

❸ 如果想要删除 PIN 码，则需单击“PIN”文字设置区域下方的 删除 按钮，如图2.4-25所示。

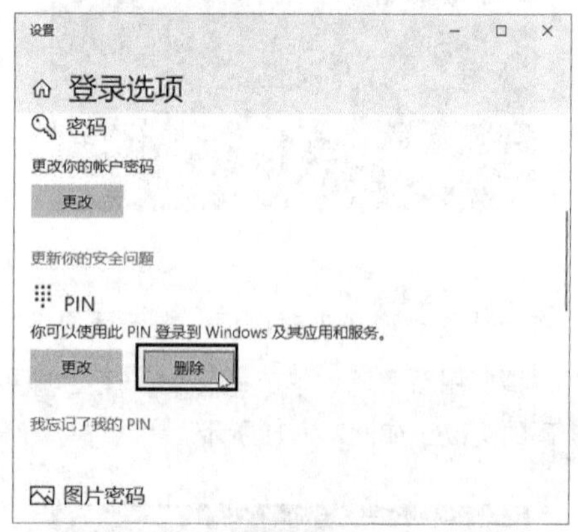

图2.4-25

❹ 在“PIN”文字下方显示出提示，提示用户是否确定要删除PIN，单击 删除 按钮，如图2.4-26所示。

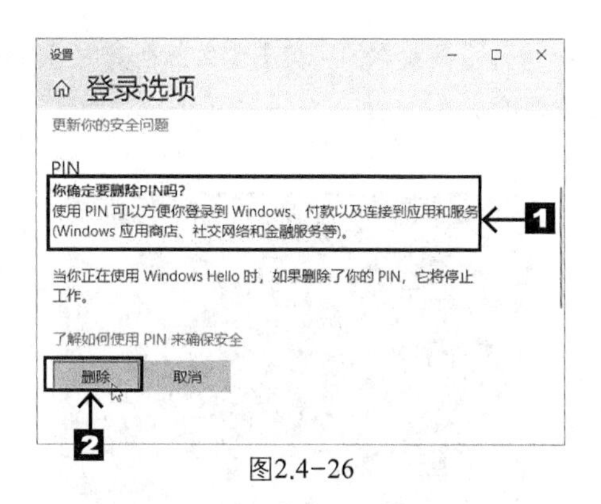

图2.4-26

❺ 弹出【Windows安全中心】对话框，提示用户“首先，请验证你的账户密码。”在密码文本框中输入当前账户的密码，单击【确定】按钮，如图2.4-27所示。

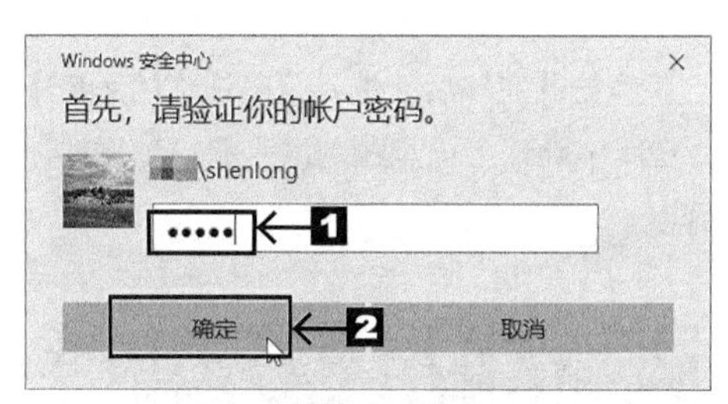

图2.4-27

❻ 返回【设置】对话框，可以看到已经将 PIN 码删除了，如图2.4-28所示。

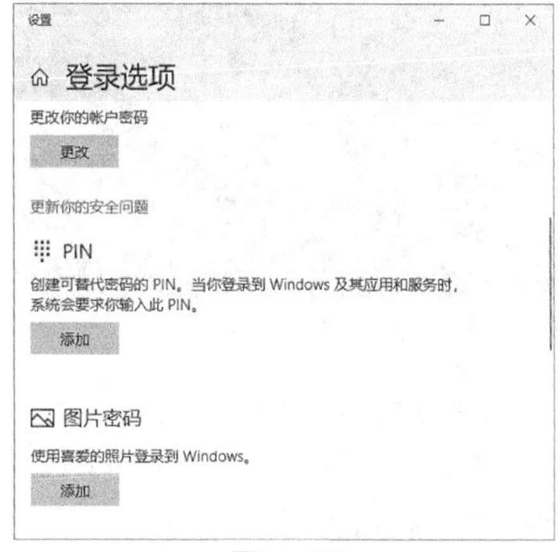

图2.4-28

2.4.5 使用图片密码

图片密码是一种帮助用户保护电脑的全新方法。要想使用独一无二的图片密码，用户需要选择图片并在图片上画出各种手势。创建图片密码的具体操作步骤如下。

❶ 打开【设置】对话框，在该对话框中单击【登录选项】选项，然后单击“图片密码”下方的 添加 按钮，如图2.4-29所示。

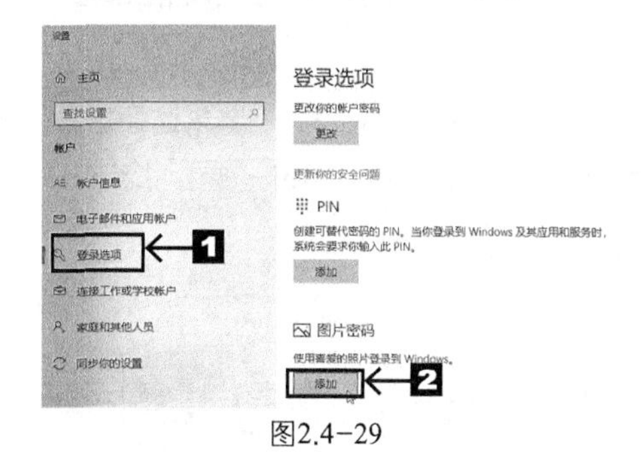

图2.4-29

❷ 弹出【创建图片密码】对话框，在该对话框中输入账户登录密码，然后单击【确定】按钮，如图2.4-30所示。

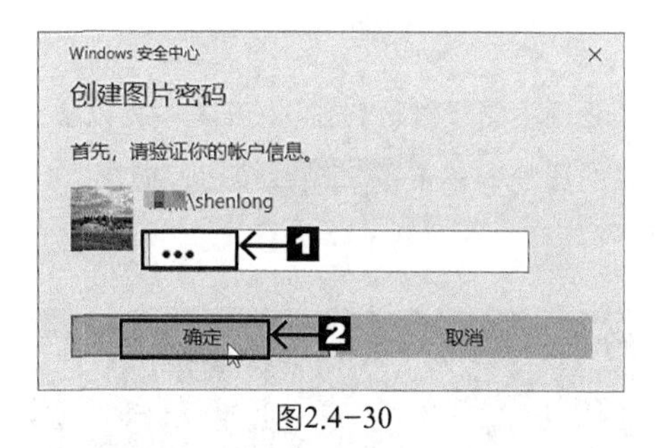

图2.4-30

❸ 进入【图片密码】窗口，单击 选择图片 按钮，如图2.4-31所示。

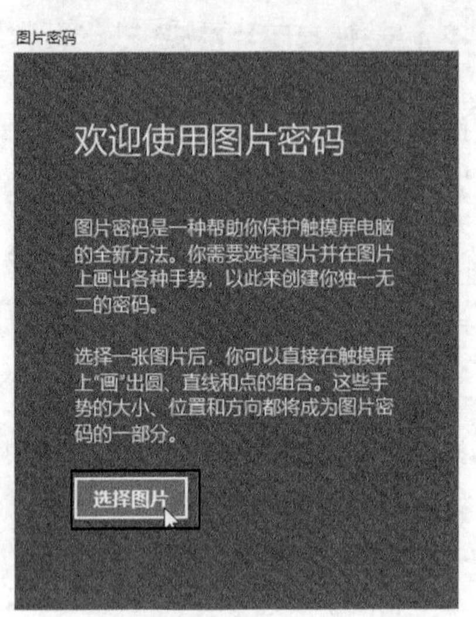

图2.4-31

❹ 弹出【打开】对话框，在其中选择想要用于创建图片密码的图片，单击 打开(O) 按钮，如图2.4-32所示。

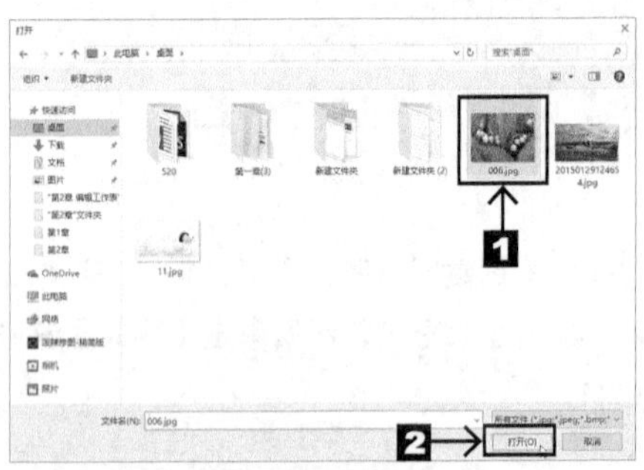

图2.4-32

❺ 返回【图片密码】窗口，在其中可以看到添加好的图片，单击 使用此图片 按钮，如图2.4-33所示。

图2.4-33

❻ 进入【设置你的手势】窗口，在其中通过拖动鼠标绘制手势，如图2.4-34所示。

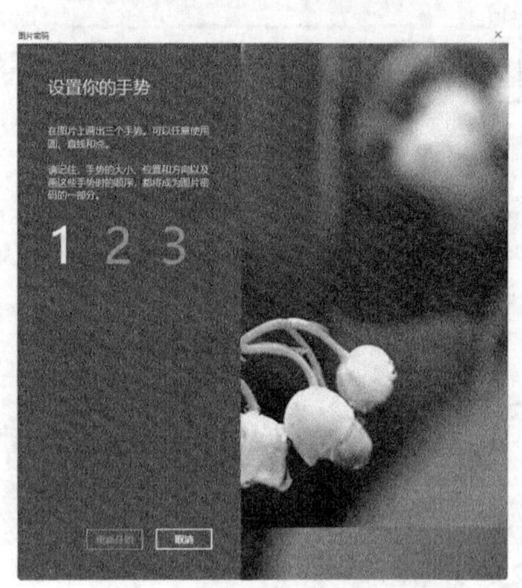

图2.4-34

❼ 手势绘制完毕后，进入【确认你的手势】窗口，在其中确认上一步绘制的手势，如图2.4-35所示。

图2.4-35

❽ 手势确认完毕后，系统会提示用户已经成功创建了图片密码，下次登录 Windows 时请使用这个密码。单击 完成 按钮，如图2.4-36所示。

图2.4-36

❾ 返回【设置】对话框，可以看到“图片密码”下方的【添加】按钮已经消失了，说明图片密码已经添加完成了，如图2.4-37所示。

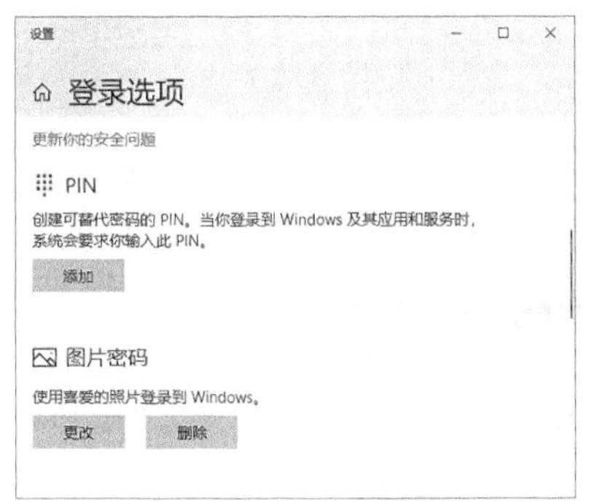

图2.4-37

❿ 如果用户想要删除图片密码，只需单击“图片密码”下方的【删除】按钮即可，如图2.4-38所示。

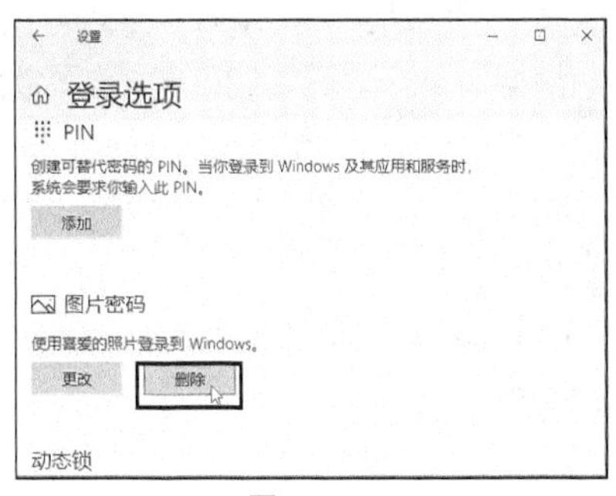

图2.4-38

2.4.6 取消账户登录密码

使用账户登录后，每次登录都需要使用密码，如果用户觉得没有必要，可以取消登录密码，下面就来介绍取消账户登录密码的具体操作步骤。

❶ 在【开始】按钮上单击鼠标右键，在弹出的快捷菜单中选择【运行】选项，如图2.4-39所示。

图2.4-39

❷ 弹出【运行】对话框，在【打开】文本框中输入“netplwiz”，然后单击【确定】按钮，如图2.4-40所示。

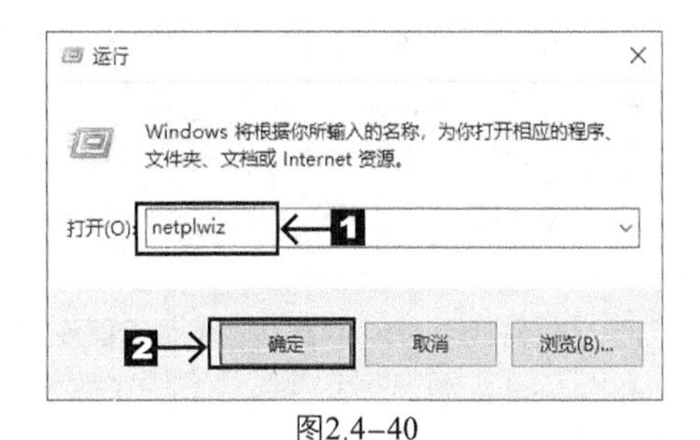

图2.4-40

❸ 弹出【用户账户】对话框，在其中取消选中【要使用本计算机，用户必须输入用户名和密码（E）】复选框，单击【确定】按钮，如图2.4-41所示。

图2.4-41

❹ 弹出【自动登录】对话框，在该对话框中输入用户名和密码，单击【确定】按钮，如图2.4-42所示。

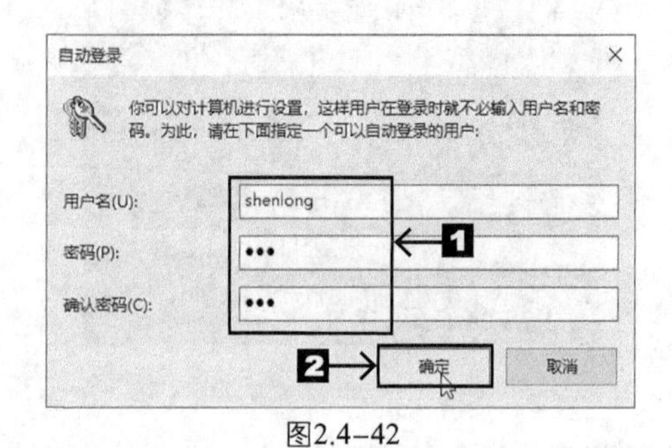

图2.4-42

❺ 重启电脑后，就可以不用输入密码而自动登录到操作系统中了。

2.5 常见疑难问题解析

问：电脑个性化设置未响应怎么办？

答：首先按【Ctrl】+【Alt】+【Delete】组合键打开相应界面，选择【任务管理器】选项，启动任务管理器。在任务管理器界面，能看到进行了个性化设置的应用程序是否响应。关闭未响应的应用程序，然后重新进行相关的个性化设置。

问：电脑无法启动怎么办？系统完全不能启动，电源指示灯不亮，也听不到冷却风扇的声音。

答：遇到这种情况，首先应查看各线路是否接好，电源线是否松动，如果没有则基本可以确定是电源部分故障。然后检查电源线和插座是否有电，主板电源插头是否连好，UPS是否正常供电，以此确认电源是否有故障。

问：电源指示灯亮，风扇转，但显示器没有明显的系统动作怎么办？

答：如果是使用了使用时间较长的电脑，可能是内存条松动或灰尘太多导致的。遇到这种情况，可以将内存条取出，清理后再安装上去，通常问题可以解决。

2.6 课后习题

（1）在电脑中选择一张照片，将其设置为桌面背景，如图2.6-1所示。

（2）设置动态锁屏界面，如图2.6-2所示。

图2.6-1

图2.6-2

第3章 电脑打字轻松学

本章内容简介

学电脑当然要学会打字，用电脑写日记、上网聊天、发表日志都要以会打字为基础，如何快速打字也是有秘诀的。本章主要介绍键盘的使用方法、如何使用输入法来输入汉字和如何管理电脑中的输入法等。

学完本章读者能做什么

通过对本章的学习，读者能熟练掌握各种输入法的使用等。

学习目标

- 电脑打字的输入工具——键盘
- 输入法的管理
- 使用拼音输入法

3.1 电脑打字的输入工具——键盘

键盘是电脑重要的输入工具，通过它可以输入各种字符、数字等，以实现的人机交流。

3.1.1 键盘的组成

在操作电脑时，键盘是最常用的工具。根据键盘按键的功能可将按键区划分为功能键区、主键盘区、编辑键区、数字键区和指示灯区，如图3.1–1所示。

下面介绍键盘中各键区的分布与主要按键的作用。

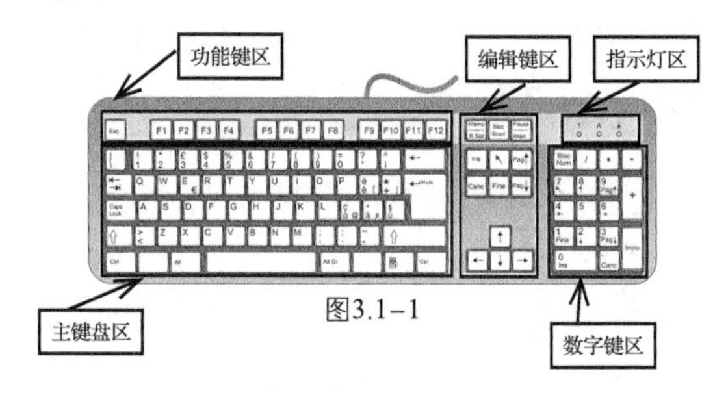

图3.1–1

1. 功能键区

功能键区位于键盘的最顶端，包括【F1】键~【F12】键及【Esc】键，主要功能是完成一些特殊的任务和工作。

【Esc】键

该键被称为“取消键”，主要功能是退出当前的环境、终止某些程序的运行；也可以用于取消正在执行的命令，返回到原菜单。

【F1】键~【F12】键

一般【F1】键~【F12】键的功能因应用软件的不同而有所区别。例如，在程序窗口中按【F1】键可以获取该程序的使用帮助。

2. 主键盘区

主键盘区是平时使用最频繁的区域，由字母键、数字键和特殊字符键、控制键等组成。

字母键

字母键共26个，在键面上是A~Z这26个英文字母，用于输入英文字母和汉字。例如在英文状态下按某个字母键即可输入相应的字母。

数字键和特殊字符键

数字键和特殊字符键位于字母键的上方，每个键面上都标有数字和特殊字符两种符号。位于键面上部的符号称为上挡符号，位于键面下部的符号称为下挡符号。在输入汉字时，数字键还可以用于选择相应的汉字。

控制键

控制键主要有【Tab】键、【Caps Lock】键、【Ctrl】键、【Alt】键、【Enter】键、【Backspace】键、【Shift】键和空格键。

（1）【Tab】键又称“制表键”，每按一次该键，光标就会右移一个制表位，常通过此操作来使文字格式对齐。

（2）【Caps Lock】键用于锁定大小写字母。按下该键后键盘指示灯区的Caps Lock指示灯亮，此时可以输入大写字母。再按一次【Caps Lock】键，Caps Lock指示灯熄灭，此后输入的是小写字母。

（3）【Ctrl】键与其他的键组合可以完成特定的功能。例如，按【Ctrl】+【A】组合键可以将某些对象全部选中；按【Ctrl】+【S】组合键可以对文档进行保存；按【Ctrl】+【C】组合键可以对选中的对象进行复制。

（4）【Alt】键也要和其他键配合才能实现某些特定的功能，但在不同的工作环境中其具体功能也有所不同。如按【Alt】+【F4】组合键可以关闭当前窗口。

（5）【Enter】键也被称为“回车键”。它有两个作用，一是确认并执行输入的命令；二是在录入文字结束时，按下此键用于强制性换行。

（6）【Backspace】键又称为“退格键”，每单击一次该键，就会清除光标左侧位置的字符。

（7）【Shift】键又称为“换挡键”，该键可以实现大小写字母的切换、数字键和特殊字符键键面上特殊字符的输入。例如，按住【Shift】键的同时再按【A】键将会输入大写字母“A”；按住【Shift】键的同时按数字键【7】键，可以输入“&”等。此外，按【Shift】键可以实现中英文之间的切换。按【Shift】+【F3】组合键会将选中的对象在全部大写、全部小写和首字母大写三者之间进行切换。

（8）空格键位于键盘的下方，它是整个键盘中最长且无字符标识的一个键。按一次此键可输入一个空格，同时光标向右移动一个字符。

3. 编辑键区

该键区位于主键盘区的右侧，它由特定功能键和方向键组成。编辑键区的主要功能是实现对光标的移动和对文档的处理。

【Print Screen Sys Rq】键

该键被称为屏幕复制键，按此键可以将当前的整个屏幕以图像的形式复制到剪贴板。

【Scroll Lock】键

该键被称为屏幕锁定键，按此键可以使当前的屏幕停止滚动。

【Pause Break】键

该键被称为暂停键，按此键可暂停正在执行的命令或正在运行的应用程序，直到再按下键盘中的任意一个键方可继续执行或运行。若按【Ctrl】+【Pause Break】组合键，可强行中断命令的执行或程序的运行。

【Insert】键

该键被称为插入键，按此键将会从改写状态切换到插入状态，输入的字符将会显现在光标所在处。再次按【Insert】键将从插入状态切换到改写状态，输入的字符将会覆盖在光标所在处后面的字符。

【Home】键

按该键可以将光标移动到所在行文字的开头，所以称为行首键。

【End】键

按该键可以将光标移动到所在行文字的结尾，所以称为行尾键。

【PageUp】键

该键用于翻页，按此键将显示当前页的上一页的信息。

【PageDown】键

该键也是用于翻页，按此键将显示当前页的下一页的信息。

【Delete】键

该键被称为删除键，其作用是删除文件和删除光标右侧的字符，并使光标后面的字符前移。

方向键

按【←】键光标将会左移一个字符位；按【→】键光标将会右移一个字符位；按【↑】键光标将会上移一行；按【↓】键光标下移一行。此外，方向键和其他键组合使用可以实现某些特定的功能，如方向键和【Ctrl】键组合使用可以将选中的非嵌入式图像进行微移。

4. 数字键区

数字键区和指示灯区合称为“小键盘区”，其功能是方便用户快速输入数字。使用数字键区时，只有该区的【Num Lock】键被按下，Num Lock指示灯亮时，才表示此时为数字状态。当再次按此键后，Num Lock指示灯熄灭，此时它们和编辑键区对应键具有相同的功能，如【Del】键此时和【Delete】键功能一样。

5. 指示灯区

指示灯区从左至右顺序分别为数字锁定指示灯 Num Lock、英文字母大小写转换指示灯 Caps Lock 和屏幕锁定指示灯 Scroll Lock，按下特定的键后指示灯才会亮。

Num Lock指示灯

该指示灯由【Num Lock】键控制，此灯亮表示小键盘区的数字键处于可用状态；否则数字键被锁定，数字键只能作为光标键。

Caps Lock指示灯

该指示灯由【Caps Lock】键控制，此灯亮则表示当前处于英文字母大写输入状态；否则处于英文字母小写输入状态。

Scroll Lock指示灯

该指示灯由【Scroll Lock】键控制，此灯亮时表示可以用方向键控制屏幕显示的文件；指示灯灭则表示上述功能解除。

3.1.2 键盘指法的正确分工

使用键盘时遵循一定的规则，打字才能又快又准。打字时应先将手指放置在键盘的基准键位上，这些基准键位是指【A】键、【S】键、【D】键、【F】键、【J】键、【K】键、【L】键、【;】键等8个键。【F】键和【J】键称为定位键，键上有个小横杠，便于用户迅速找到这两个键，将左、右食指分别放在【F】键和【J】键上，其余3个手指依次放下就能找准基准键位，左、右手的两个大拇指则应轻放在空格键上。如图3.1–2所示。

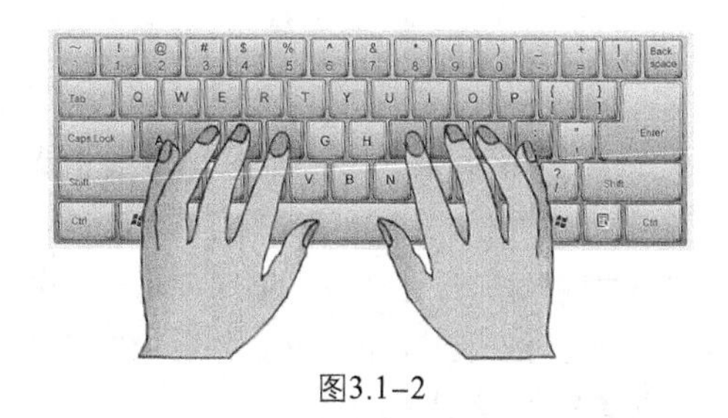

图3.1–2

3.1.3 敲击键盘时的注意事项

在击键时保持正确的姿势有利于手部的健康，在击键过程中应掌握以下几点正确的键盘操作方法。

（1）用指尖部位击键，不要用指甲击键。

（2）击键时伸出手指要果断、迅速，击过之后要手指习惯性地放回各自原来的位置上。这样可以使得敲击其他键时移动的平均距离最短，便于提高击键速度。

（3）击键时力度要适当，力度过大声音会太响。不但会缩短键盘的使用寿命，而且人也容易疲劳。力度太小则不能有效地击键，而且会使差错增多。击键时手指不应抬得过高，否则击键时间与恢复时间都太长，会影响输入的速度。初学者要熟记键盘和各个手指分管的键位，这对用户使用键盘时能否达到操作自如的程度是至关重要的。各个手指一定要各司其职，千万不可“越俎代庖”。良好的打字习惯必须从基础做起，否则以后很难纠正。

（4）为了更好地掌握击键方法，请按5字歌练习：手腕要平直，手臂贴身体；手指稍弯曲，指头键中央；输入才击键，按后往回放；拇指按空格，千万不能忘；眼不看键盘，忘记想一想；速度要平均，力量不可大。

3.2 输入法的管理

输入法是指为了将各种符号输入计算机或其他设备而采用的编码方法。中文输入法编码可分为音码、形码、音形码、无理码等类型。

3.2.1 添加输入法

在安装好Windows 10操作系统后，系统中就已经自带了几种输入法，如微软拼音输入法、简体中文全拼输入法等，用户可以直接使用这些输入法。用户也可安装其他输入法，如搜狗拼音输入法、五笔字型输入法等。

根据上文所述，输入法分为系统自带的和非系统自带的两种，两者的添加方法是不同的。

扫码看视频

1. 添加系统自带的输入法

下面以添加微软五笔输入法为例进行介绍，具体操作步骤如下。

❶ 单击桌面右下角的【输入法】按钮，在弹出的列表中单击【语言首选项】选项，如图3.2-1所示。

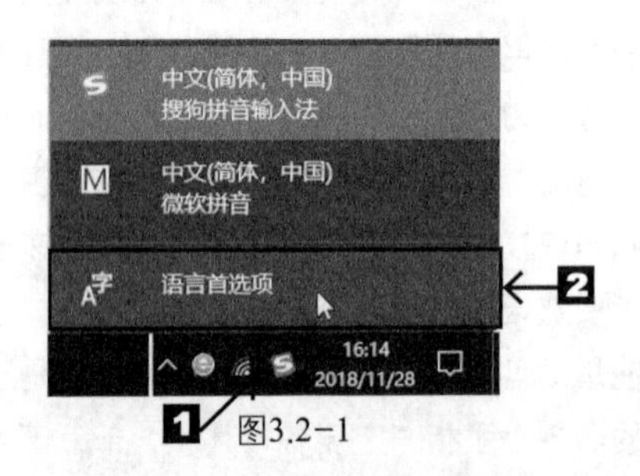

图3.2-1

❷ 打开【设置】对话框，选择【区域和语言】选项，然后单击"中文（中华人民共和国）"文字下方的【选项】按钮，如图3.2-2所示。

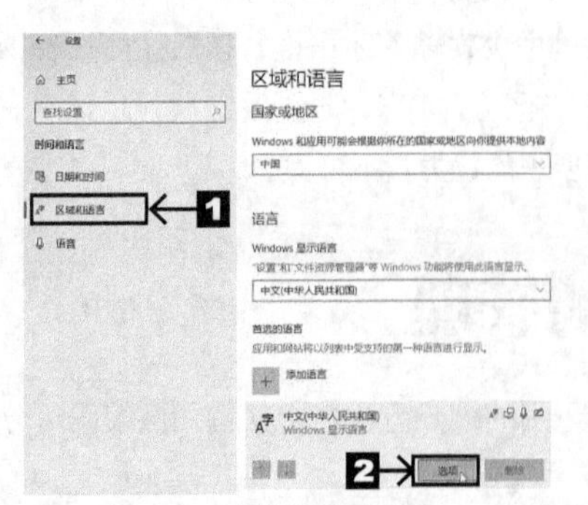

图3.2-2

❸ 在【设置】对话框的【键盘】组中选择【添加键盘】选项，如图3.2-3所示。

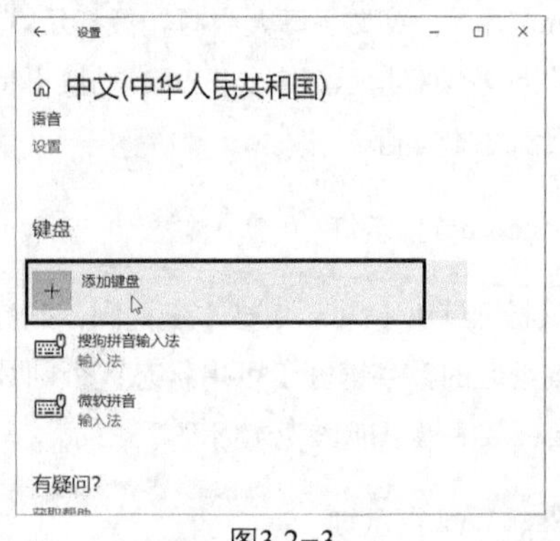

图3.2-3

❹ 在弹出的列表中选择【微软五笔】选项，如图3.2-4所示。

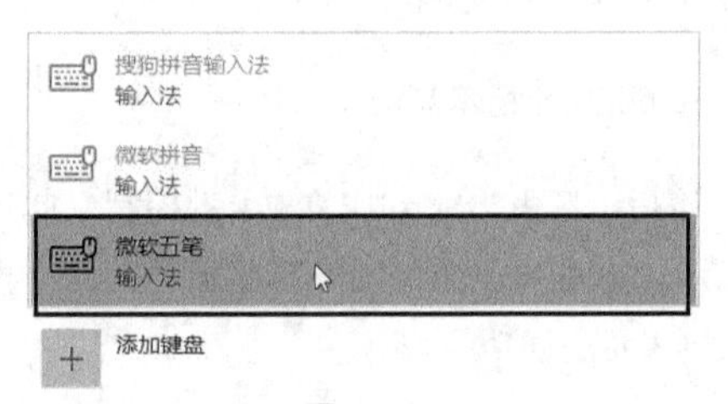

图3.2-4

❺ 在【键盘】组中可以看到添加的【微软五笔】选项，如图3.2-5所示。

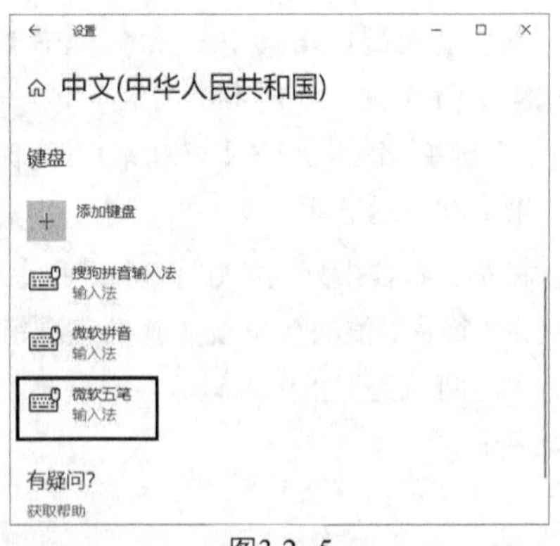

图3.2-5

❻ 返回桌面，单击【输入法】按钮，在弹出的列表中可以看到微软五笔输入法已经添加完成了，如图3.2-6所示。

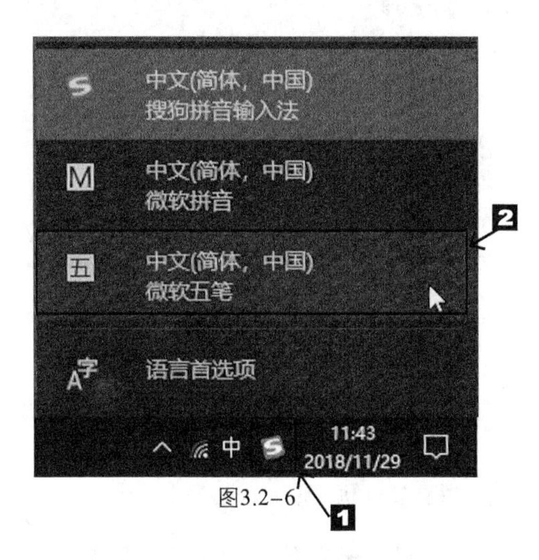

图3.2-6

2. 添加非系统自带的输入法

下面以添加QQ拼音输入法为例进行介绍，具体操作步骤如下。

❶ 从网上下载【QQ拼音输入法】安装程序，双击【QQ拼音输入法】安装程序图标，如图3.2-7所示。

图3.2-7

❷ 弹出【QQ拼音输入法】对话框，单击【自定义安装】按钮，如图3.2-8所示。

图3.2-8

❸ 弹出【QQ拼音输入法】对话框，单击【更改目录】按钮，如图3.2-9所示。

图3.2-9

❹ 弹出【浏览文件夹】对话框，在【修改安装路径】导航窗格中选择合适的安装位置，单击【确定】按钮，如图3.2-10所示。

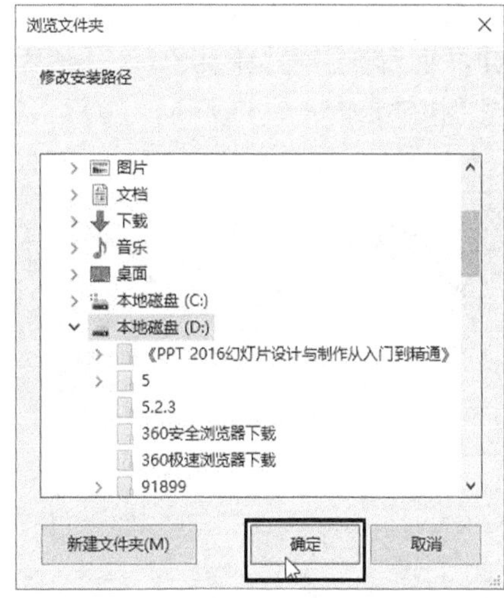

图3.2-10

❺ 返回【QQ拼音输入法】对话框，选中【已阅读和同意用户使用协议 隐私政策】复选框，然后单击【立即安装】按钮，如图3.2-11所示。

图3.2-11

❻ 开始安装QQ拼音输入法，并且可以看到安装进度如图3.2-12所示。

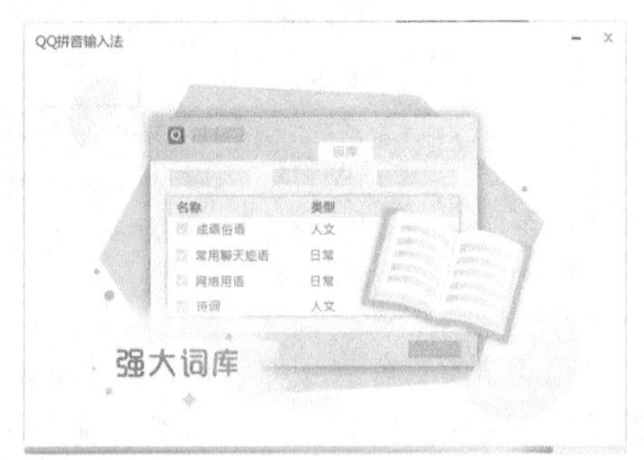

图3.2-12

❼ 安装完成后，弹出【QQ拼音输入法】对话框。用户可以撤选不希望使用的功能，然后单击【完成】按钮，如图3.2-13所示。

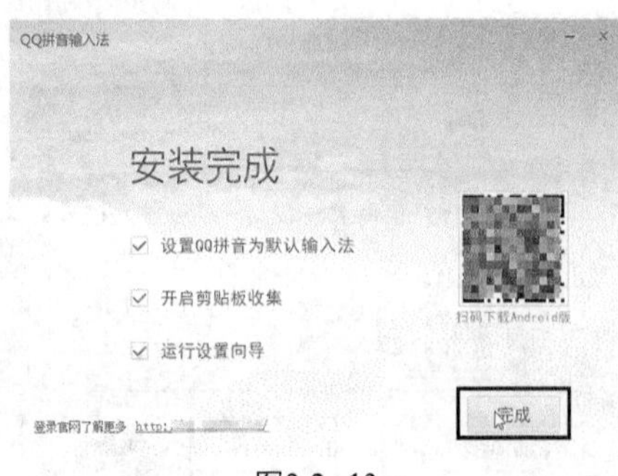

图3.2-13

❽ 弹出【设置向导】对话框，根据需求依次进行设置，如图3.2-14所示。

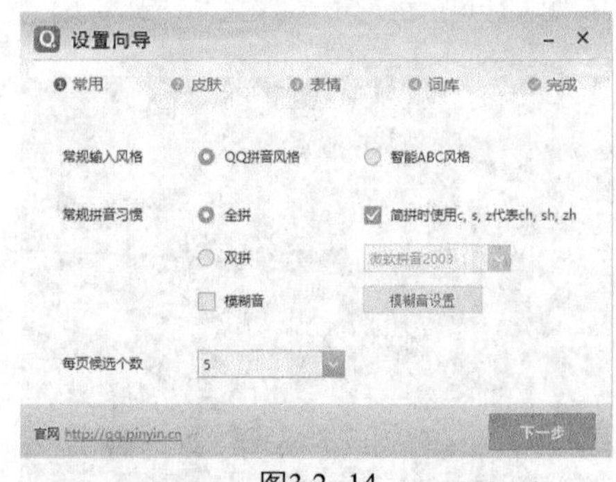

图3.2-14

❾ 返回桌面，单击【输入法】按钮，在弹出的列表中可以看到已经将QQ拼音输入法添加上去了，如图3.2-15所示。

图3.2-15

3.2.2 删除输入法

如果输入法列表中的某些输入法不常使用，用户可以将其删除。这样在输入法列表中就会只显示常用的输入法，在选择输入法时更加方便、简洁。删除输入法的具体操作步骤如下。

❶ 单击【输入法】按钮，在弹出的列表中选择【语言首选项】选项，如图3.2-16所示。

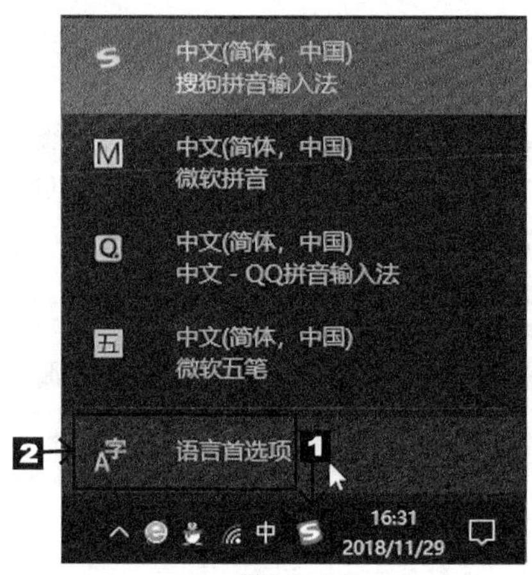

图3.2-16

❷ 弹出【设置】对话框，选择【区域和语言】选项，单击“中文（中华人民共和国）”文字下方的 选项 按钮，如图3.2-17所示。

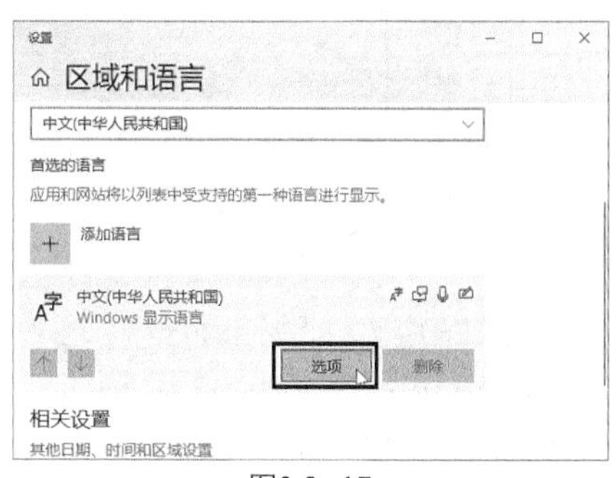

图3.2-17

❸ 在【设置】对话框的【键盘】组中单击想要删除的输入法，这里单击【中文-QQ拼音输入法】选项，然后单击 删除 按钮，如图3.2-18所示。

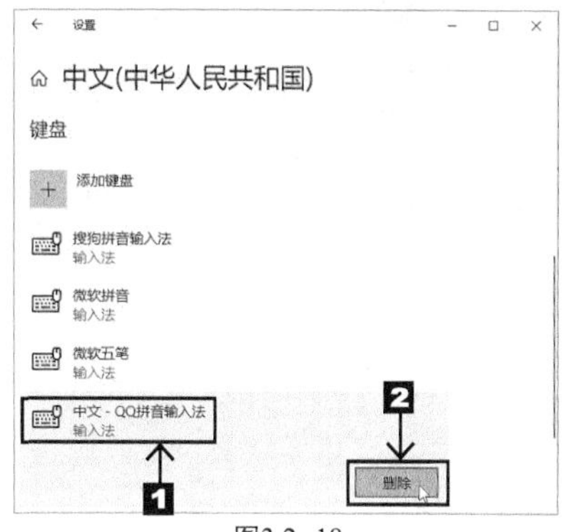

图3.2-18

❹ 可以看到选中的【中文-QQ拼音输入法】已被删除，如图3.2-19所示。

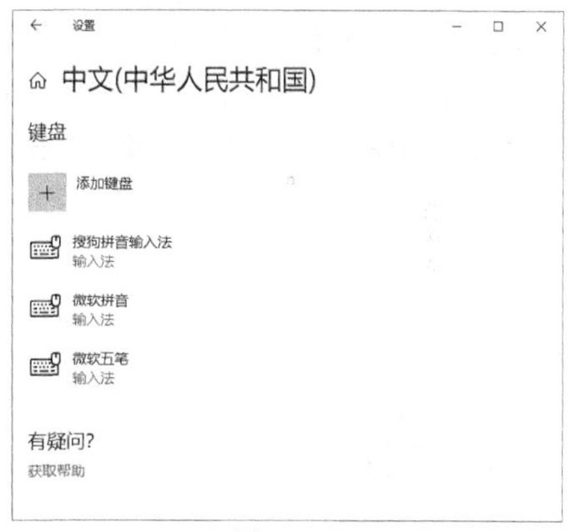

图3.2-19

3.3 使用拼音输入法

拼音输入法是一种常见的输入方法，它是按照拼音规则来输入汉字的，不需要特殊记忆，只要会拼音就可以输入汉字。

扫码看视频

3.3.1 全拼输入

全拼输入是指输入要打的字的拼音的所有字母，如输入“学习”，则需要输入拼音“xuexi”。下面以在搜狗输入法中设置全拼输入为例进行介绍，具体操作步骤如下。

❶ 在搜狗输入法状态条上单击鼠标右键，在弹出的快捷菜单中选择【属性设置】选项，如图3.3−1所示。

图3.3−1

❷ 弹出【属性设置】对话框，在左侧列表中选择【常用】选项，在右侧的【输入习惯】组中选中【全拼】单选钮，即可开启全拼输入模式，如图3.3−2所示。

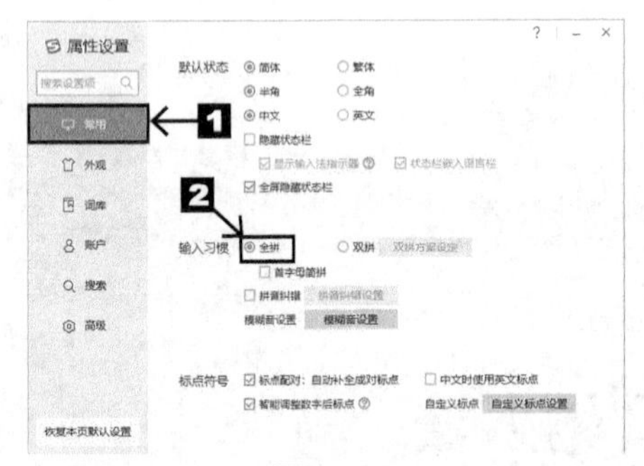

图3.3−2

❸ 例如，要输入文本“学习”，需要在全拼模式下输入拼音“xuexi”，如图3.3−3所示。

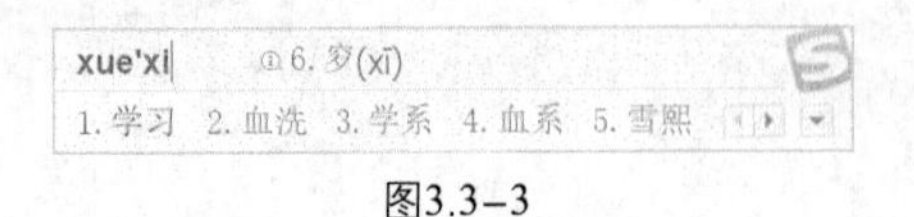

图3.3−3

3.3.2 简拼输入

简拼输入又称为首字母输入，只需要输入文字拼音中的第一个字母即可，如要输入“你好”，则需要输入拼音“nh”。下面以在搜狗输入法中设置简拼输入为例进行介绍，具体操作步骤如下。

❶ 使用上述方法打开搜狗输入法的【属性设置】对话框，如图3.3−4所示。

图3.3−4

❷ 在左侧列表中选中【常用】选项，在右侧的【输入习惯】组中选中【首字母简拼】和【拼音纠错】复选框，这样即可开启简拼输入模式，如图3.3−5所示。

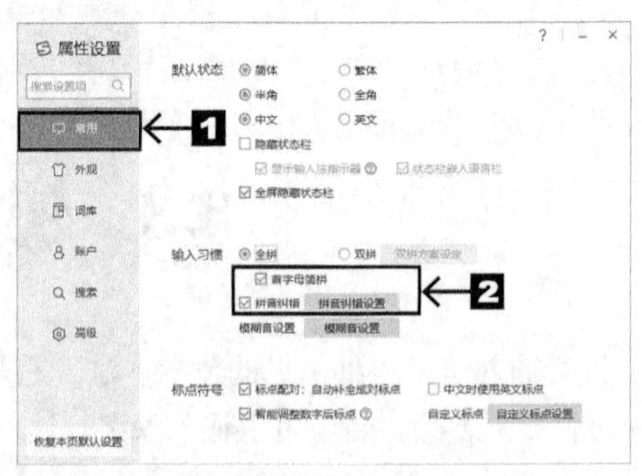

图3.3−5

❸ 例如，要输入文字“你好”，在简拼模式下只需输入“nh”即可，如图3.3−6所示。

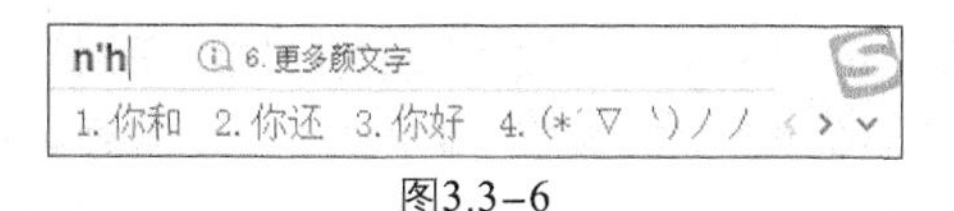

图3.3-6

3.3.3 中英文输入

在日常生活中，收发消息时经常会输入一些英文。搜狗输入法自带了中英文混合输入的功能，便于用户快速地在中文输入状态下输入英文。

1. 中文状态下输入拼音

在中文输入状态下，如果要输入拼音，可以在输入拼音的全拼后，直接按【Enter】键。下面以输入“创新”的拼音为例进行介绍。

❶ 输入拼音“chuangxin”，如图3.3-7所示。

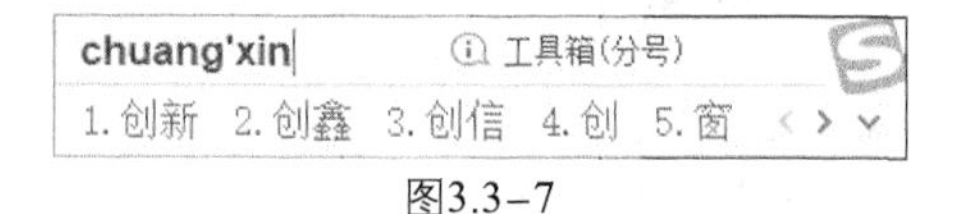

图3.3-7

❷ 按【Enter】键输入英文字符，如图3.3-8所示。

chuangxin

图3.3-8

2. 中英文混合输入

如果要在输入中文字符的过程中输入英文字母，可以使用搜狗输入法的中英文混合输入功能，下面以输入“请说thanks”为例进行具体介绍。

❶ 输入“qingshuothanks”，如图3.3-9所示。

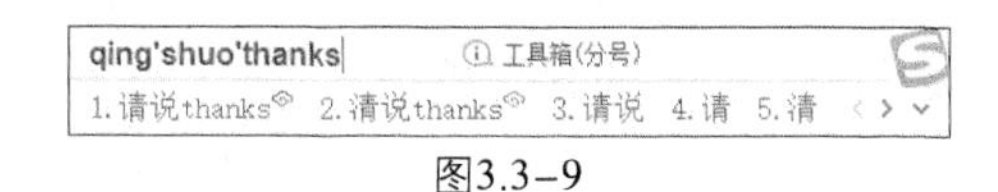

图3.3-9

❷ 按空格键或者按数字【1】键即可输入“请说thanks”，如图3.3-10所示。

请说 thanks

图3.3-10

3. 直接输入英文单词

在搜狗输入法的中文输入状态下，还可以直接输入英文单词。下面以输入单词“Christmas”为例进行具体介绍。

❶ 在中文输入状态下，直接从单词的第一个字母依次输入。输入一些字母后，将在输入栏上看到【更多英文补全(分号+E)】选项，单击该选项，如图3.3-11所示。

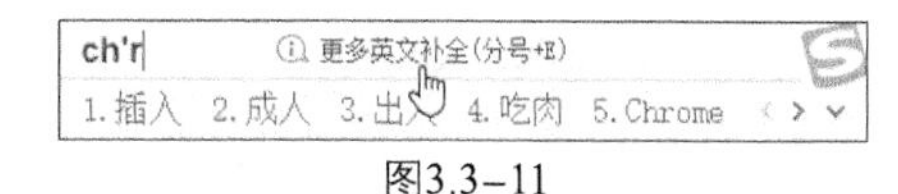

图3.3-11

❷ 可以看到显示与输入字母有关的单词，单击需要的单词或按对应的数字键即可，此处按数字【3】键，如图3.3-12所示。

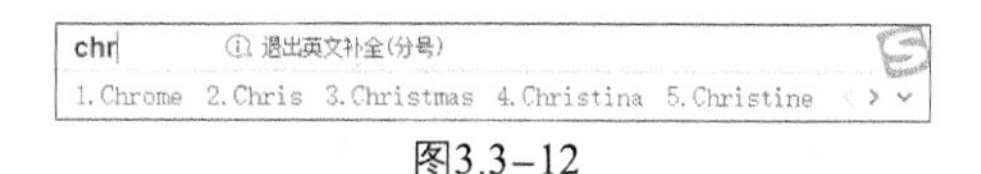

图3.3-12

3.3.4 模糊音输入

对于一些前后鼻韵、平翘舌不分的用户，搜狗输入法提供了模糊音输入功能，用户可以使用这个功能来输入正确的汉字。设置模糊音输入的具体操作步骤如下。

❶ 在搜狗输入法状态栏上单击鼠标右键，在弹出的快捷菜单中选择【属性设置】选项，如图3.3-13所示。

图3.3-13

❷ 弹出【属性设置】对话框，在左侧列表中选择【常用】选项，在右侧的【输入习惯】组中单击【模糊音设置】按钮，如图3.3-14所示。

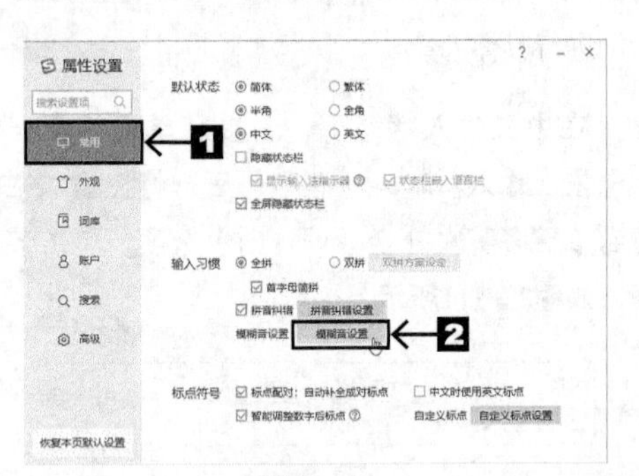

图3.3-14

❸ 弹出【模糊音设置】对话框，在"请勾选您想使用的模糊音"的文字下方的组合框中选中想要使用的模糊音，如图3.3-15所示。

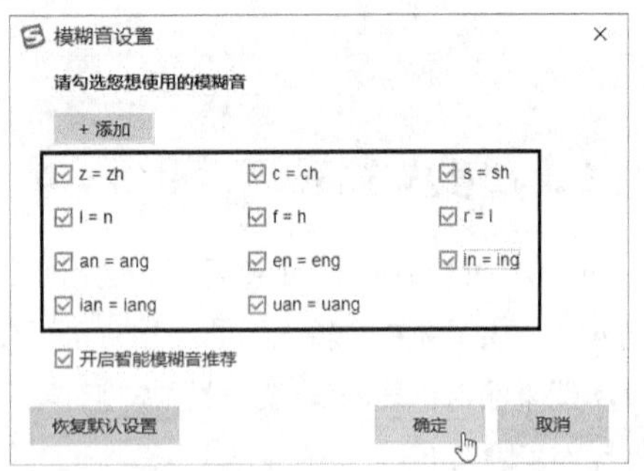

图3.3-15

❹ 如果用户想要添加模糊音，需要单击 + 添加 按钮，弹出【添加模糊音】对话框，如图3.3-16所示。

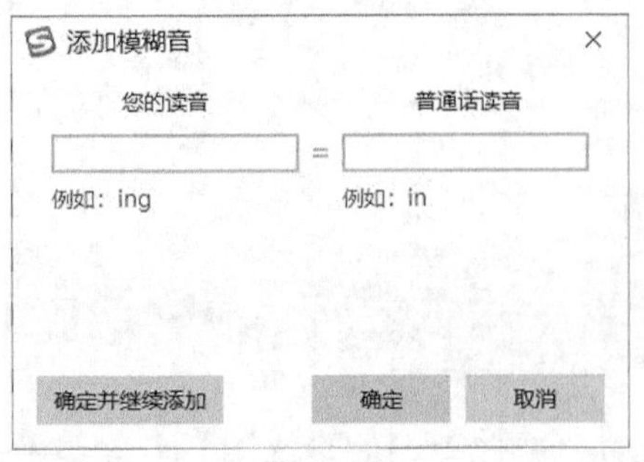

图3.3-16

❺ 用户可以在该对话框中自定义模糊音。例如，在【您的读音】文本框中输入"ha"，在【普通话读音】文本框中输入"he"，单击 确定 按钮，如图3.3-17所示。

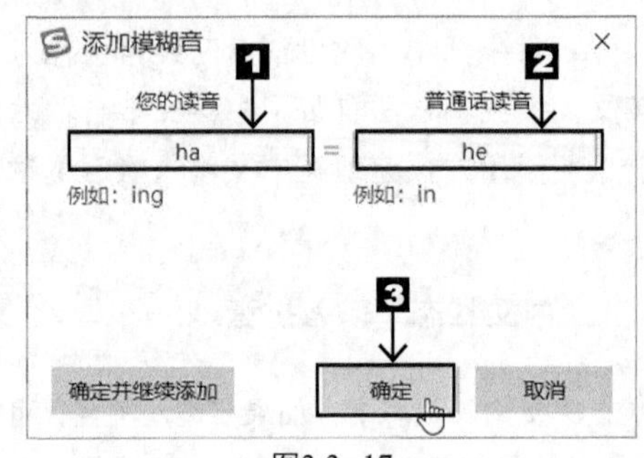

图3.3-17

❻ 返回【模糊音设置】对话框，可以看到自定义的模糊音已经添加上去了。单击 确定 按钮，如图3.3-18所示。

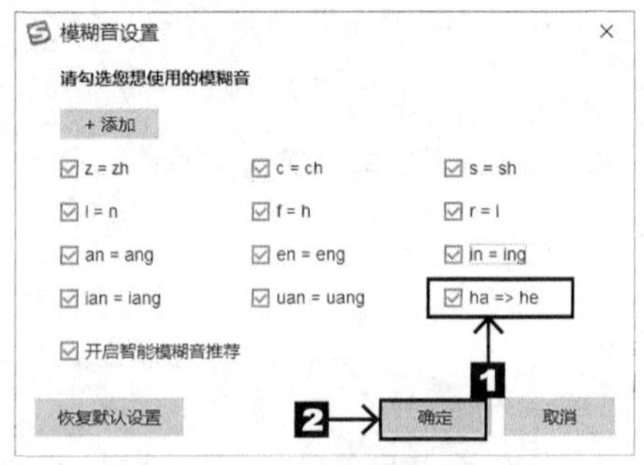

图3.3-18

❼ 例如输入"cifan"，可以看到在输入栏中提示正确的读音"chifan"，按空格键即可完成输入，如图3.3-19所示。

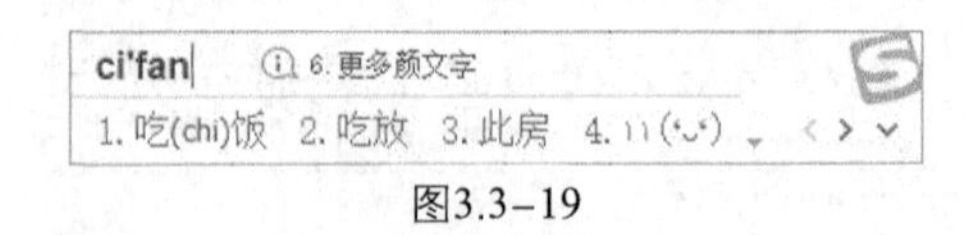

图3.3-19

3.4 课堂实训——在记事本中输入文档

根据本书3.3节学习的内容，结合拼音输入法在记事本中输入文档。

专业背景

结合拼音输入法的全拼、简拼和中英文输入方式，输入一个文档，使用户熟练掌握拼音输入法的使用。

实训目的

扫码看视频

◎ 熟练掌握拼音输入法的使用的方法

◎ 熟练掌握输入的技巧

操作思路

❶ 单击Windows 10操作系统桌面左下方的“开始”按钮，在弹出的界面中选择【记事本】程序，如图3.4-1所示。

图3.4-1

❷ 打开一个新的记事本，在其中输入相关内容，如图3.4-2所示。

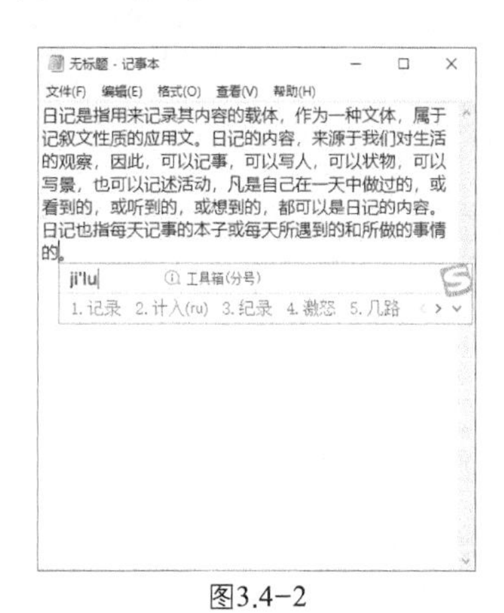

图3.4-2

3.5 常见疑难问题解析

问：不能拖曳鼠标，按键盘上的按键也没有反应怎么办?

答：这可能是电脑死机造成的。如果程序没有响应或系统运行时出现异常，导致所有操作不能运行，可进行复位启动。其方法是按下主机上的【复位】按钮，重新启动电脑。

问：使用输入法时只能打出英文怎么办？

答：如果是没有切换出输入法，按【Ctrl】+【空格】或者【Ctrl】+【Shift】组合键切换即可；如果是输入法处于英文状态，单击【英】按钮，或者按【Shift】键即可；如果是切换到了英文输入法模式，按【Ctrl】+【Shift】+【E】组合键切换回拼音模式即可。

3.6 课后习题

（1）将电脑上不需要的输入法删除，安装适合自己的输入法，如搜狗输入法、万能五笔输入法等，如图3.6-1所示。

（2）启动记事本程序，用自己常用的输入法输入图3.6-2所示的文字片段。

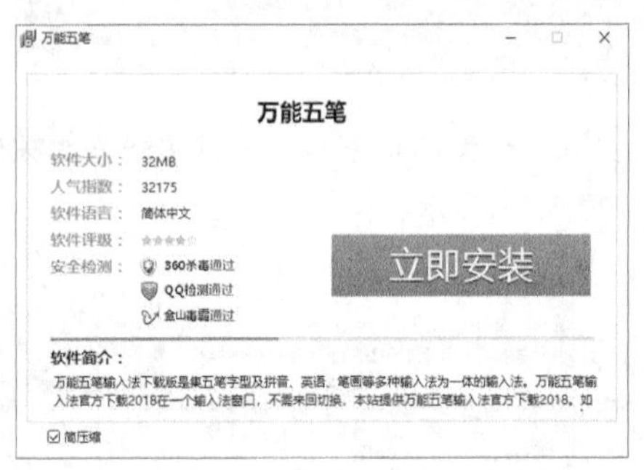

图3.6-1

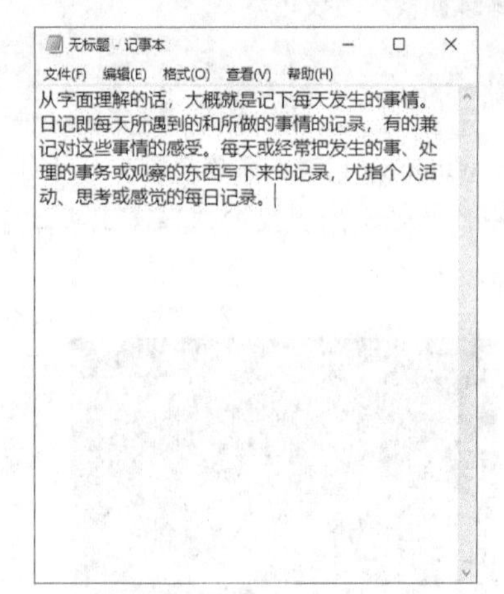

图3.6-2

第4章 文件和文件夹的管理

本章内容简介

电脑中的数据大部分都是以文件的形式存储的，而文件又是存放在文件夹中的。因此，在使用电脑时应对电脑中的文件和文件夹有一个系统的规划，这样才能将电脑中的数据管理得井井有条。本章将主要介绍如何管理文件和文件夹，包括认识、显示、查看文件和文件夹等。

学完本章读者能做什么

通过对本章的学习，读者能熟练掌握对文件和文件夹的管理等。

学习目标

- 认识文件和文件夹
- 显示、查看文件和文件夹
- 文件和文件夹的基本操作
- 文件和文件夹的高级应用

4.1 认识文件和文件夹

在学习文件和文件夹的管理之前必须先了解什么是文件和文件夹，下面就进行详细讲解。

4.1.1 认识文件

文件是指保存在电脑中的各种信息和数据，电脑中的文件包括很多类型，如文档、表格、图片、音乐、应用程序等。在默认情况下，文件在电脑中是以图标形式显示的，由文件图标、文件名称、分隔符、文件扩展名等4部分组成，如图4.1-1所示。

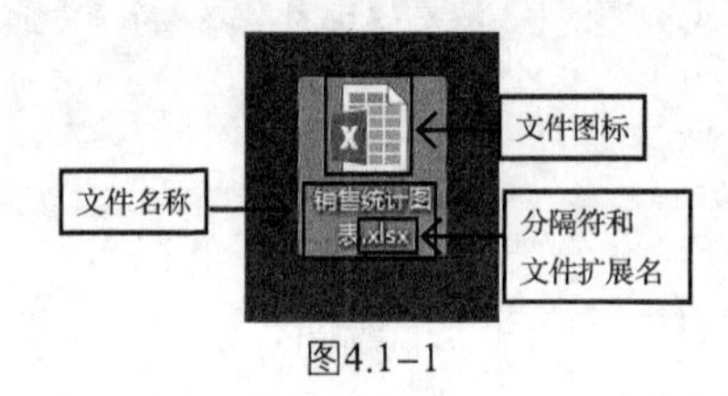

图4.1-1

文件图标

文件图标用于表示当前文件的类型，由生成该文件的应用程序自动建立。由于文件类型不同，文件图标也各不相同。

文件名称

文件名称用于表示当前文件的称呼，用户可以根据需要修改文件名称。

分隔符和文件扩展名

分隔符用于将文件名称与文件扩展名分隔开，便于用户快速识别当前文件的名称及类型；文件扩展名用于表示该文件的类型。

常用文件的图标、扩展名、文件类型的对应关系如表4.1-1所示。

表4.1-1

图标	扩展名	文件类型	图标	扩展名	文件类型
	.txt	文本文件		.mp3	音乐文件
	.doc	Word 文档		.avi	视频文件
	.jpg	图像文件		.rar	压缩文件
	.htm	网页文件		.exe	可执行程序

4.1.2 认识文件夹

文件夹用于保存和管理电脑中的文件，其本身不包含任何内容。文件夹可以放置多个文件和子文件夹，方便用户能快速地找到需要的文件。文件夹一般由文件夹图标和文件夹名称两部分组成，通过文件夹图标可以预览文件夹的内容，如图4.1-2所示。

图4.1-2

4.2 显示、查看文件或文件夹

用户在管理电脑中的文件和文件夹之前，应该先学会显示、查看文件或文件夹的方法。

4.2.1 更改文件、文件夹的显示方式

为了更加方便地查看文件或文件夹，用户可以更改文件或文件夹的显示方式。Windows 10操作系统提供了内容、平铺、详细信息、列表4种显示方式供用户选择。各种显示方式介绍如下。

内容

此方式是指显示文件和文件夹的图标、名称、修改日期和大小等，便于查看和选择文件或文件夹，如图4.2-1所示。

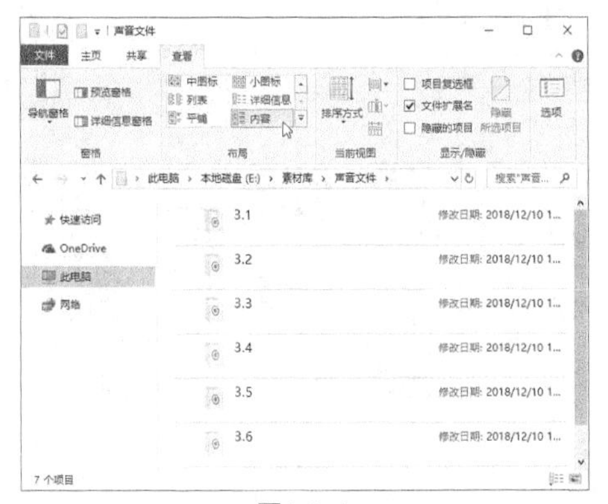

图4.2-1

详细信息

此方式是指显示文件或文件夹的名称、修改日期、类型和大小等详细信息，如图4.2-2所示。

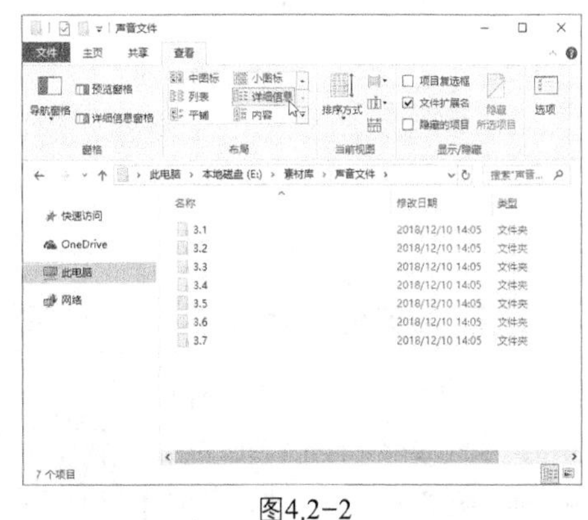

图4.2-2

平铺

此方式是指以中等大小的图标加文件信息的方式来显示文件和文件夹，是查看文件或文件夹的常用方式，如图4.2-3所示。

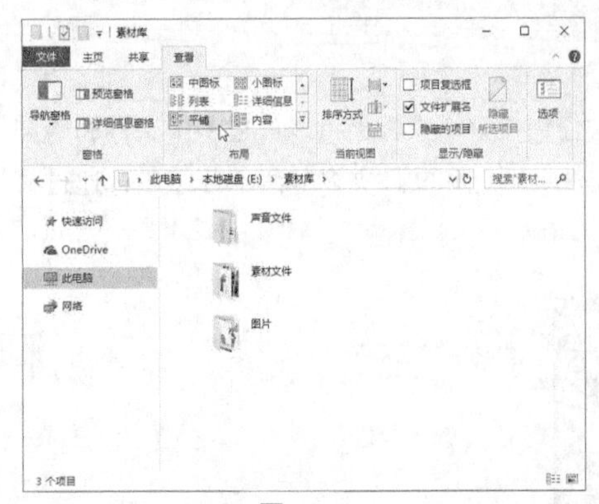
图4.2-3

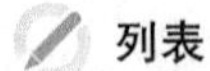
列表

此方式是指以列表的形式显示文件或文件夹，常用于文件或文件夹较多的情况下，便于快速查找所需文件或文件夹，如图4.2-4所示。

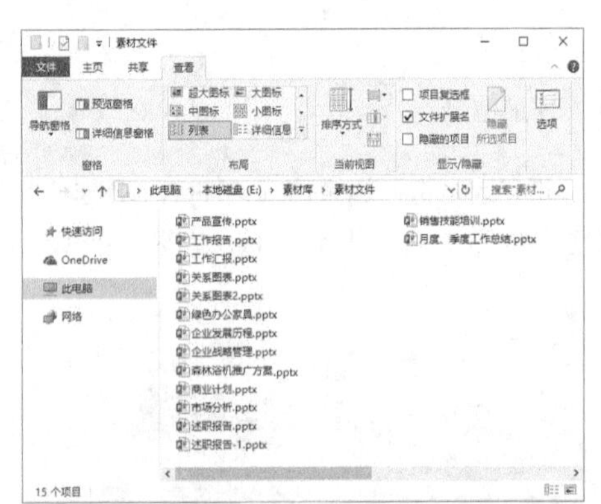
图4.2-4

4.2.2 对文件进行排序和分组查看

为了方便查看文件，用户可以按照一定的规律对文件进行排序或分组，这样在查看时可快速地定位到相应的位置并找到需要的文件。

扫码看视频

下面将“图片”文件夹中的图片文件先按大小进行排序，再按拍摄日期进行分组。

❶ 打开“图片”文件夹，切换到【查看】选项卡，单击【当前视图】组中的【排序方式】按钮，在弹出的下拉列表中选择【大小】选项，如图4.2-5所示。

图4.2-5

❷ 此时窗口中的所有图片文件将按从小到大的顺序显示，如图4.2-6所示。

图4.2-6

❸ 单击【当前视图】组中的【分组依据】按钮，在弹出的下拉列表中选择【拍摄日期】选项，如图4.2-7所示。

图4.2-7

❹ 此时窗口中的所有图片文件将根据创建日期分成两组，并且所有图片文件将按从小到大的顺序显示，这样可以快速浏览符合条件的图片文件，如图4.2-8所示。

图4.2-8

4.3 文件和文件夹的基本操作

在熟悉了文件和文件夹的显示以及查看方式后，用户需要掌握文件和文件夹的基本操作，文件和文件夹的基本操作是相似的。

4.3.1 新建文件或文件夹

新建文件或文件夹是管理电脑资源的第一步。新建文件夹后，用户可以在其中创建相应的子文件夹或文件。

扫码看视频

新建文件

一般是使用右键菜单来新建文件。下面以在桌面上新建一个文本文档为例进行介绍，具体操作步骤如下。

❶ 在桌面上的空白处单击鼠标右键，在弹出的快捷菜单中选择【新建】选项，弹出二级快捷菜单，查找并选择要创建的文件类型，这里选择【文本文档】选项，如图4.3-1所示。

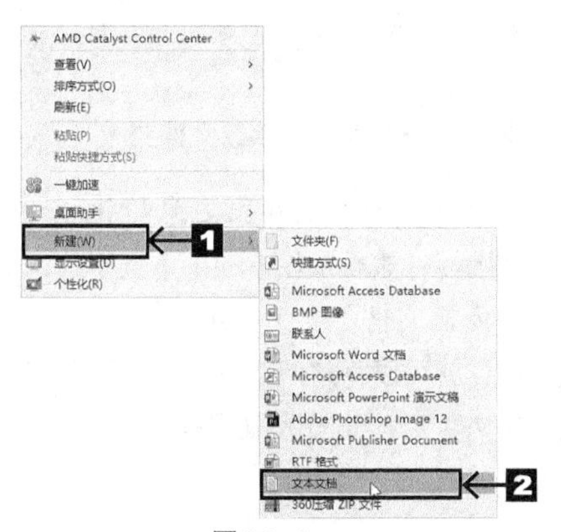

图4.3-1

❷ 可以看到在桌面上新建了一个“新建文本文档.txt”文件，如图4.3-2所示。

图4.3-2

新建文件夹

下面以在桌面上新建一个文件夹为例进行介绍，具体操作步骤如下。

新建文件夹的方法与新建文件的方法类似，只需在弹出的二级快捷菜单中选择【文件夹】选项即可，如图4.3-3所示。

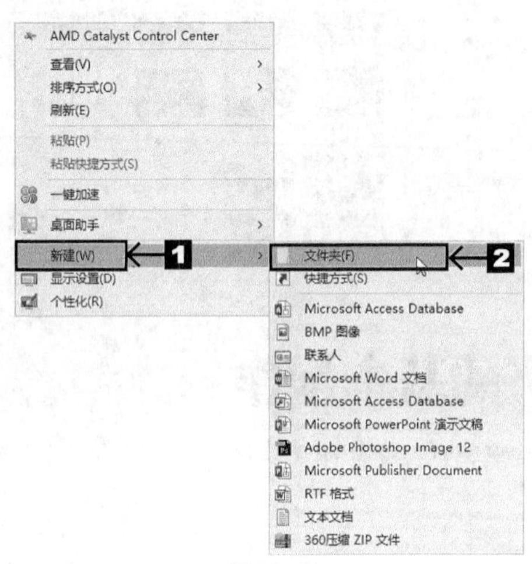

图4.3-3

如果是在窗口中创建文件夹，用户还可以使用另一种更加快捷方便的方法，具体操作步骤如下。

❶ 在窗口的工具栏中单击【新建文件夹】按钮，如图4.3-4所示。

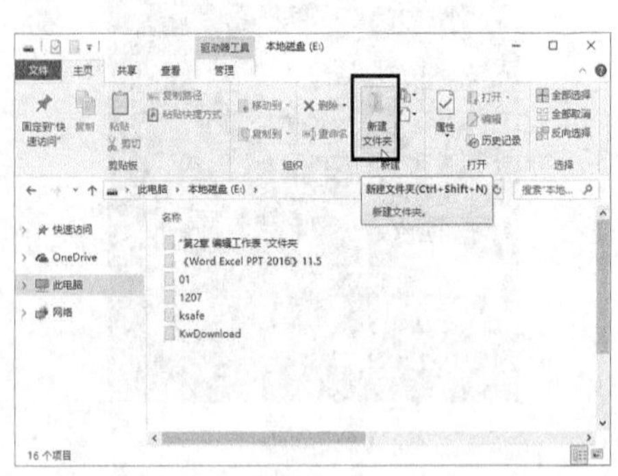

图4.3-4

❷ 在窗口的工作区中可以看到新建的文件夹，如图4.3-5所示。

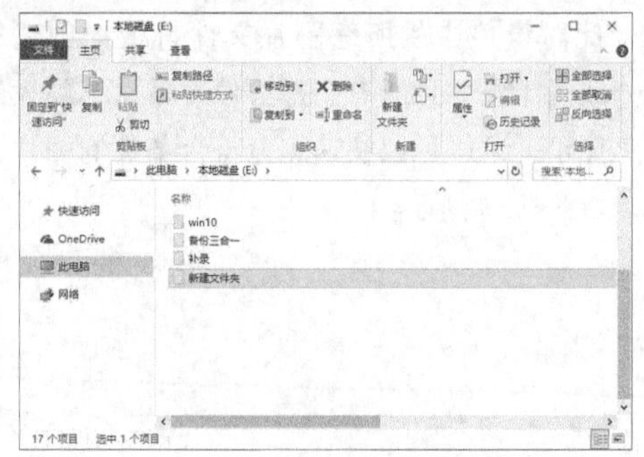

图4.3-5

4.3.2 选择文件或文件夹

要对文件或文件夹进行操作，必须先将其选中，选中的文件或文件夹才能成为操作的对象。选择文件或文件夹的方法有以下几种。

扫码看视频

选择单个文件或文件夹

单击所需文件或文件夹图标将其选中，被选中后的文件或文件夹呈高亮显示状态，如图4.3-6所示。

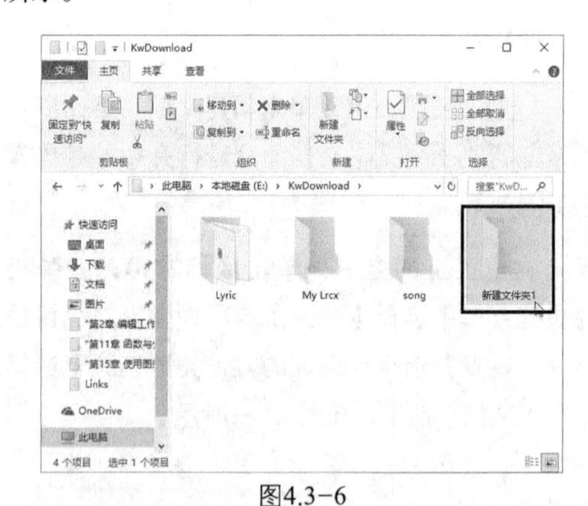

图4.3-6

选择多个连续的文件或文件夹

首先单击所需文件和文件夹中的起始文件（夹）图标，然后按住【Shift】键不放，单击最后一个所需文件（夹）的图标，释放【Shift】键。这样就可以将这两个及两者之间所有连续的文件和文件夹全部选中，如图4.3-7所示。

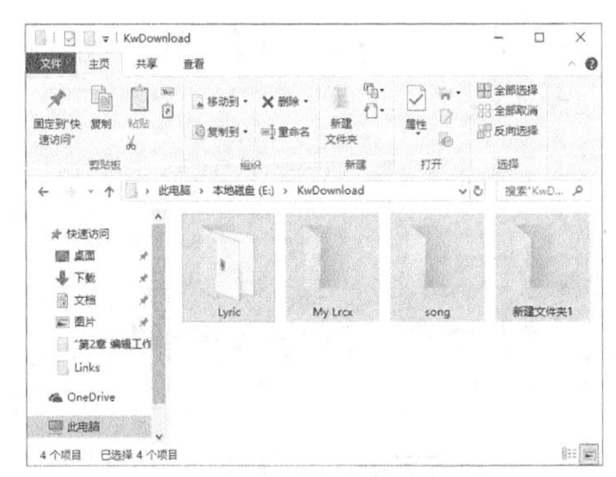

图4.3-7

选择多个不连续的文件或文件夹

首先单击所需文件或文件夹图标中的一个，然后按住【Ctrl】键不放，依次单击其他所需文件或文件夹图标。这样就可以选择多个不连续的文件或文件夹，如图4.3-8所示。

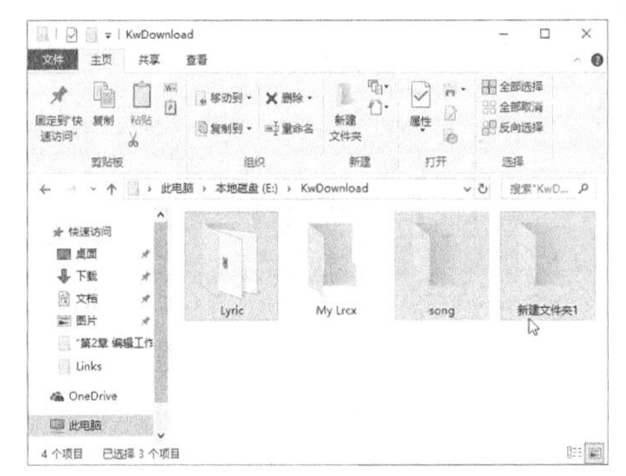

图4.3-8

选择所有的文件或文件夹

按【Ctrl】+【A】组合键或者在【主页】选项卡中的【选择】组中单击【全部选择】按钮，即可选中该窗口中的所有文件和文件夹，如图4.3-9所示。

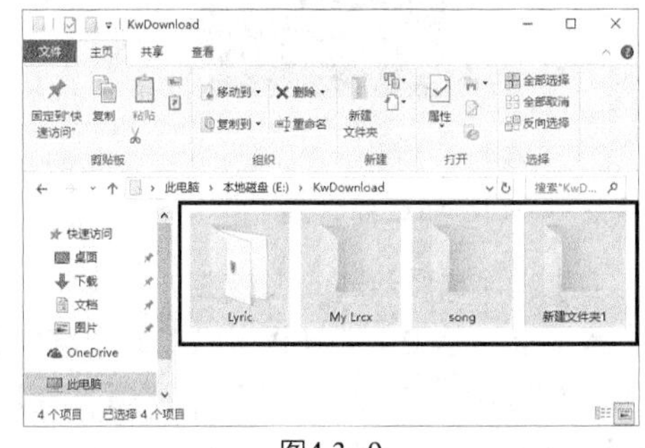

图4.3-9

4.3.3 重命名文件或文件夹

在Windows 10操作系统中，新建的文件或文件夹都是采用默认的相似名称，如"新建文本文档.txt""新建文件夹"等，这样既不能很好地体现文件内容，又不便于查找和管理。因此，用户可以对其进行重命名操作。

重命名文件或文件夹的常用方法有两种，这里以将"新建 Microsoft PowerPoint 演示文稿.pptx"和"新建文件夹"分别重命名为"复习资料.pptx"和"复习资料"为例，介绍这两种常用方法。

使用右键快捷菜单

❶ 在"新建 Microsoft PowerPoint 演示文稿.pptx"文件上单击鼠标右键，在弹出的快捷菜单中选择【重命名】选项，如图4.3-10所示。

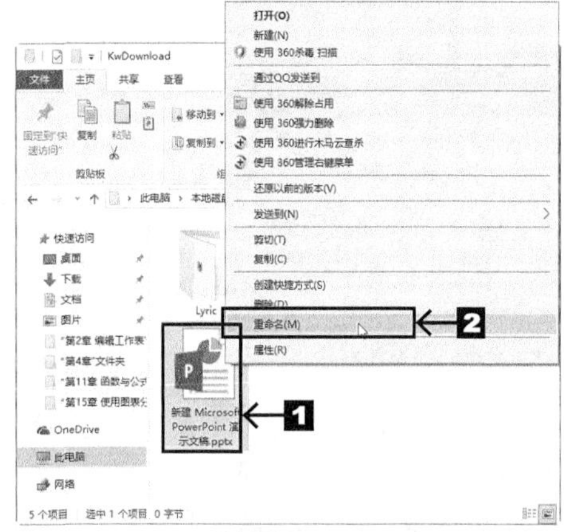

图4.3-10

❷ 该文件的名称文本框变为可编辑状态，输入新的文件名称"复习资料"，按【Enter】键即可，如图4.3-11所示。

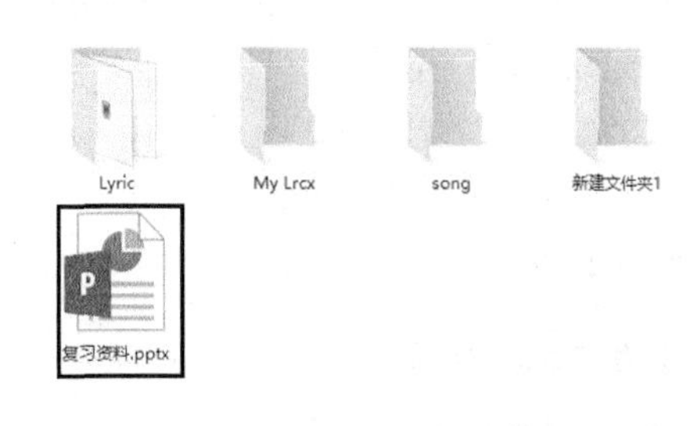

图4.3-11

使用【重命名】按钮

❶ 选中需要重命名的文件夹，切换到【主页】选项卡，单击【组织】组中的【重命名】按钮，如图4.3-12所示。

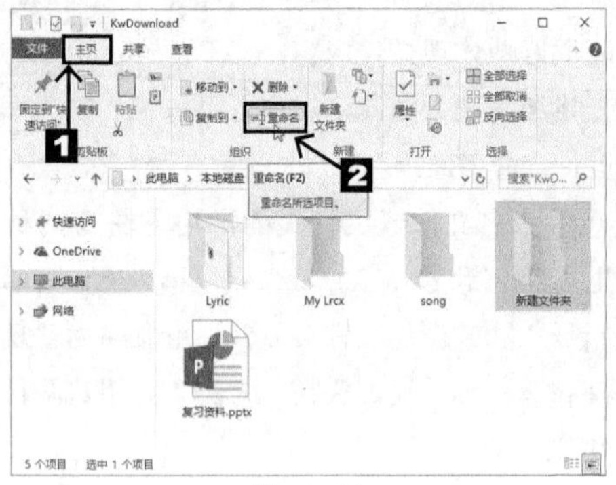

图4.3-12

❷ 该文件夹的名称文本框变为可编辑状态，输入“复习资料”，然后按【Enter】键，如图4.3-13所示。

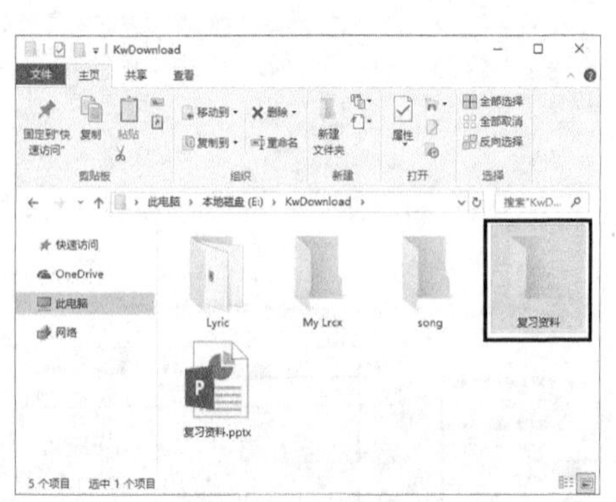

图4.3-13

4.3.4 移动文件或文件夹

移动文件和文件夹是指将文件或文件夹从一个文件夹中移动到另一个文件夹中。移动后，原位置的文件或文件夹将不再存在。移动文件或文件夹有3种常用方法。下面以移动“面试通知.docx”文档为例，介绍这3种常用方法。

扫码看视频

使用右键快捷菜单

❶ 在“面试通知.docx”文档上单击鼠标右键，在弹出的快捷菜单中选择【剪切】选项，如图4.3-14所示。

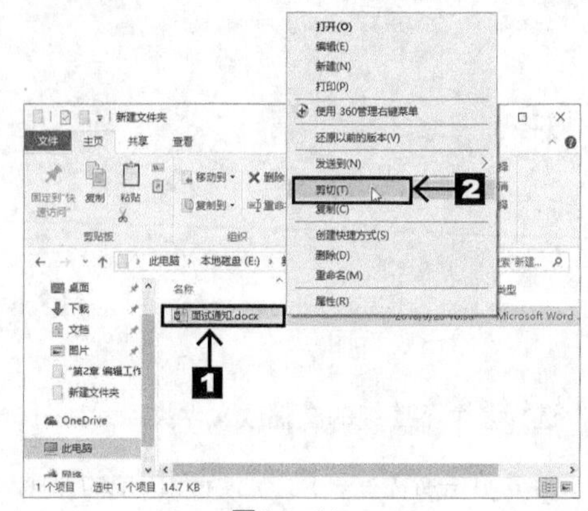

图4.3-14

❷ 返回桌面，在空白处单击鼠标右键，从弹出的快捷菜单中选择【粘贴】选项即可，如图4.3-15所示。

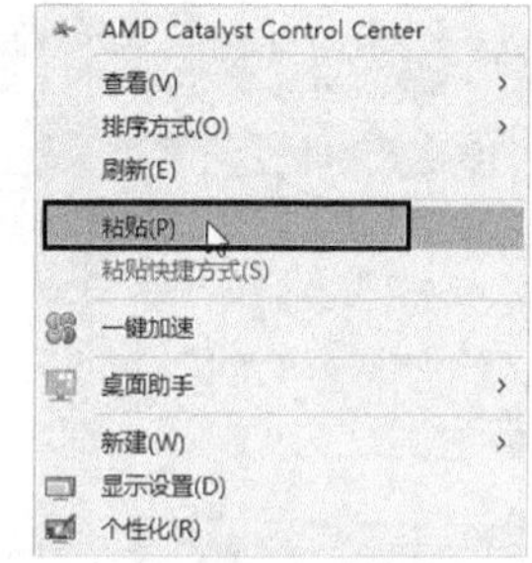

图4.3-15

❸ 可以看到“面试通知.docx”文档已经成功地移动到了桌面上，如图4.3-16所示。

图4.3-16

使用剪切按钮或快捷键

❶ 选中“面试通知.docx”文档，切换到【主页】选项卡，单击【剪贴板】组中的【剪切】按钮，如图4.3-17所示，也可以使用【Ctrl】+【X】组合键。

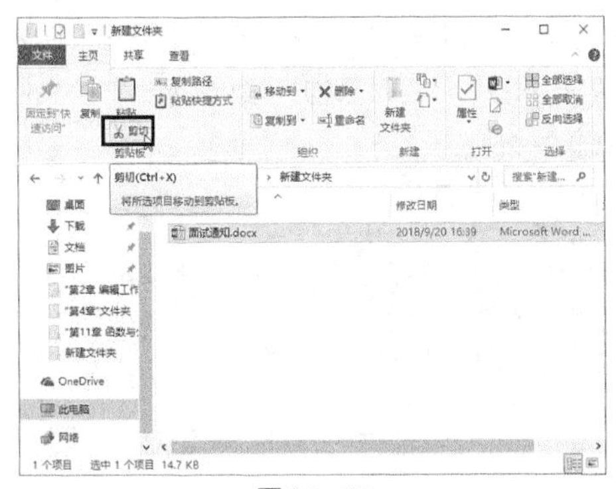

图4.3-17

❷ 打开目标文件夹，在文件夹窗口中单击【剪贴板】组中的【粘贴】按钮或按【Ctrl】+【V】组合键，“面试通知.docx”文档就被成功地移动到该文件夹中，如图4.3-18所示。

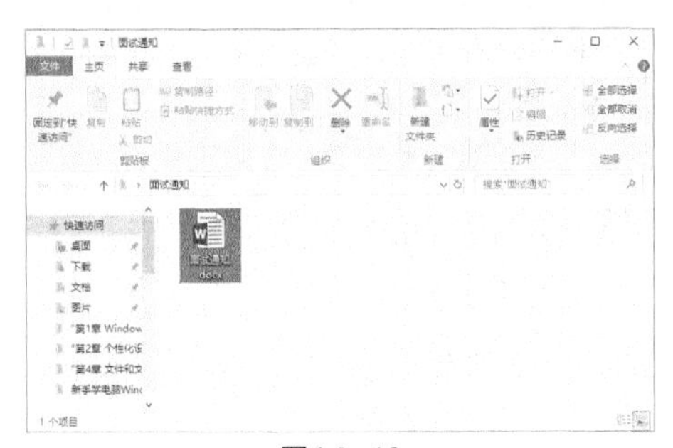

图4.3-18

使用【移动到】按钮

❶ 选中“面试通知.docx”文档，切换到【主页】选项卡，单击【组织】组中的【移动到】按钮，在弹出的快捷菜单中选择【桌面】选项，如图4.3-19所示。

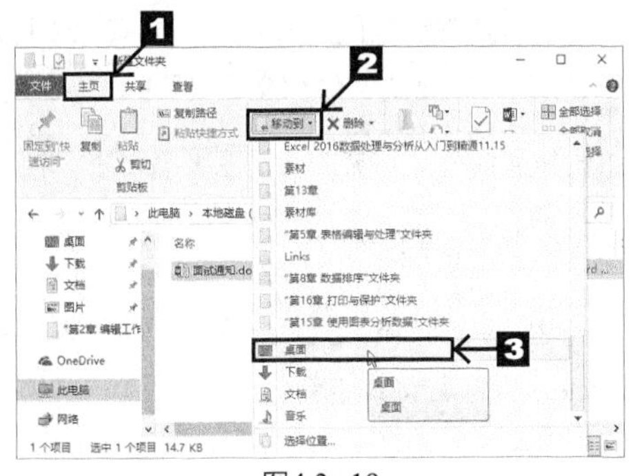

图4.3-19

❷ 可以看到“面试通知.docx”文档已经成功地移动到了桌面上，如图4.3-20所示。

图4.3-20

4.3.5 复制文件或文件夹

在操作文件和文件夹时，经常需要用到复制文件和文件夹的操作。复制文件或文件夹是指在目标位置重新生成一个完全相同的文件或文件夹，原来位置的文件或文件夹仍然存在。复制文件或文件夹的常用方法主要有两种。

下面以复制“面试通知.docx”文档为例，介绍这两种常用方法。

使用右键快捷菜单

❶ 在“面试通知.docx”文档上单击鼠标右键，在弹出的快捷菜单中选择【复制】选项，如图4.3-21所示。

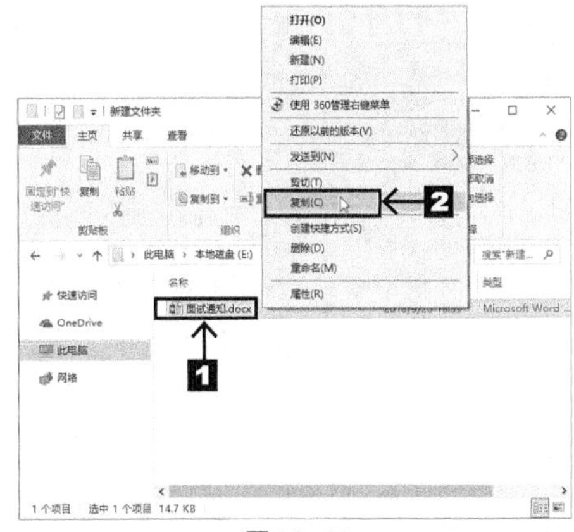

图4.3-21

❷ 在文件夹的空白处单击鼠标右键，在弹出的快捷菜单中选择【粘贴】选项，如图4.3-22所示。

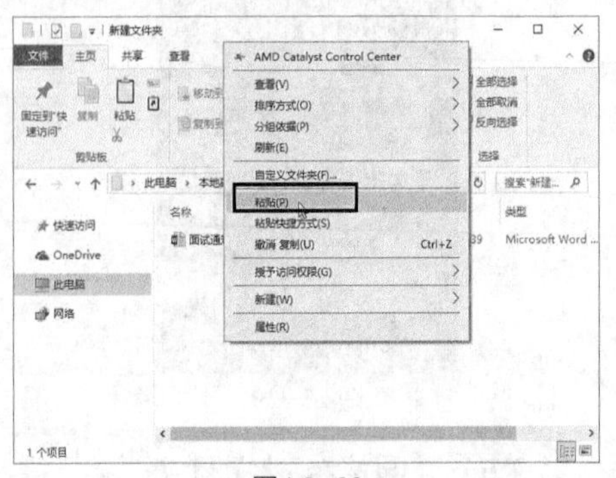
图4.3-22

❸ 可以看到在文件夹中粘贴了一个名为“面试通知 - 副本.docx”的文件，如图4.3-23所示。

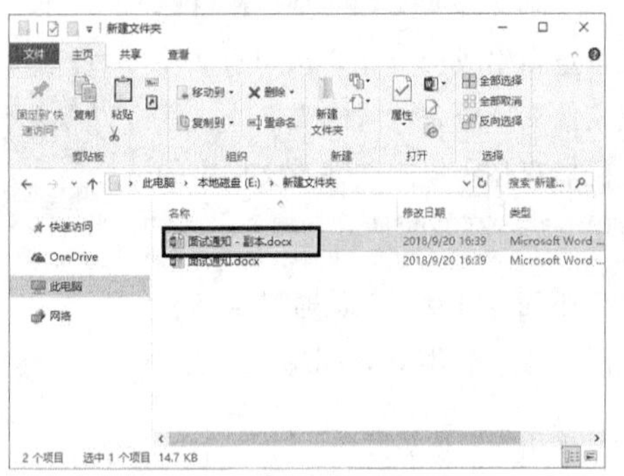
图4.3-23

使用快捷键

❶ 选中要复制的“面试通知.docx”文档，然后按【Ctrl】+【C】组合键完成复制，如图4.3-24所示。

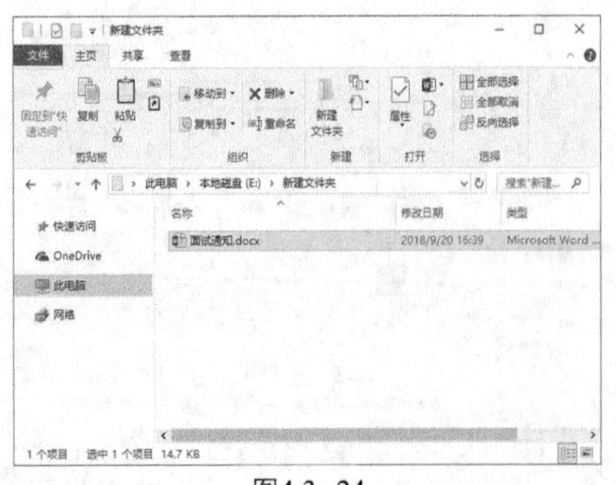
图4.3-24

❷ 按【Ctrl】+【V】组合键，即可在文件夹中粘贴一个名为“面试通知 - 副本.docx”的文件，如图4.3-25所示。

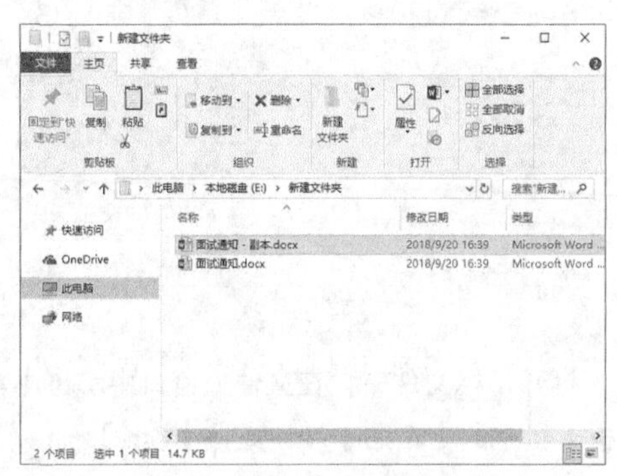
图4.3-25

❸ 如果连续按【Ctrl】+【V】组合键，将会连续粘贴多个副本文件，并自动编号，如图4.3-26所示。

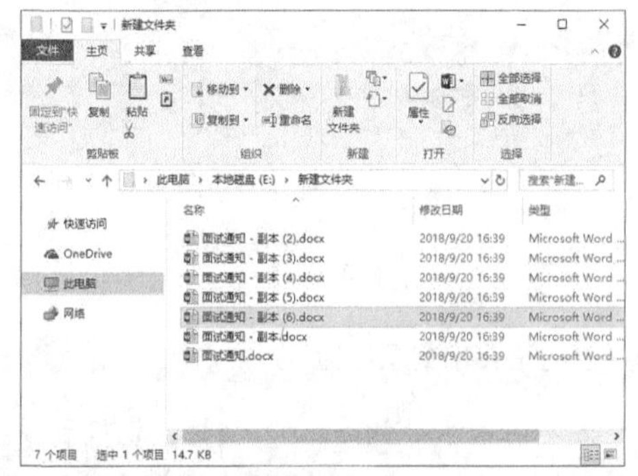
图4.3-26

4.3.6 删除文件或文件夹

为了节约存储空间，存放更多的资源，可以将不需要的、重复的文件和文件夹删除。

删除文件和文件夹的方法主要有以下3种。

利用【Delete】键

选中要删除的文件或文件夹，然后按【Delete】键即可将其删除。

使用右键快捷菜单

选中要删除的文件或文件夹，单击鼠标右键，在弹出的快捷菜单中选择【删除】选项，如图4.3-27所示。

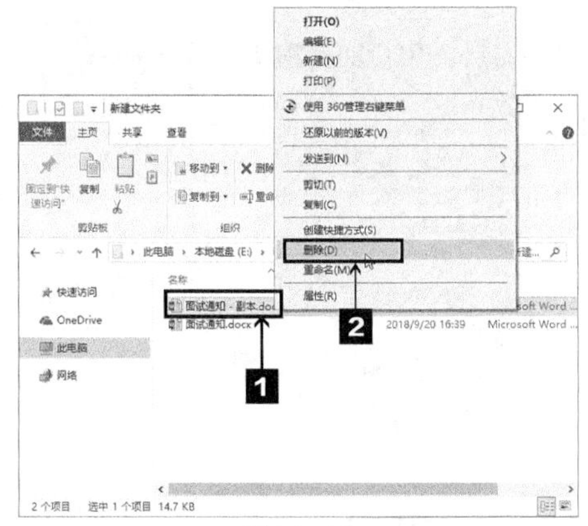

图4.3-27

使用工具栏中的【删除】按钮

选中要删除的文件或文件夹，切换到【主页】选项卡，单击【组织】组中的【删除】按钮，在弹出的列表中选择【回收】选项，如图4.3-28所示。

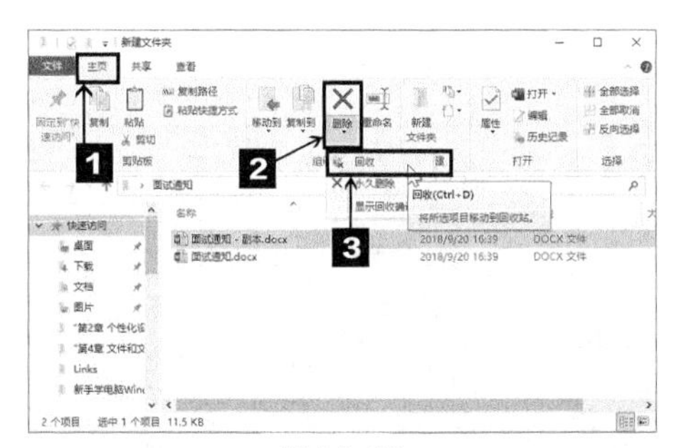

图4.3-28

4.3.7 还原文件或文件夹

同时对电脑中的多个文件和文件夹进行删除操作时，有时会遇到将一些重要的文件或文件夹误删的情况。如果删除的文件或文件夹是被放入了回收站，那么通过还原操作，可以将删除的文件或文件夹还原。还原文件或文件夹的方法有以下两种。

使用快捷菜单

双击桌面上的【回收站】图标，打开【回收站】窗口。选中需要还原的文件或文件夹，单击鼠标右键，在弹出的快捷菜单中选择【还原】选项，如图4.3-29所示。

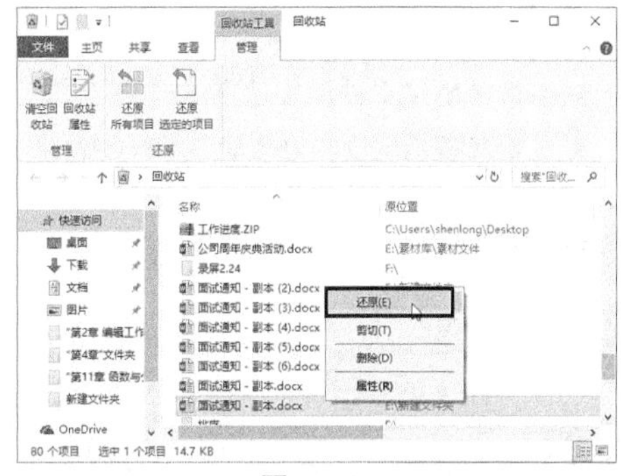

图4.3-29

使用【还原选定的项目】按钮

在【回收】站窗口中选中需要还原的文件或文件夹，切换到【管理】选项卡，单击【还原】组中的【还原选定的项目】按钮，如图4.3-30所示。

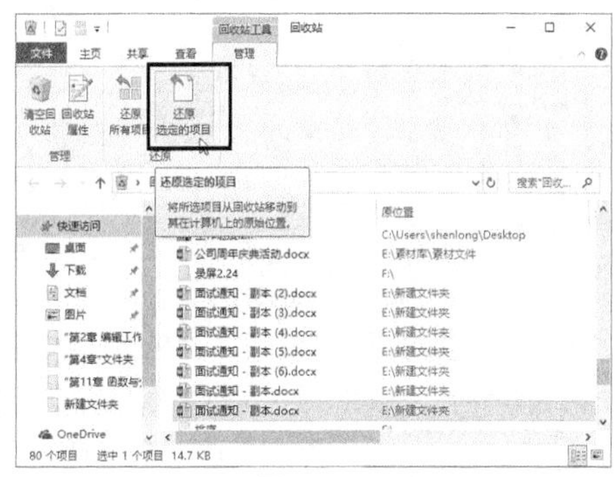

图4.3-30

4.4 课堂实训——新建并重命名文件夹

根据4.3节学习的内容，在系统E盘中新建一个文件夹，并对该文件夹进行重命名操作。

专业背景

新建文件和文件夹是管理电脑资源的第一步。新建文件夹后，用户即可根据需要随时对文件夹进行重命名操作。

扫码看视频

实训目的

◎ 熟练掌握新建文件和文件夹的方法

◎ 熟练掌握重命名文件和文件夹的方法

操作思路

新建文件夹

❶ 双击电脑桌面上的【此电脑】图标，在打开的【此电脑】窗口中双击E盘。切换到【主页】选项卡，单击【新建】组中的【新建文件夹】按钮，如图4.4−1所示。

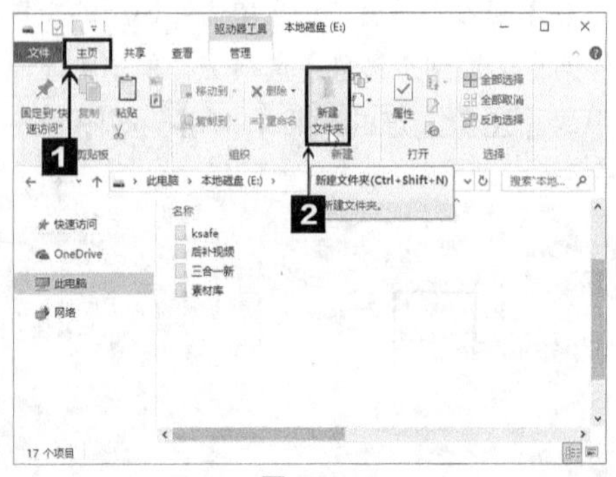

图4.4−1

❷ 此时在该盘中新建了一个文件夹，且文件名呈可编辑状态，这里输入“素材资料”，然后按【Enter】键，如图4.4−2所示。

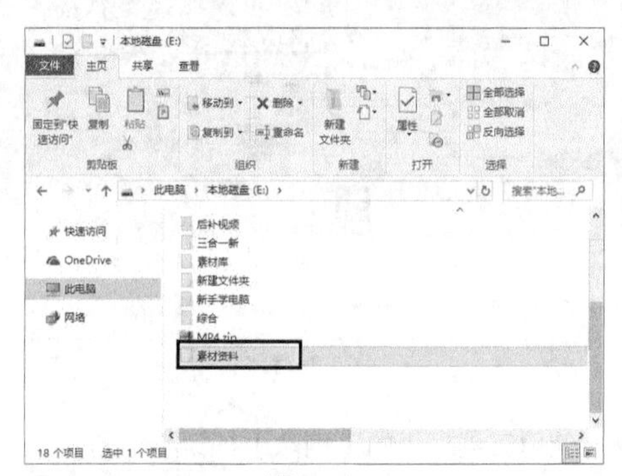

图4.4−2

重命名文件夹

❶ 选中要重命名的文件夹，切换到【主页】选项卡，单击【组织】组中的【重命名】按钮，如图4.4−3所示。

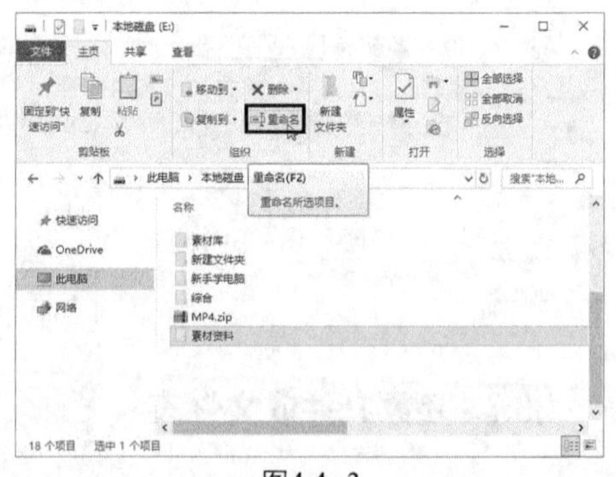

图4.4−3

❷ 该文件夹的名称文本框变为可编辑状态，在其中输入新的名称，然后按【Enter】键。

4.5　文件和文件夹的高级应用

在日常管理、使用文件和文件夹的过程中，除了需要掌握一些基本操作外，还需要掌握一些文件和文件夹的高级应用。

4.5.1　快速查找文件或文件夹

随着使用电脑的时间的增多，电脑中的文件和文件夹会越来越多。要想从众多的文件和文件夹中找到所需的文件和文件夹，并不是一件容易的事情。这就需要用户不仅能有条理地对文件和文件夹进行归类，还要能掌握快速查找文件或文件夹的方法。下面以搜索“个人工作总结.docx”文档为例进行介绍，具体操作步骤如下。

扫码看视频

❶ 打开【此电脑】窗口，选择要搜索的位置或磁盘，这里选择【本地磁盘(C:)】选项，如图4.5-1所示。

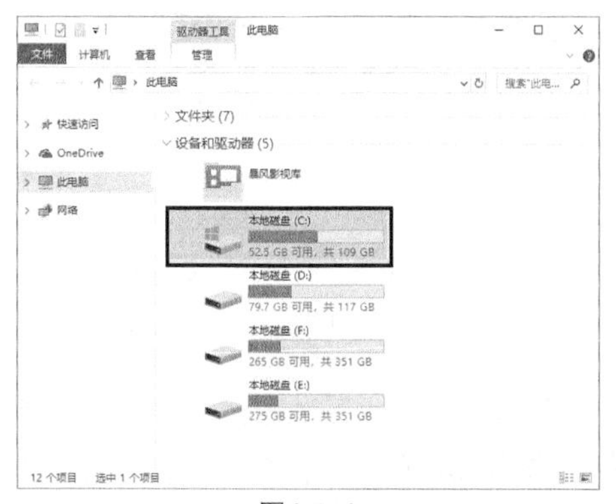

图4.5-1

❷ 打开【本地磁盘(C:)】窗口，在【搜索】文本框中输入要搜索的全部或者部分内容，系统会自动进行搜索，搜索的结果会在下方的工作区中显示出来。这里输入“个人工作总结”，如图4.5-2所示。

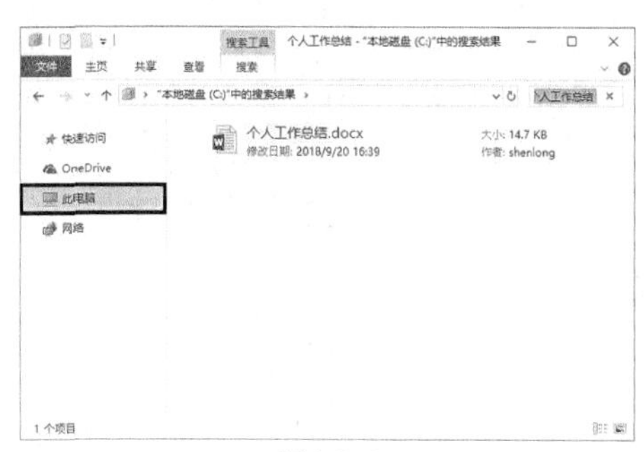

图4.5-2

❸ 如果用户忘记文件的存放位置，可以直接在【此电脑】窗口中对整个电脑进行搜索，如图4.5-3所示。

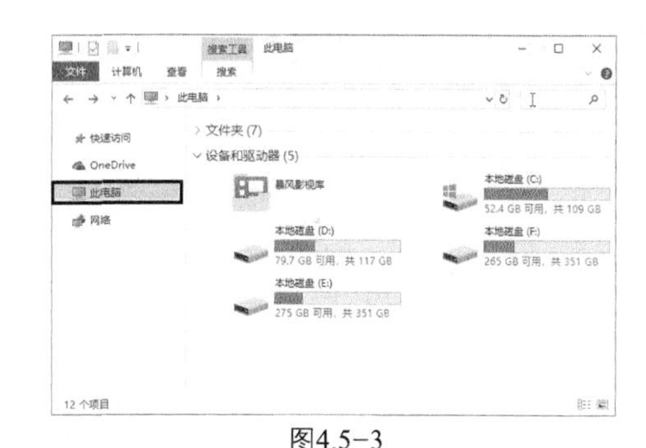

图4.5-3

4.5.2　隐藏、显示文件或文件夹

对于电脑中重要的或比较私密的文件和文件夹，用户可以通过设置将其隐藏。待需要查看时再将其显示出来，从而保证文件和文件夹的安全。

扫码看视频

隐藏文件或文件夹

隐藏文件和文件夹的方法是相同的。下面以隐藏“资料”文件夹中的“个人工作总结.docx”文档为例进行介绍，具体操作步骤如下。

❶ 在“个人工作总结.docx”文档上单击鼠标右键，从弹出的快捷菜单中选择【属性】选项，如图4.5-4所示。

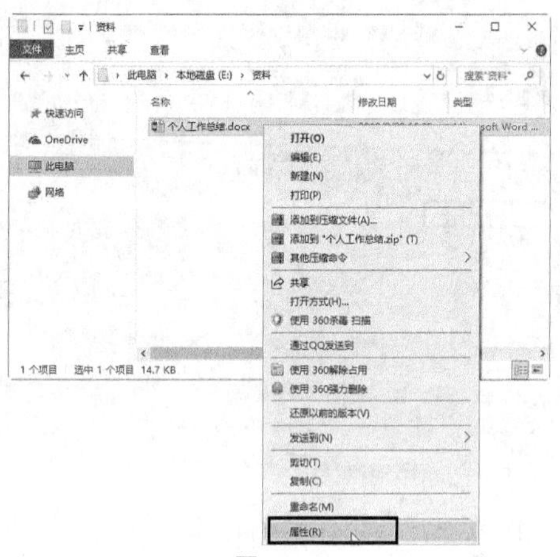

图4.5-4

❷ 弹出【个人工作总结.docx 属性】对话框，选中【隐藏】复选框，然后单击【确定】按钮，如图4.5-5所示。

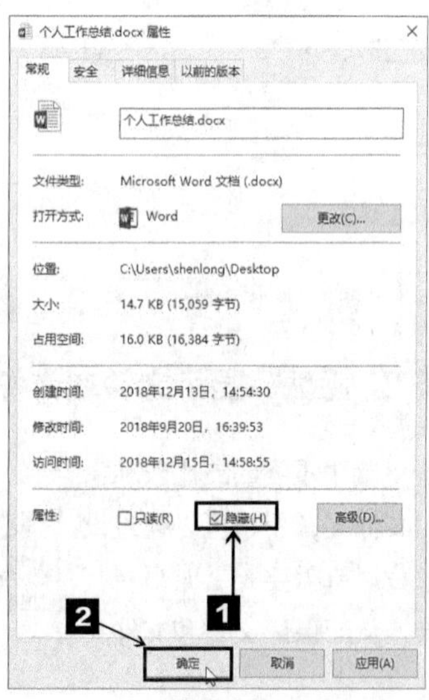

图4.5-5

❸ 返回“资料”文件夹，可以看到该文件已经不见了，如图4.5-6所示。

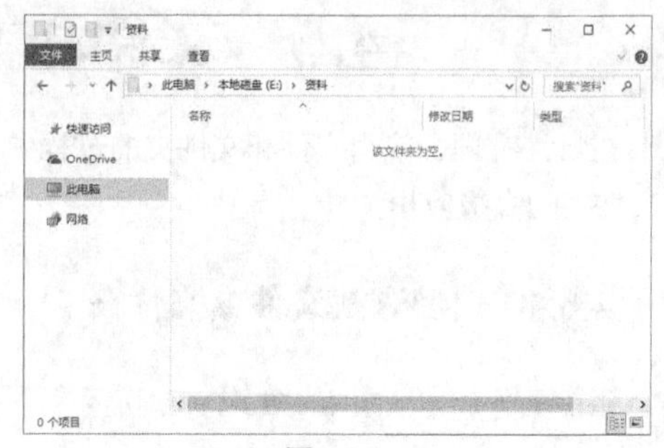

图4.5-6

显示文件或文件夹

这里以将隐藏的“个人工作总结.docx”文档重新显示出来为例进行介绍，具体操作步骤如下。

❶ 打开“资料”文件夹，切换到【查看】选项卡，选中【显示/隐藏】组中的【隐藏的项目】复选框，如图4.5-7所示。

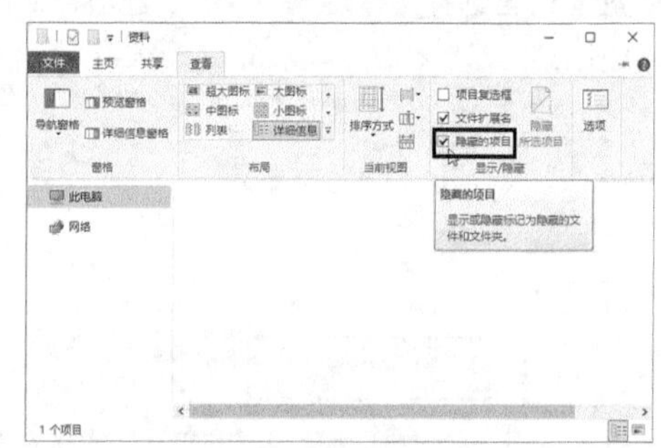

图4.5-7

❷ 可以看到“个人工作总结.docx”文档呈半透明状态显示出来了，如图4.5-8所示。

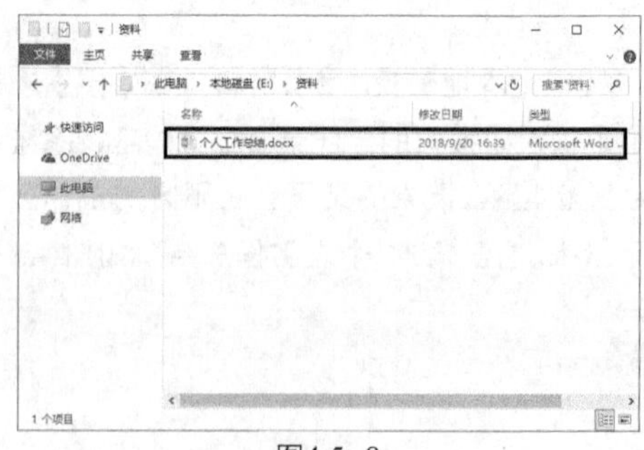

图4.5-8

❸ 在个人工作总结文档上单击鼠标右键，从弹出的快捷菜单中选择【属性】选项，如图4.5-9所示。

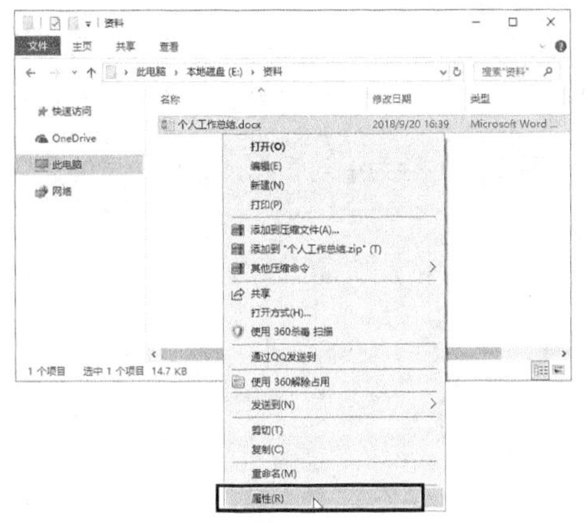

图4.5-9

❹ 弹出【个人工作总结.docx 属性】对话框，撤选【隐藏】复选框，然后单击【确定】按钮，即可将隐藏的文件恢复为显示状态，如图4.5-10所示。

图4.5-10

4.5.3 创建文件或文件夹的快捷方式

如果用户需要经常查看或使用某个文件或文件夹，可以在桌面上创建该文件或文件夹的快捷方式，这样能够快捷地打开该文件或文件夹。

扫码看视频

下面以创建“个人工作总结”文档的快捷方式为例进行介绍，具体操作步骤如下。

❶ 打开“个人工作总结”文档所在的文件夹，然后在“个人工作总结”文档上单击鼠标右键，在弹出的快捷菜单中选择【发送到】→【桌面快捷方式】选项，如图4.5-11所示。

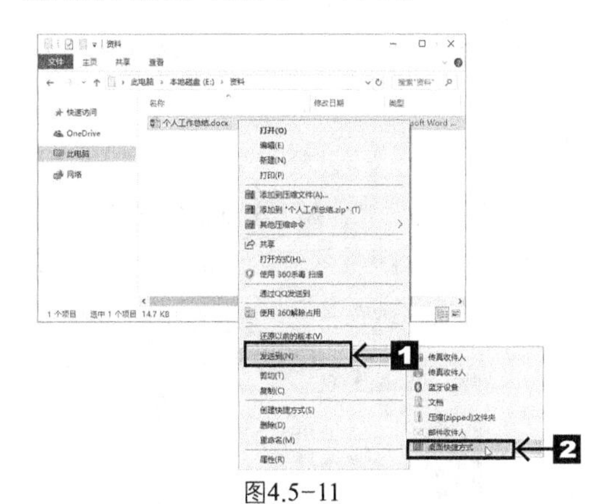

图4.5-11

❷ 返回桌面，可以看到“个人工作总结”文档已经成功添加到桌面上了。用户通过双击“个人工作总结”文件图标，就能够快速地打开“个人工作总结”文档了，如图4.5-12所示。

图4.5-12

4.5.4 压缩、解压文件或文件夹

为了节省磁盘空间或者便于传送，用户需要将一些文件或文件夹进行压缩处理。同样地，在下载了一些压缩文件或文件夹后，还需要将其解压，才能进行后续操作。

扫码看视频

压缩文件或文件夹

压缩文件或文件夹能够使文件和文件夹的体积变小，这样不仅减少了该文件或文件夹所占用的磁盘空间，同时还便于更快速地传输文件。如果想要压缩文件或文件夹，就必须在计算机上安装压缩软件，常见的压缩软件有WinRAR、好压、360压缩等。这里以使用360压缩软件压缩“素材库”文件夹为例来进行介绍，具体操作步骤如下。

❶ 在“素材库”文件夹上单击鼠标右键，在弹出的快捷菜单中选择【添加到压缩文件（A）...】选项，如图4.5-13所示。

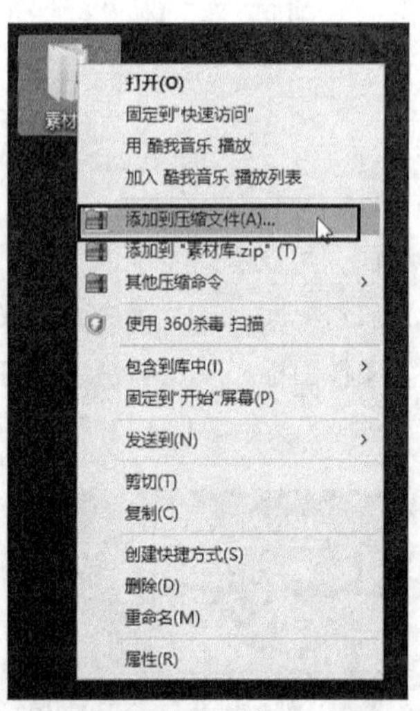

图4.5-13

❷ 弹出【您将创建一个压缩文件-360压缩】对话框，在该对话框中可以进行更改压缩文件的名称和压缩配置，为压缩文件添加密码等操作。这里单击【更改目录】按钮，如图4.5-14所示。

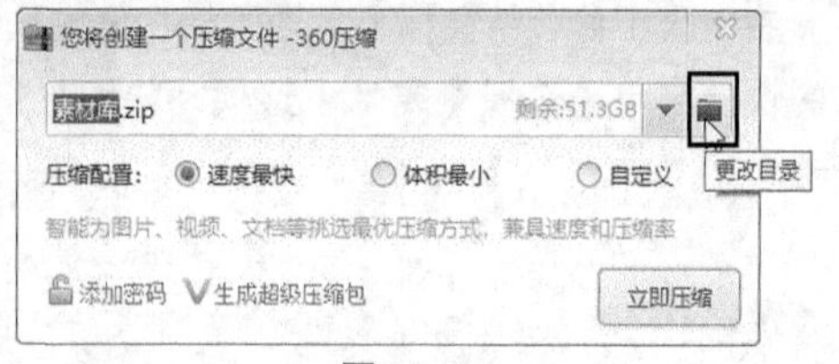

图4.5-14

❸ 弹出【另存为】对话框，选择合适的保存位置，然后单击【保存】按钮，如图4.5-15所示。

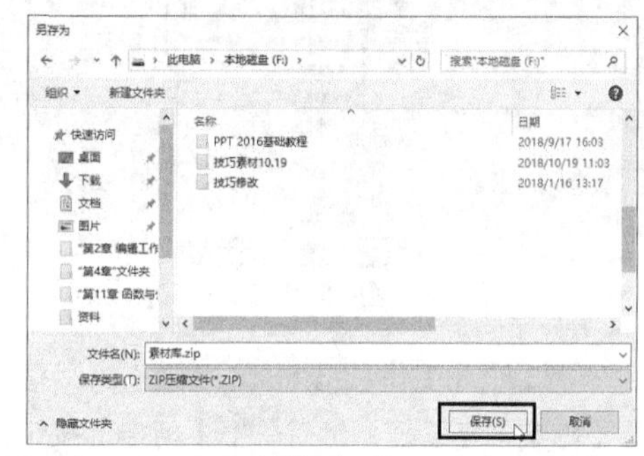

图4.5-15

❹ 返回【您将创建一个压缩文件-360压缩】对话框，可以看到图片的保存路径已经改变，单击【立即压缩】按钮，如图4.5-16所示。

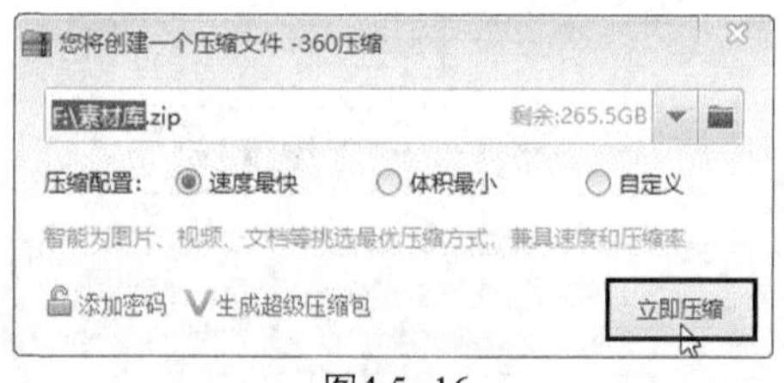

图4.5-16

❺ 弹出【正在压缩：素材库.zip-360压缩】对话框，如图4.5-17所示。

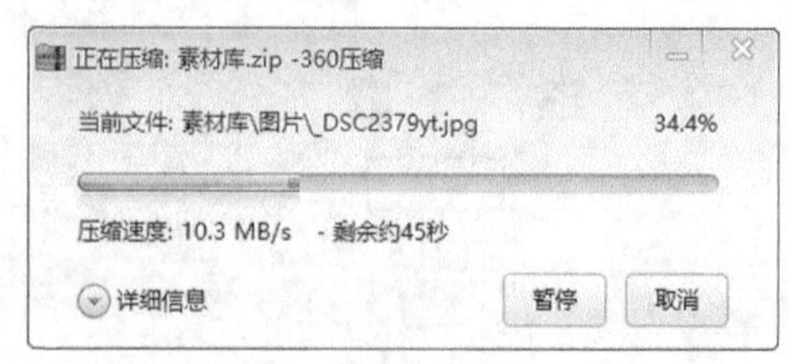

图4.5-17

❻ 压缩完成后返回到保存文件的位置，可以看到压缩完成的“素材库.zip”压缩文件，如图4.5-18所示。

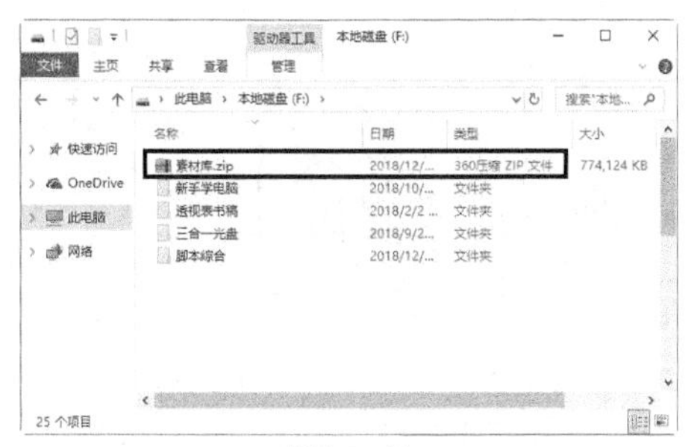

图4.5-18

解压文件或文件夹

用户在从网上下载一些资料或软件时，经常会下载一些扩展名为“.rar”“.zip”等的文件，这些就是压缩文件。需要先将其解压，才能够查看和使用这些资料或软件。下面以解压“素材库.zip”压缩文件为例进行介绍，具体操作步骤如下。

❶ 在“素材库.zip”压缩文件上单击鼠标右键，在弹出的快捷菜单中选择【解压到（F）...】选项，如图4.5-19所示。

图4.5-19

❷ 弹出【解压文件-360压缩】对话框，在该对话框中可以选择解压的位置，这里选择桌面。单击【立即解压】按钮，如图4.5-20所示。

图4.5-20

❸ 弹出【正在解压：素材库.zip-360压缩】对话框，如图4.5-21所示。

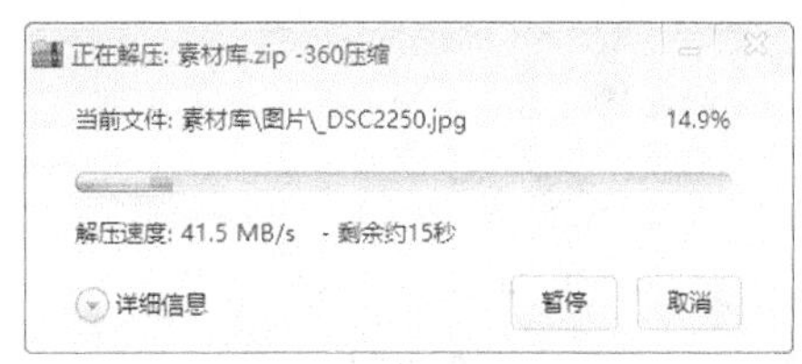

图4.5-21

❹ 解压完成后，可以看到“素材库.zip”压缩文件已经解压到桌面上，如图4.5-22所示。

图4.5-22

4.6 课堂实训——解压文件夹

根据4.5节学习的内容，对桌面上的“Adobe InDesign CC 2018Win”压缩文件进行解压处理。

专业背景

下载压缩文件后，用户即可根据需要对压缩文件进行解压处理。

扫码看视频

实训目的

◎ 熟练掌握解压文件夹的方法

操作思路

❶ 在“Adobe InDesign CC 2018win”压缩文件上单击鼠标右键，在弹出的快捷菜单中选择【解压到（F）...】选项，如图4.6-1所示。

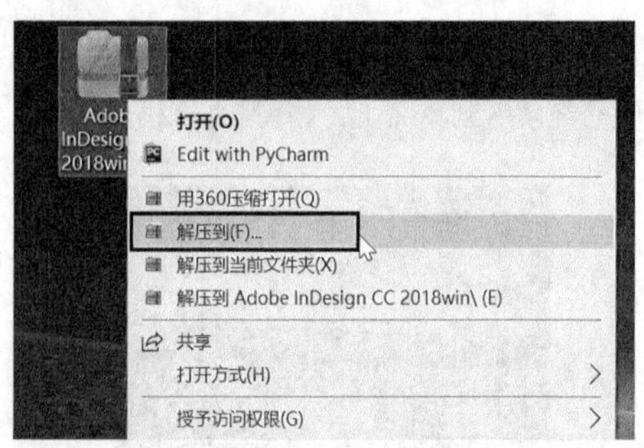

图4.6-1

❷ 弹出【解压文件-360压缩】对话框，在该对话框中可以选择文件解压之后存放的位置，单击【更改目录】按钮，如图4.6-2所示。

图4.6-2

❸ 弹出【浏览文件夹】对话框，选择合适的位置，单击【确定】按钮，如图4.6-3所示。

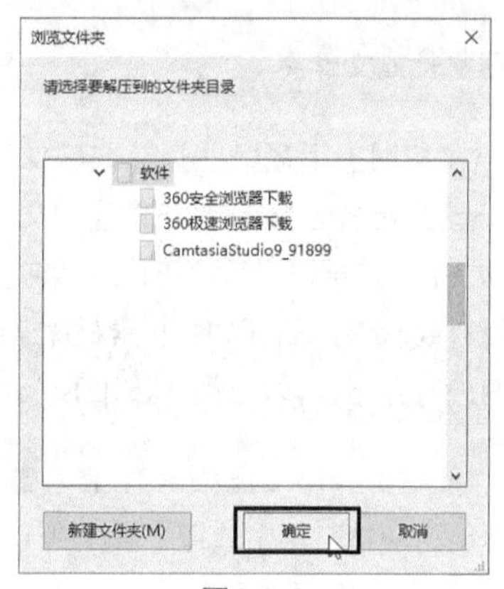

图4.6-3

❹ 弹出【解压文件-360压缩】对话框，单击【立即解压】按钮，如图4.6-4所示。

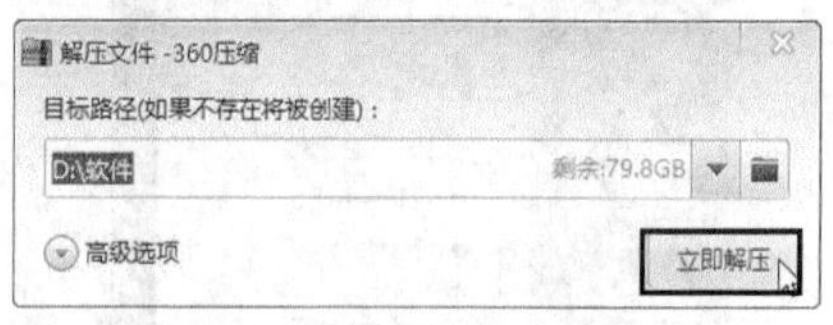

图4.6-4

❺ 弹出对话框，提示正在解压，如图4.6-5所示。

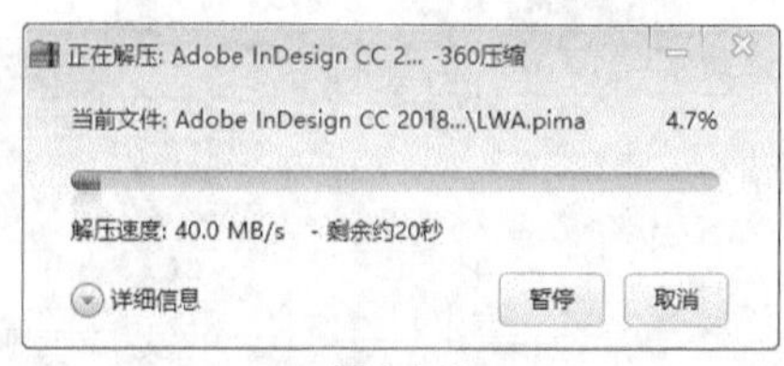

图4.6-5

❻ 解压完成后，可以看到“Adobe InDesign CC 2018 Win”压缩文件已经解压到选择好的位置了，如图4.6-6所示。

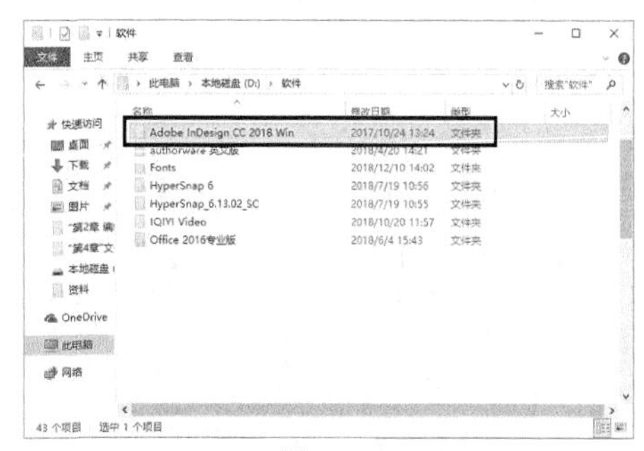

图4.6-6

4.7 常见疑难问题解析

问：在删除文件夹时弹出【删除文件或文件夹时出错】对话框，提示无法删除，这时该怎么办?

答：这是因为该文件夹中某些文件正处于使用状态，所以不能删除。关闭相应的文件或退出相应的程序，再执行删除操作即可。

问：为什么有些文件和文件夹不能进行重命名操作?

答：当出现这种情况的时候，首先检查是否在同一窗口中存在相同名称的文件，若存在，检查该文件是否正处于使用状态，如果是处于使用状态需要关闭文件才能继续进行操作。另外，一些系统文件和文件夹本身就不能进行重命名操作。

问：可以对电脑中重要的文件或文件夹进行加密操作吗?

答：可以。

具体操作方法如下。在需要加密的文件夹上单击鼠标右键，从弹出的快捷菜单中选择【属性】选项。弹出【属性】对话框，单击【常规】选项卡下的【高级】按钮。弹出【高级属性】对话框，在【压缩或加密属性】组合框中选中【加密内容以便保护数据】复选框，然后单击【确定】按钮。返回【属性】对话框，单击【确定】按钮。弹出【确认属性更改】对话框，在该对话框中选中【将更改应用于此文件夹、子文件夹和文件】单选钮，然后单击【确定】按钮。返回文件夹，可以看到在加密文件夹的右上角出现了一个锁定符号，这表示该文件夹已被加密。

问：管理文件时不需要使用导航窗格，可以将它关闭吗?

答：可以。切换到【查看】选项卡，单击【窗格】组中的【导航窗格】按钮，在弹出的下拉列表中选择【导航窗格】选项，即可关闭导航窗格，若再次选择【导航窗格】选项则可显示该导航窗格。

4.8 课后习题

扫码看视频

（1）隐藏一个文件夹，以“素材库”文件夹为例进行隐藏操作，如图4.8-1所示。

（2）解压一个文件夹，以“素材库”文件夹为例进行解压操作，如图4.8-2所示。

图4.8-1

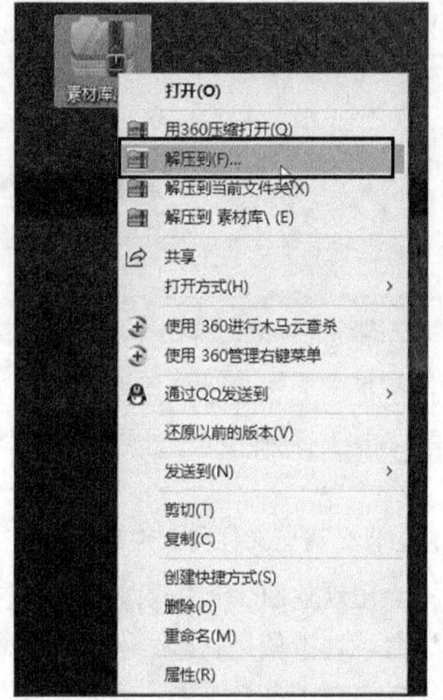

图4.8-2

第5章 软件的安装与管理

本章内容简介

一台完整的电脑包括硬件和软件。软件是用户与硬件之间的接口，也是电脑系统设计的重要依据。本章主要介绍软件的安装、卸载等基本操作。

学完本章读者能做什么

通过对本章的学习，读者可以熟练掌握快速安装、卸载软件的方法。

学习目标

- 获取软件安装包
- 安装软件
- 卸载软件

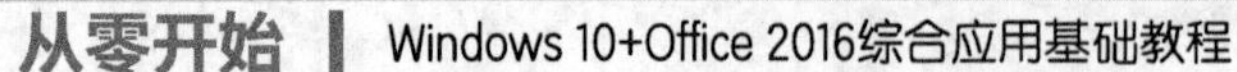

5.1 获取软件安装包

获取软件安装包的方法主要有3种，分别为通过官网下载、通过Windows应用商店下载、通过360软件管家下载。下面分别介绍这3种方法。

5.1.1 通过官网下载

官网是官方网站的简称，是网站主办者对外发布信息的网站。一般在官网上不仅可以下载最新版的软件，还可以了解更多关于软件的信息。

下面以通过官网下载360安全卫士软件安装包为例进行介绍，具体操作步骤如下。

❶ 打开浏览器，在浏览器中搜索“360安全卫士”，打开360安全卫士的官网，如图5.1-1所示。

图5.1-1

❷ 进入360安全卫士的官网页面，在页面中单击【立即下载】链接，如图5.1-2所示。

图5.1-2

❸ 弹出【新建下载任务】对话框，选择合适的放置位置，单击【下载】按钮，如图5.1-3所示。

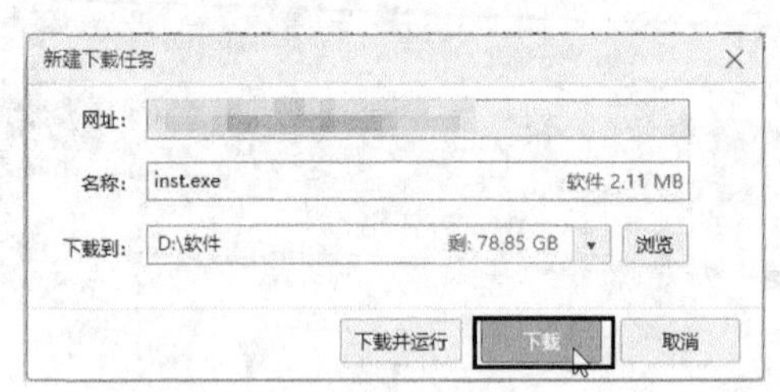

图5.1-3

❹ 开始下载360安全卫士软件，下载完成后自动安装软件，如图5.1-4所示。

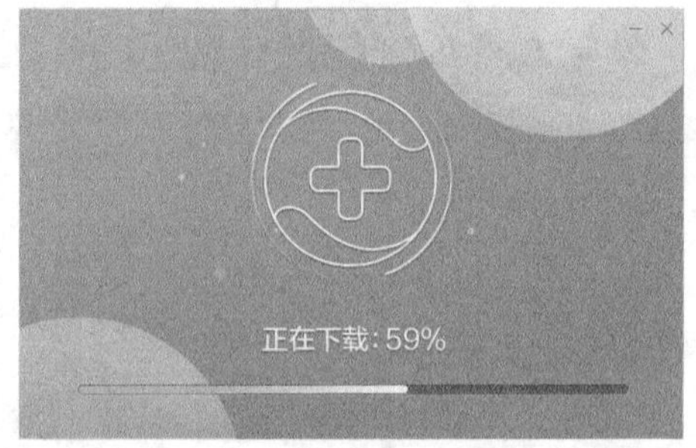

图5.1-4

❺ 安装完成后自动打开360安全卫士软件，用户可以单击【立即体检】按钮开始体检，如图5.1-5所示。

图5.1-5

5.1.2 通过 Windows 应用商店下载

用户可以在Windows 应用商店中下载社交软件、影音和娱乐软件、热门游戏等，而且还可以通过搜索框找到更多应用。下面以通过Windows 应用商店下载QQ软件安装包为例进行介绍，具体操作步骤如下。

扫码看视频

❶ 单击【开始】按钮，在弹出的界面中单击【应用商店】图标，如图5.1-6所示。

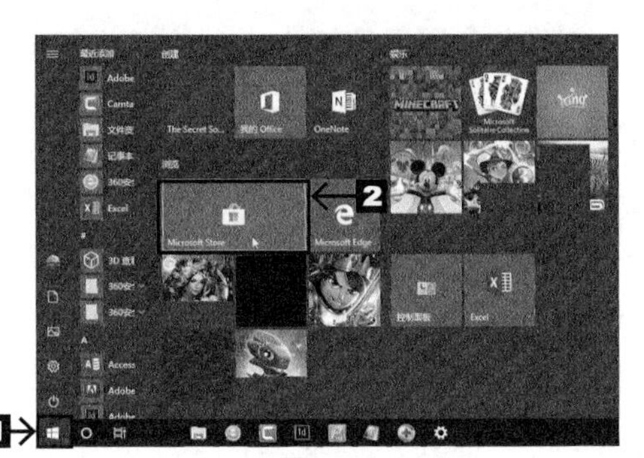

图5.1-6

❷ 弹出【Microsoft Store】对话框，在搜索框中搜索想要下载的软件，这里搜索“QQ”，单击搜索提示框中的“QQ”应用，如图5.1-7所示。

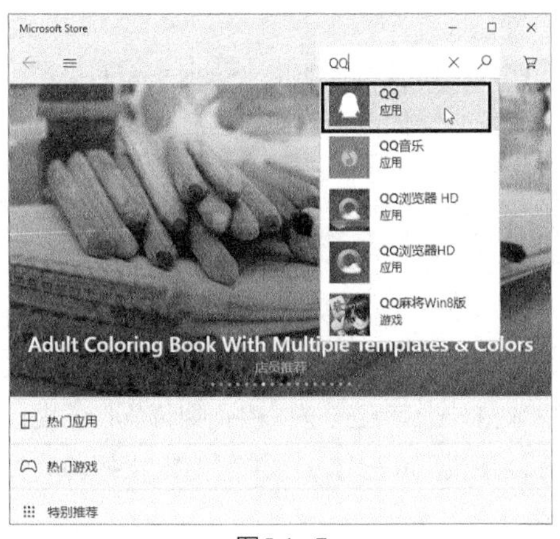

图5.1-7

❸ 进入下载页面，在此页面中可以看到多个相关软件的信息，单击【QQ】选项，如图5.1-8所示。

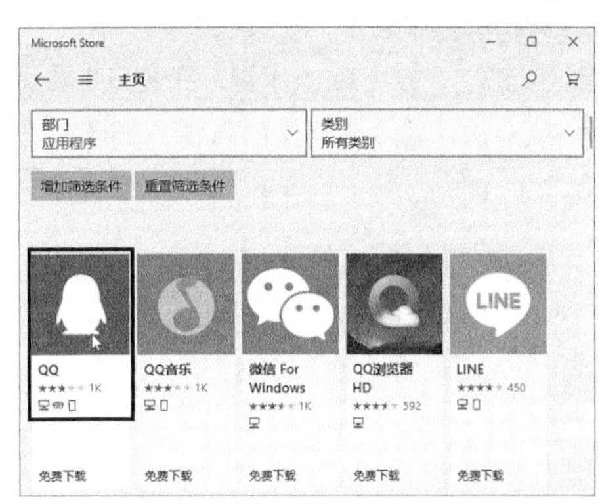

图5.1-8

❹ 在弹出的页面中可以看到QQ软件的相关信息，单击【获取】按钮，如图5.1-9所示。

图5.1-9

❺ 应用商店即可自动下载并安装该软件，如图5.1-10所示。

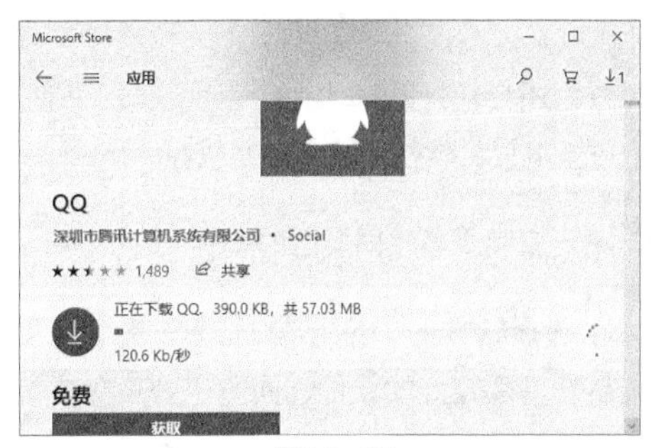

图5.1-10

5.1.3 通过 360 软件管家下载

360软件管家是360安全卫士提供的一款集软件下载、更新、卸载、优化于一体的工具。它具有软件自动升级、强力卸载等功能。这里以通过360软件管家下载QQ拼音输入法为例进行介绍，具体操作步骤如下。

❶ 打开360软件管家，在其搜索框中输入“QQ拼音输入法”，按【Enter】键，在窗口中会出现所有与QQ拼音输入法有关的软件，如图5.1-11所示。

图5.1-11

❷ 选择想要安装的软件，单击【一键安装】按钮，360软件管家会自动下载并安装软件，如图5.1-12所示。

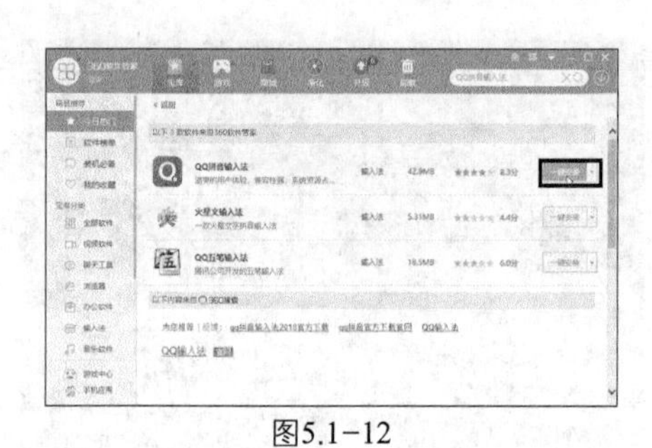

图5.1-12

5.2 安装软件

一般情况下，软件的安装过程大致分为运行软件的主程序、接受许可协议、选择安装路径和进行安装等几个步骤。

5.2.1 注意事项

在安装软件的过程中，有一些事项需要注意，如软件的安全性、软件的安装位置等。下面分别进行介绍。

注意软件的安装位置

一般情况下，软件的默认安装位置是C盘。但C盘是电脑的系统盘，如果大量的软件都安装在C盘，那么不仅会导致系统文件和软件文件不易区分，还会使计算机的运行速度变慢。所以，用户应当尽量将软件安装在非系统盘。

不要安装太多相同类型的软件

在选择软件时，应尽量挑选一款市面上评分较高、口碑较好的软件，同时也要避免安装多个相同类型的软件。如果安装太多相同类型的软件，不仅会降低电脑的运行速度，而且软件之间还可能会相互冲突，导致软件无法运行。

注意软件是否带有捆绑软件

捆绑软件是指安装一个软件时，系统会自动安装一个或多个其他软件。用户可以在安装过程中取消勾选其复选框来阻止捆绑软件的安装，也可以使用360安全卫士来强制阻止捆绑软件的安装。

确保软件的安全

使用安全软件可以扫描出要安装的软件是否携带病毒，可以知道软件是否安全。所以，在安装软件之前最好使用安全软件扫描一遍。如果安全软件发出警告，那么用户尽量不要安装该软件，或者到安全的网站重新下载软件之后再安装。

5.2.2 使用安装包安装软件

扫码看视频

如果用户选择使用安装包来手动安装软件，那么就更需要注意上文所说的几个注意事项。下面以安装腾讯视频为例进行介绍，具体操作步骤如下。

❶ 双击下载好的腾讯视频软件安装包，打开【腾讯视频】对话框，单击【自定义安装】按钮，如图5.2-1所示。

图5.2-1

❷ 在【腾讯视频】对话框中单击“安装位置”文字下方的【浏览】按钮，如图5.2-2所示。

图5.2-2

❸ 弹出【浏览文件夹】对话框，选择合适的安装位置，单击【确定】按钮，如图5.2-3所示。

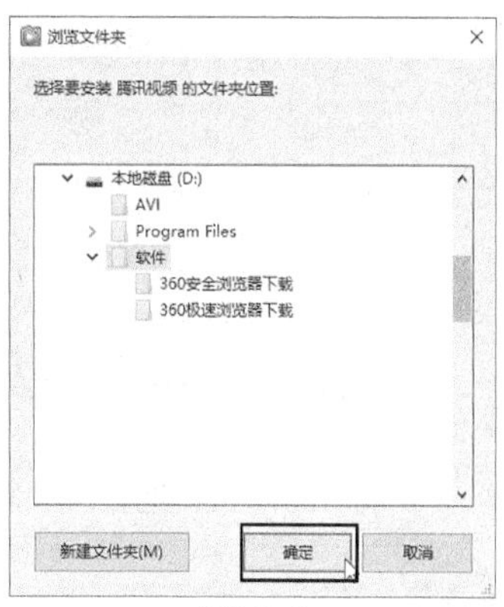

图5.2-3

❹ 返回【腾讯视频】对话框，可以看到选择好的安装位置，单击【立即安装】按钮，如图5.2-4所示。

图5.2-4

❺ 可以看到安装进度，如图5.2-5所示。

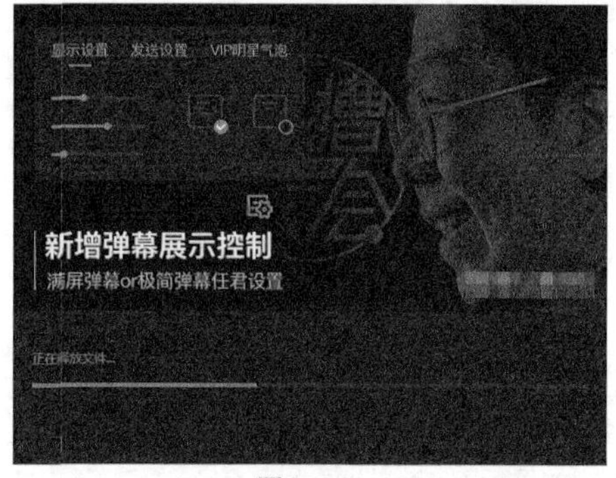

图5.2-5

❻ 安装完成后，可以单击【立即体验】按钮打开软件，如图5.2-6所示。

图5.2-6

5.3 课堂实训——下载并安装迅雷

根据5.2节学习的内容，通过360软件管家下载并安装迅雷。

专业背景

安装软件是指将各种软件程序安装到电脑中以便使用。做好安装前的准备工作后，即可运行软件的安装程序来进行安装。

实训目的

◎ 熟练掌握下载软件的方法

◎ 熟练掌握安装软件方法

操作思路

❶ 打开360软件管家，在其搜索框中输入“迅雷”，按【Enter】键，在窗口中会出现所有与迅雷有关的软件，如图5.3-1所示。

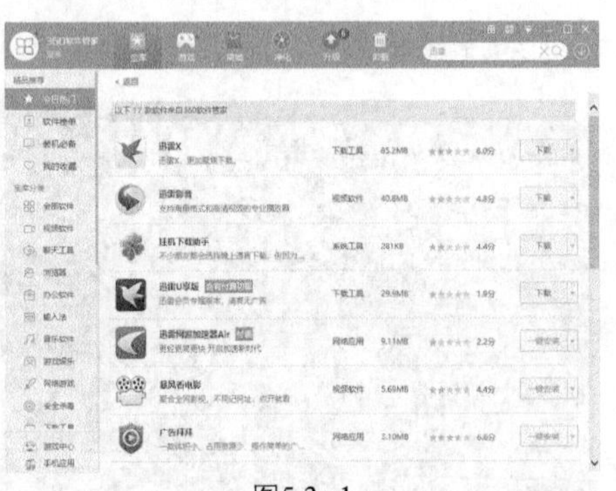

图5.3-1

❷ 选择想要安装的软件，单击【下载】按钮，360软件管家会自动下载并安装软件，如图5.3-2所示。

图5.3-2

❸ 下载后会自动弹出【迅雷，不止于快】对话框，勾选【同意《用户许可协议》】，单击【浏览】按钮，如图5.3-3所示。

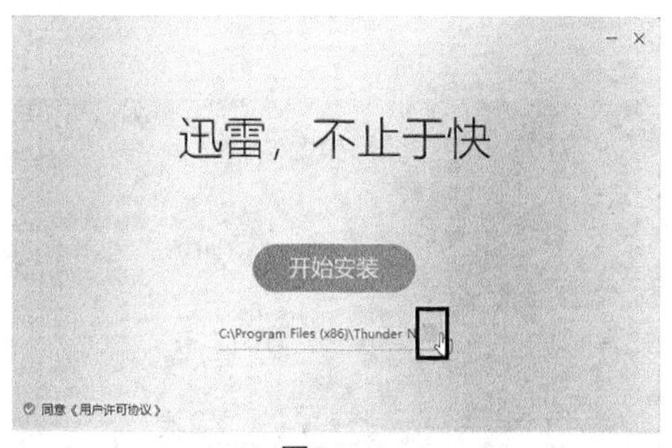

图5.3-3

❹ 弹出【浏览文件夹】对话框，选择合适的安装位置，单击【确定】按钮，如图5.3-4所示。

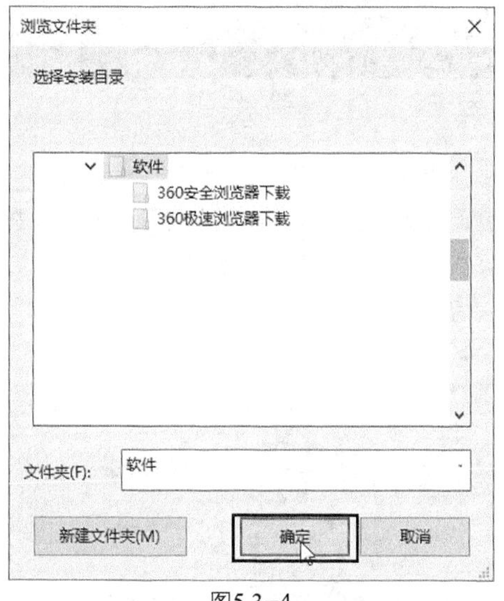

图5.3-4

❺ 返回【迅雷，不止于快】对话框，可以看到选择好的安装位置，单击【开始安装】按钮，如图5.3-5所示。

图5.3-5

❻ 可以看到安装进度，如图5.3-6所示。

图5.3-6

❼ 安装完成后，弹出迅雷主界面。输入账号和密码后单击【登录】按钮即可使用迅雷，如图5.3-7所示。

图5.3-7

5.4 卸载软件

当用户不再需要某个软件时，可以将其卸载以腾出更多硬盘空间，用户可以通过【开始】菜单和360软件管家卸载软件。

5.4.1 通过【开始】菜单卸载

用户可以在【开始】菜单中卸载不需要的软件。下面以卸载腾讯视频为例进行介绍，具体操作步骤如下。

扫码看视频

❶ 单击按钮，在弹出的界面中找到腾讯视频并将鼠标指针放在腾讯视频，如图5.4-1所示。

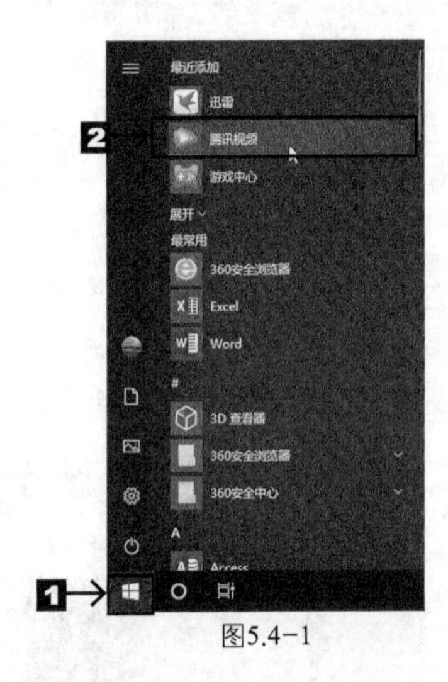

图5.4-1

❷ 单击鼠标右键，在弹出的快捷菜单中选择【卸载】选项，如图5.4-2所示。

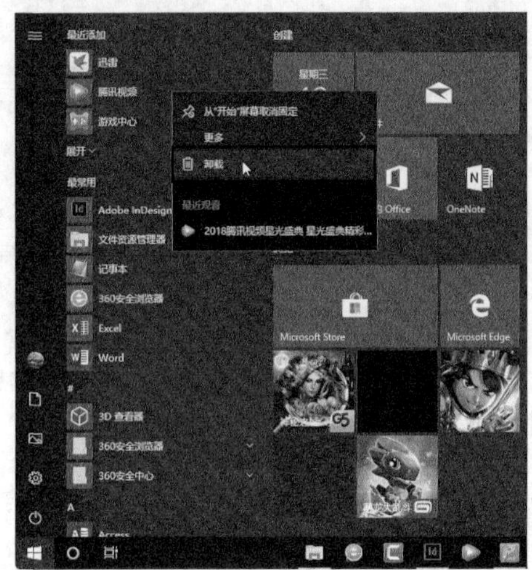

图5.4-2

❸ 弹出【程序和功能】窗口，在此窗口中选中【腾讯视频】选项，然后单击鼠标右键，在弹出的快捷菜单中选择【卸载/更改】选项，如图5.4-3所示。

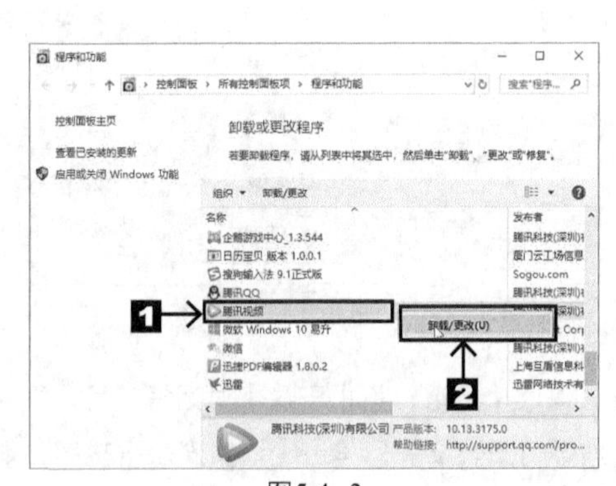

图5.4-3

❹ 弹出【腾讯视频】对话框，选中【卸载】复选框，单击【继续卸载】按钮，如图5.4-4所示。

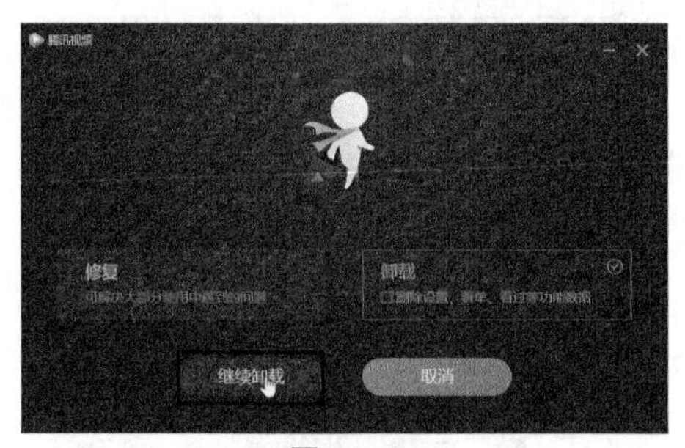

图5.4-4

❺ 可以看到卸载进度，如图5.4-5所示。

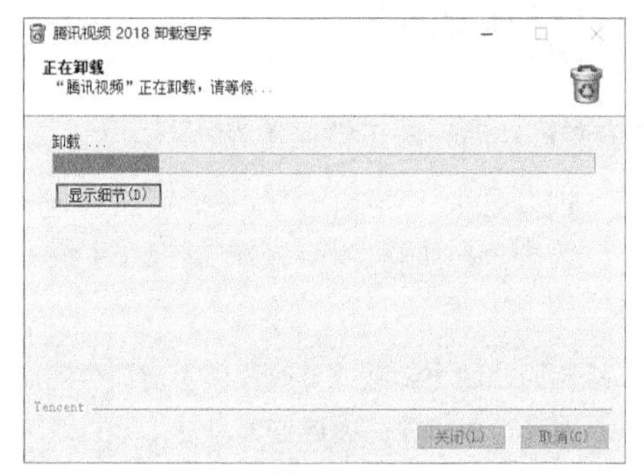

图5.4-5

❻ 卸载完成后单击【关闭】按钮，如图5.4-6所示。

图5.4-6

5.4.2 通过 360 软件管家卸载

在360软件管家中不仅可以安装软件，还可以一键卸载软件，省去了许多不必要的麻烦。下面以使用360软件管家卸载暴风影音为例进行介绍，具体操作步骤如下。

扫码看视频

❶ 打开360软件管家，切换到【卸载】选项卡，如图5.4-7所示。

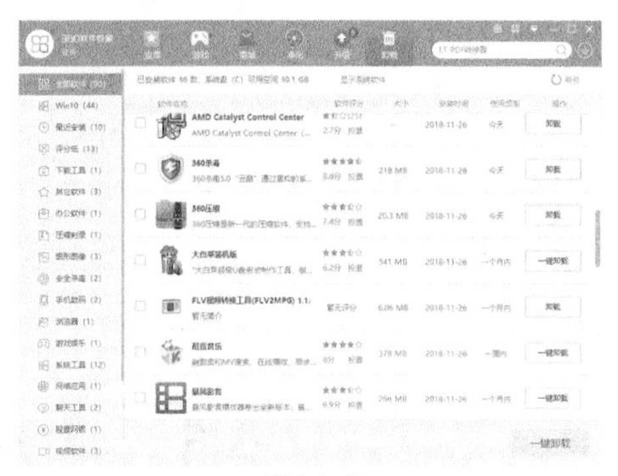

图5.4-7

❷ 找到暴风影音并单击【一键卸载】按钮，单击此按钮之后用户无须进行其他操作，软件便会自动卸载，如图5.4-8所示。

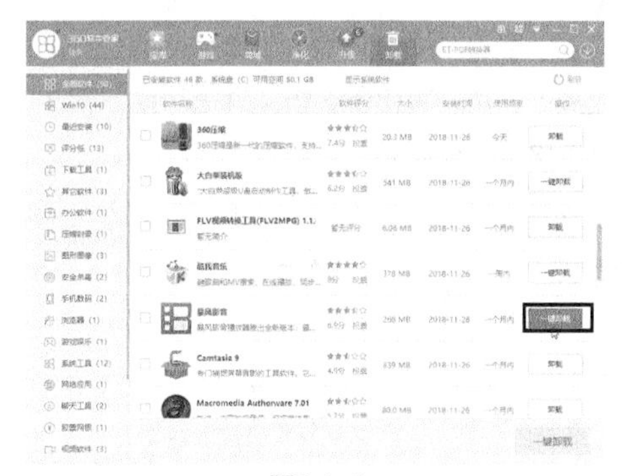

图5.4-8

❸ 可以看到360软件管家提示“正在卸载软件…”，如图5.4-9所示。

图5.4-9

❹ 卸载完成后，360 软件管家将会提示“卸载完成,节省磁盘空间 266MB”,如图 5.4-10 所示。

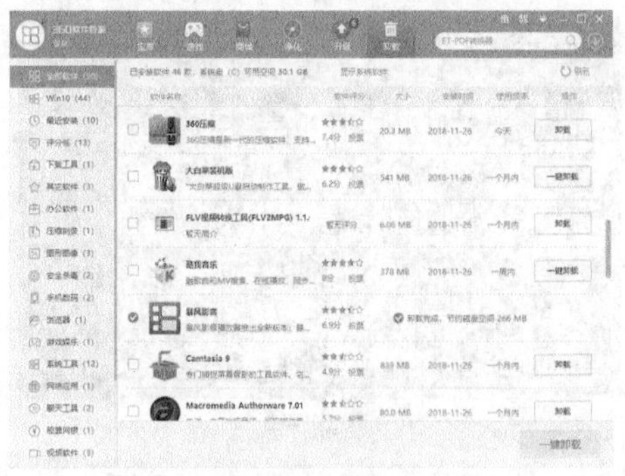

图5.4-10

5.5 常见疑难问题解析

问：为什么在安装某些软件时提示无法安装，或者安装成功后无法正常使用呢？

答：这可能是软件和操作系统不能兼容造成的。软件一般都是依托于操作系统来运行的，而不同的操作系统的具体设置会有所不同。所以在安装软件之前，需要查看该软件和当前电脑操作系统是否兼容。

问：已经将软件通过其自带的卸载程序卸载了，但是在控制面板的【卸载或更改程序】窗口中还能看到相应的选项，再次卸载软件时提示找不到文件。这是什么原因呢？如何才能将这些信息从【卸载或更改程序】窗口中去除呢？

答：正常情况下，将软件卸载后在【卸载或更改程序】窗口中，相应的选项将会自动被去掉。如果卸载软件时不是按照正常卸载方法（例如直接将软件所在文件夹删除）或者卸载出错，【卸载或更改程序】窗口中将会遗留该软件的相关信息，当再次单击卸载程序时，系统会因为找不到相应的程序而提示出错信息。针对这些遗留下来的信息，用户可以通过一些系统优化工具将其删除。例如，利用360软件管家删除遗留信息。

问：有些软件在安装时，总是提示以前安装过该软件，然后提示重新启动系统再安装。可是重新启动后，问题依旧存在，应该如何解决呢？

答：这是因为以前安装过该软件，但是卸载时没有清理注册表的相关注册项。每次在安装该软件时，安装程序如果检测到注册表中有相应的选项，就会提示重新启动系统。用户可以手动删除注册表中关于该软件的信息，具体操作步骤如下。在任务栏的搜索栏中输入“注册表编辑器”，然后按【Enter】键，打开注册表编辑器。单击【编辑】→【查找】选项，打开【查找】窗口。在此窗口中选中【项】【值】【数据】3个复选框，在【查找目标】中输入该软件名，然后单击【查找】按钮。如果找到相关项，直接将其删除。再按【F3】键继续查找，直至将整个注册表搜索完毕，最后重新启动系统应该可以解决问题。

5.6　课后习题

（1）通过360软件管家下载并安装微信，如图5.6-1所示。

（2）通过【开始】菜单卸载微信，如图5.6-2所示。

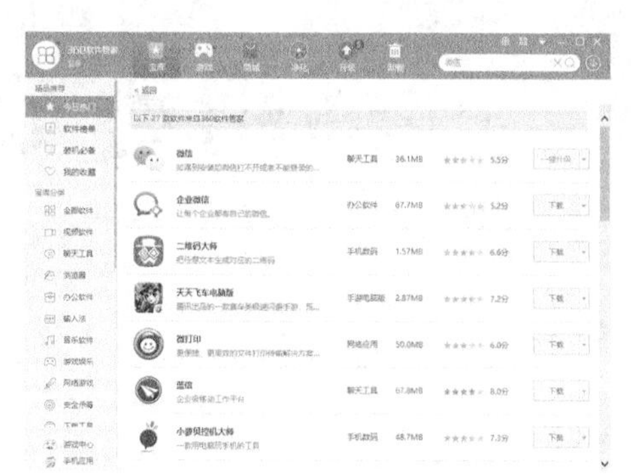

图5.6-1

图5.6-2

第6章 网络办公

本章内容简介

随着互联网的普及，网络办公的优势更加突出，日益成为一种重要的办公方式。本章主要讲解网上信息查询、在线学习与办公等相关操作，使读者快速掌握网络办公的方法。

学完本章读者能做什么

通过本章的学习，读者能熟练掌握网上信息查询，在线学习与在线办公的方法等。

学习目标

- 查询信息
- 在线学习与网络办公

6.1 查询信息

网上信息量大，信息交流速度快，在网上可以随时获得自己需要的信息，互联网给人们的学习、生活带来了巨大的便利和乐趣。本节介绍如何在互联网上查询信息。

6.1.1 在网上查看日历

日历用于记载日期等相关信息。在网络普及之前，翻阅挂历是查看日期的主要方式。如今想要查看日期，则可以在网上进行查询，具体的操作步骤如下。

❶ 打开浏览器，在搜索栏中输入“日历”，可以看到在搜索栏中弹出了和“日历”相关的搜索信息，如图6.1–1所示。

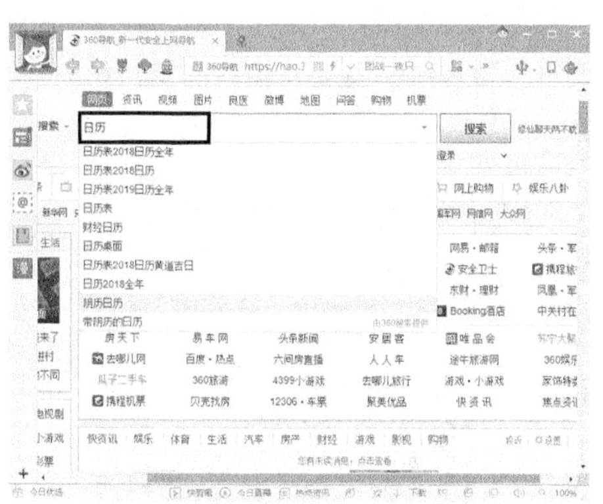

图6.1–1

❷ 按【Enter】键，浏览器将显示出“日历”的搜索信息，并显示出当前日期，如图6.1–2所示。

图6.1–2

❸ 单击日历中年份右侧的下拉按钮 ，可以在弹出的下拉列表框中选择日历的年份，如图6.1–3所示。

图6.1–3

❹ 单击日历中月份右侧的下拉按钮 ，可以在弹出的下拉列表框中选择日历的月份，如图6.1–4所示。

图6.1–4

❺ 单击【放假安排】右侧的下拉按钮，可以在弹出的下拉列表框中查看相关年份的假期安排信息，如图6.1-5所示。

图6.1-5

6.1.2 在网上查看天气预报

天气与人们的生活息息相关，尤其是在外出旅游或出差的时候，一定要了解当地的天气如何，这样才能合理地安排出行。在网上查询天气预报的具体操作步骤如下。

❶ 打开浏览器，在搜索栏中输入想要查询天气的城市名称，如这里输入“北京天气预报”，如图6.1-6所示。

图6.1-6

❷ 按【Enter】键，浏览器将显示出一周内北京的天气、降水量、温度等相关信息，如图6.1-7所示。

图6.1-7

6.2 在线学习与网络办公

腾讯QQ支持在线聊天、视频通话、文件传输、QQ邮箱等多种功能。对于这些读者可能已经很熟练了，此处不再介绍，本节我们来学习几个实用的功能。

6.2.1 在腾讯课堂学习课程

腾讯课堂是腾讯公司推出的专业的在线教育平台，拥有大量收费或免费的精品课程。

扫码看视频

❶ 打开电脑端QQ主界面，单击主界面右下角的【应用管理器】按钮，如图6.2-1所示。

图6.2-1

❷ 弹出【应用管理器】对话框，在【休闲娱乐类】列表框下方单击【腾讯课堂】选项，如图6.2-2所示。

图6.2-2

❸ 单击后即可在浏览器中打开腾讯课堂首页，如图6.2-3所示。

图6.2-3

❹ 进入腾讯课堂首页后，用户可以在左侧的课程分类里选择自己想要学习的课程，这里选择摄影课程，如图6.2-4所示。

图6.2-4

❺ 进入课程列表，选择想听的免费课程，如图6.2-5所示。

图6.2-5

❻ 进入课程页面，单击【立即报名】按钮，如图6.2-6所示。

图6.2-6

❼ 弹出【登录账号】对话框，可以使用QQ账号直接登录，如图6.2-7所示。

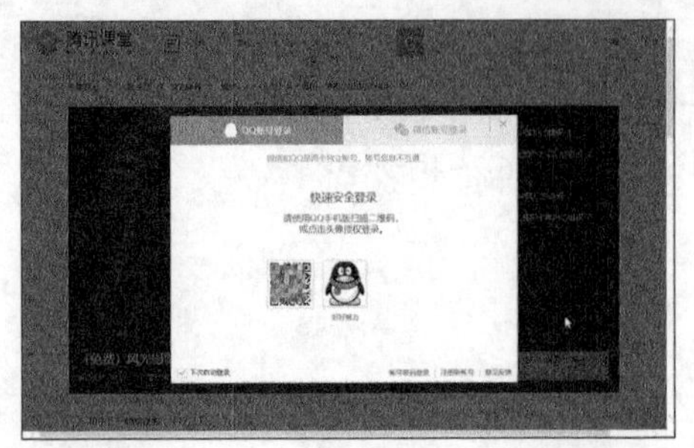

图6.2-7

❽ 弹出【报名成功】对话框，可以关注公众号获取上课提醒，然后单击【立即学习】按钮，如图6.2-8所示。

图6.2-8

❾ 单击之后，可以进入课堂直接学习了，如图6.2-9所示。

图6.2-9

6.2.2 使用微云传送文件

微云是腾讯公司为用户精心打造的一项智能云服务，用户可以通过微云方便地传输文件。使用微云传送文件的具体操作步骤如下。

扫码看视频

❶ 打开电脑端QQ主界面，单击主界面右下角的【应用管理器】按钮，如图6.2-10所示。

图6.2-10

❷ 弹出【应用管理器】对话框，在【个人工具类】列表框下方单击【微云】选项，如图6.2-11所示。

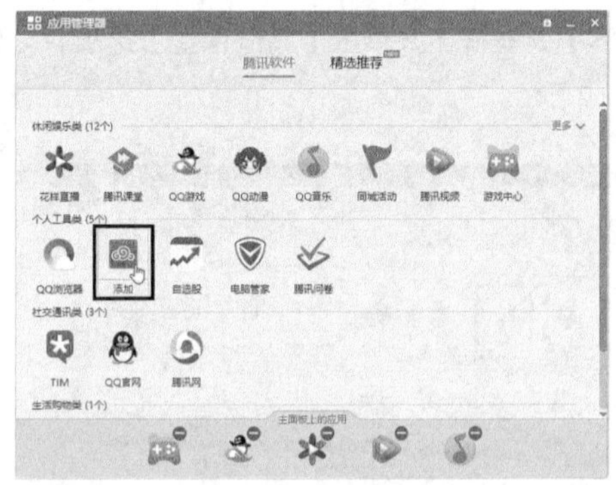

图6.2-11

❸ 弹出【微云】对话框，在对话框中单击【上传】按钮，从弹出的下拉列表中选择【文件】选项，如图6.2-12所示。

图6.2-12

❹ 弹出【打开】对话框，在对话框中选中文件，然后单击【打开】按钮，如图6.2-13所示。

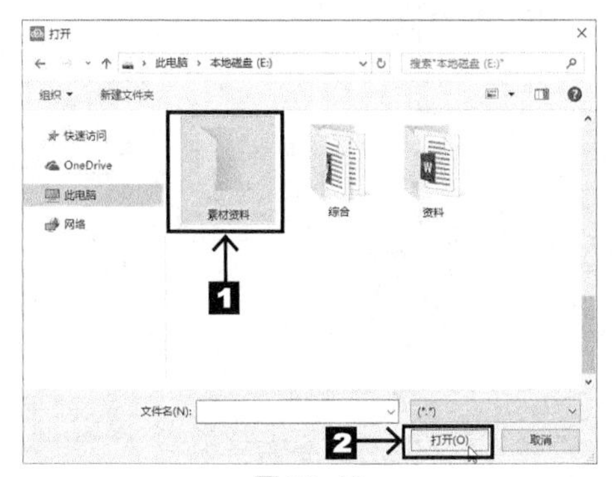

图6.2-13

❺ 弹出【上传文件】对话框，单击【开始上传】按钮，如图6.2-14所示。

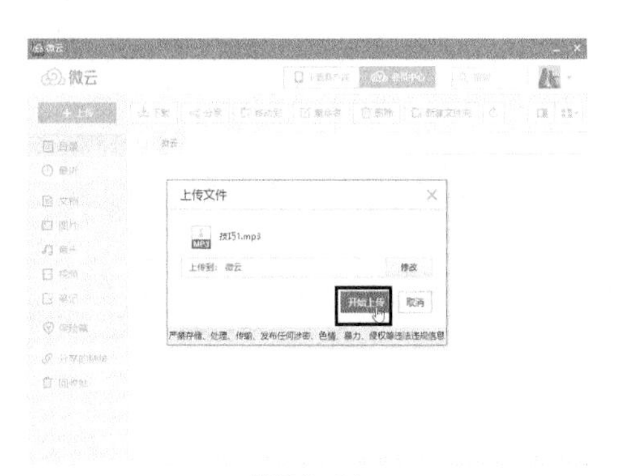

图6.2-14

❻ 可以看到上传文件的进度，如图6.2-15所示。

图6.2-15

❼ 上传完成后单击【完成】按钮，如图6.2-16所示。

图6.2-16

❽ 返回【微云】对话框，可以看到上传的文件已经存在于对话框中，如图6.2-17所示。

图6.2-17

❾ 上传到微云的文件，用户可以对其进行不同的设置，如下载文件、分享文件、移动文件、重命名文件以及删除文件等，如图6.2-18所示。

图6.2-18

6.2.3 使用腾讯文档协同办公

腾讯文档是一款可多人协作的在线文档，目前仅支持Word和Excel类型的文档。打开网页就能轻松查看和编辑文档，无须下载安装，随时随地使用。

扫码看视频

系统会对用户的编辑做自动保存，不用担心断网断电导致编辑的内容丢失，重新联网后文档内容会自动恢复。

❶ 打开电脑端QQ主界面，单击主界面中的【腾讯文档】按钮，如图6.2-19所示。

图6.2-19

❷ 弹出【腾讯文档】页面，在界面中选择【Hi，欢迎使用腾讯文档】选项，如图6.2-20所示。

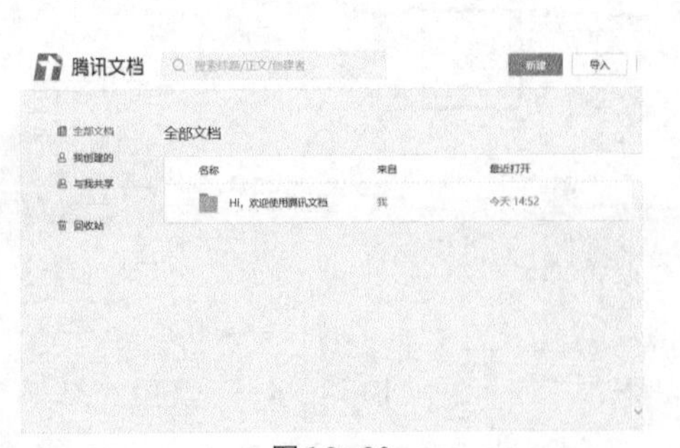

图6.2-20

❸ 在【腾讯文档】界面中单击【新建】按钮，在弹出的下拉列表中选择【新建在线文档】选项，如图6.2-21所示。

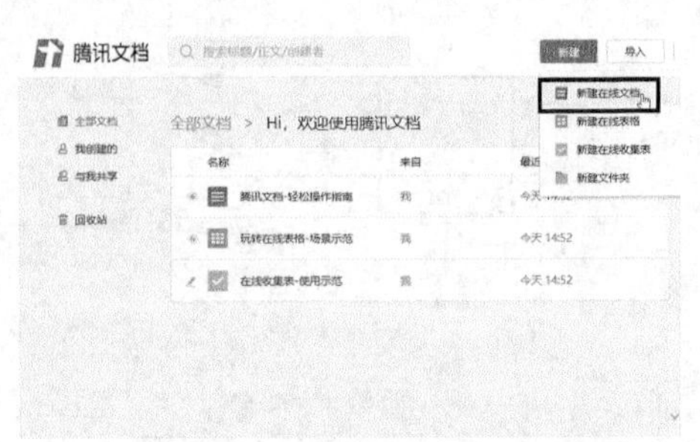

图6.2-21

❹ 进入【在线文档】页面后，单击【空白】即可弹出一个空白文档，用户可以根据需要对文档进行编辑，如图6.2-22所示。

图6.2-22

❺ 在【模板库】中有本周推荐的在线模板，方便用户使用，如图6.2-23所示。

图6.2-23

6.3 常见疑难问题解析

问：怎样将腾讯文档分享给指定的人？

答：打开需要分享的文档，单击文档右上角的【分享】按钮，弹出【分享在线文档】对话框，指定权限为“获得链接的人可查看”，然后单击【复制链接】按钮，即可将该文档的链接复制到剪贴板，找到指定联系人，粘贴该链接即可。

6.4 课后习题

（1）在网上查看上海一周的天气预报，如图6.4-1所示。

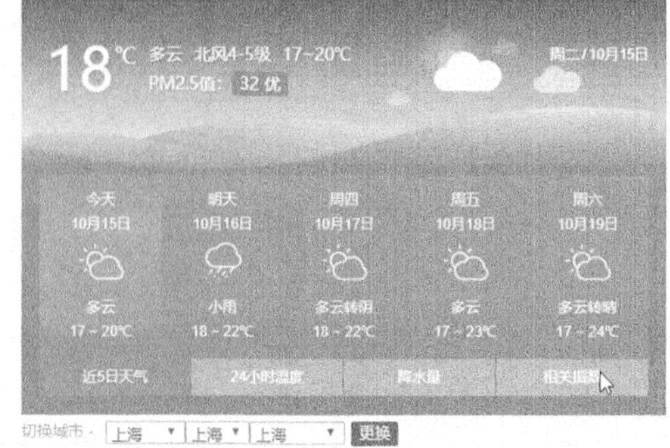

图6.4-1

（2）使用腾讯文档制作一份会议纪要，如图6.4-2所示。

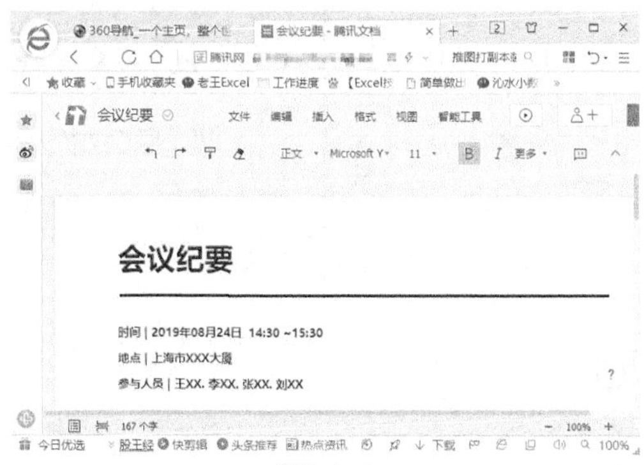

图6.4-2

第7章 Word 2016的基础应用

本章内容简介

Word 2016 是一款功能强大的文字处理软件，通过它可以制作和编辑公文、宣传单、公司简介、合同、投标书、培训通知和邀请函等。本章主要介绍 Word 2016 的基本操作。

学完本章读者能做什么

通过对本章的学习，读者能了解如何启动与退出 Word 2016 程序、掌握文本的基本操作、了解如何设置文档格式等。

学习目标

- 启动与退出 Word 2016
- 文档的基本操作
- 设置文档格式

7.1 启动与退出Word 2016

如果要使用Word 2016进行文档编辑，首先要学会如何启动与退出Word 2016应用程序。

7.1.1 启动 Word 2016

下面介绍几种常见的启动Word 2016程序的方法。

扫码看视频

1. 使用【开始】菜单

❶ 单击【开始】按钮，在弹出的【开始】菜单中选择Word 2016程序，如图7.1-1所示。

图7.1-1

❷ 单击此应用程序即可启动Word 2016程序，如图7.1-2所示。

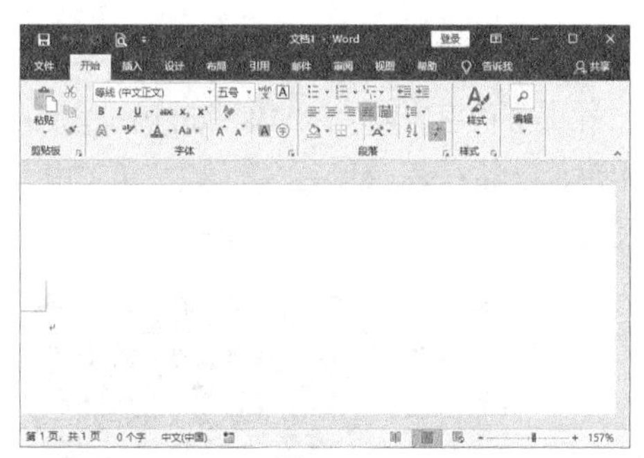

图7.1-2

2. 使用桌面快捷图标

❶ 单击【开始】按钮，弹出【开始】菜单。在Word 2016程序上单击鼠标右键，在弹出的列表中选择【更多】→【打开文件位置】选项，如图7.1-3所示。

图7.1-3

❷ 在弹出的窗口中找到Word 2016程序并单击鼠标右键，在弹出的列表中选择【发送到】→【桌面快捷方式】选项，如图7.1-4所示。

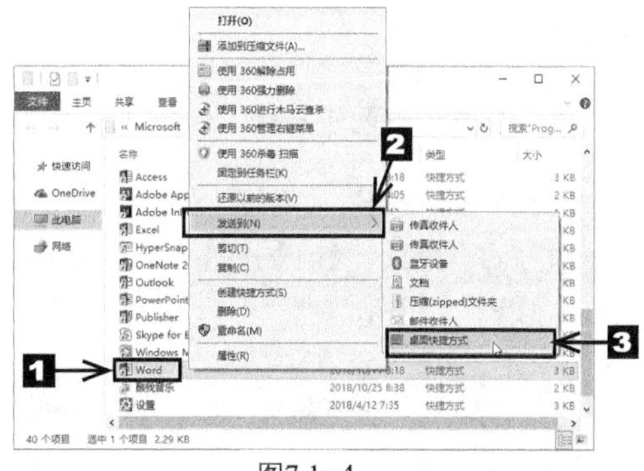

图7.1-4

❸ 返回桌面即可看到创建的快捷方式，双击桌面上的快捷方式图标即可启动Word 2016程序，如图7.1-5所示。

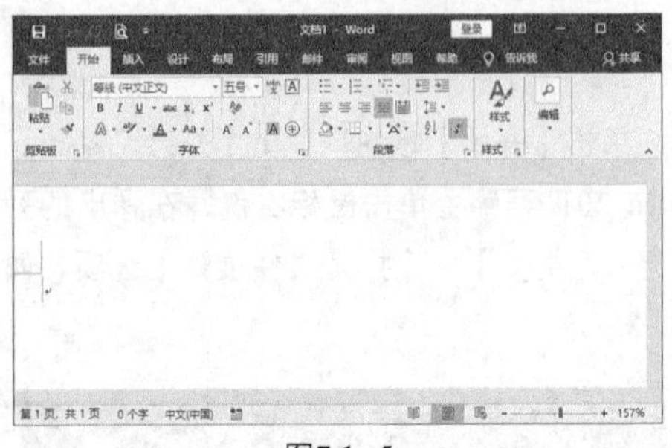

图7.1-5

3. 使用快速启动栏

为了便于启动Word文档，用户可以将桌面上的Word 2016的快捷方式图标拖曳至快速启动栏。编辑文档前，单击快速启动栏上的图标即可启动Word 2016程序，如图7.1-6所示。

图7.1-6

7.1.2 退出Word 2016

文档编辑完成后，用户可以通过多种方法关闭程序。

1. 使用【关闭】按钮

关闭Word文档最常用的一种方法就是单击Word文档右上角的【关闭】按钮，即可退出Word文档，如图7.1-7所示。

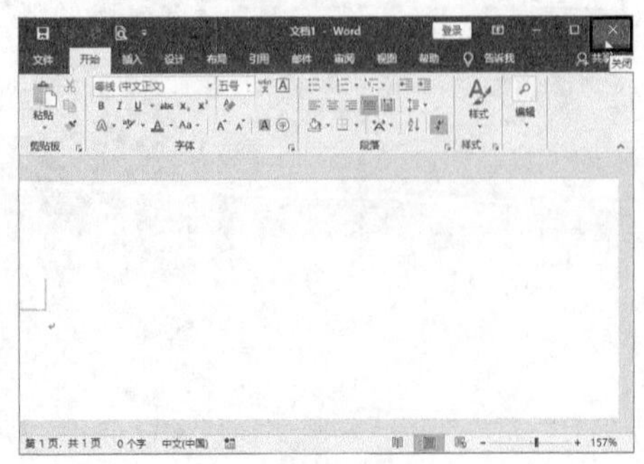

图7.1-7

2. 使用快捷菜单

在标题栏的空白处单击鼠标右键，然后从弹出的快捷菜单中选择【关闭】选项，即可关闭Word文档，如图7.1-8所示。

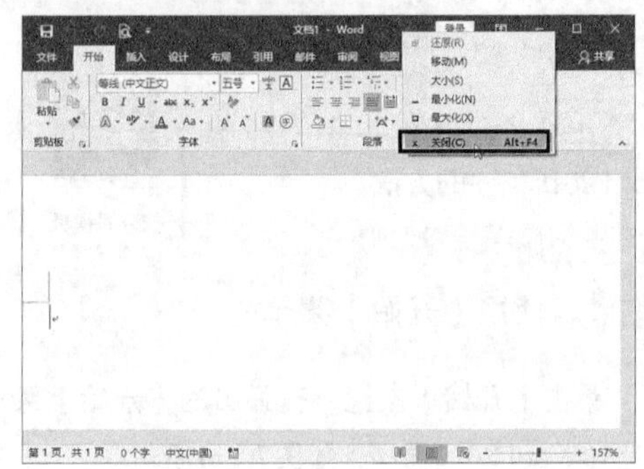

图7.1-8

3. 使用【文件】按钮

单击【文件】按钮，从弹出的界面中选择【关闭】选项即可关闭Word文档，如图7.1-9所示。

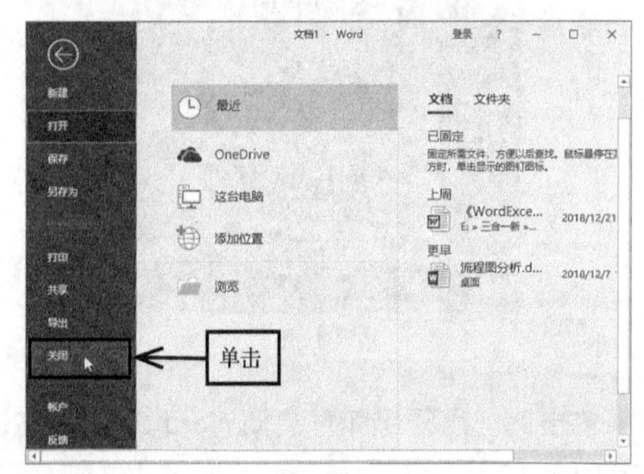

图7.1-9

4. 使用程序按钮

在任务栏中需要关闭的Word 2016程序的按钮上单击鼠标右键，然后在弹出快捷菜单中选择【关闭窗口】选项，如图7.1-10所示。

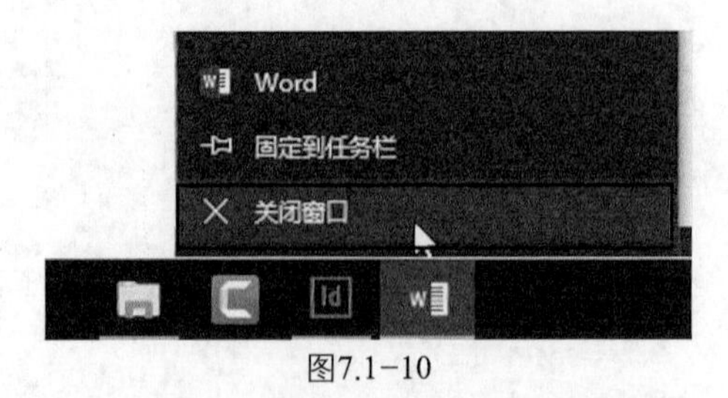

图7.1-10

7.2 文档的基本操作

会议纪要是在会议记录基础上经过加工、整理出来的一种记叙性和介绍性的文件，包括会议的基本情况、主要精神及中心内容，便于向上级汇报或向有关人员传达及分发。纪要要求会议程序清楚，目的明确，中心突出，概括准确，层次分明，语言简练。下面通过制作“会议纪要”来具体学习文档的基本操作。

7.2.1 新建文档

用户可以使用Word 2016方便快捷地新建多种类型的文档，如空白文档、联机文档等。

扫码看视频

1. 新建空白文档

如果Word 2016程序没有启动，下面就介绍使用右键快捷菜单新建空白文档的方法。

一般情况下，要先选定文件的保存位置，这里将新建的文档保存在E盘的【文件】文件夹中。

❶ 打开【此电脑】窗口，双击E盘中的【文件】文件夹，如图7.2-1所示。

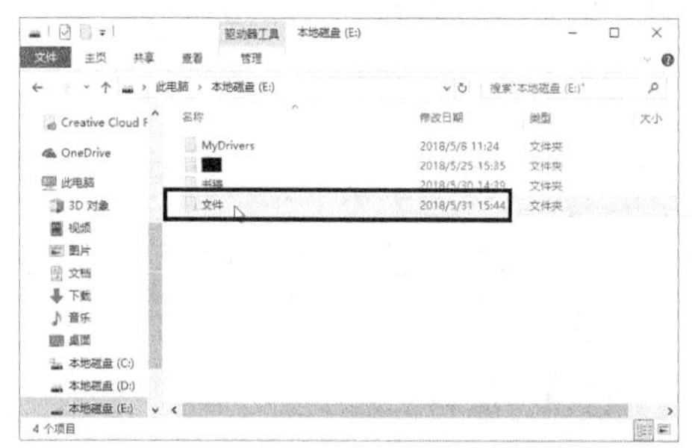

图7.2-1

❷ 在【文件】文件夹中单击鼠标右键，在弹出的快捷菜单中选择【新建】→【Microsoft Word文档】选项，如图7.2-2所示，即可在文件夹中新建一个Word文档。

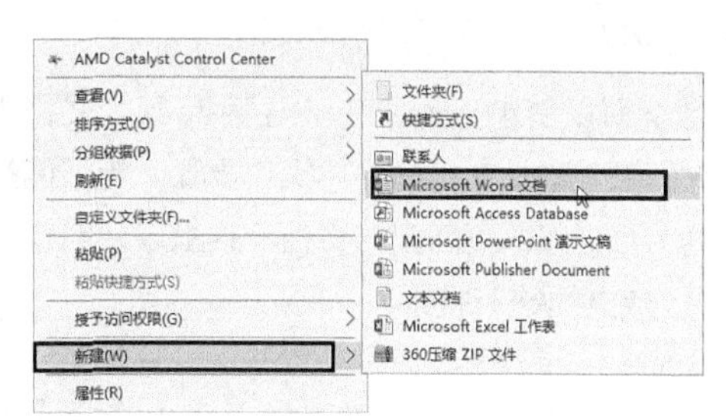

图7.2-2

如果Word 2016程序已经启动，有3种方法可以新建空白文档，我们以使用【文件】按钮为例来讲解。

在Word 2016主界面中单击 文件 按钮，从弹出的界面中选择【新建】选项，系统会打开【新建】界面，在列表框中选择【空白文档】选项，如图7.2-3所示。

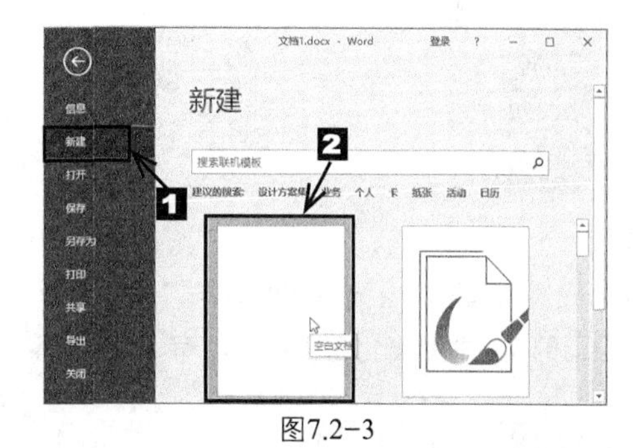

图7.2-3

> **提示：使用组合键新建文档**
>
> 在Word 2016中，可以使用组合键新建文档，例如按【Ctrl】+【N】组合键即可创建一个新的空白文档。

2. 新建联机文档

除了Word 2016自带的模板之外，微软公司还提供了很多精美的专业联机模板。

在日常办公中如果要制作有固定格式的文档，例如会议纪要、规章制度通知等，使用联机文档创建所需的文档会事半功倍。

下面以创建一个“会议纪要.docx”文档为例介绍新建联机文档的具体操作步骤。为了能搜索到与自己需求更匹配的文档，这里以“会议纪要”为关键词进行搜索。

❶ 单击文件按钮，从弹出的界面中选择【新建】选项，打开【新建】界面，在搜索框中输入想要搜索的模板，这里输入“会议纪要”，单击【开始搜索】按钮，如图7.2-4所示。

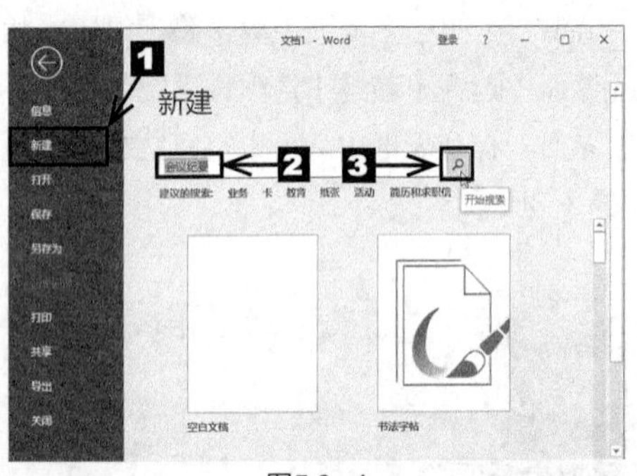

图7.2-4

❷ 在搜索框下方会显示搜索结果，从中选择一种合适的模板并单击，如图7.2-5所示。

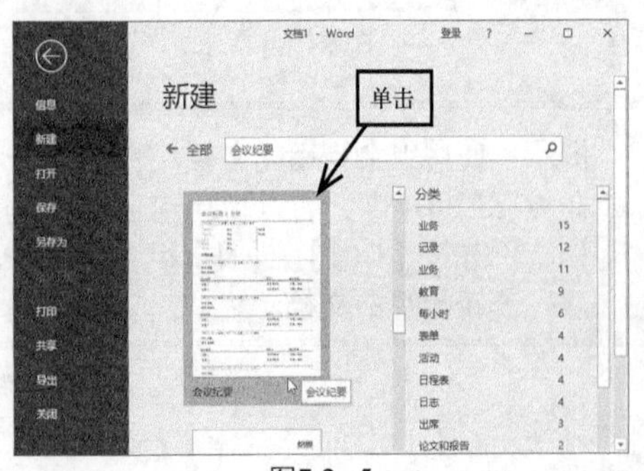

图7.2-5

❸ 在弹出的会议纪要预览界面中单击【创建】按钮，如图7.2-6所示。

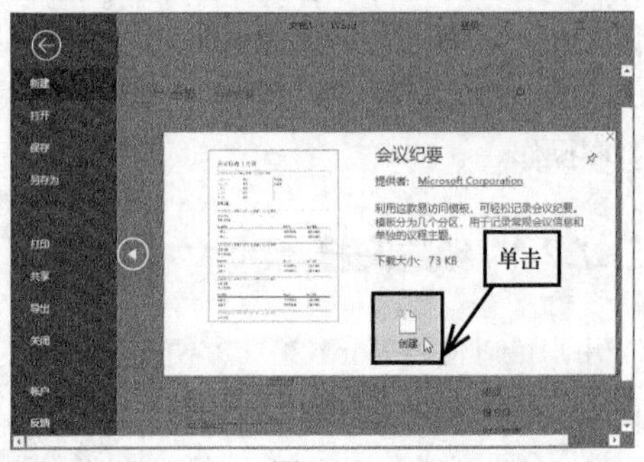

图7.2-6

❹ 进入下载界面，提示正在下载模板，下载完毕后模板即可在Word中打开，如图7.2-7所示。

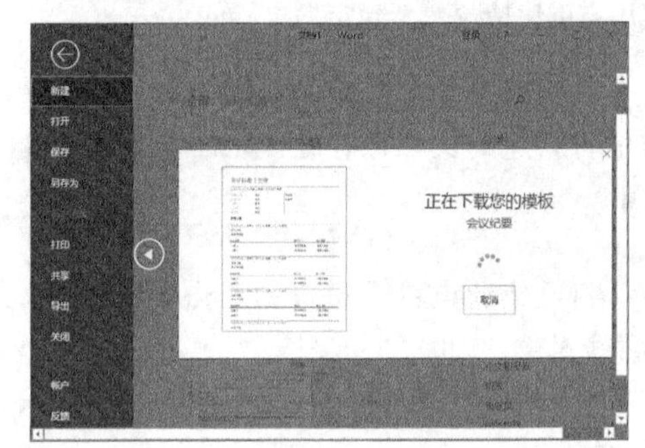

图7.2-7

注意：联机模板的下载需要连接网络，否则无法显示信息和下载模板。

7.2.2 保存文档

在编辑文档的过程中，可能会出现断电、死机或者系统自动关闭等情况，从而造成数据丢失。为了避免这种情况的发生，用户应该及时保存文档。

扫码看视频

1. 保存新建的文档

新建文档之后，用户可以将其保存。在首次保存文档时，用户需要为文档指定保存的位置、文件名等，具体操作步骤如下。

❶ 单击 文件 按钮，从弹出的界面中选择【保存】选项，如图7.2-8所示。

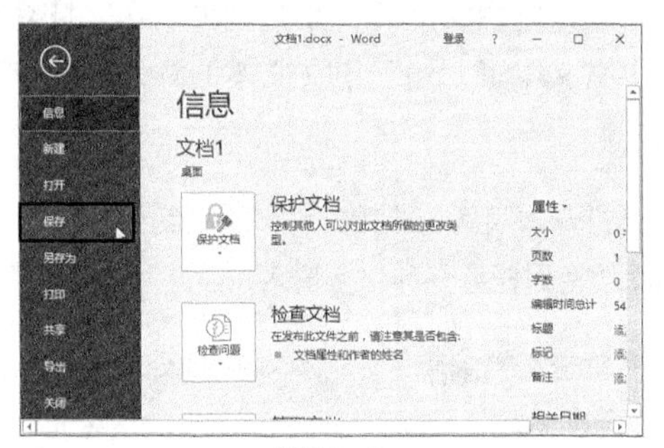

图7.2-8

❷ 此时若是第一次保存文档，系统会打开另存为界面。在此界面中单击【这台电脑】选项，单击下方的 浏览 按钮，如图7.2-9所示。

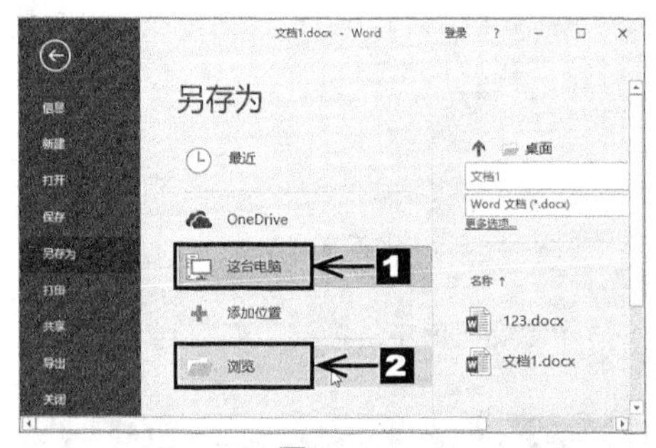

图7.2-9

❸ 弹出【另存为】对话框，在左侧的导航窗格中选择保存位置，在【文件名】文本框中输入文件名，在【保存类型】下拉列表中选择【Word文档】选项，如图7.2-10所示。

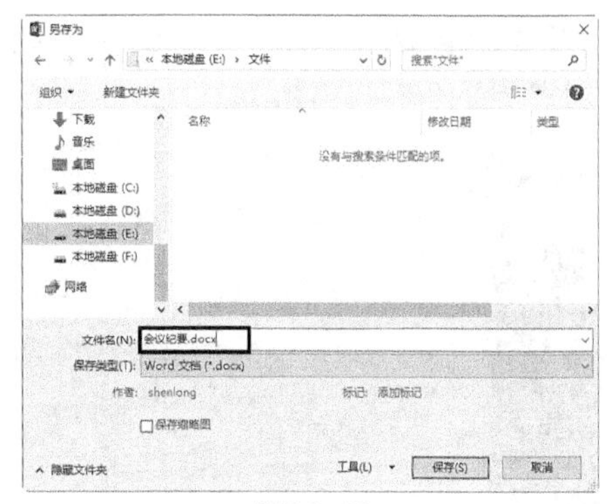

图7.2-10

❹ 单击 保存(S) 按钮，即可保存新建的Word文档，如图7.2-11所示。

图7.2-11

2. 保存已有文档

用户对已经保存过的文档进行编辑之后，可以使用以下几种方法保存。

方法1：单击【快速访问工具栏】中的【保存】按钮。

方法2：单击 文件 按钮，从弹出的界面中选择【保存】选项。

方法3：按【Ctrl】+【S】组合键。

3. 另存文档

用户对已有文档进行编辑后，可以将其另存为同类型文档或其他类型的文档，具体操作步骤如下。

❶ 单击 文件 按钮，从弹出的界面中选择【另存为】选项，如图7.2-12所示。

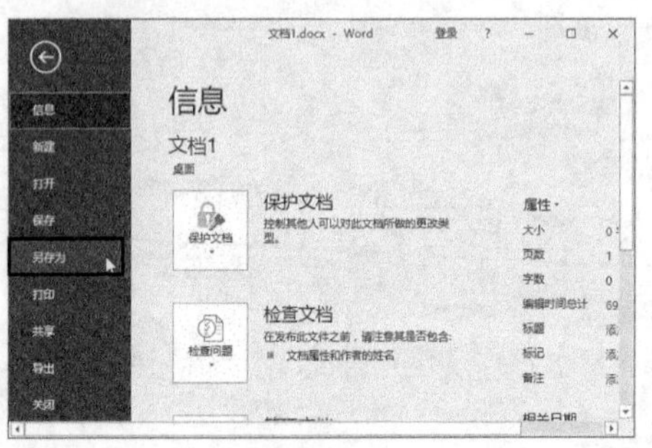

图7.2-12

❷ 弹出另存为界面，在此界面中单击【这台电脑】选项，然后单击下方的 浏览 按钮，如图7.2-13所示。

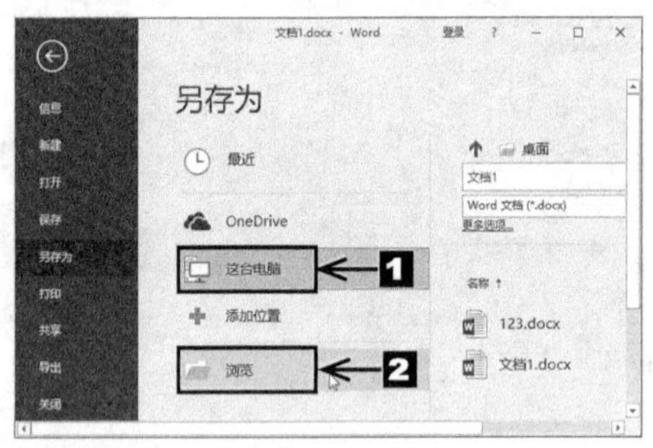

图7.2-13

❸ 弹出【另存为】对话框，在左侧的导航窗格中选择保存位置，在【文件名】文本框中输入文件名，在【保存类型】下拉列表中选择【Word文档】选项，单击 保存(S) 按钮，如图7.2-14所示。

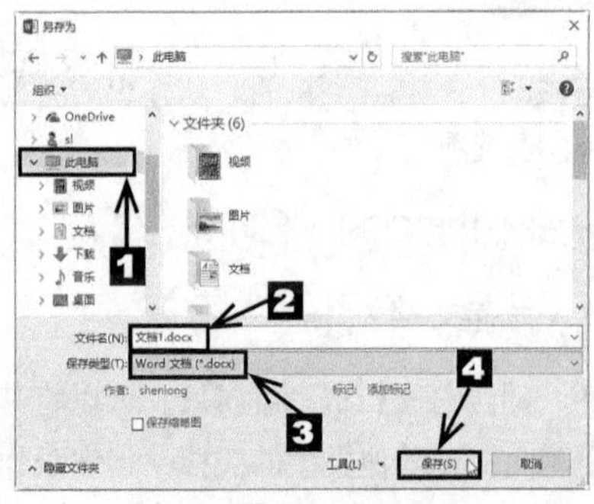

图7.2-14

7.2.3 输入文本

编辑文档是Word文字处理软件最主要的功能之一，接下来介绍如何在Word文档中输入中文、日期和时间及英文等对象。

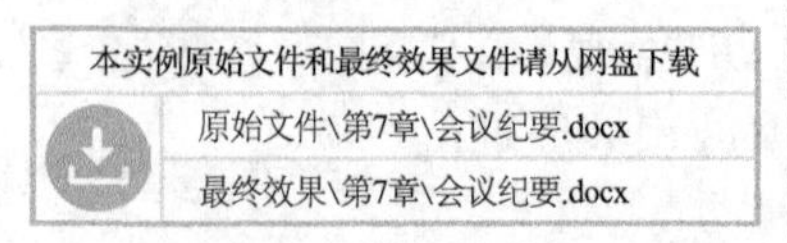

1. 输入中文

新建空白文档后，用户就可以在文档中输入中文文本了，输入中文文本的具体操作步骤如下。

❶ 打开本实例的原始文件“会议纪要.docx”，然后切换到任意一种汉字输入法。

❷ 单击文档编辑区，在光标闪烁处输入文本内容“会议纪要”，然后按下【Enter】键，将光标移至下一行行首，如图7.2-15所示。

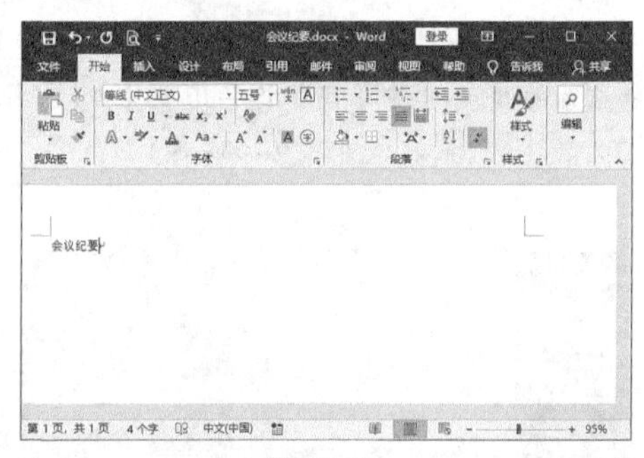

图7.2-15

❸ 输入会议纪要中的内容，如图7.2-16所示。

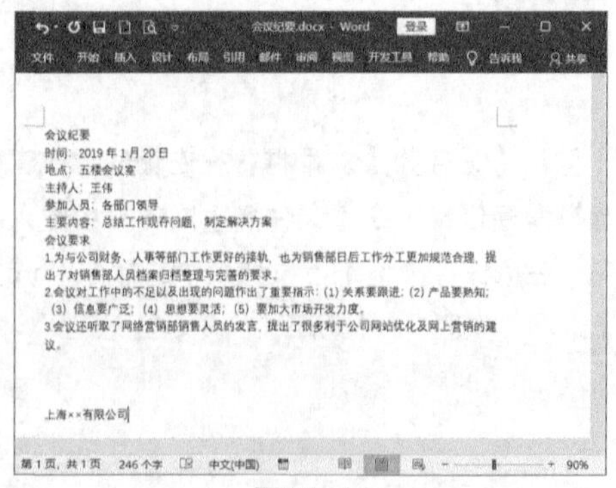

图7.2-16

提示：为了便于读者学习，本书提供了已经输入了会议纪要内容的文档（原始文件\会议纪要）。

2. 输入日期和时间

用户在编辑文档时，往往需要输入日期和时间。如果用户要使用当前的时间和日期，则可使用Word自带的插入日期和时间功能。输入日期和时间的具体操作步骤如下。

❶ 将光标定位在文档的最后一行行首，然后切换到【插入】选项卡，在【文本】组中单击 日期和时间 按钮，如图7.2-17所示。

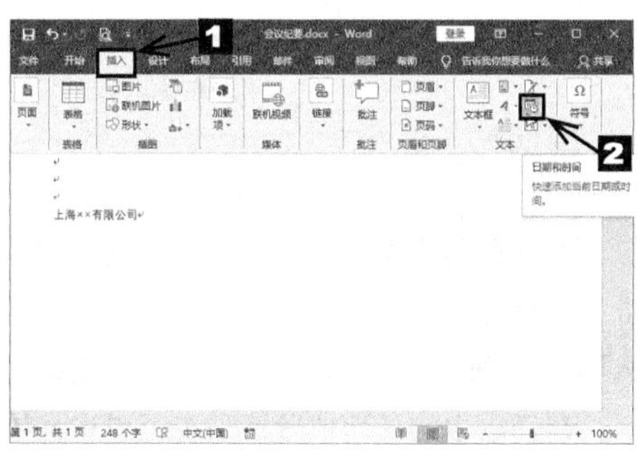

图7.2-17

❷ 弹出【日期和时间】对话框，在【可用格式】列表框中选择一种日期格式，然后单击 确定 按钮，如图7.2-18所示。

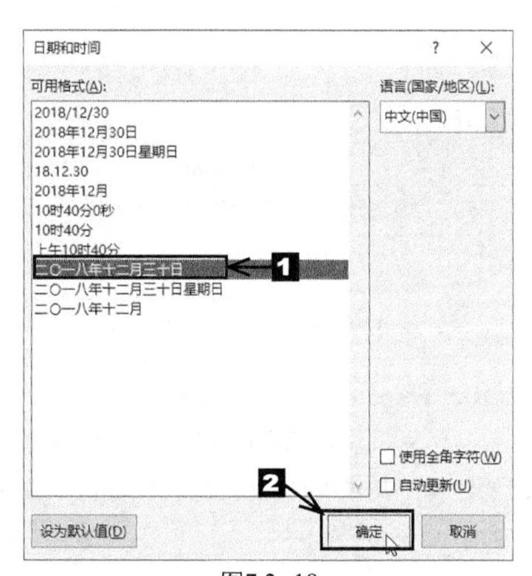

图7.2-18

❸ 此时，输入的日期就按选择的格式插入到了Word文档中，如图7.2-19所示。

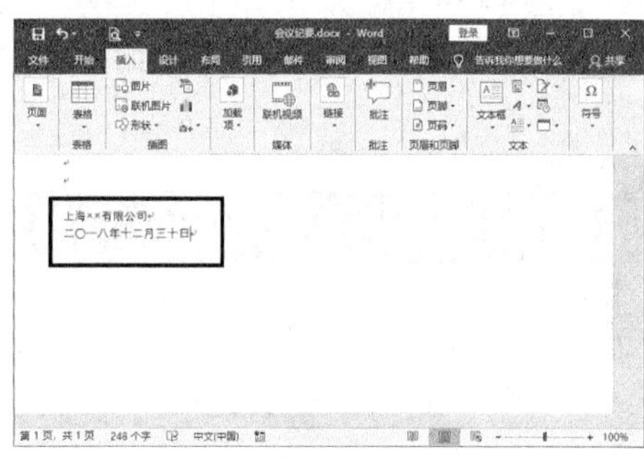

图7.2-19

❹ 用户还可以使用快捷键输入当前日期和时间。按【Alt】+【Shift】+【D】组合键，即可输入当前的系统日期；按【Alt】+【Shift】+【T】组合键，即可输入当前的系统时间。

注意：文档录入完成后，如果不希望其中某些日期和时间随系统的改变而改变，则可选中相应的日期和时间，然后按【Ctrl】+【Shift】+【F9】组合键切断域的链接。

3. 输入英文

在编辑文档的过程中，用户如果想要输入英文文本，要先将输入法切换到英文状态，然后进行输入。输入英文文本的具体操作步骤如下。

❶ 按【Shift】键将输入法切换到英文状态，然后将光标定位在中文文本“五楼”前，输入小写英文文本“top”，如图7.2-20所示。

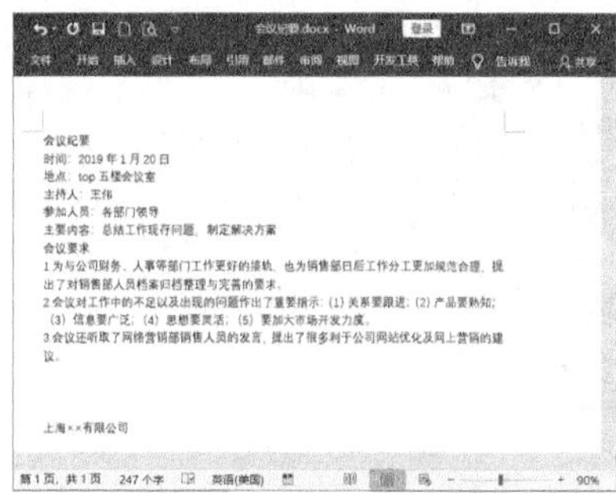

图7.2-20

❷ 如果要更改英文的大小写，要先选中英文文本“top”，然后切换到【开始】选项卡，在【字体】组中单击【更改大小写】按钮Aa，从弹出的下拉列表中选择【大写】选项，如图7.2-21所示。

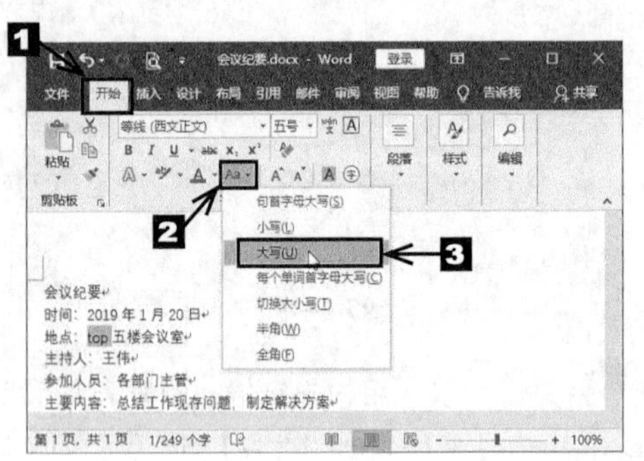

图7.2-21

❸ 可以看到“top”变成了“TOP”。保持“TOP”的选中状态，按【Shift】+【F3】组合键可以看到“TOP”变成了“top”，再次按【Shift】+【F3】组合键，可以看到“top”变成了“Top”，如图7.2-22所示。

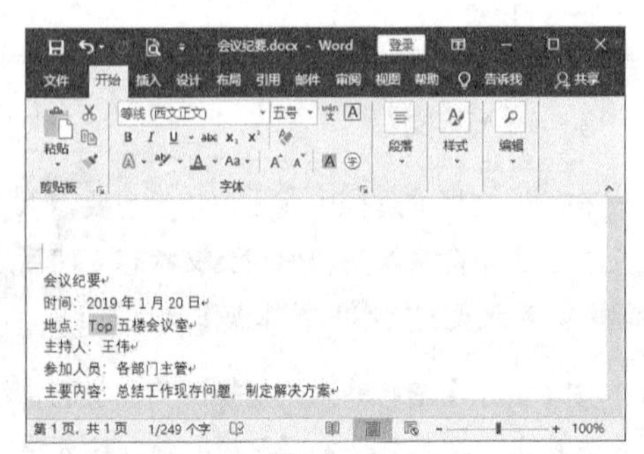

图7.2-22

注意：用户也可以使用快捷键实现英文的大小写输入法的切换，方法是在键盘上按【Caps Lock】键（大写锁定键）再按字母键，即可输入大写字母；再次按【Caps Lock】键，即可关闭大写字母输入。英文输入法中，按【Shift】+字母键也可以实现大小写字母的切换。

7.2.4 编辑文本

编辑文本的基本操作一般包括选择、复制、剪切、粘贴、查找和替换文本等，接下来分别进行介绍。

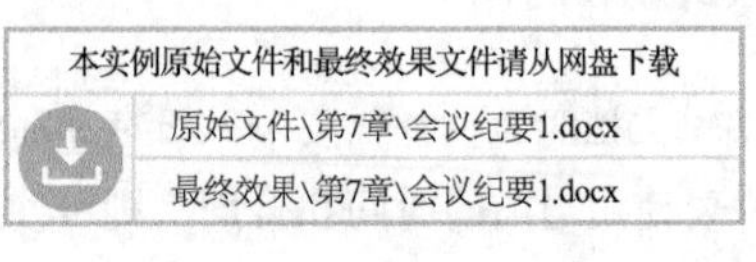
本实例原始文件和最终效果文件请从网盘下载

原始文件\第7章\会议纪要1.docx

最终效果\第7章\会议纪要1.docx

扫码看视频

1. 选择文本

对Word文档中的文本进行编辑之前，首先应选择要编辑的文本。下面介绍几种使用鼠标和键盘选择文本的方法。

用户可以使用鼠标选取单个字词、连续文本、分散文本、矩形文本、段落文本以及整个文档等。

（1）选择单个字词。

用户只需将光标定位在需要选择的字词的开始位置，然后按住鼠标左键不放并拖曳鼠标至需要选择的字词的结束位置，释放鼠标左键即可。另外，在词语中的任何位置双击也可以选择该词语。例如，双击词语“问题”即可将其选中，此时被选中的文本会呈深灰色，如图7.2-23所示。

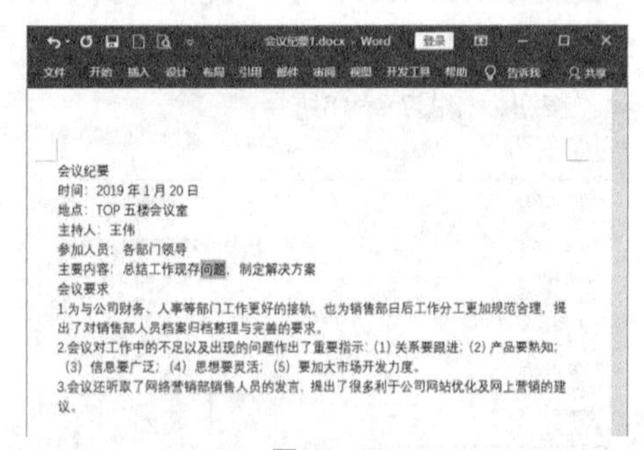

图7.2-23

（2）选择连续文本。

❶ 用户只需将光标定位在需要选择的文本的开始位置，然后按住鼠标左键不放并拖曳鼠标指针至需要选择的文本的结束位置，释放鼠标左键即可，如图7.2-24所示。

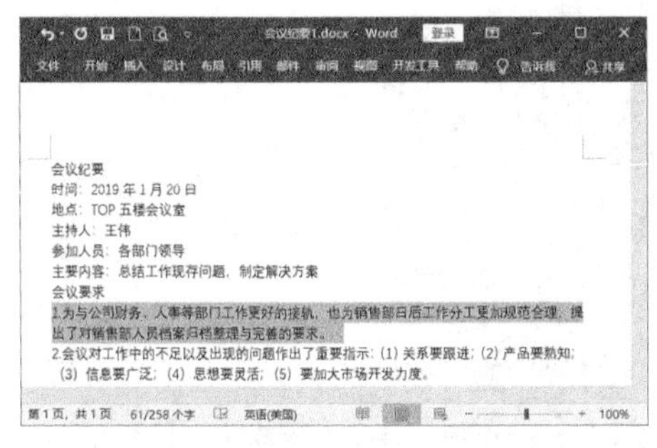

图7.2-24

❷ 如果要选择超长文本，用户只需将光标定位在需要选择的文本的开始位置，然后用滚动条代替光标向下移动文档，直到看到想要选择的文本的结束位置。这时应按【Shift】键并单击要选择的文本的结束位置，这样从开始到结束位置的这段文本内容就会全部被选中，如图7.2-25所示。

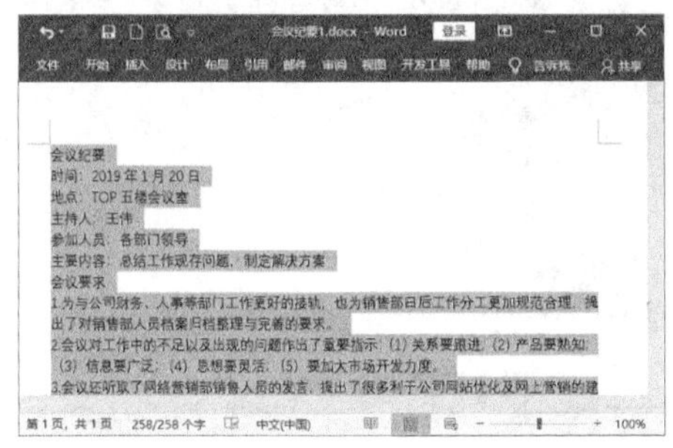

图7.2-25

（3）选择段落文本。

在要选择的段落中的任意位置单击鼠标左键3次，即可选中整个段落文本，如图7.2-26所示。

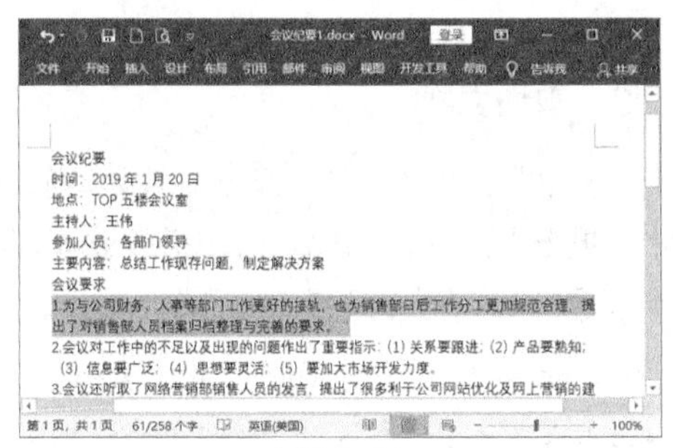

图7.2-26

（4）选择矩形文本。

先选中一个文本，然后在按住【Alt】键的同时在文本中拖曳鼠标即可选中矩形文本，如图7.2-27所示。

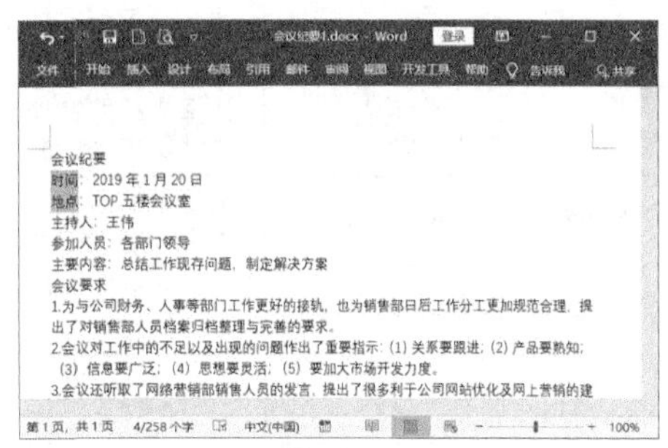

图7.2-27

（5）选择分散文本。

先使用拖曳鼠标的方法选择一个文本，然后按住【Ctrl】键的同时依次选择其他需要的文本，这样就可以选择任意数量的分散文本了，如图7.2-28所示。

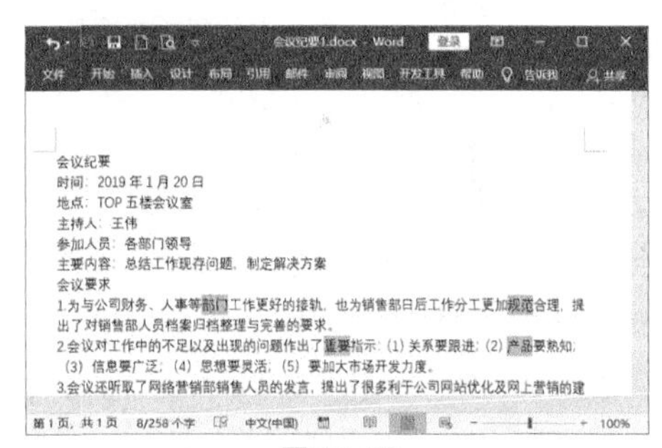

图7.2-28

除了使用鼠标选择文本外，用户还可以使用键盘上的组合键选择文本。在使用组合键选择文本前，用户应根据需要将光标定位在适当的位置，然后再按相应的组合键选择文本。

Word 2016提供了一整套利用键盘选择文本的方法，主要是通过【Shift】键、【Ctrl】键和方向键来实现的，操作方法如表7.2-1所示。

表7.2-1

快捷键	功能
Ctrl+A	选择整篇文档
Ctrl+Shift+Home	选择光标所在处至文档开始处的文本
Ctrl+Shift+End	选择光标所在处至文档结束处的文本
Alt+Ctrl+Shift+PageUp	选择光标所在处至本页开始处的文本
Alt+Ctrl+Shift+PageDown	选择光标所在处至本页结束处的文本
Shift+↑	向上选择一行
Shift+↓	向下选择一行
Shift+←	向左选择一个字符
Shift+→	向右选择一个字符
Ctrl+Shift+←	选择光标所在处左侧的词语
Ctrl+Shift+→	选择光标所在处右侧的词语

2. 复制文本

在编辑文档的过程中，遇到需要输入相同的内容时，为了节省时间，用户可以通过复制文本来输入相同的内容。

复制文本时，Word 2016会为选中的文本复制一份备份文件，并放到指定位置——剪贴板中，而被复制的内容仍按原样保留在原位置。

剪贴板是Windows操作系统中的一块临时存储区，用户可以在剪贴板上对文本进行复制、剪切或粘贴等操作。美中不足的是，剪贴板只能保留一份数据，每当新的数据传入，旧的数据便会被覆盖。复制文本的具体操作方法如下。

打开本实例的原始文件，选择文本“现存问题”，然后切换到【开始】选项卡，单击【剪贴板】组中的【复制】按钮，如图7.2-29所示。

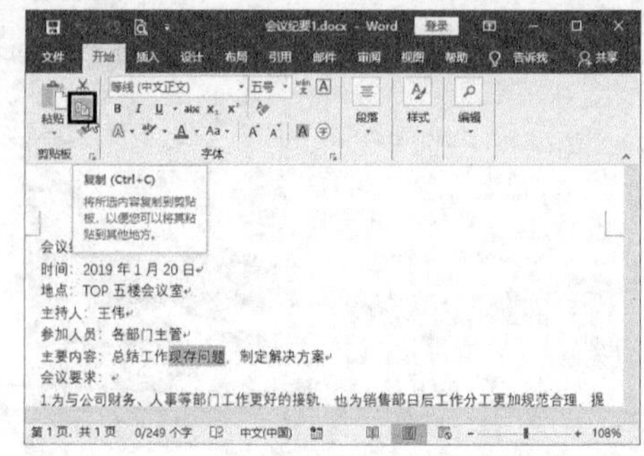

图7.2-29

使用【Shift】+【F2】组合键也可以复制文本。选中文本“现存问题”，按【Shift】+【F2】组合键，状态栏中将出现“复制到何处?”字样，单击放置复制对象的目标位置，按【Enter】键即可，如图7.2-30所示。

图7.2-30

提示：选择文本，然后单击鼠标右键，在弹出的快捷菜单中选择【复制】选项或者按【Ctrl】+【C】组合键也可以复制文本。

3. 剪切文本

“剪切”是指用户把选择的文本放入到剪切板中，单击【粘贴】按钮后又会出现一份相同的文本，原来的文本会被系统自动删除。

剪切的操作方法与复制的操作方法类似，下面只重点介绍使用组合键方式剪切文本的方法。

使用【Ctrl】+【X】组合键，可以快速地剪切文本。

4. 粘贴文本

复制好文本以后，接下来就可以进行粘贴了。常用的粘贴文本的方法有好几种，下面只重点介绍使用鼠标右键粘贴文本。

复制文本以后，用户只需在目标位置单击鼠标右键，在弹出的快捷菜单中根据需求选择【粘贴选项】菜单项中合适的选项即可。

如果想保持复制文本中的字体、颜色及线条等格式不变，在右键弹出的快捷菜单中选择【保留源格式】选项即可，如图7.2-31所示。

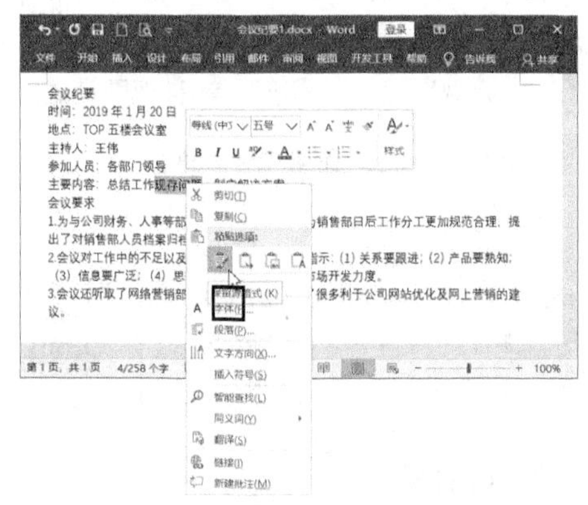

图7.2-31

如果复制的文本有着不同的格式，在弹出的快捷菜单中选择【合并格式】选项即可，如图7.2-32所示。

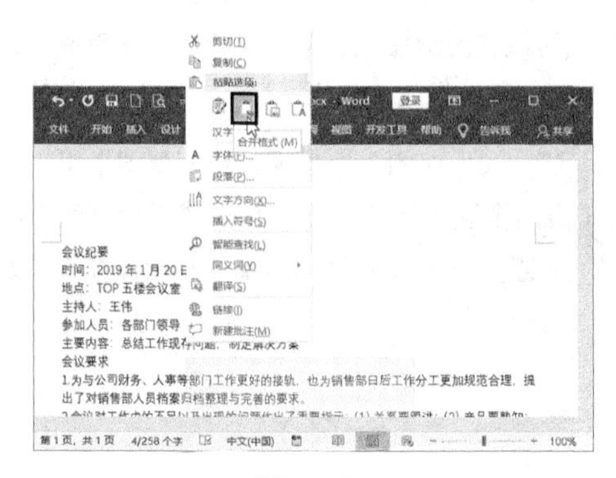

图7.2-32

复制文本以后，除了使用右键快捷菜单进行粘贴外，还可以使用【剪贴板】组中的【粘贴】按钮来粘贴文本，如图7.2-33所示。

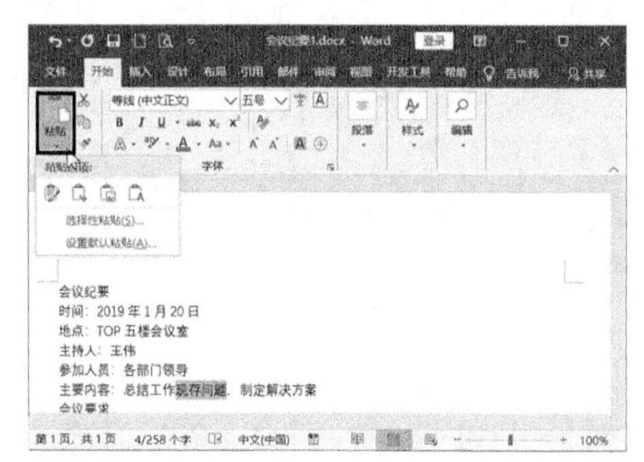

图7.2-33

提示：使用【Ctrl】+【C】组合键和【Ctrl】+【V】组合键可以快速地复制和粘贴文本。

5. 查找和替换文本

在编辑文档的过程中，有时需要查找并替换某些字词。需要查找和替换的内容比较少时，可以逐个进行查找和替换。但如果是长篇文档，逐个进行操作会给用户增加很大的工作量。为了提高工作效率，节省时间，可以使用Word 2016的查找和替换功能。

下面以将“会议纪要”文档中的“领导”替换为“主管”为例进行介绍。具体的操作步骤如下。

❶ 打开本实例的原始文件，按【Ctrl】+【F】组合键，弹出【导航】窗格，然后在查找文本框中输入“领导”，按【Enter】键，在【导航】窗格中可以查找到该文本所在的位置，同时文本“领导”在Word文档中以黄色底纹样式显示，如图7.2-34所示。

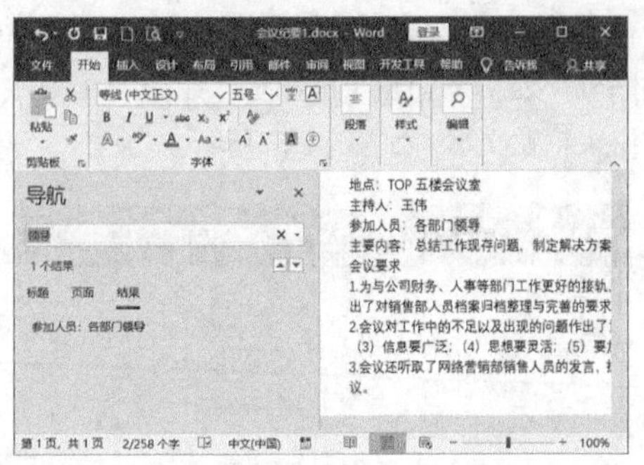

图7.2-34

❷ 如果用户要替换相关的文本，可以按【Ctrl】+【H】组合键，弹出【查找和替换】对话框。切换到【替换】选项卡，在【替换为】文本框中输入“主管”，然后单击【全部替换】按钮，如图7.2-35所示。

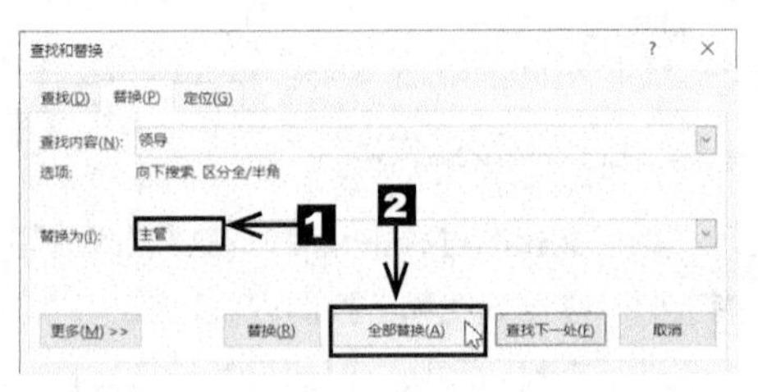

图7.2-35

❸ 弹出【Microsoft Word】提示对话框，提示用户完成1处替换，单击【是（Y）】按钮，如图7.2-36所示。

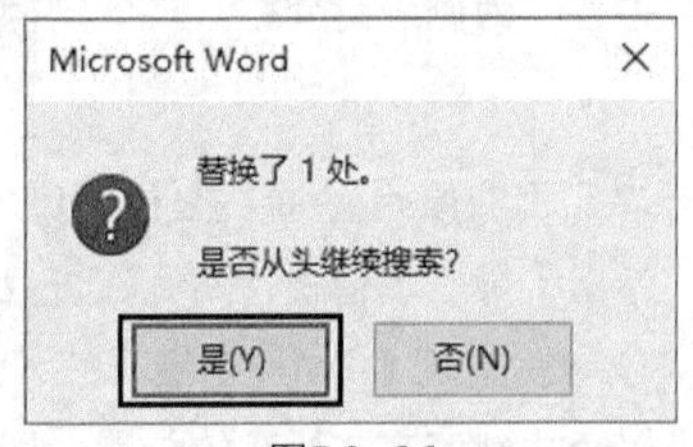

图7.2-36

❹ 替换完成后关闭【查找和替换】对话框，返回Word文档中，即可看到替换效果，如图7.2-37所示。

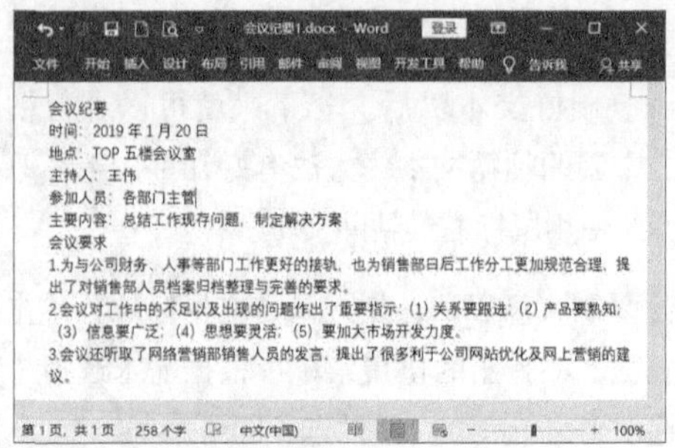

图7.2-37

7.2.5 文档视图

Word 2016提供了多种视图模式供用户选择，包括“页面视图”“阅读视图”“Web版式视图”“大纲视图”“草稿”等5种视图模式。

下面以编辑会议纪要文档为例，介绍上述的5种视图模式。

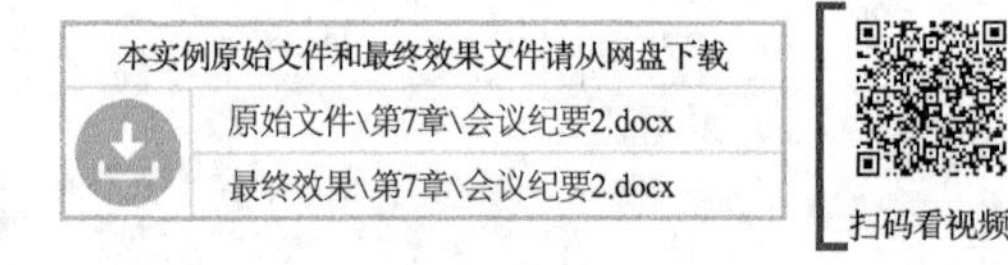

1. 页面视图

“页面视图”可以显示Word文档的打印结果外观，主要包括页眉、页脚、图形对象、分栏设置、页面边距等元素，是最接近打印结果的视图模式。页面视图是所见即所得的视图模式，也是Word的默认视图模式。文字、图形被编辑成什么样，其打印结果就是什么样。

切换到【视图】选项卡，在【视图】组中单击【页面视图】按钮，或者单击视图功能区中的【页面视图】按钮，即可切换到页面视图模式，如图7.2-38所示。

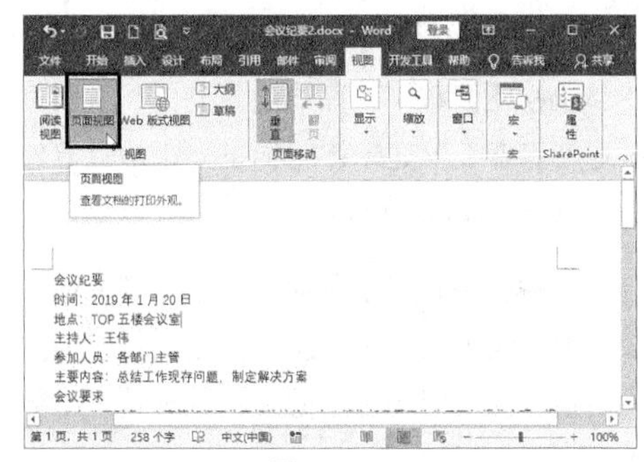

图7.2-38

2. 阅读视图

“阅读视图”是为了方便阅读和浏览文档而设计的视图模式，此模式默认仅保留了方便在文档中跳转的导航窗格，将其他诸如开始、插入、页面设置、审阅、邮件合并等文档编辑工具进行了隐藏，扩大了Word文档的显示区域。另外，此视图对阅读功能进行了优化，最大限度地为用户提供了优良的阅读体验。

阅读视图支持的是以阅读书籍的方式查看当前文档，便于在Word中阅读较长的文档。

切换到【视图】选项卡，在【视图】组中单击【阅读视图】按钮，或者单击视图功能区中的【阅读视图】按钮（如图7.2-39所示），即可切换到“阅读视图”模式。

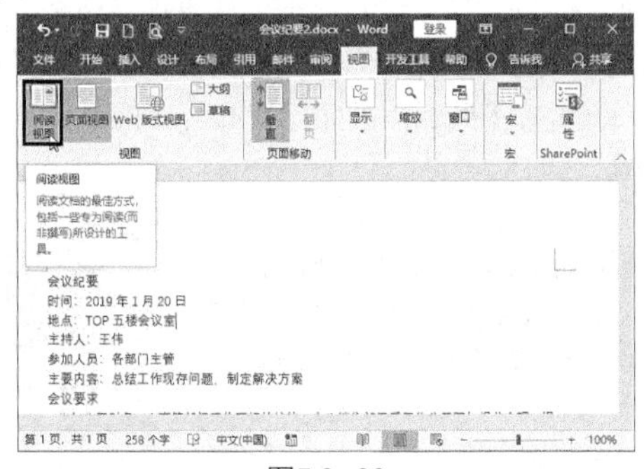

图7.2-39

3. Web版式视图

“Web版式视图”以网页的形式显示Word文档，适用于发送电子邮件和创建网页。对普通用户而言，使用此视图模式的频率是比较低的。不过，如果偶尔碰到文档中存在超宽的表格或图形对象不方便选择调整的时候，可以考虑切换到此视图中进行操作。

切换到【视图】选项卡，在【视图】组中单击【Web版式视图】按钮，或者单击视图功能区中的【Web版式视图】按钮（如图7.2-40所示），即可将文档的显示方式切换到“Web版式视图”模式。

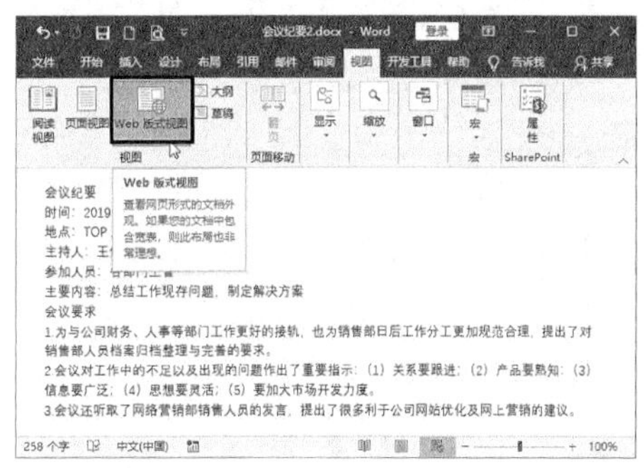

图7.2-40

4. 大纲视图

“大纲视图”主要用于Word文档结构的设置和浏览，使用此视图模式可以迅速了解文档的结构和内容梗概。在“大纲视图”下可以方便地查看、调整文档的层次结构，设置标题的大纲级别，成区块地移动文本段落。在此视图下可以轻松地对超长文档进行结构层面的调整，并且不会误删一个文字。

❶ 切换到【视图】选项卡，在【视图】组中单击【大纲视图】按钮 大纲，如图7.2-41所示。

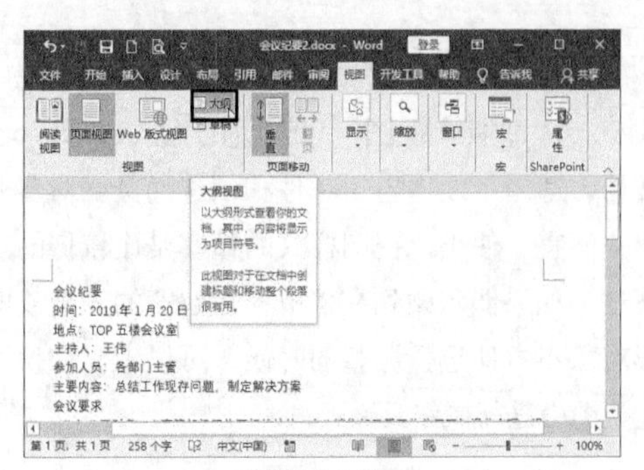

图7.2-41

❷ 此时，可以将文档切换到“大纲视图”模式，同时在功能区中会显示【大纲显示】选项卡，如图7.2-42所示。

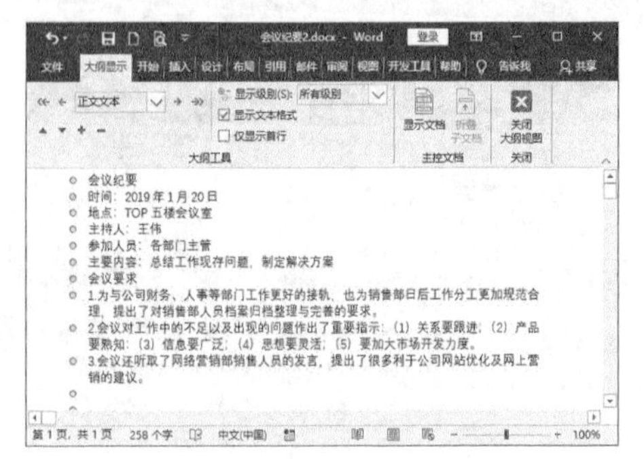

图7.2-42

❸ 单击【大纲工具】组的【显示级别】按钮右侧的下三角按钮，从弹出的下拉列表中为文档设置或修改大纲级别。设置完毕后单击【关闭大纲视图】按钮，自动返回进入大纲视图前的视图状态，如图7.2-43所示。

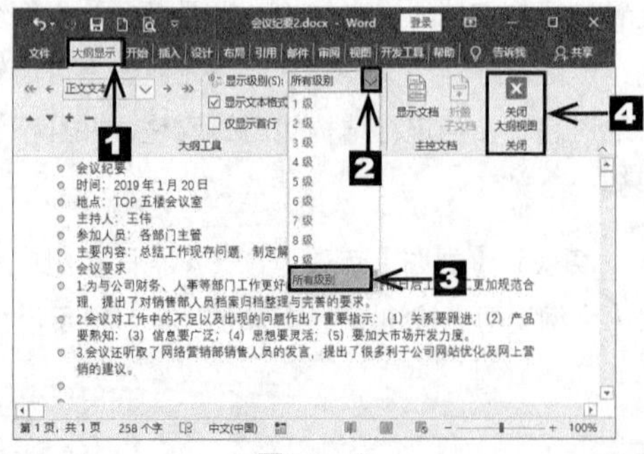

图7.2-43

5. 草稿视图

草稿视图隐藏了页面边距、分栏、页眉页脚和图片等元素，仅显示标题和正文，是最节省计算机系统硬件资源的视图模式。

草稿视图现在对于普通用户来说需求基本为零。对于专业排版人员来说，可能偶尔对脚注、尾注调整时会用到此视图模式，平时基本不会用到此视图模式。

切换到【视图】选项卡，单击【视图】组中的【草稿】按钮 草稿（如图7.2-44所示），即可将文档的视图方式切换到草稿视图下。

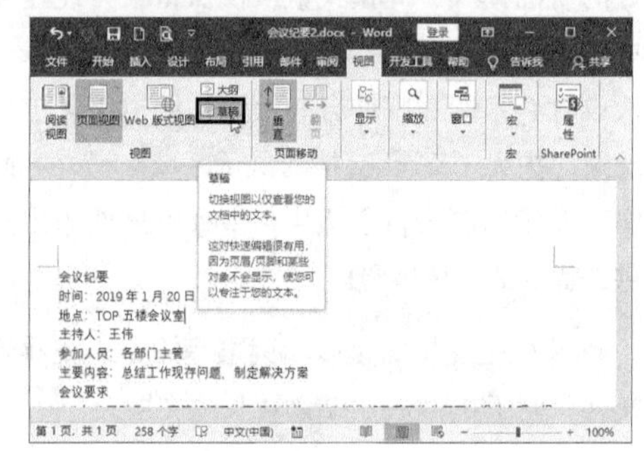

图7.2-44

7.2.6 打印文档

文档编辑完成后，用户可以进行简单的页面设置，然后预览文档。如果用户对预览效果比较满意，就可以实施打印了。下面介绍对“会议纪要3.docx”文档进行页面设置和打印的具体操作步骤。

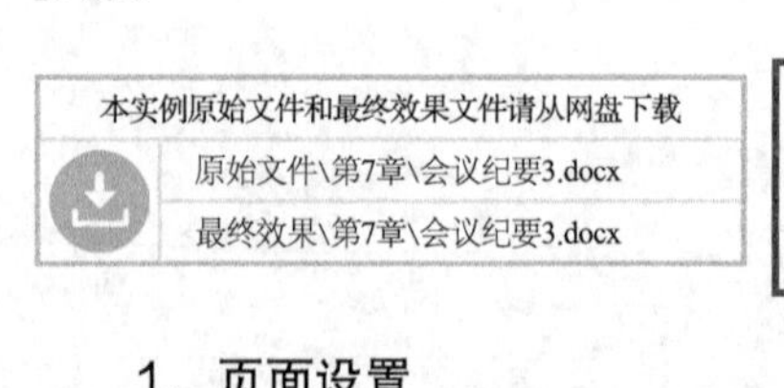
本实例原始文件和最终效果文件请从网盘下载
原始文件\第7章\会议纪要3.docx
最终效果\第7章\会议纪要3.docx

扫码看视频

1. 页面设置

页面设置是指打印文档前对页面元素的设置，页面元素主要包括页边距、纸张、版式和文档网格等内容。

为了让文档能被完整地打印出来，可以在打印文档前对页面进行设置，使要打印的文档完整地显示在同一页面中。

❶ 打开本实例的原始文件，切换到【布局】选项卡，单击【页面设置】组右侧的【对话框启动器】按钮，如图7.2-45所示。

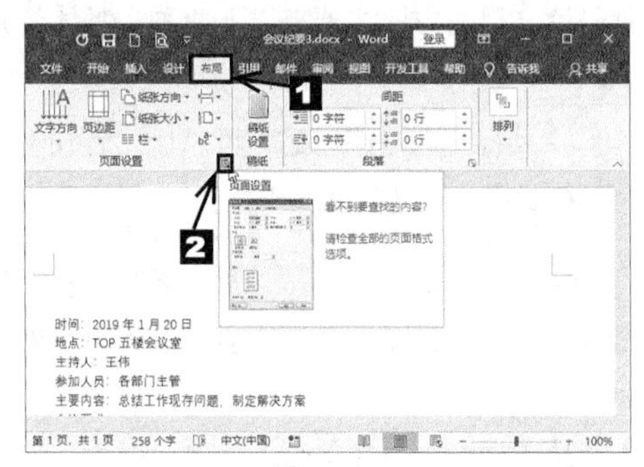

图7.2-45

❷ 弹出【页面设置】对话框，切换到【页边距】选项卡。在【页边距】组合框中的【上】【下】【左】【右】微调框中调整页边距大小，在【纸张方向】组合框中选择方向，这里选择【纵向】选项，如图7.2-46所示。

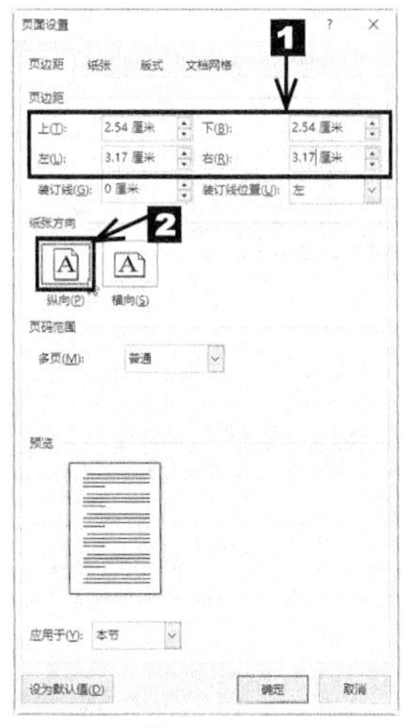

图7.2-46

❸ 切换到【纸张】选项卡，在【纸张大小】的下拉列表中选择纸张的大小，这里选择【A4】选项，单击 确定 按钮即可，如图7.2-47所示。

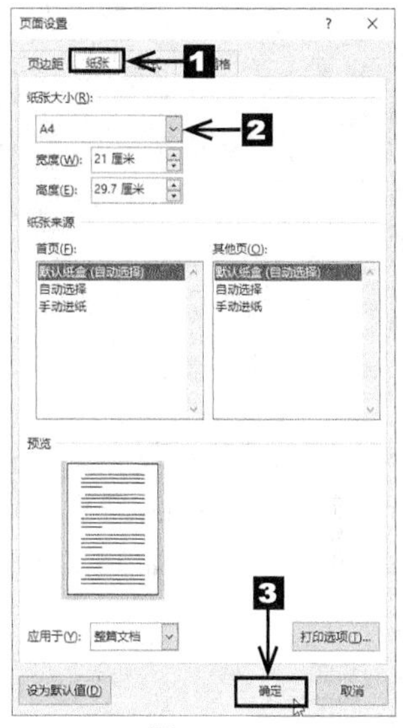

图7.2-47

2. 预览后打印

完成页面设置后，可以通过预览来浏览打印效果。

Word文档编辑完成后要进行打印，在打印前需要对Word文档进行打印预览，查看文档的排版是否合理。若满意文档的整体排版，可以进行打印。

❶ 在【开始】选项卡上单击鼠标右键，再单击【自定义快速访问工具栏】按钮，从弹出的下拉列表中选择【打印预览和打印】选项，如图7.2-48所示。

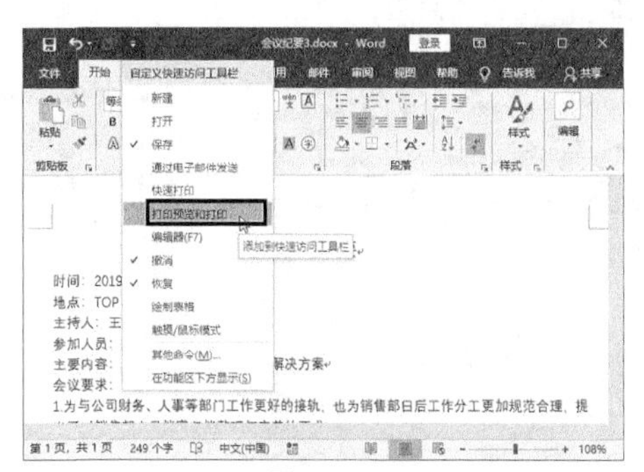

图7.2-48

❷ 弹出打印界面，在界面右侧显示了预览效果，如图7.2-49所示。

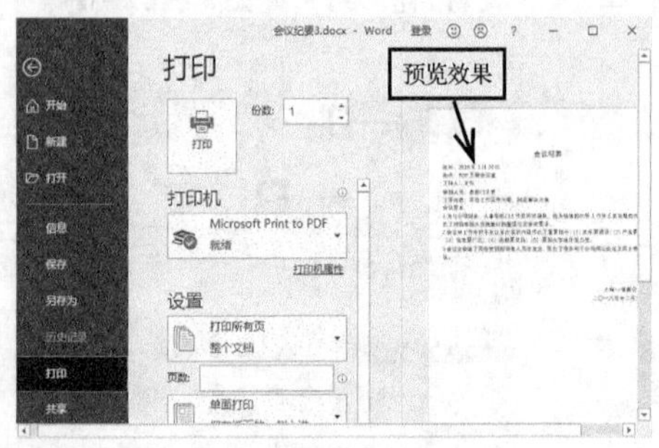

图7.2-49

❸ 用户可以根据打印需要单击相应选项并进行设置。如果对预览效果比较满意，就可以单击【打印】按钮进行打印了，如图7.2-50所示。

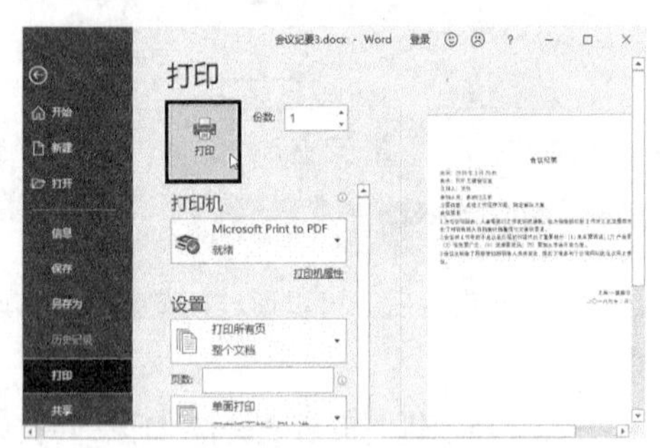

图7.2-50

7.2.7 保护文档

用户可以通过设置只读文档、设置加密文档和启动强制保护等方法对文档进行保护，以防止无操作权限的人员随意打开或修改文档。下面介绍保护“会议纪要4.docx”文档的具体操作步骤。

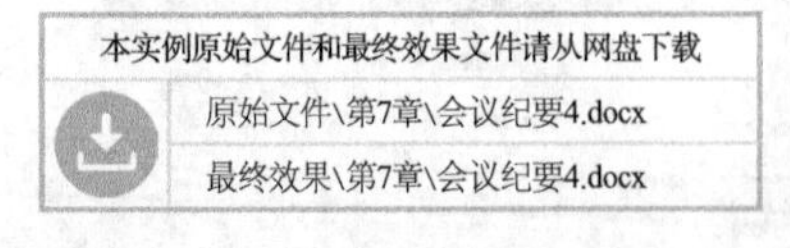

本实例原始文件和最终效果文件请从网盘下载
原始文件\第7章\会议纪要4.docx
最终效果\第7章\会议纪要4.docx

扫码看视频

1. 设置只读文档

只读文档是指开启的文档只能阅读，无法被修改。若文档为只读文档，会在文档的标题栏上显示“只读”字样。

为了保护某些重要文档的安全，避免别人修改文档的内容，可以将文档设置为只读状态。设置只读文档的方法主要有以下两种。具体步骤如下。

将文档标记为最终状态，可以让读者知晓文档是最终版本，还是只读文档。

❶ 打开本实例的原始文件，单击 文件 按钮，从弹出的界面中选择【信息】选项，然后在弹出的界面中单击【保护文档】按钮，从弹出的下拉列表中选择【标记为最终状态】选项，如图7.2-51所示。

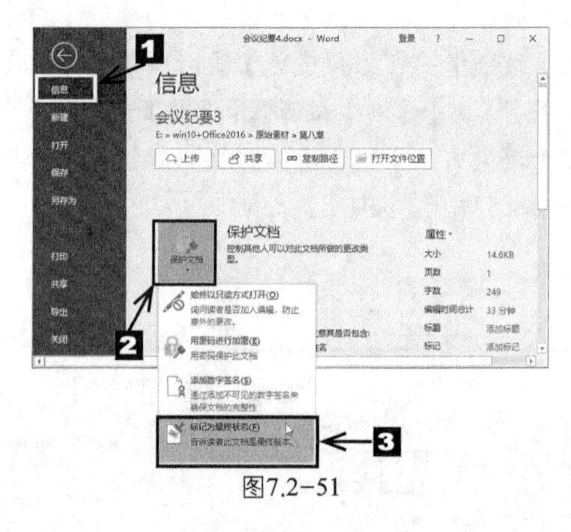

图7.2-51

❷ 弹出提示对话框，提示用户此文档将先被标记为终稿，然后保存。单击 确定 按钮，如图7.2-52所示。

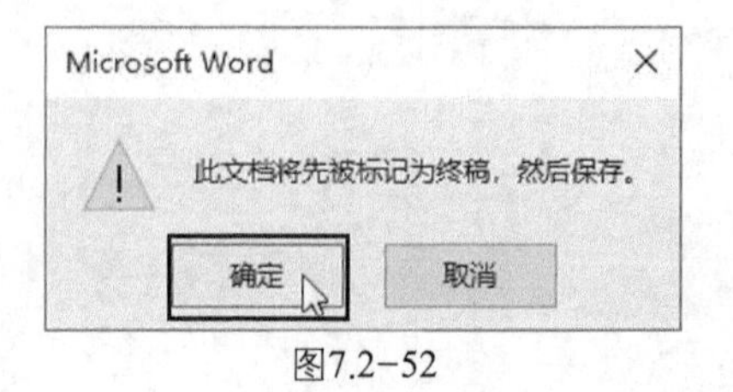

图7.2-52

❸ 弹出提示对话框，提示用户此文档已被标记为最终状态，单击 确定 按钮，如图7.2-53所示。

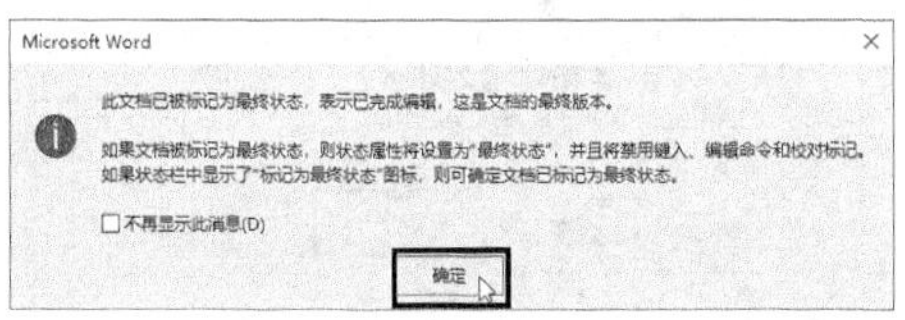

图7.2-53

❹ 再次启动该文档，会提示用户作者已将此文档标记为最终版本以防止编辑。此时文档的标题栏上显示“只读”字样，如果要编辑文档，单击 仍然编辑 按钮即可，如图7.2-54所示。

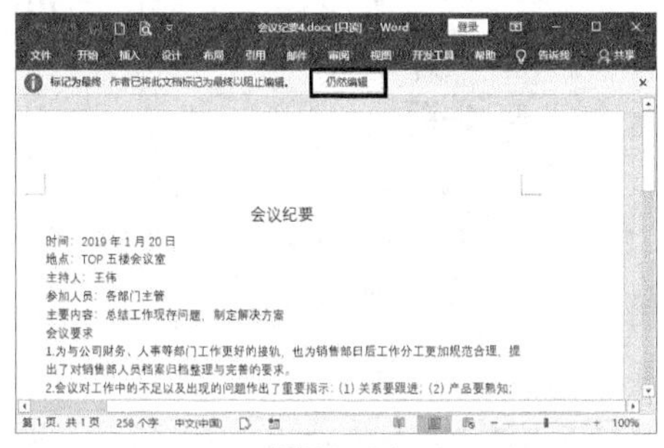

图7.2-54

使用常规选项设置只读文档的具体步骤如下。

❶ 单击 文件 按钮，从弹出的界面中选择【另存为】选项。弹出另存为界面，选中【这台电脑】选项，然后单击【浏览】按钮 浏览，如图7.2-55所示。

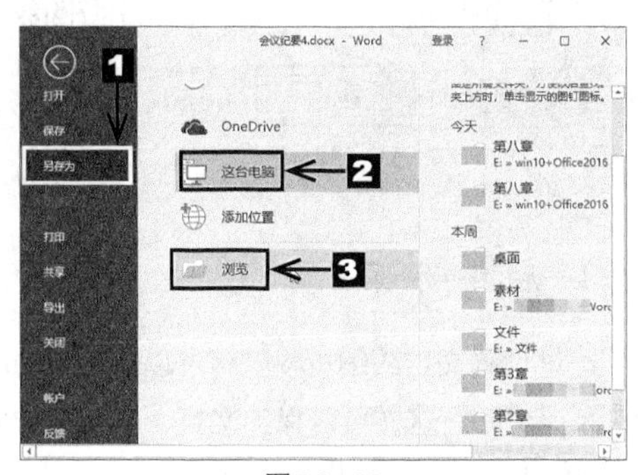

图7.2-55

❷ 弹出【另存为】对话框，单击 工具(L) 按钮，从弹出的下拉列表中选择【常规选项】选项，如图7.2-56所示。

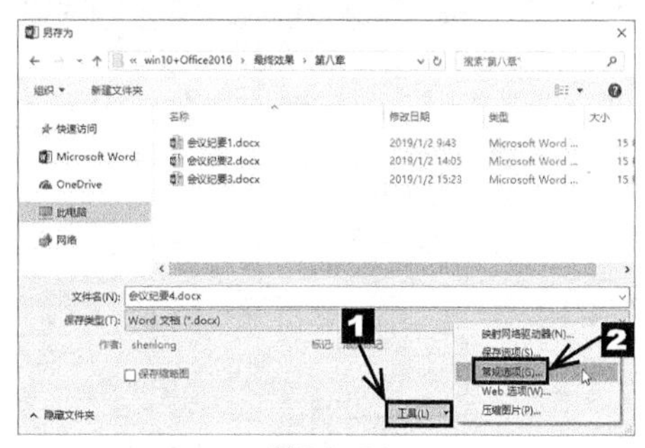

图7.2-56

❸ 弹出【常规选项】对话框，选中【建议以只读方式打开文档】复选框，单击 确定 按钮，如图7.2-57所示。

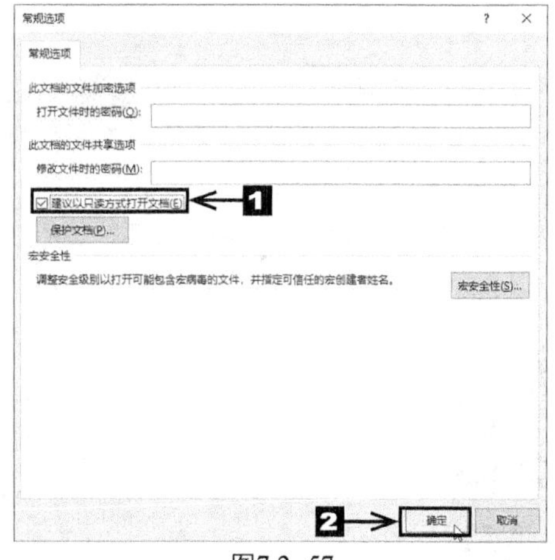

图7.2-57

❹ 返回【另存为】对话框，然后单击 保存(S) 按钮。再次启动该文档时，将弹出【Microsoft Word】对话框，询问用户是否以只读方式打开，单击 是(Y) 按钮，如图7.2-58所示。

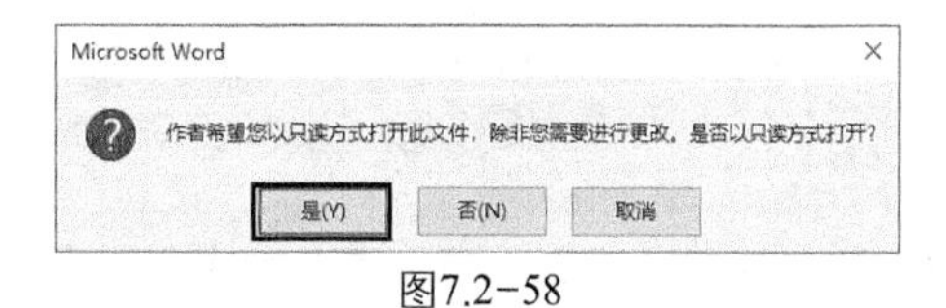

图7.2-58

❺ 可以看到该文档的标题栏上显示“只读”字样，如图7.2-59所示。

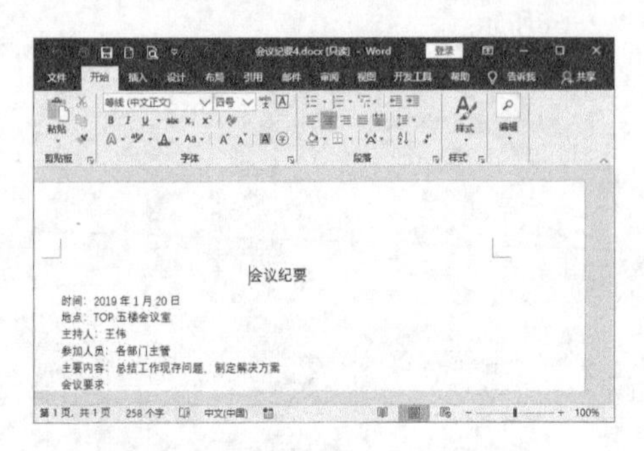

图7.2-59

2. 设置加密文档

在日常办公中，为了保证文档的安全，用户经常会对文档进行加密设置。设置加密文档的具体步骤如下。

❶ 打开本实例的原始文件，单击 文件 按钮，从弹出的界面中选择【信息】选项，然后在弹出的界面中单击【保护文档】按钮，从弹出的下拉列表中选择【用密码进行加密】选项，如图7.2-60所示。

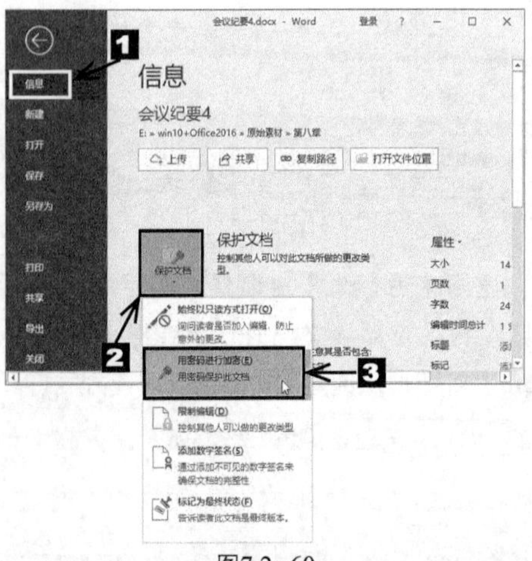

图7.2-60

❷ 弹出【加密文档】对话框，在【密码】文本框中输入密码，如这里输入“123”，然后单击 确定 按钮，如图7.2-61所示。

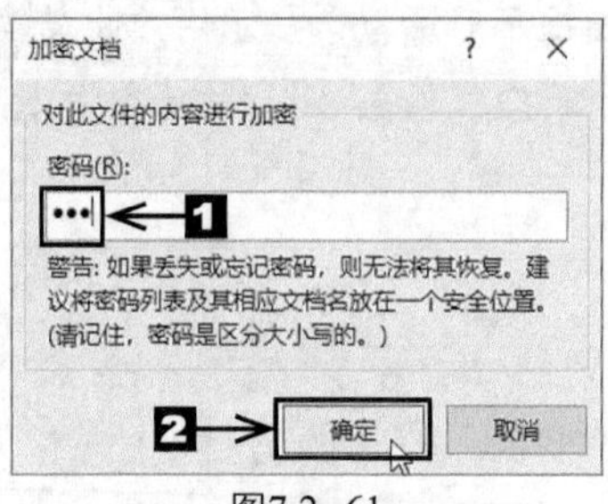

图7.2-61

❸ 弹出【确认密码】对话框，在【重新输入密码】文本框中输入“123”，然后单击 确定 按钮，如图7.2-62所示。

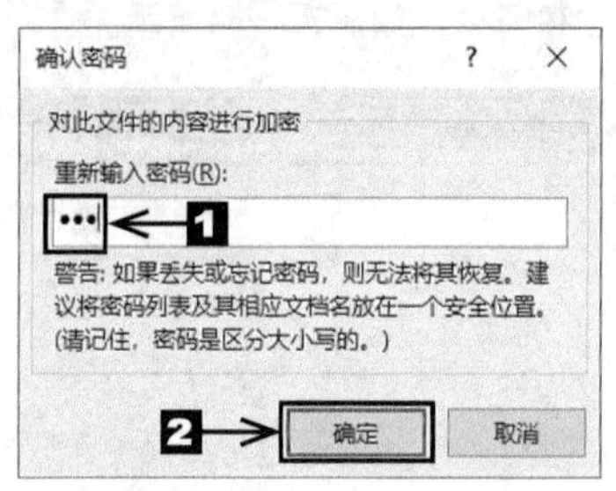

图7.2-62

❹ 再次启动文档时会弹出【密码】对话框，在【请键入打开文件所需的密码】文本框中输入密码“123”，然后单击 确定 按钮即可打开该文档，如图7.2-63所示。

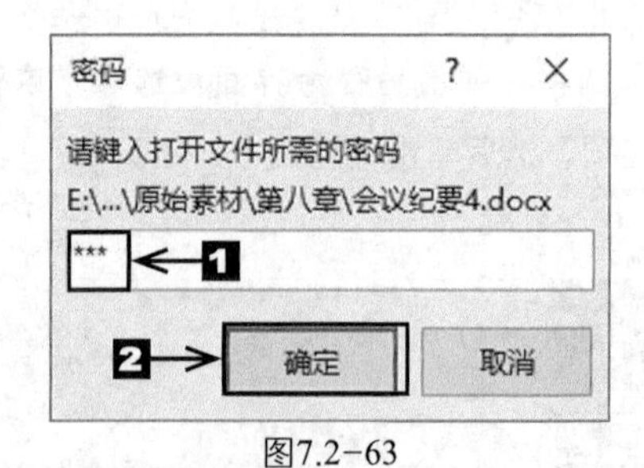

图7.2-63

3. 启动强制保护

通过设置文档的编辑权限，可以启动文档的强制保护功能。这样可以保护文档，让文档的内容不被修改。具体的操作步骤如下。

❶ 单击 文件 按钮，从弹出的界面中选择【信息】选项。然后在弹出的界面中单击【保护文档】按钮，从弹出的下拉列表中选择【限制编辑】选项，如图7.2-64所示。

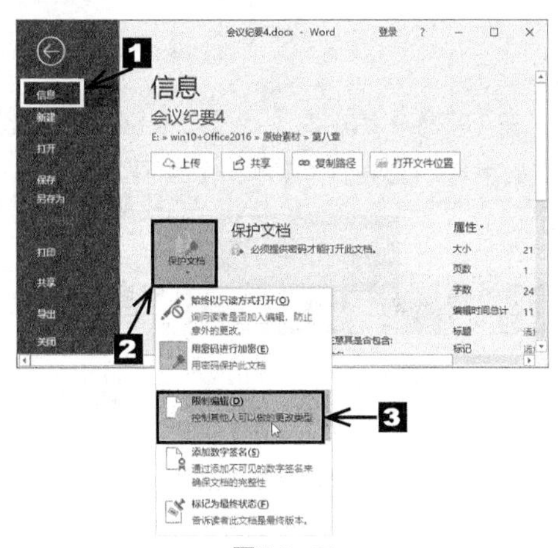

图7.2-64

❷ 可以看到在Word文档编辑区的右侧出现一个【限制编辑】窗格，在【编辑限制】组合框中选中【仅允许在文档中进行此类型的编辑】复选框，然后在其下方的下拉列表中选择【不允许任何更改（只读）】选项，如图7.2-65所示。

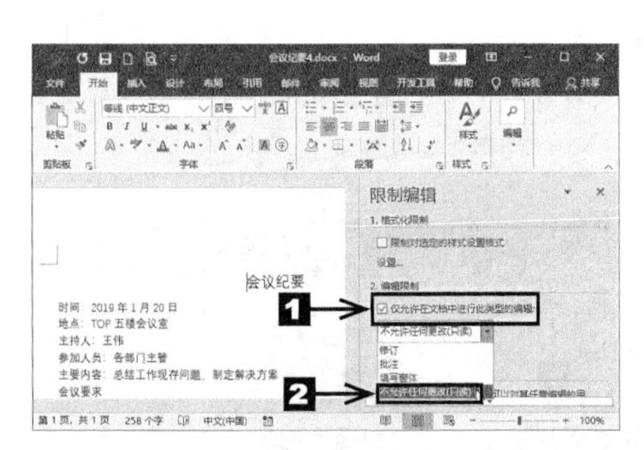

图7.2-65

❸ 单击 是，启动强制保护 按钮，弹出【启动强制保护】对话框。在【新密码】和【确认新密码】文本框中输入密码，这里都输入“123”，单击 确定 按钮，如图7.2-66所示。

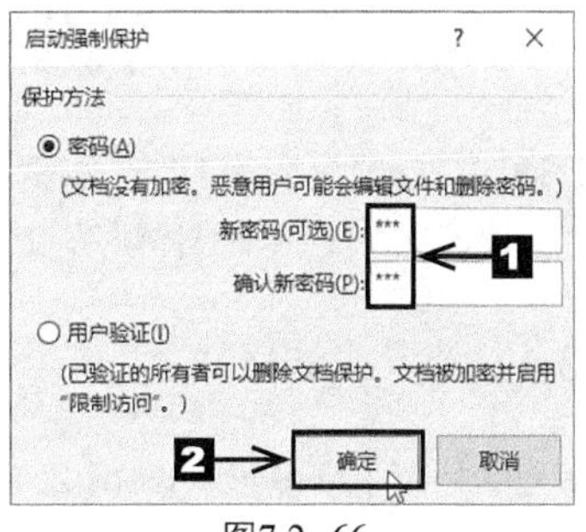

图7.2-66

❹ 返回Word文档，可以看到文档处于被保护状态。如果用户要取消强制保护，需要单击 停止保护 按钮，如图7.2-67所示。

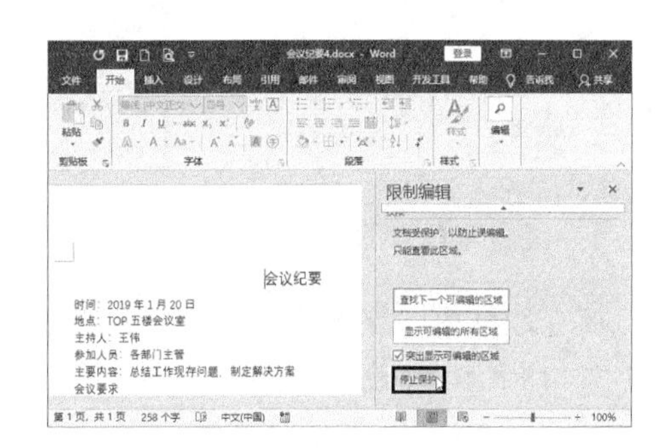

图7.2-67

❺ 弹出【取消保护文档】对话框，在【密码】文本框中输入“123”，然后单击 确定 按钮，如图7.2-68所示。

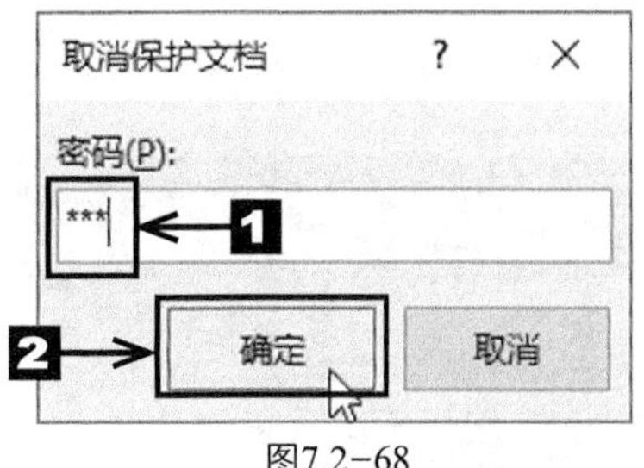

图7.2-68

7.3 设置文档格式

会议通知是指会议准备工作基本就绪后，为便于与会人员提前做好准备而发给与会者的通知。下面通过“会议通知”案例来具体讲解设置文档格式的具体方法。

7.3.1 设置字体格式

为了使文档更丰富多彩，Word 2016提供了多种字体格式供用户进行设置。对字体格式进行设置主要包括设置字体字号、设置加粗效果、设置字符间距等。下面介绍设置“会议通知.docx”文档的字体格式的具体操作步骤。

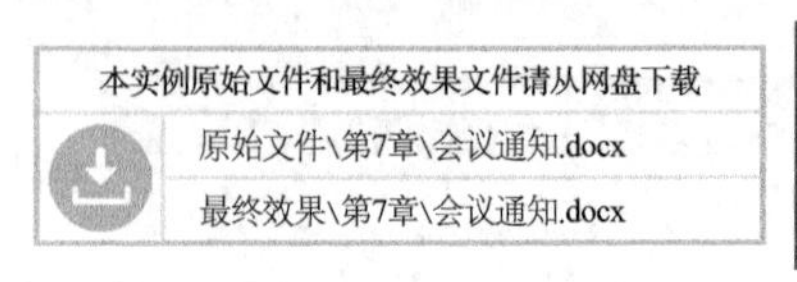

本实例原始文件和最终效果文件请从网盘下载
原始文件\第7章\会议通知.docx
最终效果\第7章\会议通知.docx

扫码看视频

1. 设置字体字号

要使文档中的文字更便于阅读，就需要对文档中文本的字体及字号进行设置，以区分不同的文本。

使用【字体】组

❶ 打开本实例的原始文件，选中文档标题“会议通知”，切换到【开始】选项卡，在【字体】组中的【字体】下拉列表中选择合适的字体，这里选择【华文中宋】选项，如图7.3-1所示。

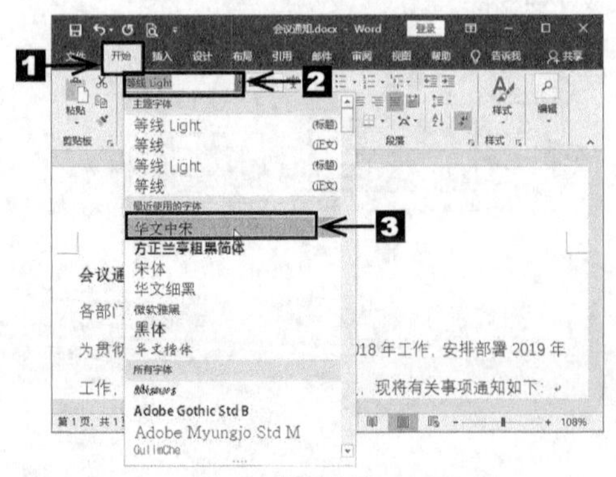

图7.3-1

❷ 在【字体】组中的【字号】下拉列表中选择合适的字号，这里选择【小一】选项，如图7.3-2所示。

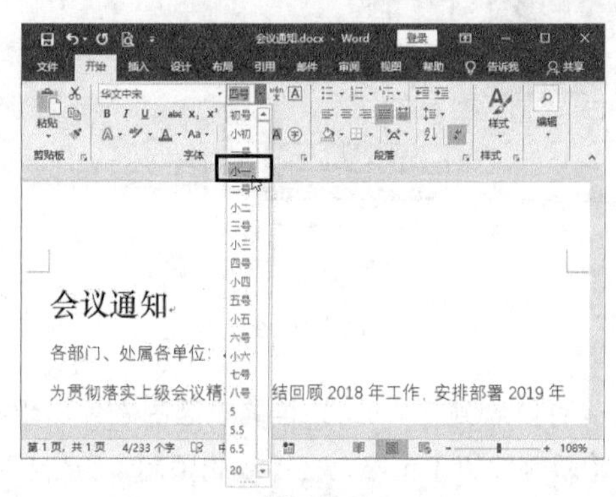

图7.3-2

使用【字体】对话框

❶ 选中所有的正文文本，切换到【开始】选项卡，单击【字体】组右下角的【对话框启动器】按钮，如图7.3-3所示。

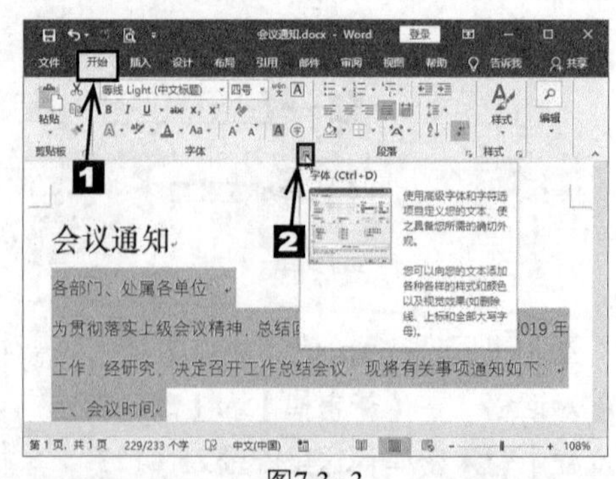

图7.3-3

❷ 弹出【字体】对话框，切换到【字体】选项卡。在【中文字体】下拉列表中选择合适的字体，这里选择【华文仿宋】选项。在【字形】下拉列表中选择合适的字形，这里选择【常规】选项。在【字号】下拉列表中选择合适的字号，这里选择【四号】选项。单击 确定 按钮，如图7.3-4所示。

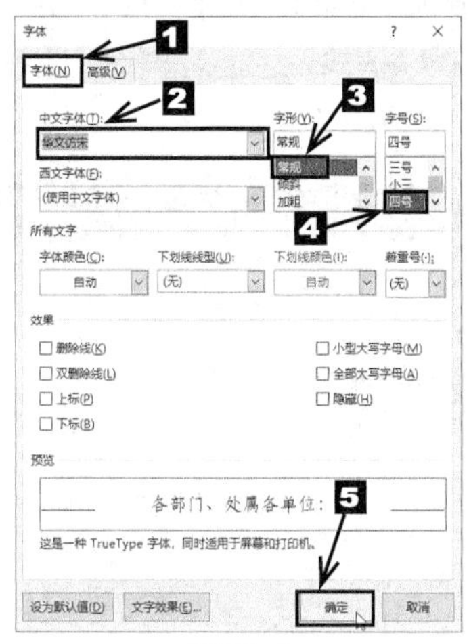

图7.3-4

❸ 返回Word文档，设置效果如图7.3-5所示。

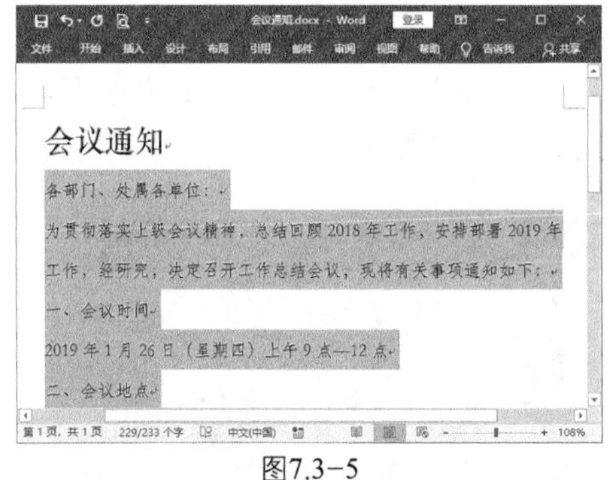

图7.3-5

2. 设置加粗效果

为文本设置加粗效果，可让文本更加突出。

打开本实例的原始文件，选中文档标题“会议通知”，切换到【开始】选项卡，单击【字体】组中的【加粗】按钮 B ，如图7.3-6所示。

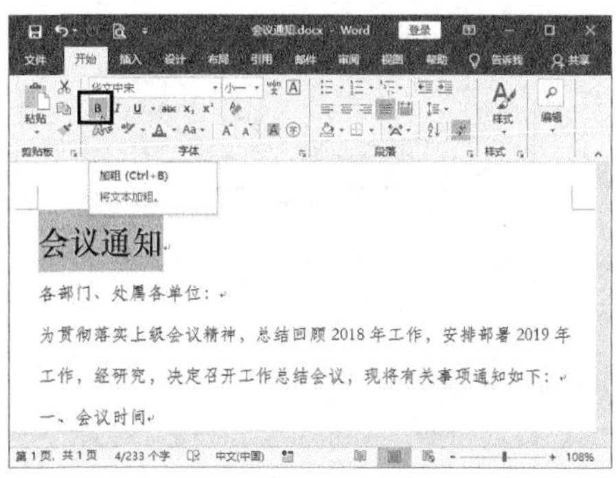

图7.3-6

3. 设置字符间距

通过设置字符间距，可以使文档的页面布局更符合实际需要。

❶ 选中文本标题“会议通知”，切换到【开始】选项卡，单击【字体】组右下角的【对话框启动器】按钮 ，如图7.3-7所示。

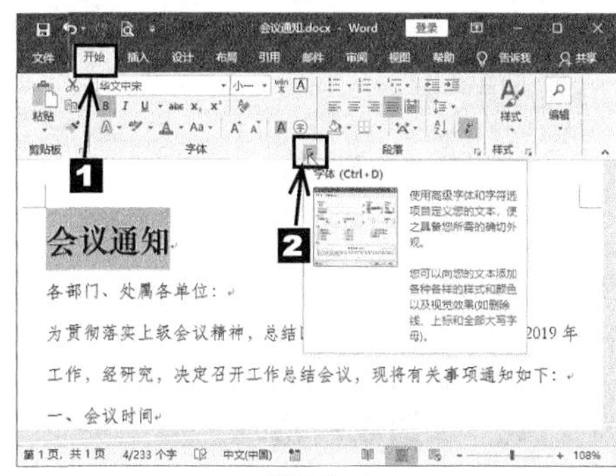

图7.3-7

❷ 弹出【字体】对话框，切换到【高级】选项卡。在【字符间距】组合框中的【间距】下拉列表中选择合适的间距，这里选择【加宽】选项，在【磅值】微调框中调整磅值，这里调整为“4磅”，单击 确定 按钮，如图7.3-8所示。

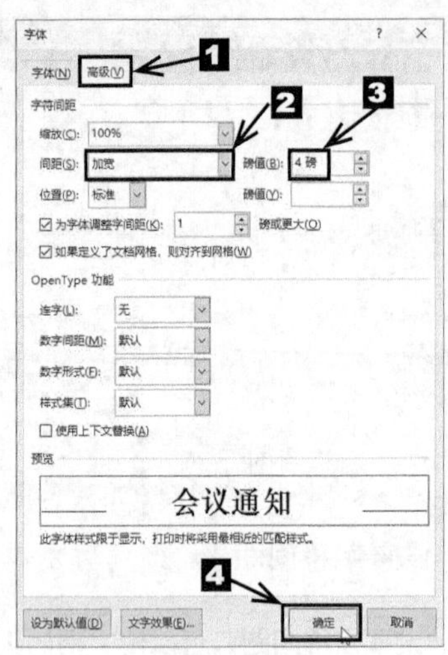

图7.3-8

❸ 返回Word 文档，设置效果如图7.3-9所示。

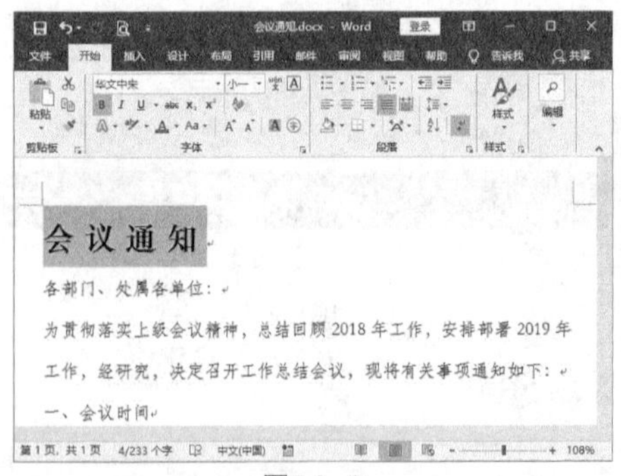

图7.3-9

7.3.2 设置段落格式

设置好字体格式之后，用户还可以为文本设置段落格式。Word 2016提供了多种设置段落格式的方法，主要包括设置对齐方式、设置间距、添加项目符号和编号等。下面介绍设置“会议通知1.docx”文档的段落格式的具体操作步骤。

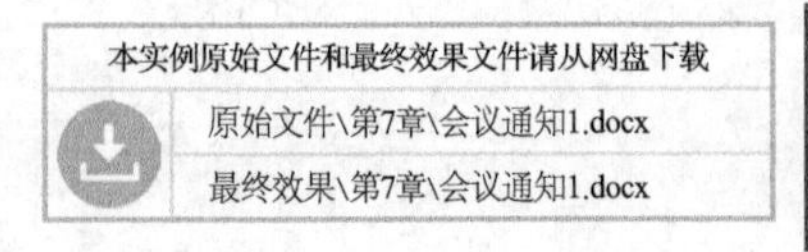

本实例原始文件和最终效果文件请从网盘下载
原始文件\第7章\会议通知1.docx
最终效果\第7章\会议通知1.docx

扫码看视频

1. 设置对齐方式

段落和文字的对齐方式可以通过【段落】组进行设置，也可以通过对话框进行设置。

使用【段落】组

打开本实例的原始文件，选中标题“会议通知”，切换到【开始】选项卡，在【段落】组中选择合适的对齐方式，这里单击【居中】按钮，设置效果如图7.3-10所示。

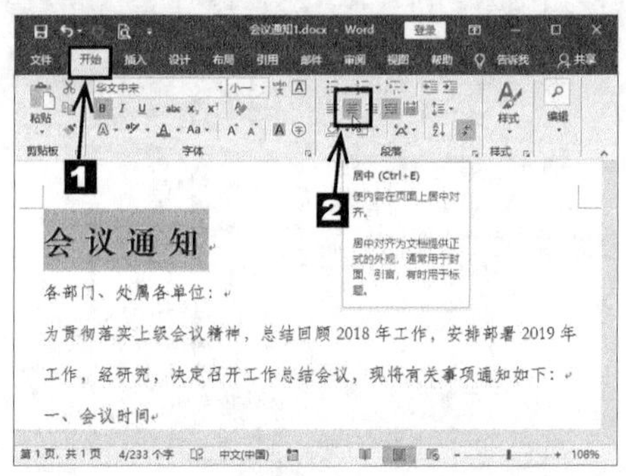

图7.3-10

使用【段落】对话框

❶ 选中文档中的段落或文字，切换到【开始】选项卡，单击【段落】组右下角的【对话框启动器】按钮，如图7.3-11所示。

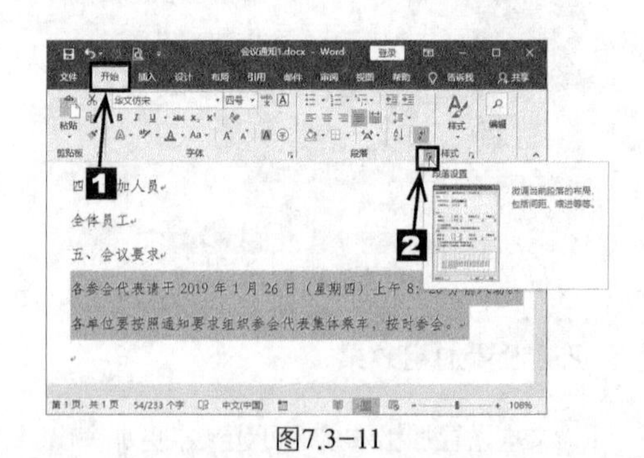

图7.3-11

❷ 弹出【段落】对话框，切换到【缩进和间距】选项卡。在【常规】组合框中的【对齐方式】下拉列表中选择合适的对齐方式，这里选择【分散对齐】选项，单击 确定 按钮，如图7.3-12所示。

图7.3-12

❸ 返回Word文档，设置效果如图7.3-13所示。

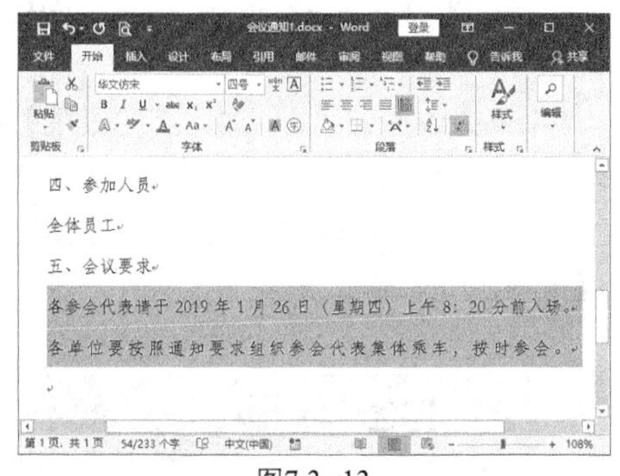

图7.3-13

2. 设置间距

间距是指行与行之间，段落与行之间，段落与段落之间的距离。在Word 2016中，用户可以通过以下几种方法设置行间距和段落间距。

使用【段落】组

❶ 打开本实例的原始文件，选中全篇文本，切换到【开始】选项卡。在【段落】组中单击【行和段落间距】按钮，从弹出的下拉列表中选择合适的行距，这里选择【1.15】选项，如图7.3-14所示。

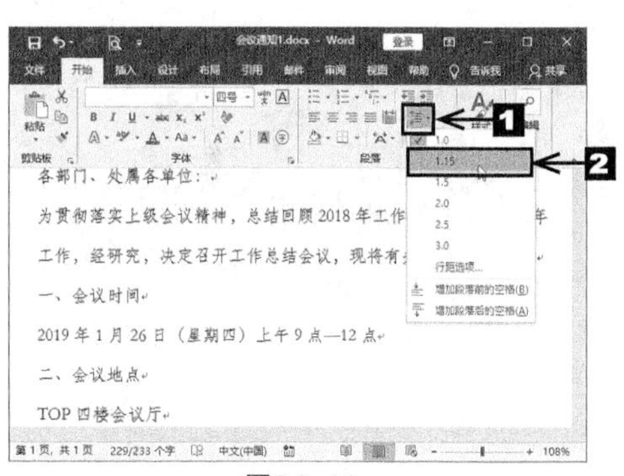

图7.3-14

❷ 选中文档标题行，在【段落】组中单击【行和段落间距】按钮，从弹出的下拉列表中选择合适的段落间距，这里选择【增加段落后的空格】选项，如图7.3-15所示。

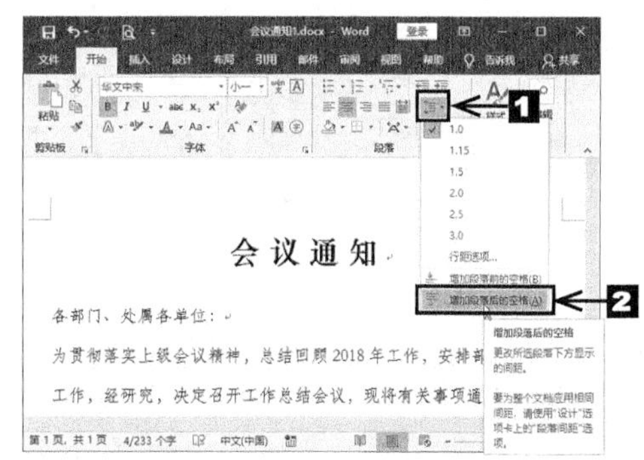

图7.3-15

使用【段落】对话框

❶ 打开本实例的原始文件，选中文档的标题行，切换到【开始】选项卡。单击【段落】组右下角的【对话框启动器】按钮，弹出【段落】对话框，切换到【缩进和间距】选项卡。调整【间距】组合框中【段前】微调框的数值，这里调整为“1行”，调整【段后】微调框中的数值，这里调整为“12磅”。在【行距】下拉列表中选择合适的行距，这里选择【最小值】选项，在【设置值】微调框中会自动输入“12磅”。单击 确定 按钮，如图7.3-16所示。

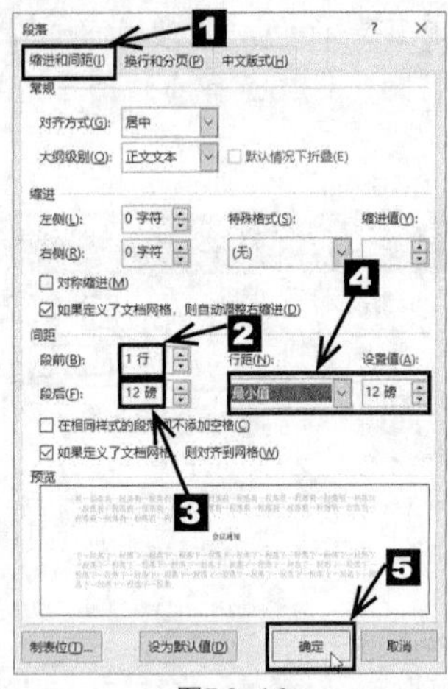

图7.3-16

❷ 返回Word文档，设置效果如图7.3-17所示。

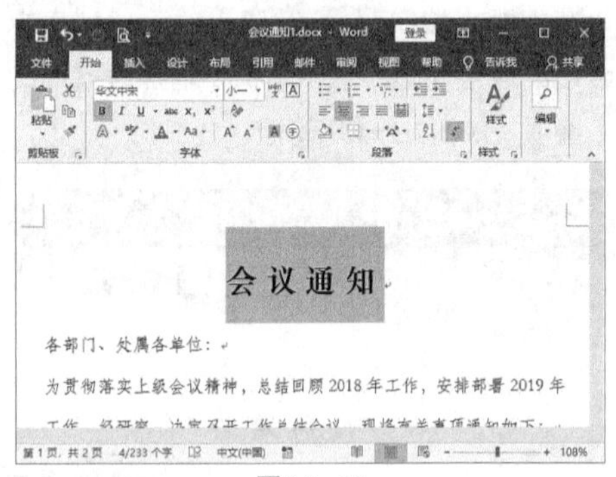

图7.3-17

使用【页面布局】选项卡

选中文档中的文本，切换到【布局】选项卡，在【段落】组中调整【间距】组合框中【段前】和【段后】微调框中的数值，这里都调整为“0.5行”，效果如图7.3-18所示。

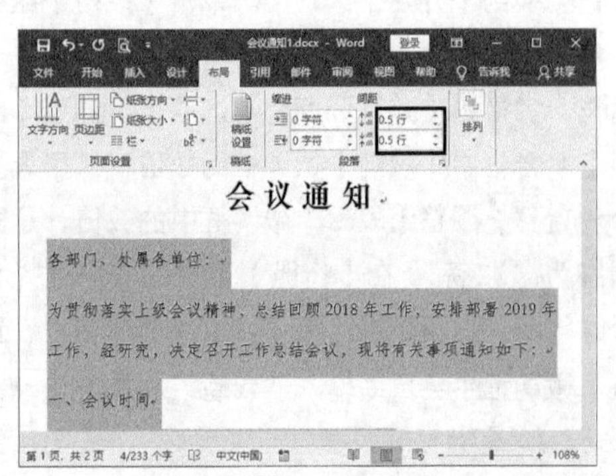

图7.3-18

3. 添加项目符号和编号

合理使用项目符号和编号，可以使文档的层次结构更清晰、更有条理。

❶ 打开本实例的原始文件，选中需要添加项目符号的文本，切换到【开始】选项卡，在【段落】组中单击【项目符号】按钮右侧的下三角按钮，从弹出的下拉列表中选择一种合适的项目符号，这里选择【菱形】选项，如图7.3-19所示。

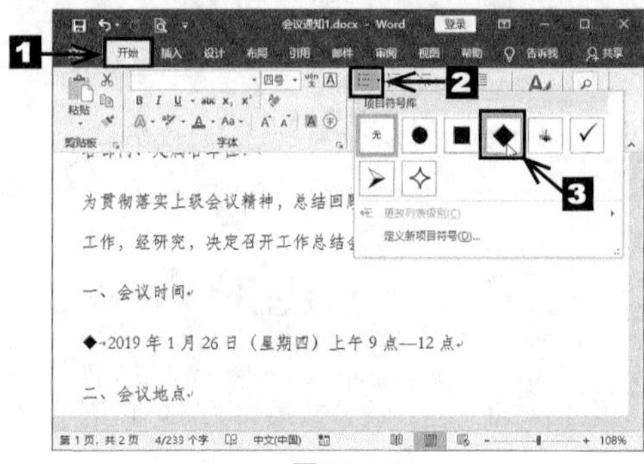

图7.3-19

❷ 选中需要添加编号的文本，在【段落】组中单击【编号】按钮右侧的下三角按钮，从弹出的下拉列表中选择一种合适的编号，这里选择【a)】选项，如图7.3-20所示。

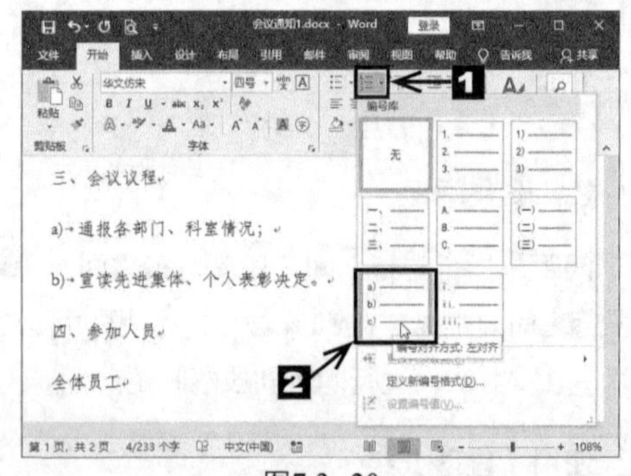

图7.3-20

7.3.3 设置页面背景

为了使Word文档看起来更加美观，用户可以添加各种漂亮的页面背景，包括添加水印、设置页面颜色以及其他填充效果等。下面介绍设置“会议通知3.docx”文档的页面背景的具体操作步骤。

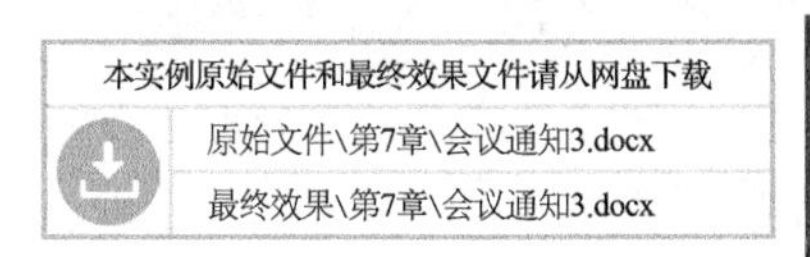

1. 添加水印

Word文档中的水印是指作为文档背景图案的文字或图像。添加文本水印可以保护文档，提醒他人该文档是受版权保护的，不能随意复制。

❶ 打开本实例的原始文件，切换到【设计】选项卡。在【页面背景】组中单击【水印】按钮，从弹出的下拉列表中选择一种水印，这里选择【自定义水印】选项，如图7.3-21所示。

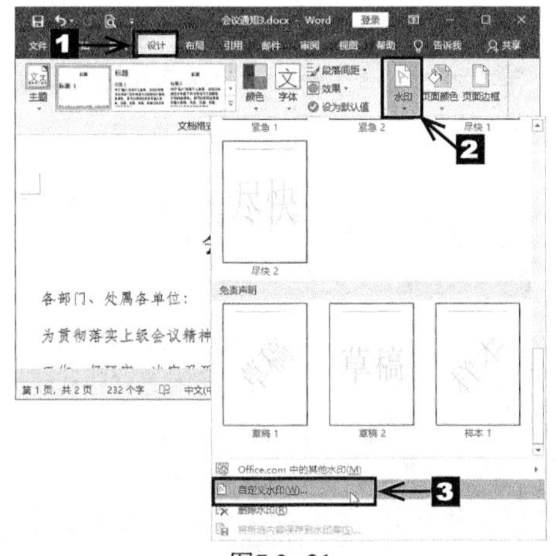

图7.3-21

❷ 弹出【水印】对话框，选中【文字水印】单选钮。在【文字】下拉列表中选择合适的选项，这里选择【请勿拷贝】选项。在【字体】下拉列表中选择合适的选项，这里选择【黑体】选项。在【字号】下拉列表中选择合适的选项，这里选择【80】选项，其他选项保持默认。单击 确定 按钮，如图7.3-22所示。

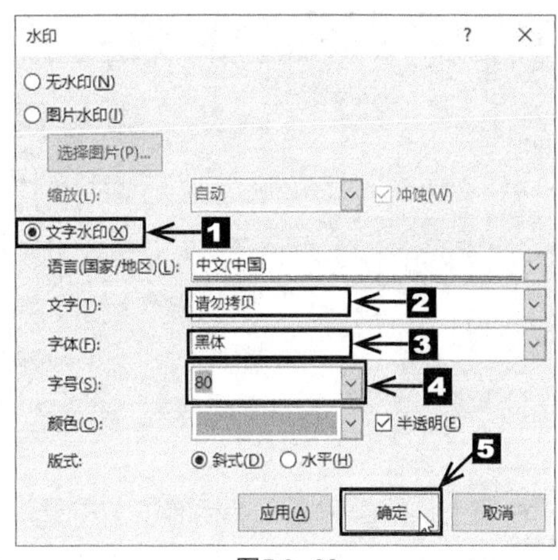

图7.3-22

❸ 返回Word文档，设置效果如图7.3-23所示。

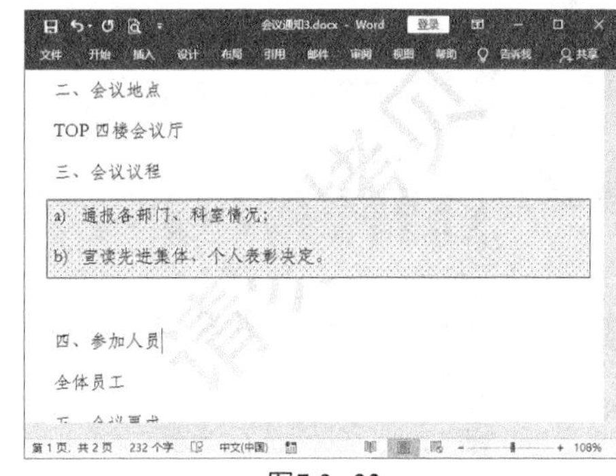

图7.3-23

2. 设置页面颜色

页面颜色是指显示在Word文档最底层的颜色或图案，可用于丰富Word文档的页面显示效果，但是页面颜色在打印时是不会显示的。设置页面颜色的具体步骤如下。

❶ 切换到【设计】选项卡。在【页面背景】组中单击【页面颜色】按钮，从弹出的下拉列表中选择合适的选项，这里选择【绿色,个性色6,淡色80%】选项，如图7.3-24所示。

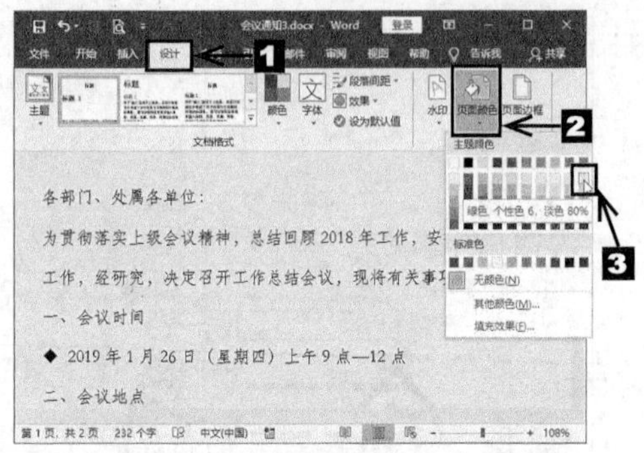
图7.3-24

❷ 如果【主题颜色】和【标准色】中显示的颜色无法满足用户的需要，那么可以从弹出的下拉列表中选择【其他颜色】选项，如图7.3-25所示。

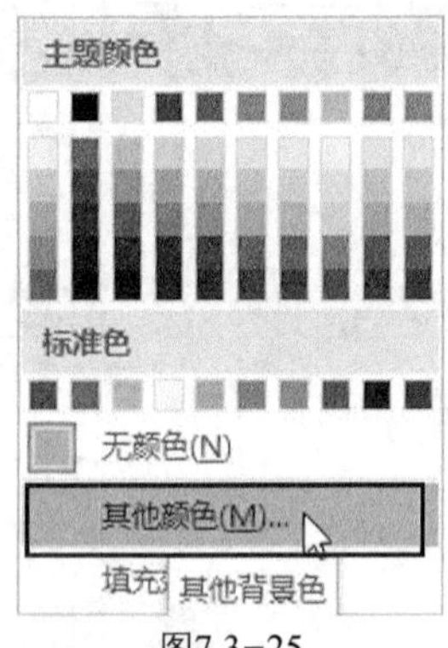

图7.3-25

❸ 弹出【颜色】对话框，切换到【自定义】选项卡。可以在【颜色】面板上选择合适的颜色，也可以在下方的微调框中调整颜色的RGB值，如图7.3-26所示。

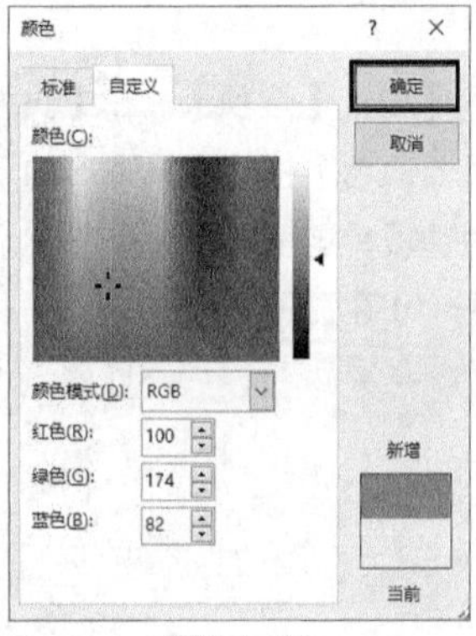

图7.3-26

❹ 单击 确定 按钮，返回Word文档，设置效果如图7.3-27所示。

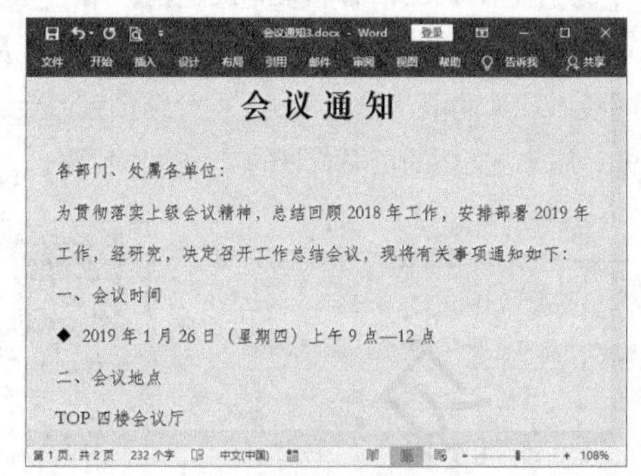

图7.3-27

3. 设置其他填充效果

在Word 2016中，如果为Word文档的页面背景设置更多的填充效果，如渐变效果、纹理效果等，可以使Word文档更富有层次感。

添加渐变效果

❶ 切换到【设计】选项卡，在【页面背景】组中单击【页面颜色】按钮，从弹出的下拉列表中选择【填充效果】选项，如图7.3-28所示。

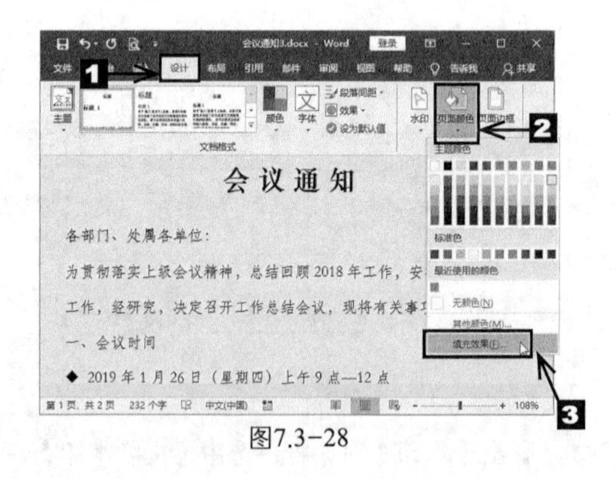
图7.3-28

❷ 弹出【填充效果】对话框，切换到【渐变】选项卡。在【颜色】组合框中选择合适的颜色，这里选中【双色】单选钮，在右侧的【颜色】下拉列表中选择两种颜色。然后选择合适的底纹样式，这里选择【底纹样式】组合框中的【斜上】单选钮，单击 确定 按钮，如图7.3-29所示。

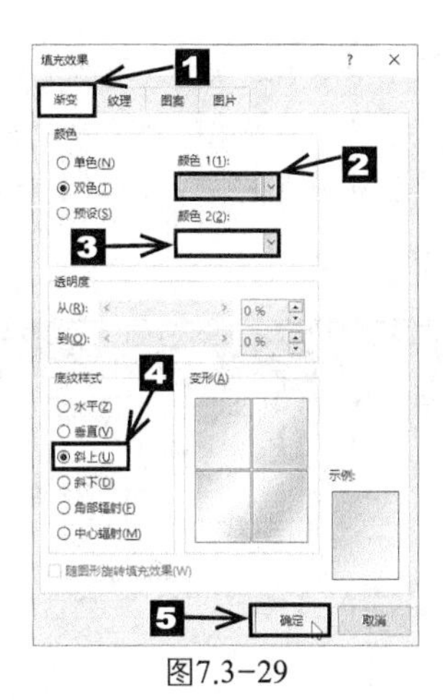

图7.3-29

❸ 返回Word文档，设置效果如图7.3-30所示。

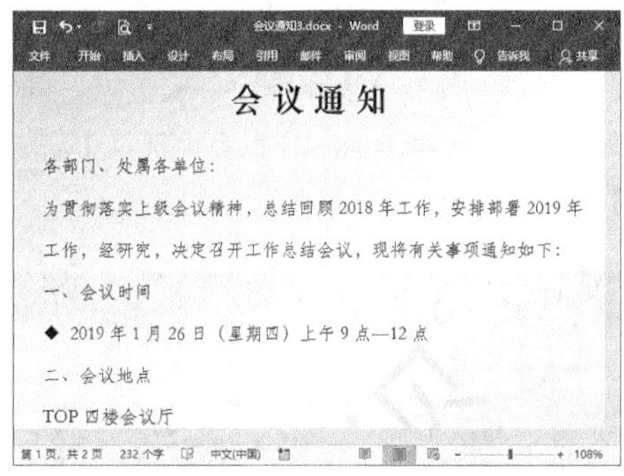

图7.3-30

添加纹理效果

为Word文档添加纹理效果的具体步骤如下。

❶ 在【填充效果】对话框中，切换到【纹理】选项卡。在【纹理】列表框中选择【蓝色面巾纸】选项，单击 确定 按钮，如图7.3-31所示。

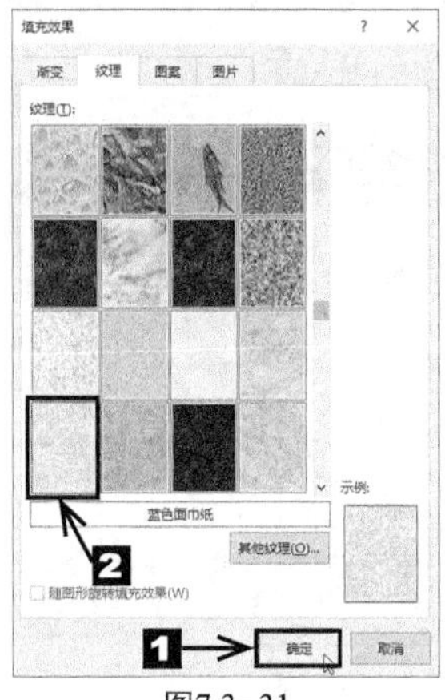

图7.3-31

❷ 返回Word文档，设置效果如图7.3-32所示。

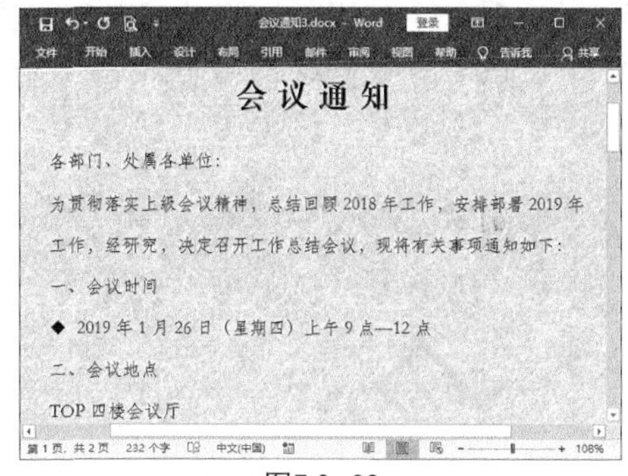

图7.3-32

7.3.4 审阅文档

在日常工作中，某些文件需要经过领导审阅或经过大家讨论后才能够执行，这就需要在文件上进行一些批示、修改。Word 2016提供了批注、修订、更改等审阅工具，大大提高了办公效率。下面介绍审阅“会议通知4.docx”文档的具体操作步骤。

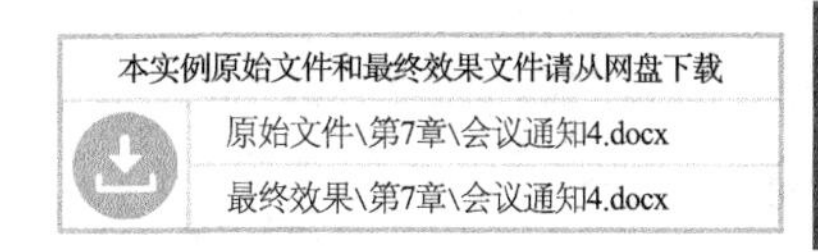

1. 添加批注

为了帮助阅读者更好地理解文档内容以及跟踪文档的修改状况，可以为Word文档添加批注。添加批注的具体步骤如下。

❶ 打开本实例的原始文件，选中要插入批注的文本，切换到【审阅】选项卡，在【批注】组中单击【新建批注】按钮，如图7.3-33所示。

图7.3-33

❷ 在文档的右侧出现一个批注框，用户可以根据需要输入批注信息。Word 2016中的批注信息前面会自动加上用户名以及批注时间，如图7.3-34所示。

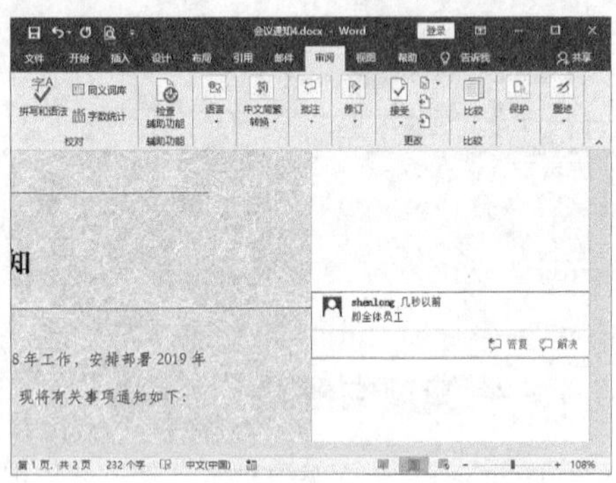

图7.3-34

❸ 如果要删除批注，可先选中批注框，在【批注】组中单击【删除】按钮，从弹出的下拉列表中选择【删除】选项，如图7.3-35所示。

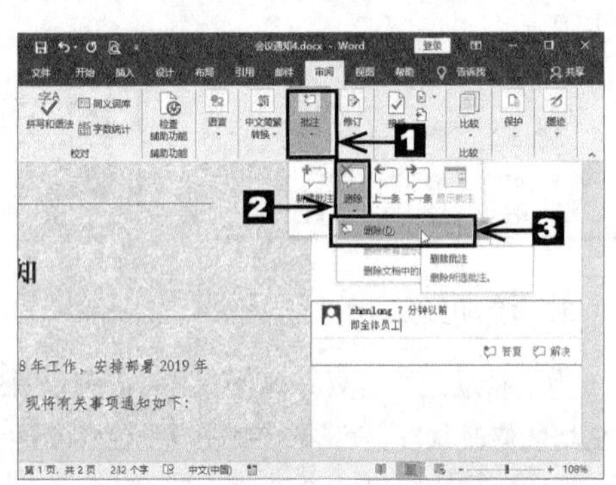

图7.3-35

Word 2016批注的【回复】按钮，使用户可以在相关文字旁边讨论、轻松地跟踪批注。

2. 修订文档

Word 2016提供了文档修订功能，在打开修订功能的情况下，Word 2016将会自动跟踪对文档的所有更改，包括插入、删除和格式更改等，并对更改的内容做出标记。

❶ 切换到【审阅】选项卡，单击【修订】组中的 显示标记 按钮，从弹出的下拉列表中选择【批注框】→【在批注框中显示修订】选项，如图7.3-36所示。

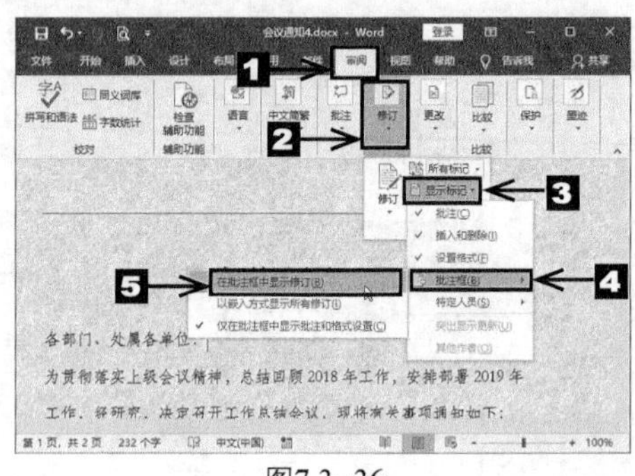

图7.3-36

❷ 在【修订】组中单击 所有标记 按钮右侧的下三角按钮，从弹出的下拉列表中选择【所有标记】选项，如图7.3-37所示。

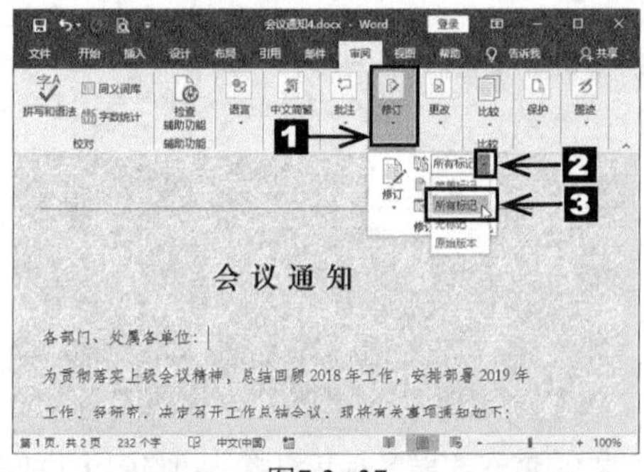

图7.3-37

❸ 在Word文档中，切换到【审阅】选项卡，在【修订】组中单击【修订】按钮，随即进入修订状态，如图7.3-38所示。

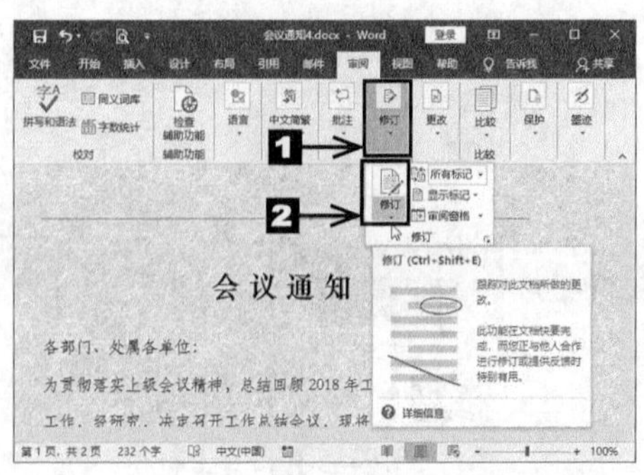

图7.3-38

❹ 调整文档标题“会议通知”的字号，这里调整为“小一”。可以看到在右侧弹出一个批注框，并在批注框中显示格式修改的详细信息，如图7.3-39所示。

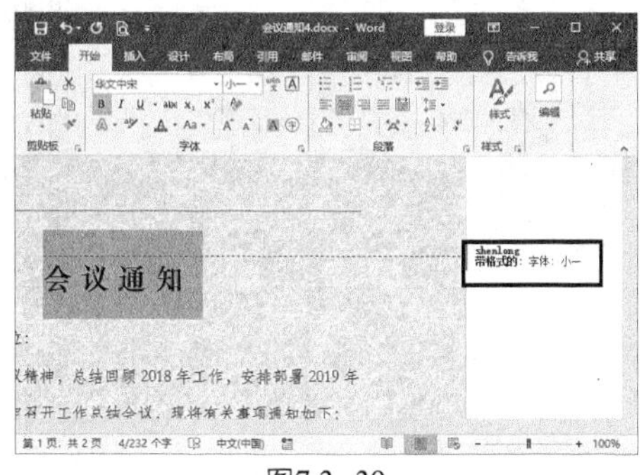

图7.3-39

❺ 当所有的修订完成以后，用户可以通过“导航窗格”功能通篇浏览所有的审阅摘要。切换到【审阅】选项卡，在【修订】组中单击 审阅窗格 按钮，从弹出的下拉列表中选择【垂直审阅窗格】选项，如图7.3-40所示。

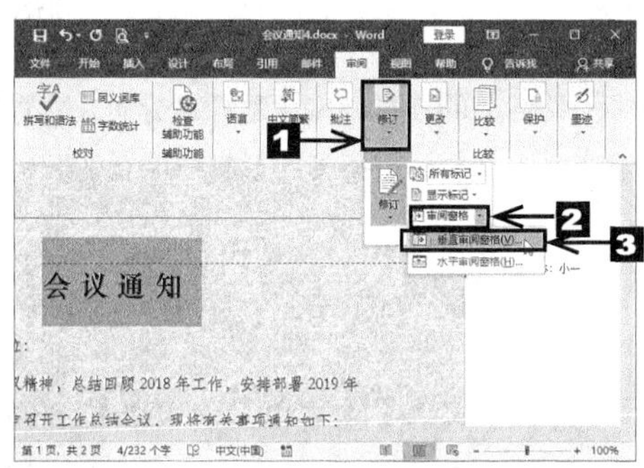

图7.3-40

❻ 可以看到在文档的左侧出现了一个导航窗格，并显示审阅记录，如图7.3-41所示。

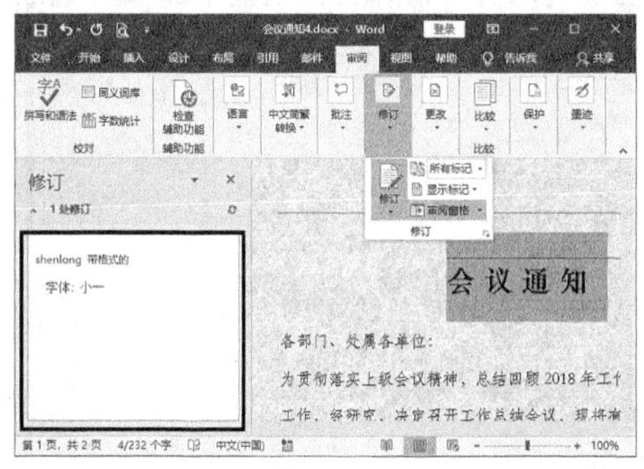

图7.3-41

3. 更改文档

文档的修订工作完成以后，用户可以跟踪修订内容，并选择接受或拒绝修订。更改文档的具体操作步骤如下。

❶ 切换到【审阅】选项卡，在【更改】组中单击【上一处修订】按钮或【下一处修订】按钮，可以定位到当前修订的上一条或下一条，如图7.3-42所示。

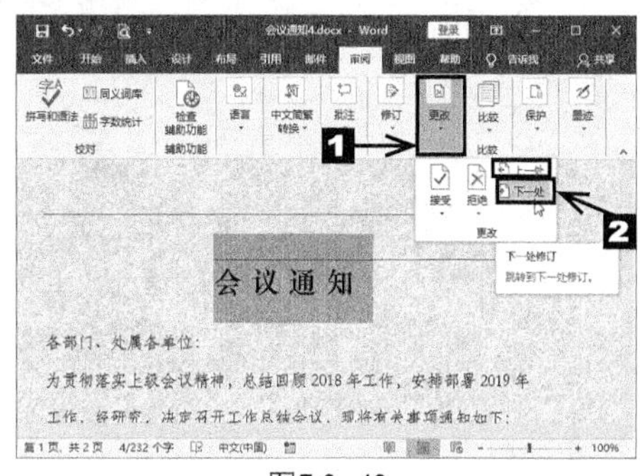

图7.3-42

❷ 在【更改】组中选择接受或拒绝修订，这里单击【接受】按钮，从弹出的下拉列表中选择【接受所有修订】选项，如图7.3-43所示。

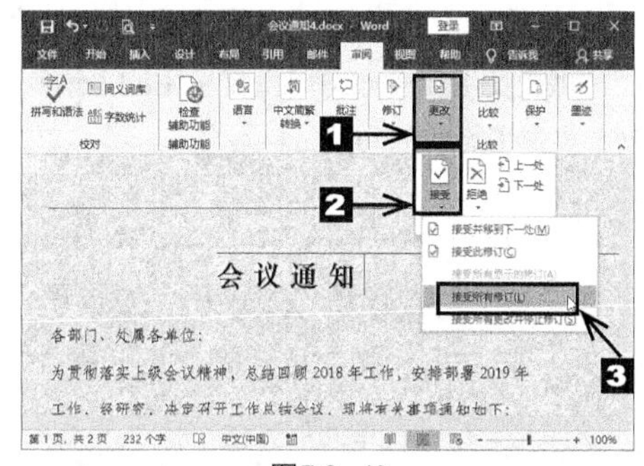

图7.3-43

❸ 审阅完毕后单击【修订】组中的【修订】按钮，退出修订状态，如图7.3-44所示。

图7.3-44

7.4 课堂实训——制作企业人事管理制度

根据7.3节学习的内容，为“企业人事管理制度”文档设置格式，效果如图7.4-1所示。

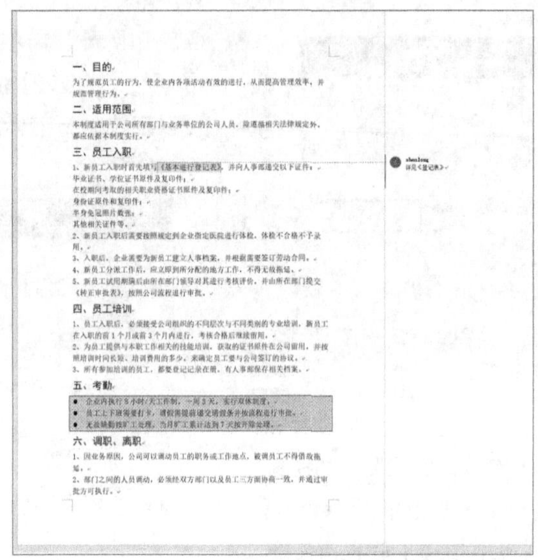

一、目的

为了规范员工的行为，使企业内各项活动有效的进行，从而提高管理效率，并规范管理行为。

二、适用范围

本制度适用于公司所有部门与业务单位的公司人员，除遵循相关法律规定外，都应依据本制度实行。

三、员工入职

1、新员工入职时首先填写《基本履行登记表》，并向人事部递交以下证件：
毕业证书、学位证书原件及复印件；
在校期间考取的相关职业资格证书原件及复印件；
身份证原件和复印件；
半身免冠照片数张；
其他相关证件等。
2、新员工入职后需要按照规定到企业指定医院进行体检，体检不合格不予录用。
3、入职后，企业需要为新员工建立人事档案，并根据需要签订劳动合同。
4、新员工分派工作后，应立即到所分配的地方工作，不得无故拖延。
5、新员工试用期满后由所在部门领导对其进行考核评价，并由所在部门提交《转正审批表》，按照公司流程进行审批。

四、员工培训

1、员工入职后，必须接受公司组织的不同层次与不同类别的专业培训，新员工在入职的前1个月或前3个月内进行，考核合格后继续留用。
2、为员工提供与本职工作相关的技能培训，获取的证书原件在公司留用，并按照培训时间长短、培训费用的多少，来确定员工要与公司签订的协议。
3、所有参加培训的员工，都要登记记录在册，有人事部保存相关档案。

五、考勤

- 企业内执行8小时/天工作制，一周5天，实行双休制度。
- 员工上下班需要打卡，请假需提前递交请假条并按流程进行审批。
- 无故缺勤按旷工处理，当月旷工累计达到7天按开除处理。

六、调职、离职

1、因业务原因，公司可以调动员工的职务或工作地点，被调员工不得借故拖延。
2、部门之间的人员调动，必须经双方部门以及员工三方面协商一致，并通过审批方可执行。

图7.4-1

专业背景

人事管理制度是规范企业职工的行为，规定工作流程等一切活动的规章制度，是针对劳动人事管理中经常重复发生或预测将要重复发生的事情制定的对策及处理原则。它采用条文的形式协调企业职工的活动，规定了一致的利益目标。

实训目的

◎ 掌握设置文档的格式的方法

◎ 掌握为文档添加边框及底纹的方法

◎ 掌握对文档进行审阅的方法

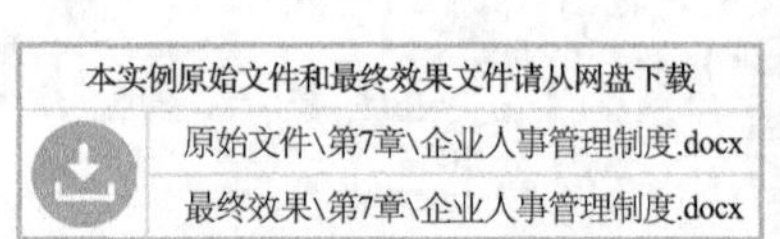

扫码看视频

操作思路

（1）设置文档格式。

通过【开始】选项卡中的【字体】组及【段落】组中的各个按钮来实现对文档的字体格式及段落格式的设置，完成后的效果如图7.4-2所示。

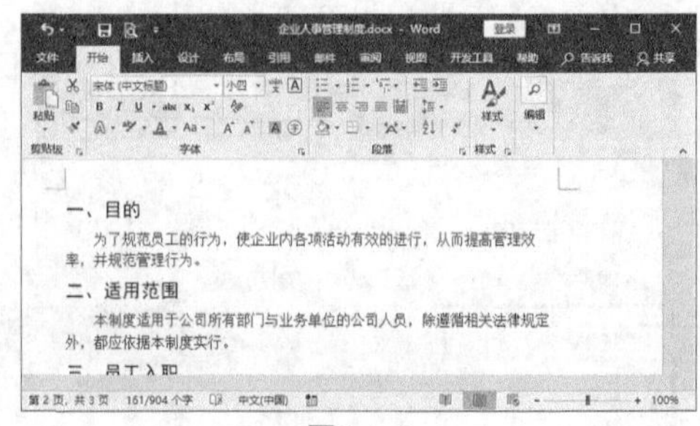

图7.4-2

（2）为文档添加边框及底纹。

通过【设计】选项卡下的【页面背景】组中的【页面边框】按钮来实现对文档边框及底纹的添加，完成后的效果如图7.4-3所示。

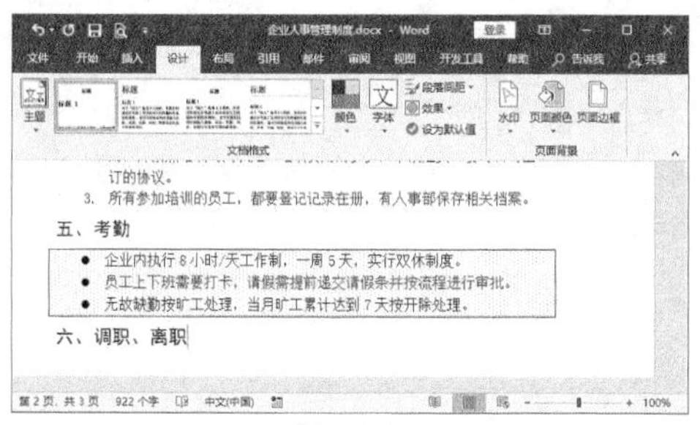

图7.4-3

（3）对文档进行审阅。

通过【审阅】选项卡中的【批注】组及【修订】组中的各个按钮来实现对文档的审阅，完成后的效果如图7.4-4所示。

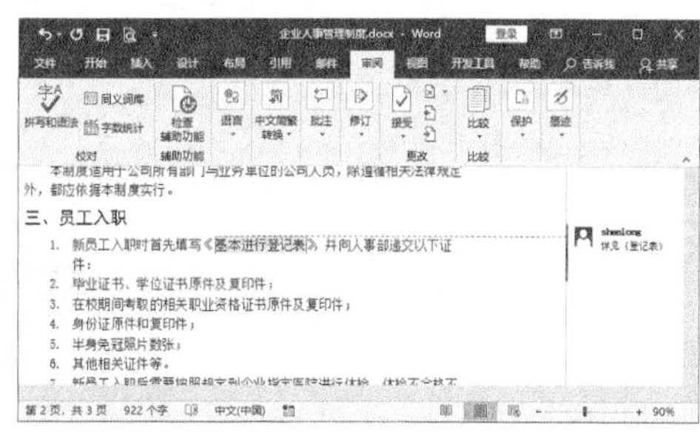

图7.4-4

7.5 常见疑难问题解析

问：有没有什么方法可快速地为文本设置相同的格式？

答：有。选择设置好格式的文本，选择【开始】→【剪贴板】选项，单击【剪贴板】组中的【格式刷】按钮，此时鼠标光标变成刷子形状，拖曳鼠标并选择需要设置相同格式的文本即可。若连续单击【格式刷】按钮，可以多次复制文本格式，再次单击该按钮可取消复制文本格式的操作。

问：在长文档中，可不可以为文档首页、奇数页和偶数页创建不同的页眉和页脚呢？

答：可以。进入页眉和页脚的编辑状态后，会激活【设计】选项卡，选中【选项】组中的【首页不同】和【奇偶页不同】复选框即可。

问：在制作文档时没有来得及保存文档，就因为突然断电丢失了文档，应该怎么避免这种情况呢？

答：对文档设置自动保存后，当遇到停电、电脑死机等意外情况时，重新启动电脑并打开Word文档，即可将自动保存的内容恢复。对文档设置自动保存的方法如下。

单击【文件】按钮，在弹出的下拉列表中选择【选项】选项，打开【Word选项】对话框，在左侧的列表框中选择【保存】选项。在弹出的界面中选中【保存文档】栏中的【保存自动恢复信息时间间隔】复选框，在其后的微调框中输入每次进行自动保存的时间间隔，最后单击【确定】按钮。

7.6 课后习题

制作一份邀请函，如图7.6-1所示。

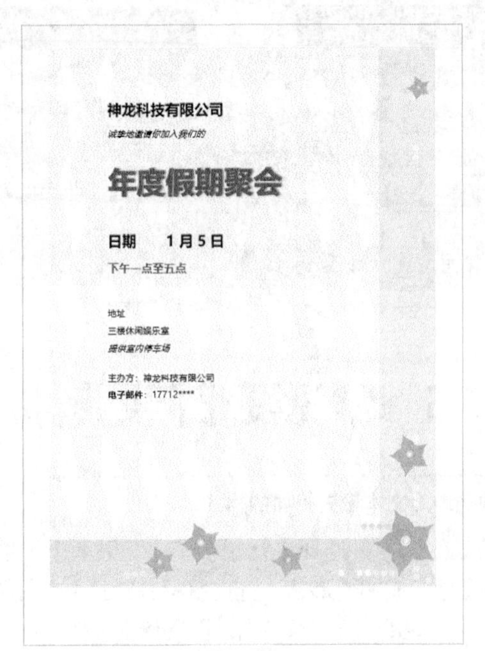

图7.6-1

第8章 Word 2016 的高级应用

本章内容简介

本章主要介绍页面设置、使用样式、插入目录、编辑目录、插入分隔符、插入页眉和页脚等 Word 2016 的高级应用。

学完本章读者能做什么

通过对本章的学习，读者能熟练地对文档进行页面设置，并且学会在文档中使用样式、插入目录、插入页眉和页脚等。

学习目标

- 页面设置
- 使用样式
- 插入并编辑目录
- 插入分隔符、页眉和页脚

8.1 页面设置

为了反映文档的实际页面效果，在进行编辑操作之前，必须先对页面效果进行设置。下面介绍对“商业计划书.docx”文档进行页面设置的具体操作步骤。

商业计划书是一份全方位描述企业发展的文件。一份完整的商业计划书是企业梳理战略、规划发展、总结经验、挖掘机会的案头文件。

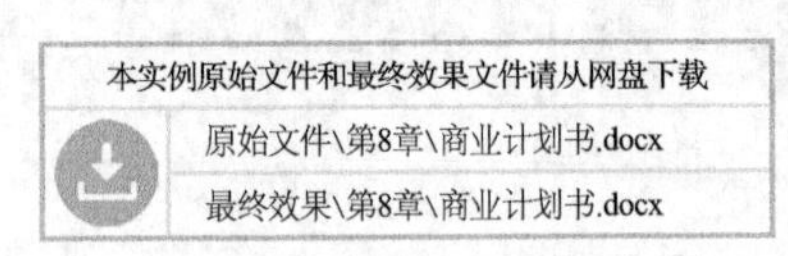

8.1.1 纸张大小和页边距

页边距通常是指文本内容与页面边缘之间的距离。通过设置页边距，可以使Word文档的正文部分与页面边缘保持一个合适的距离。在设置页边距前，需要先设置纸张的大小。这里将纸张大小设置为A4，日常办公时常用的文档一般都是A4大小。

设置纸张大小和页边距的具体操作步骤如下。

❶ 打开本实例的原始文件，切换到【布局】选项卡。单击【页面设置】组中的 纸张大小 按钮，从弹出的下拉列表中选择【A4】选项，如图8.1-1所示。

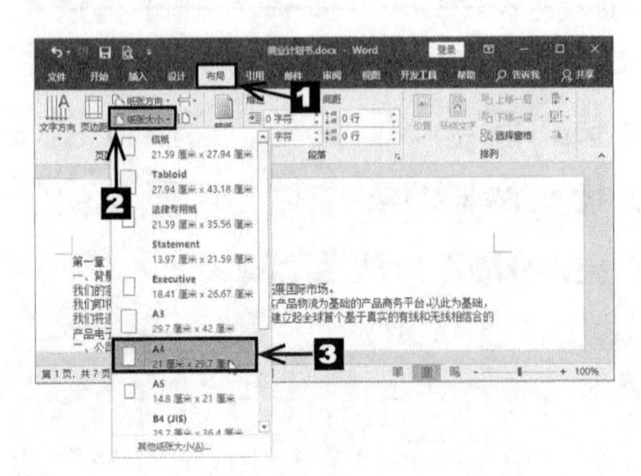

图8.1-1

❷ 用户还可以自定义纸张大小。单击【页面设置】组中的 纸张大小 按钮，从弹出的下拉列表中选择【其他页面大小】选项，如图8.1-2所示。

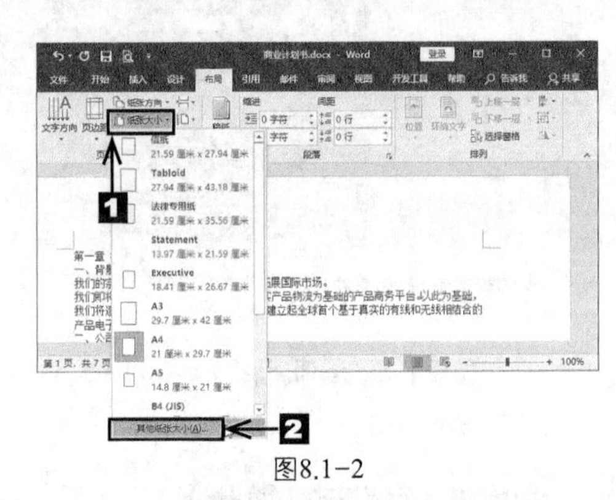

图8.1-2

❸ 弹出【页面设置】对话框，切换到【纸张】选项卡。在【纸张大小】下拉列表中选择【自定义大小】选项，然后在【宽度】和【高度】微调框中设置其大小，这里都输入“20厘米”。设置完毕后单击 确定 按钮，如图8.1-3所示。

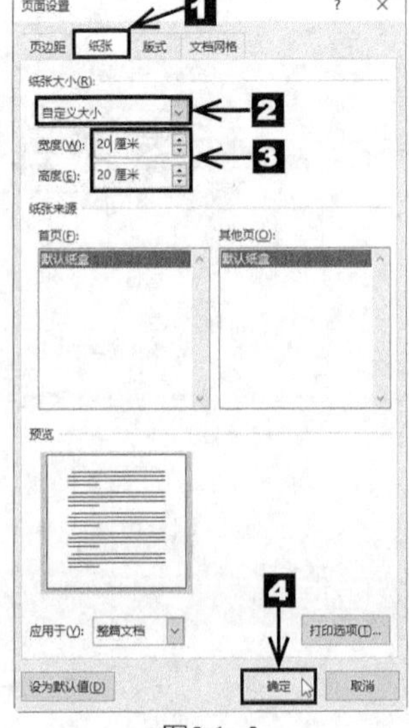

图8.1-3

❹ 切换到【布局】选项卡，单击【页面设置】组中的【页边距】按钮，从弹出的下拉列表中选择合适的页边距，这里选择【中等】选项，如图8.1-4所示。

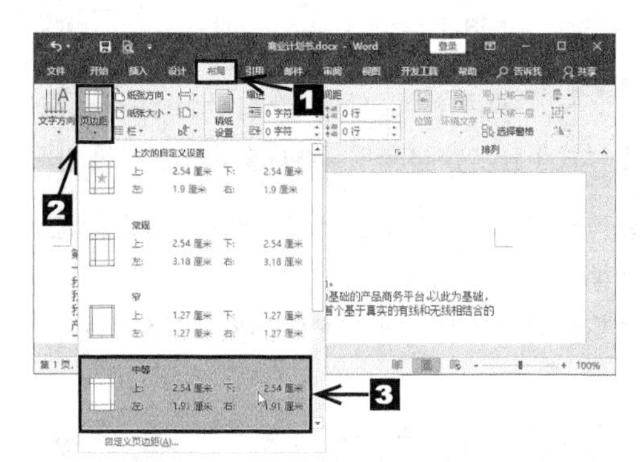

图8.1-4

❺ 返回Word文档，可以看到设置后的效果，同时用户还可以自定义页边距。切换到【布局】选项卡，单击【页面设置】组右下角的【对话框启动器】按钮，如图8.1-5所示。

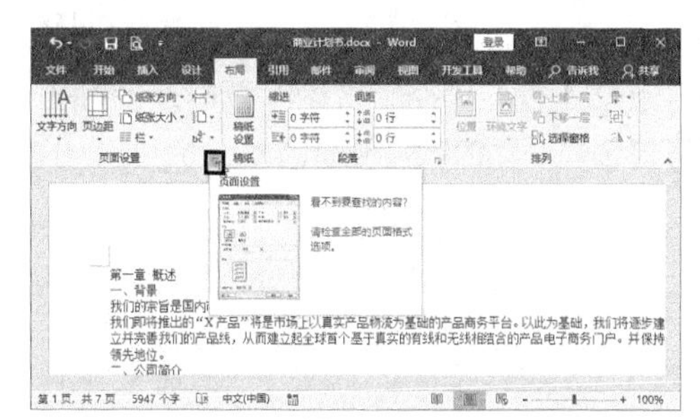

图8.1-5

❻ 弹出【页面设置】对话框，切换到【页边距】选项卡。在【页边距】组合框中设置文档的页边距，这里分别在【上】【下】【左】【右】微调框中输入“2.54厘米”“2.54厘米”“1.9厘米”“1.9厘米”。单击 确定 按钮，如图8.1-6所示。

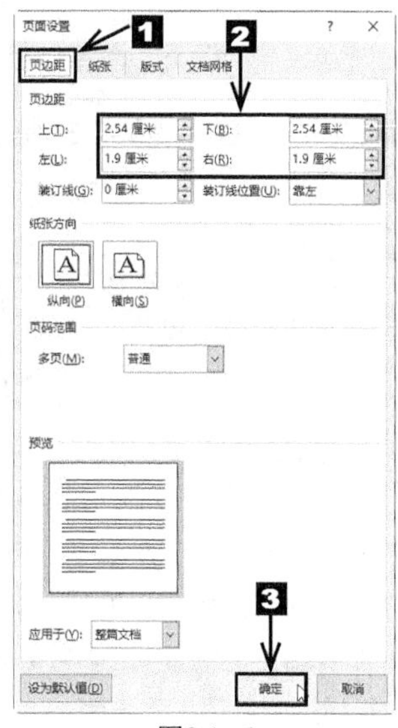

图8.1-6

8.1.2 纸张方向

除了设置页边距以外，用户还可以在Word文档中设置纸张方向。设置纸张方向的具体步骤如下。

切换到【布局】选项卡，单击【页面设置】组中的 纸张方向 按钮，从弹出的下拉列表中选择合适的纸张方向，这里选择【纵向】选项，如图8.1-7所示。

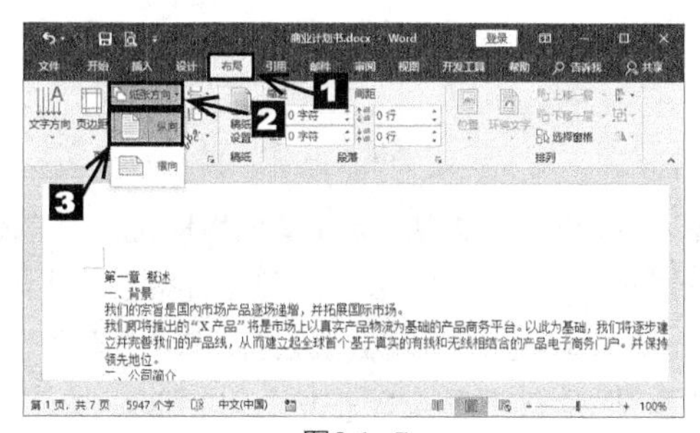

图8.1-7

8.2 使用样式

样式是指一组已经命名的字符和段落格式。在编辑文档的过程中，正确设置和使用样式可以极大地提高工作效率。

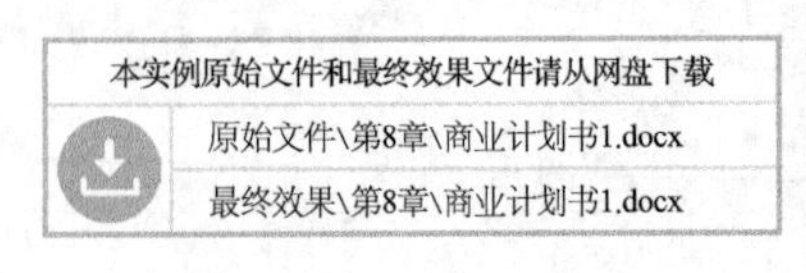

本实例原始文件和最终效果文件请从网盘下载

原始文件\第8章\商业计划书1.docx

最终效果\第8章\商业计划书1.docx

扫码看视频

8.2.1 套用系统内置样式

Word 2016自带了一个样式库，用户既可以套用内置样式设置文档格式，也可以根据需要更改样式。下面介绍为“商业计划书1.docx”文档套用系统内置样式的具体操作步骤。

1. 使用【样式】库

❶ 打开本实例的原始文件，选中要使用样式的“一级标题文本”（第一章 概述），切换到【开始】选项卡，单击【样式】组中的【样式】按钮，在弹出的下拉列表中选择【标题1】选项，如图8.2-1所示。

图8.2-1

❷ 使用同样的方法，选中要使用样式的“二级标题文本”（一、背景），切换到【开始】选项卡，单击【样式】组中的【样式】按钮，从弹出的【样式】下拉列表中选择【标题2】选项，如图8.2-2所示。

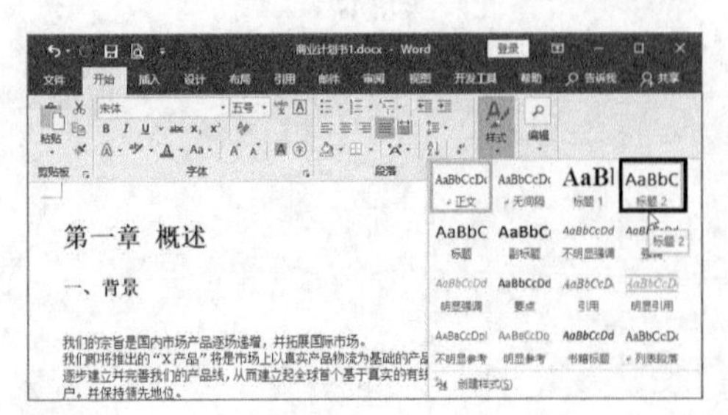

图8.2-2

2. 使用【样式】任务窗格

除了使用【样式】库之外，用户还可以使用【样式】任务窗格套用系统内置样式。

❶ 选中要使用样式的“三级标题文本”（1.公司现期），切换到【开始】选项卡，单击【样式】组右下角的【对话框启动器】按钮，如图8.2-3所示。

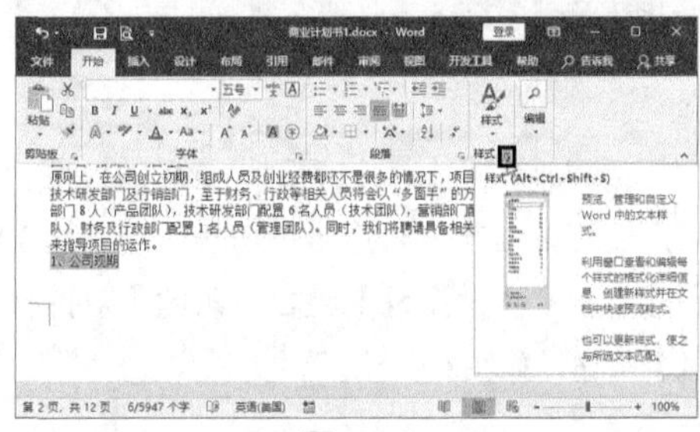

图8.2-3

❷ 弹出【样式】任务窗格，然后单击右下角的【选项...】选项，如图8.2-4所示。

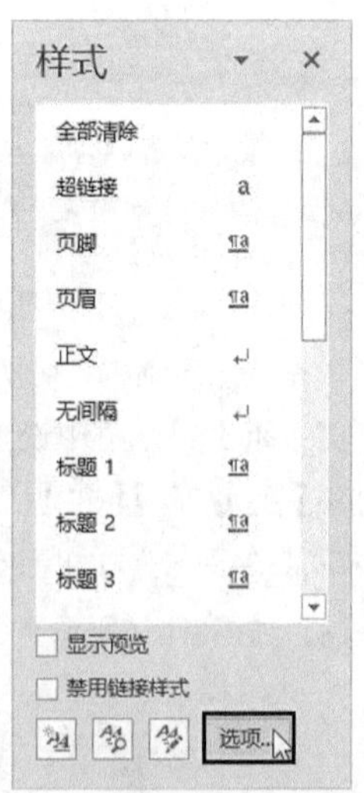

图8.2-4

❸ 弹出【样式窗格选项】对话框，在【选择要显示的样式】下拉列表中选择【所有样式】选项，单击 确定 按钮，如图8.2-5所示。

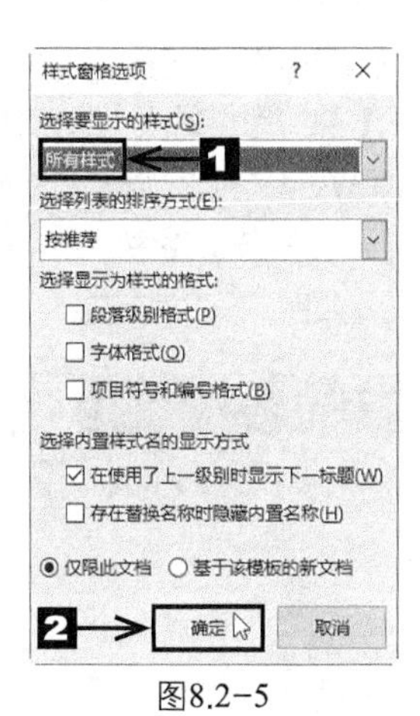

图8.2-5

❹ 返回【样式】任务窗格，然后在【样式】列表框中选择【标题3】选项，如图8.2-6所示。

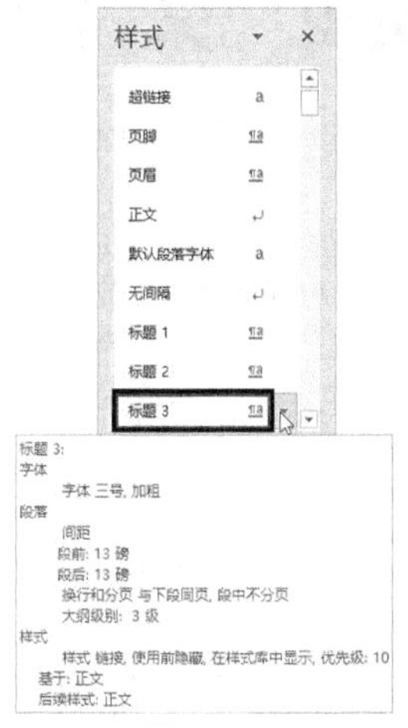

图8.2-6

8.2.2 自定义样式

在Word 2016的空白文档窗口中，用户可以自定义样式，即新建一种全新的样式，例如新的文本样式、新的表格样式或者新的列表样式等。下面以新建一种图片样式为例进行介绍，具体操作步骤如下。

❶ 选中要应用新建样式的图片，切换到【开始】选项卡，单击【样式】组右下角的【对话框启动器】按钮。弹出【样式】任务窗格，单击【新建样式】按钮，如图8.2-7所示。

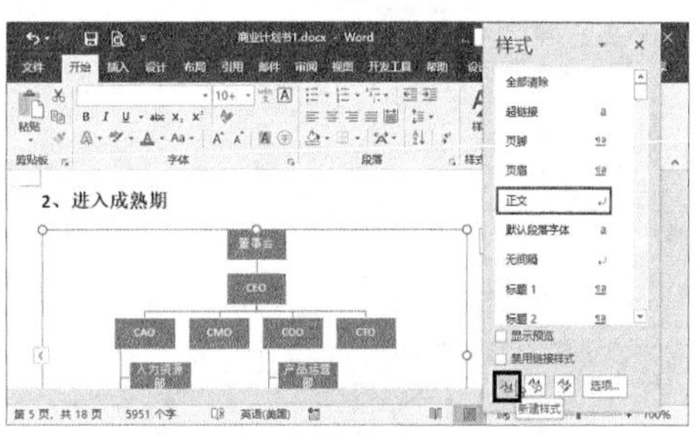

图8.2-7

❷ 弹出【根据格式化创建新样式】对话框，在【名称】文本框中输入新样式的名称，这里输入“图”。在【后续段落样式】下拉列表中选择【图】选项。在【格式】组合框中选择合适的格式，这里单击【居中】按钮。经过这些设置后，应用“图”样式的图片就会居中显示在文档中。单击【格式】按钮，从弹出的下拉列表中选择【段落】选项，如图8.2-8所示。

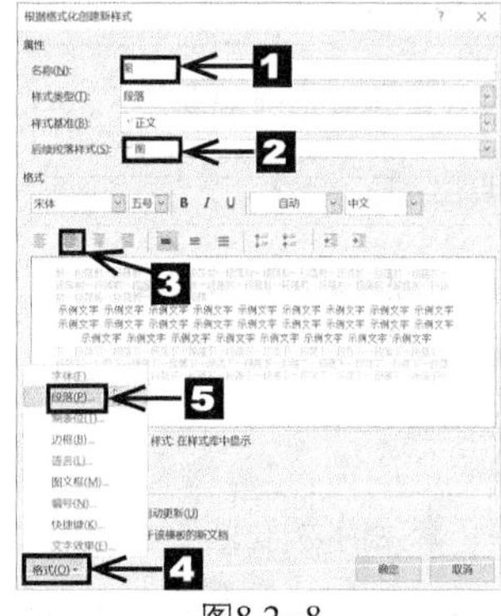

图8.2-8

❸ 弹出【段落】对话框，在【行距】下拉列表中选择合适的选项，如选择【最小值】选项，在【设置值】微调框中会自动输入“12磅”。然后分别在【段前】和【段后】微调框中输入合适的数值，这里都输入“0.5行”。单击 确定 按钮，如图8.2-9所示。

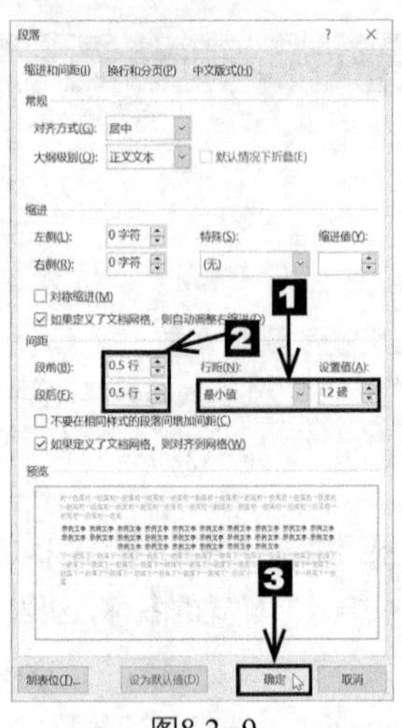

图8.2-9

❹ 返回【根据格式化创建新样式】对话框，系统默认选中了【添加到样式库】复选框，单击【确定】按钮。返回Word文档，可以看到新建样式“图”显示在了【样式】任务窗格中，选中的图片自动应用了该样式，如图8.2-10所示。

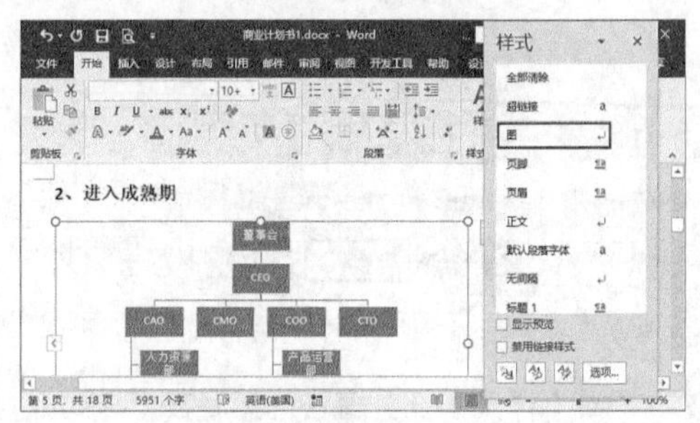

图8.2-10

8.3 课堂实训——为“企业管理制度”文档定义样式

根据8.2节学习的内容，设置“企业管理制度”文档的内置样式。

专业背景

公司的管理制度内容繁多，为了方便查看，显示层级，可以为企业人事管理制度定义样式。

实训目的

◎ 熟练掌握样式设置的方法

◎ 熟练掌握修改样式的方法

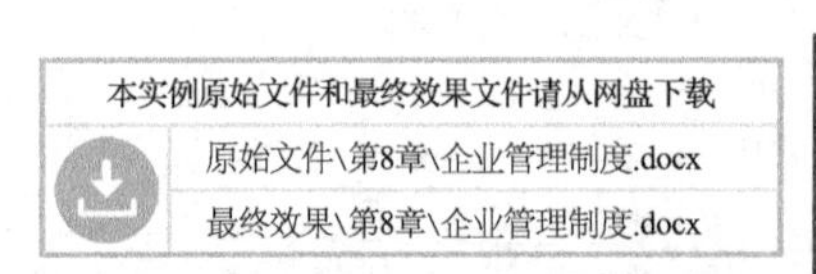

本实例原始文件和最终效果文件请从网盘下载
原始文件\第8章\企业管理制度.docx
最终效果\第8章\企业管理制度.docx

操作思路

（1）套用内置样式。

❶ 打开本实例的原始文件，选中要使用样式的“一级标题文本”（第一章 总则），切换到【开始】选项卡，单击【样式】组中的【样式】按钮，在弹出的下拉列表中选择【标题1】选项，如图8.3-1所示。

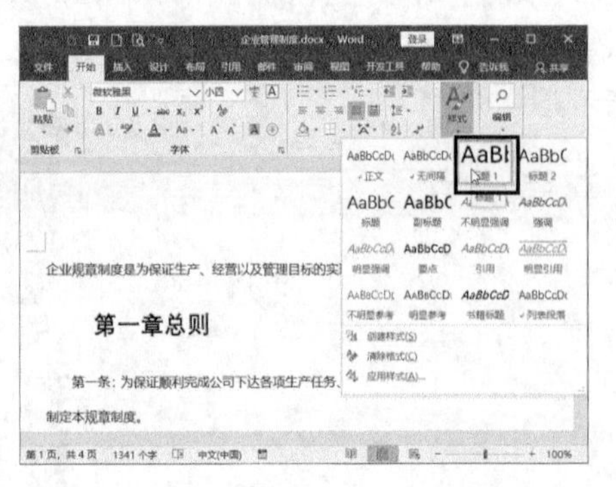

图8.3-1

❷ 返回Word文档，即可看到选中文本应用样式的效果，如图8.3-2所示。

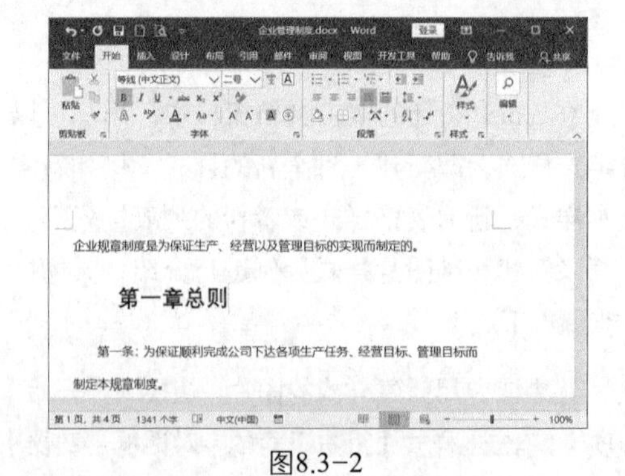

图8.3-2

（2）修改样式。

如果用户对套用的样式不满意可以修改样式，具体步骤如下。

❶ 将光标定位到应用【标题1】样式的文本中，在【样式】任务窗格中的【样式】列表中选择【标题1】选项。然后单击鼠标右键，从弹出的快捷菜单中选择【修改】选项，如图8.3-3所示。

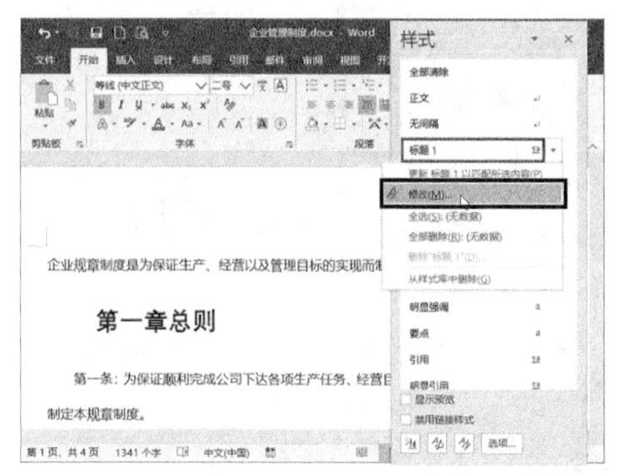

图8.3-3

❷ 弹出【修改样式】对话框，可以查看正文的样式。单击【格式】按钮，从弹出的下拉列表中选择【字体】选项，如图8.3-4所示。

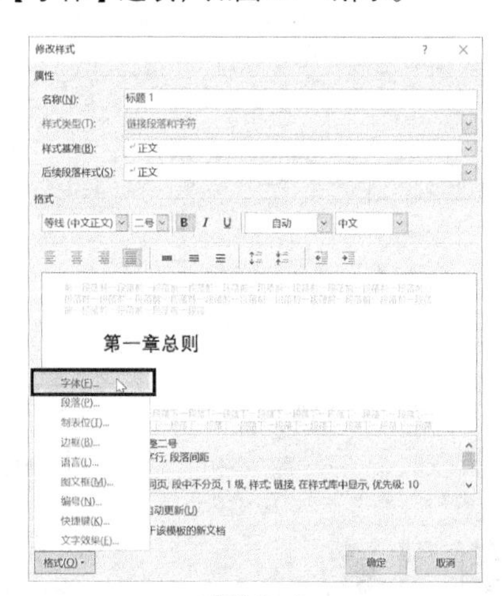

图8.3-4

❸ 弹出【字体】对话框，切换到【字体】选项卡。在【中文字体】下拉列表中选择合适的字体，这里选择【微软雅黑】选项。在【字形】下拉列表中选择合适的字形，这里选择【加粗】选项。在字号下拉列表中选择合适的字号，这里选择【三号】选项。单击【确定】按钮，如图8.3-5所示。

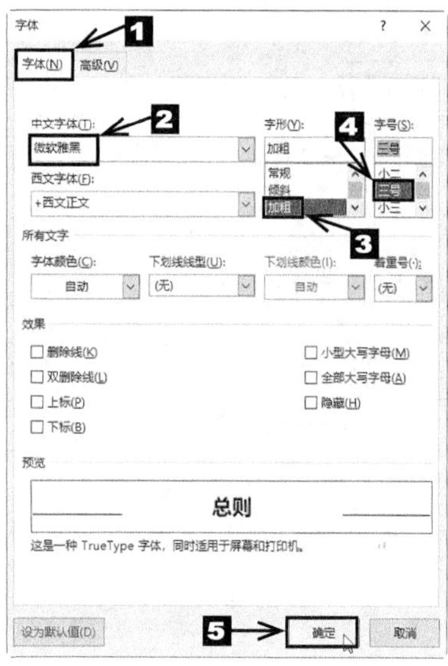

图8.3-5

❹ 返回【修改样式】对话框，单击【格式】按钮，从弹出的下拉列表中选择【段落】选项，如图8.3-6所示。

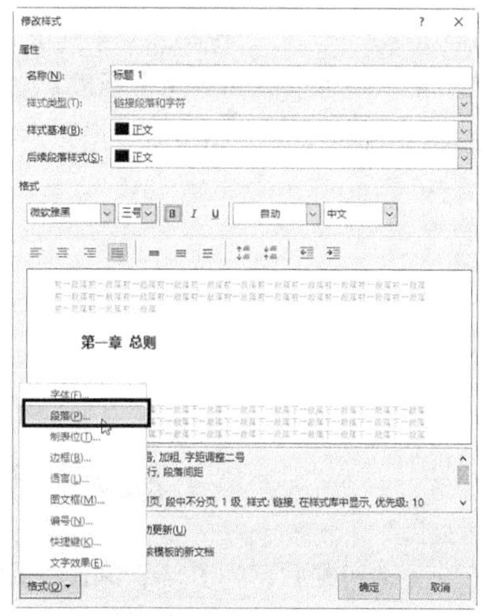

图8.3-6

❺ 弹出【段落】对话框，切换到【缩进和间距】选项卡。在【间距】选项中的【段前】和【段后】微调框中输入合适的数值，这里分别输入“12磅”和“6磅”，单击【确定】按钮，如图8.3-7所示。

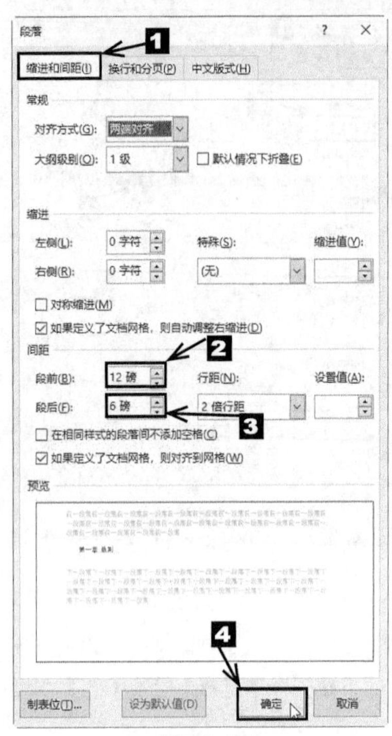

图8.3-7

❻ 返回【修改样式】对话框，单击【确定】按钮。返回Word文档，可以看到应用【标题1】样式的文本已经应用了新样式，如图8.3-8所示。

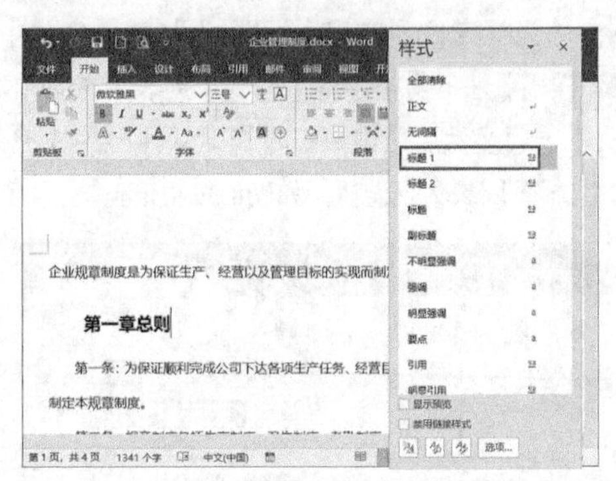

图8.3-8

❼ 将鼠标指针移动到【样式】任务窗格中的【标题1】选项上，可以查看【标题1】的样式，如图8.3-9所示。

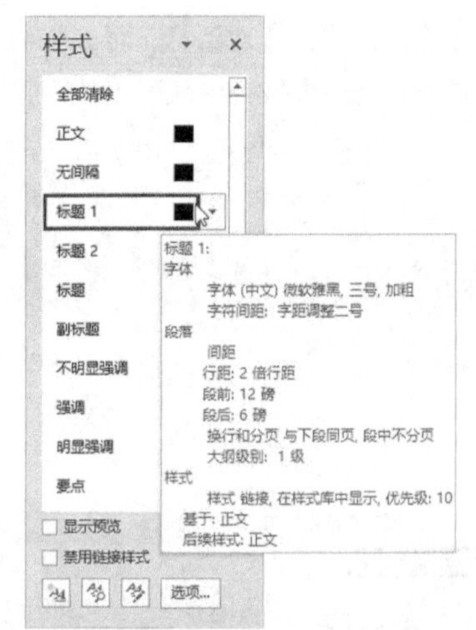

图8.3-9

8.4 插入并编辑目录

文档创建完成后，为了便于阅读，用户可以为文档添加一个目录。目录可以使文档的结构更加清晰，便于阅读者对整个文档进行定位。

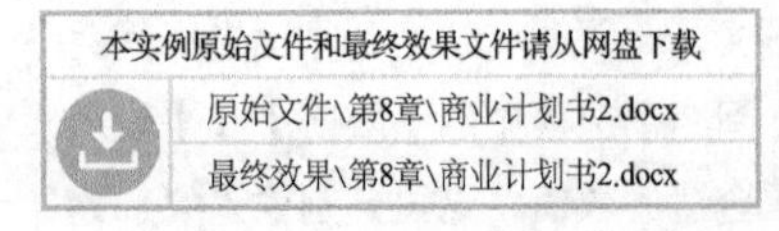

本实例原始文件和最终效果文件请从网盘下载

原始文件\第8章\商业计划书2.docx

最终效果\第8章\商业计划书2.docx

扫码看视频

8.4.1 插入目录

生成目录之前，先要根据文本的标题样式设置大纲级别，大纲级别设置完毕后即可在文档中插入目录。下面介绍为“商业计划书2.docx”文档插入目录的具体操作步骤。

1. 设置大纲级别

Word 2016是使用层次结构来组织文档的，大纲级别就是段落所处层次的级别编号。Word 2016提供的内置标题样式中的大纲级别都是默认设置的，用户可以直接生成目录。当然，用户也可以自定义大纲级别，例如分别将标题1、标题2和标题3设置成1级、2级和3级。设置大纲级别的具体步骤如下。

❶ 打开本实例的原始文件，将光标定位在一级标题的文本上。切换到【开始】选项卡，单击【样式】组右下角的【对话框启动器】按钮。弹出【样式】任务窗格，在【样式】列表框中选择【标题1】选项。然后单击鼠标右键，从弹出的快捷菜单中选择【修改】选项，如图8.4-1所示。

图8.4-1

❷ 弹出【修改样式】对话框，然后单击 格式(O) 按钮，从弹出的下拉列表中选择【段落】选项，如图8.4-2所示。

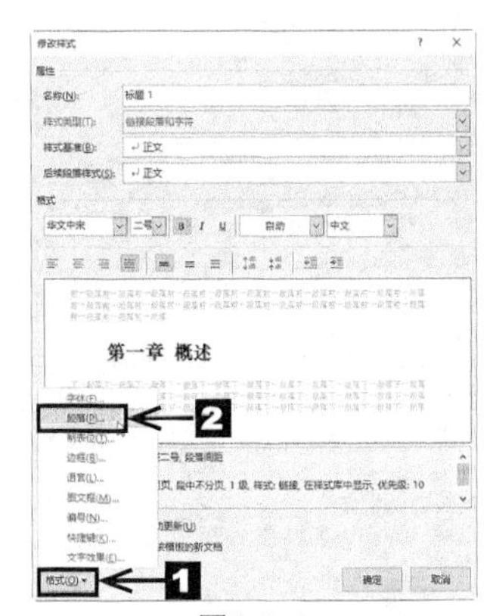

图8.4-2

❸ 弹出【段落】对话框，切换到【缩进和间距】选项卡。在【常规】组合框中的【大纲级别】下拉列表中选择【1级】选项，单击 确定 按钮，如图8.4-3所示。

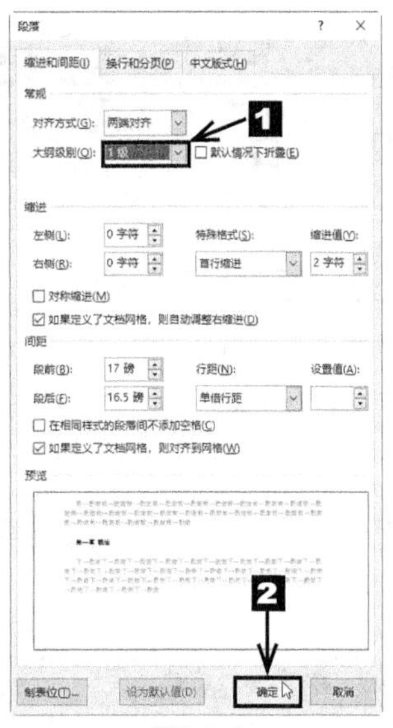

图8.4-3

❹ 返回【修改样式】对话框，再次单击 确定 按钮。返回Word文档，设置效果如图8.4-4所示。

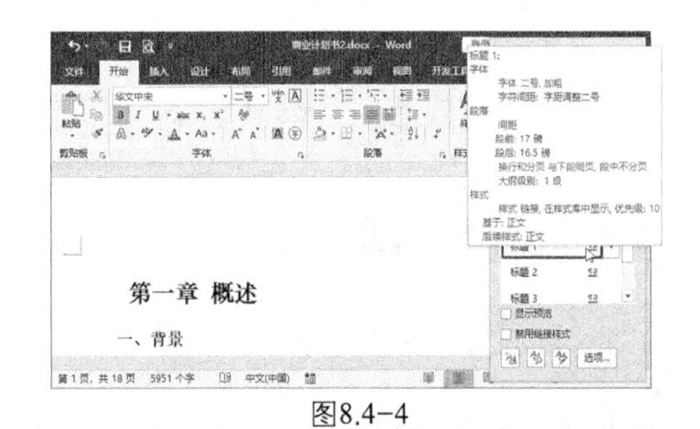

图8.4-4

❺ 使用同样的方法，将“标题2”的大纲级别设置为“2级”，将“标题3”的大纲级别设置为“3级”。

2. 生成目录

大纲级别设置完毕后，接下来就可以生成目录了。自动生成目录的具体步骤如下。

❶ 将光标定位到文档中第一行的行首，切换到【引用】选项卡。单击【目录】组中的【目录】按钮，在弹出下拉列表中选择合适的目录，这里选择【内置】中的【自动目录1】选项，如图8.4-5所示。

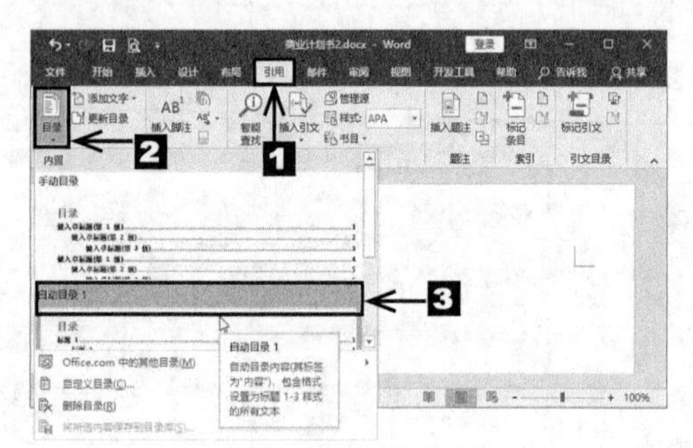

图8.4-5

❷ 返回Word文档，在光标所在位置自动生成了一个目录，如图8.4-6所示。

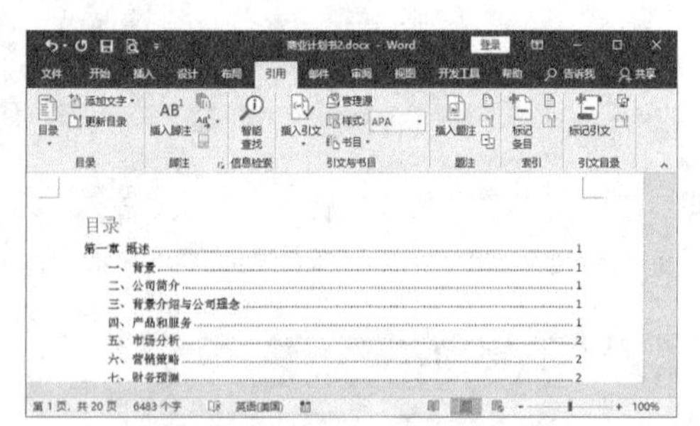

图8.4-6

8.4.2 编辑目录

1. 自定义个性化目录

如果用户对插入的目录不是很满意，还可以自定义个性化的目录。自定义个性化目录的具体步骤如下。

❶ 切换到【引用】选项卡，单击【目录】组中的【目录】按钮，从弹出的下拉列表中选择【自定义目录】选项，如图8.4-7所示。

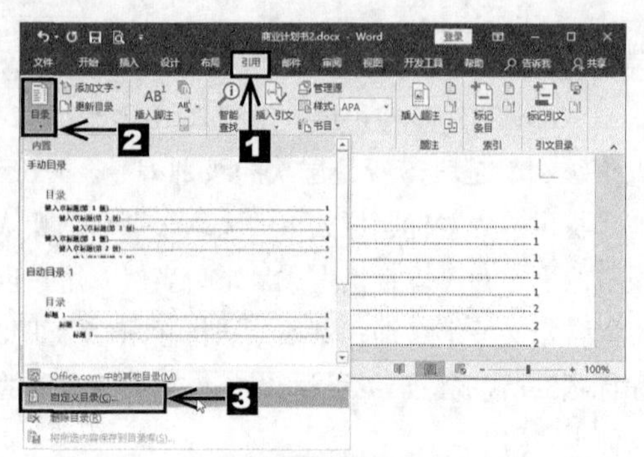

图8.4-7

❷ 弹出【目录】对话框，切换到【目录】选项卡。在【常规】组合框中的【格式】下拉列表中选择合适的格式，这里选择【来自模板】选项，单击 修改(M)... 按钮，如图8.4-8所示。

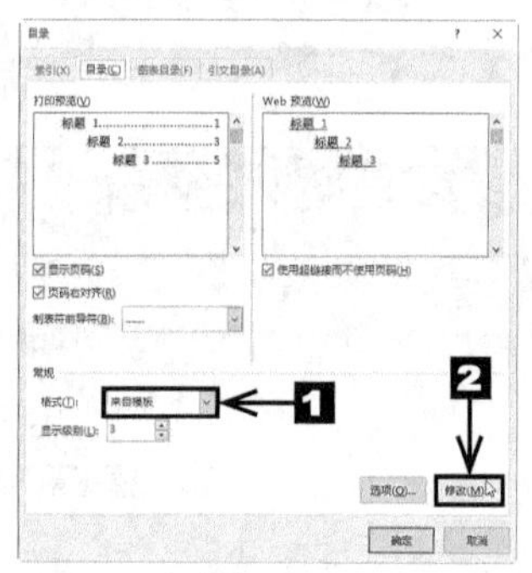

图8.4-8

❸ 弹出【样式】对话框，在【样式】下拉列表中选择合适的目录，这里选择【目录1】选项，单击 修改(M)... 按钮，如图8.4-9所示。

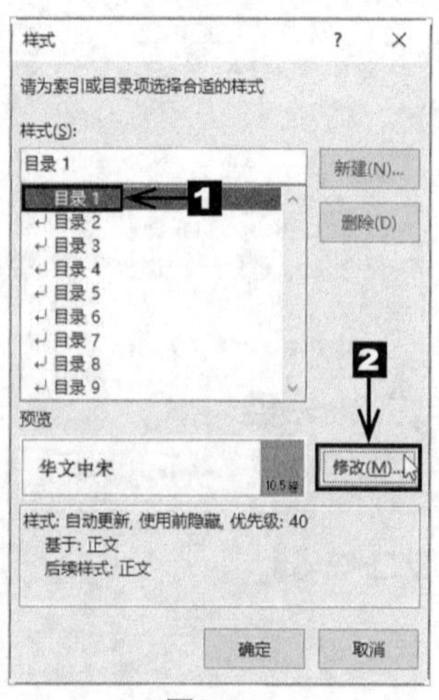

图8.4-9

❹ 弹出【修改样式】对话框，在【格式】组合框中的【字体颜色】下拉列表中选择合适的颜色，这里选择【紫色】选项。然后选择合适的格式，这里单击【加粗】按钮B。单击 确定 按钮，如图8.4-10所示。

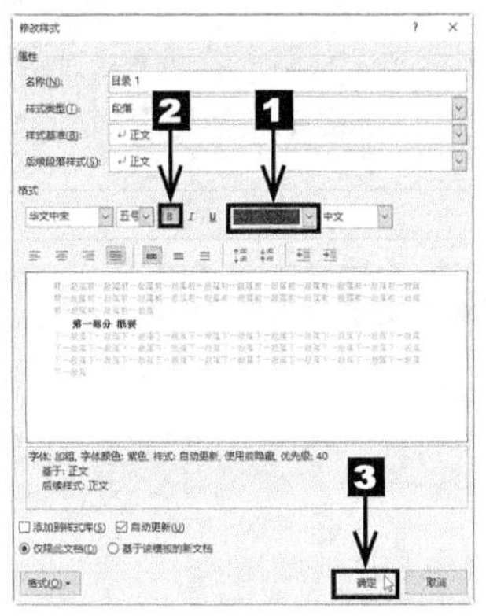

图8.4-10

❺ 返回【样式】对话框，在【预览】组合框中可以看到"目录1"的设置效果。单击 确定 按钮，返回【目录】对话框，如图8.4-11所示。

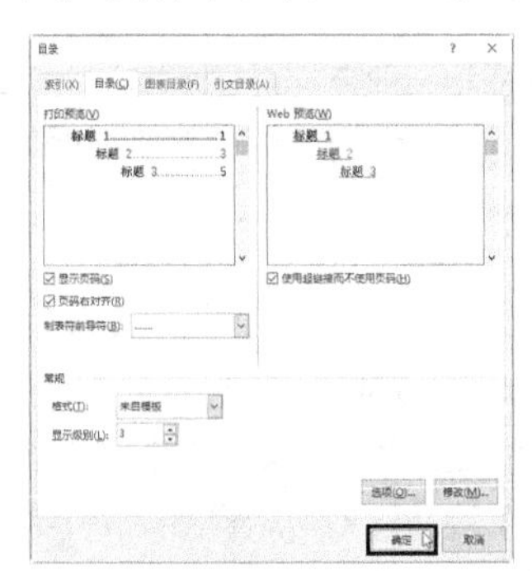

图8.4-11

❻ 弹出【Microsoft Word】提示对话框，询问用户是否要替换所选目录，单击【是】按钮如图8.4-12所示。

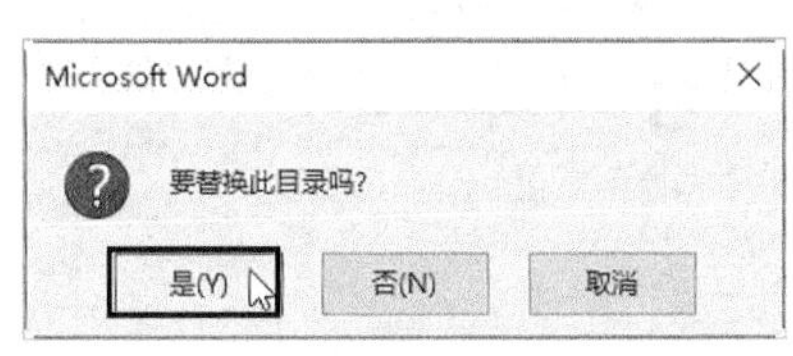

图8.4-12

❼ 返回Word文档，可以看到设置后的效果。用户还可以直接在生成的目录中对目录的字体格式和段落格式进行设置。

2. 更新目录

在编辑或修改文档的过程中，如果文档内容或格式发生了变化，则需要更新目录。更新目录的具体步骤如下。

❶ 将文档中第一个一级标题文本改为"第一章 概要"，然后切换到【引用】选项卡，单击【目录】组中的【更新目录】按钮，如图8.4-13所示。

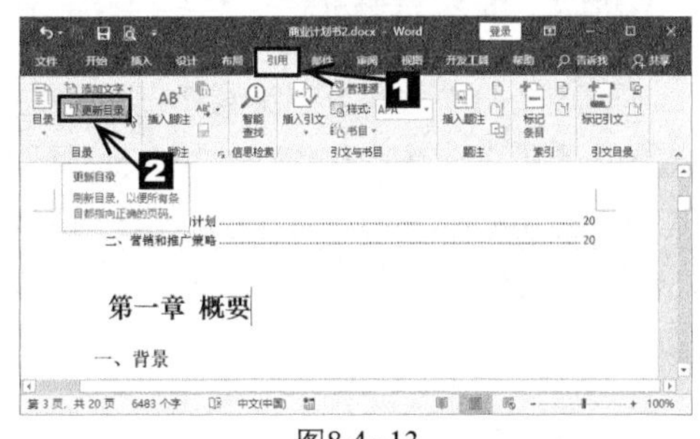

图8.4-13

❷ 弹出【更新目录】对话框，在【Word 正在更新目录，请选择下列选项之一：】组合框中选择更新的范围，这里选中【更新整个目录】单选钮，单击 确定 按钮，如图8.4-14所示。

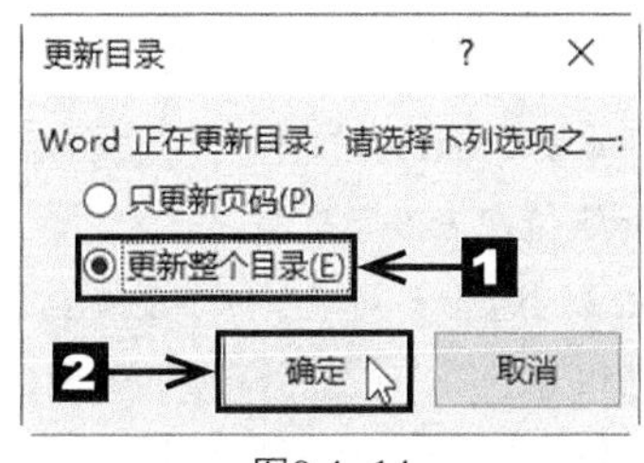

图8.4-14

❸ 返回Word文档，设置效果如图8.4-15所示。

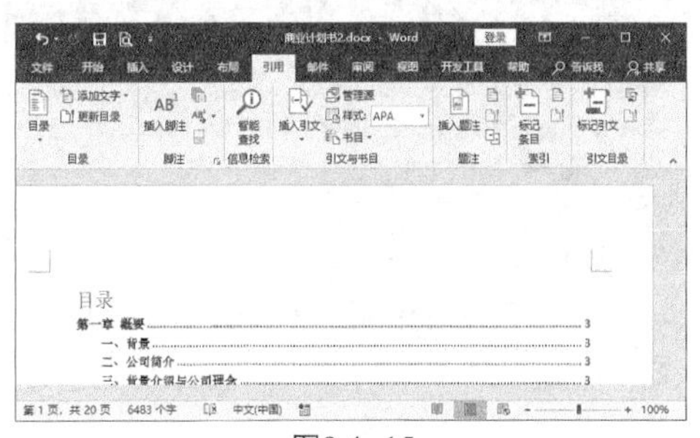

图8.4-15

8.5　插入分隔符、页眉和页脚

下面介绍在“商业计划书3.docx”文档中插入分隔符、页眉和页脚的具体操作步骤。

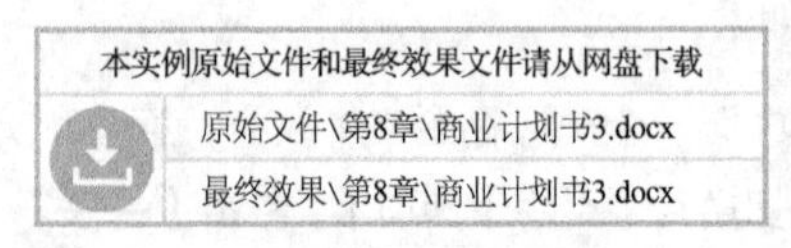

8.5.1　插入分隔符

分隔符有分节符和分页符两种。当文本或图形等内容填满一页时，Word文档会自动插入一个分页符并开始新的一页。另外，用户还可以根据需要插入分页符或分节符来进行强制分页或分节。

插入分节符

分节符是指为表示节的结尾插入的标记，它起着分隔其前后文本格式的作用。如果删除了某个分节符，它前面的文字会合并到后面的节中，并且采用后者的格式设置。在Word文档中插入分节符的具体步骤如下。

❶ 打开本实例的原始文件，将文档拖动到第3页，将光标定位在一级标题“第一章 概要”的行首。切换到【布局】选项卡，单击【页面设置】组中的【插入分页符和分节符】按钮，从弹出的下拉列表中选择【分节符】列表框中的【下一页】选项，如图8.5-1所示。

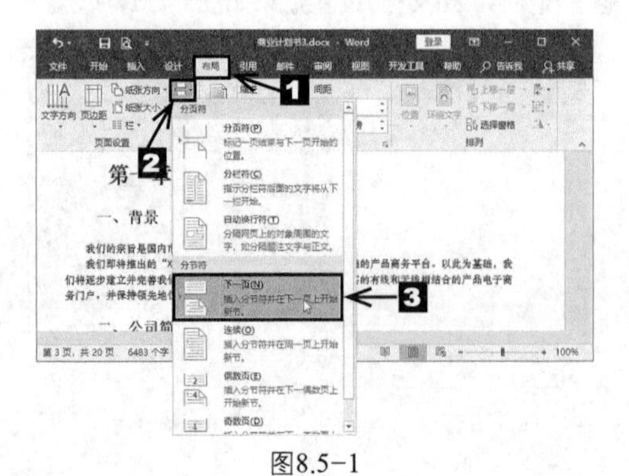

图8.5-1

❷ 这样就在文档中插入了一个分节符，光标之后的文本自动切换到了下一节。如果看不到分节符，可以切换到【开始】选项卡，然后在【段落】组中单击【显示/隐藏编辑标记】按钮，如图8.5-2所示。

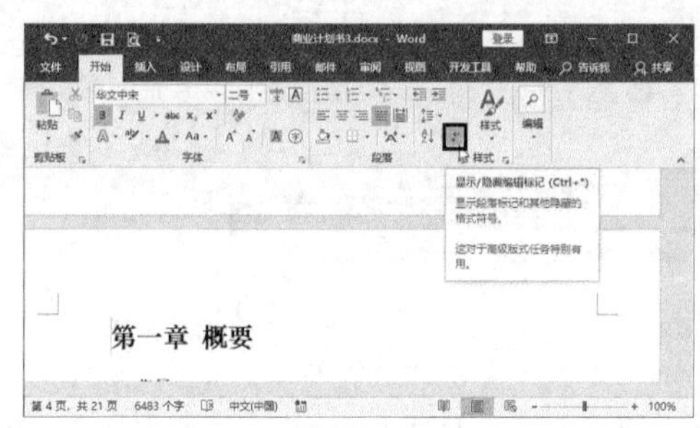

图8.5-2

插入分页符

分页符是一种符号，显示在上一页结束以及下一页开始的位置。在Word文档中插入分页符的具体步骤如下。

❶ 将文档拖动到第6页，将光标定位在一级标题“第二章 公司概述”的行首。切换到【布局】选项卡，单击【页面设置】组中的【插入分页符和分节符】按钮，从弹出的下拉列表中选择【分页符】列表框中的【分页符】选项，如图8.5-3所示。

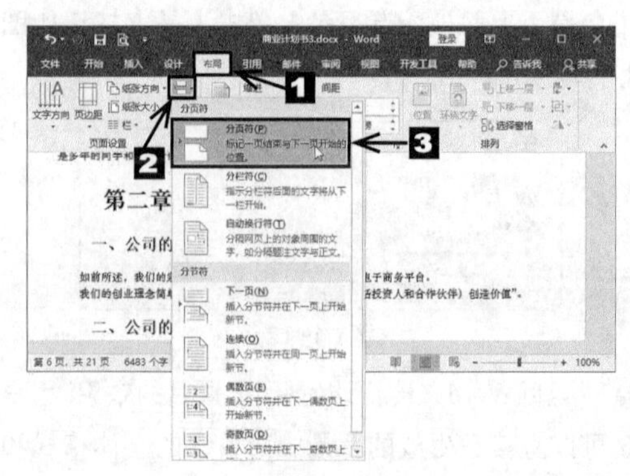

图8.5-3

❷ 此时在文档中插入了一个分页符，光标之后的文本自动切换到了下一页，如图8.5-4所示。

图8.5-4

8.5.2 插入页眉和页脚

为了使文档的整体显示效果更具专业水准，文档创建完成后，通常需要为文档添加页眉、页脚等修饰性元素。Word文档的页眉和页脚不仅支持文本内容，还可以在其中插入图片，例如在页眉和页脚中插入公司的LOGO、单位的徽标、个人的标识等。

❶ 在文档第2节中第1页的页眉或页脚处双击鼠标左键，此时页眉和页脚处于编辑状态，同时激活【页眉和页脚工具】栏，如图8.5-5所示。

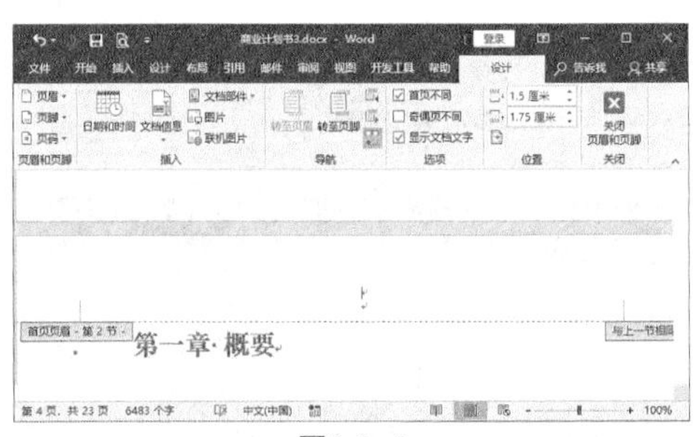

图8.5-5

❷ 切换到【页眉和页脚工具】栏中的【设计】选项卡，在【选项】组中选中【奇偶页不同】复选框，然后在【导航】组中单击【链接到前一条页眉】按钮，将其撤选，如图8.5-6所示。

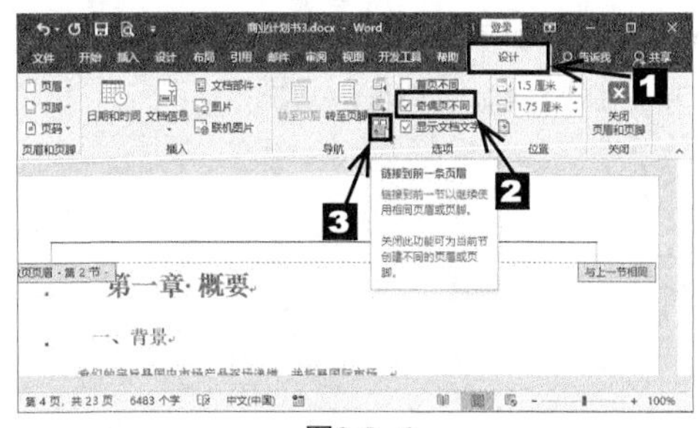

图8.5-6

❸ 在页眉中插入一个无填充、无轮廓的文本框，并输入文字，如这里输入“LOGO”。切换到【开始】选项卡，为页眉设置合适的字体、字号和颜色。这里将其字体设置为【微软雅黑】，将其字号设置为【小二】，将其颜色设置为【蓝色，个性色5，深色25%】选项。然后将页眉移动到合适的位置，如图8.5-7所示。

图8.5-7

❹ 使用同样的方法为第2节中的第2页插入页眉和页脚，如图8.5-8所示。

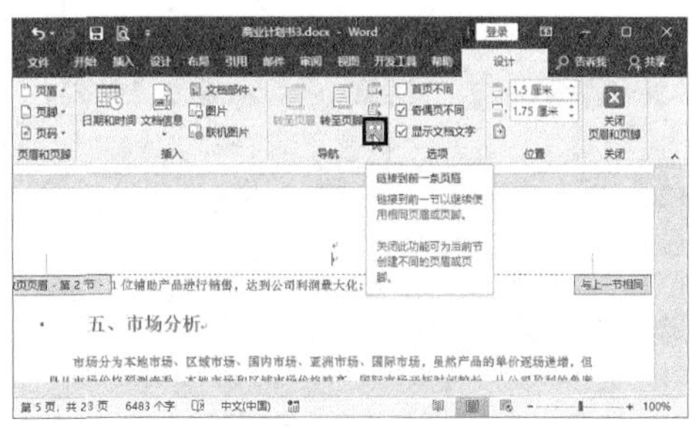

图8.5-8

❺ 设置完毕后，单击【关闭】组中的【关闭页眉和页脚】按钮，如图8.5-9所示。

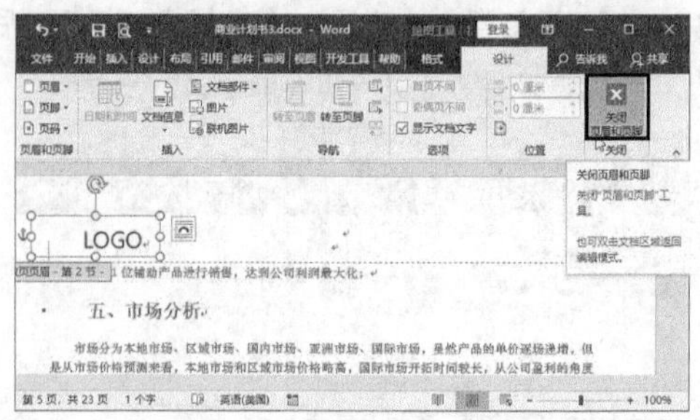

图8.5-9

8.6 课堂实训——为“企业管理制度”文档插入目录

根据8.4节学习的内容，为“企业管理制度”文档插入合适的目录。

专业背景

企业管理制度制作完成后，用户需要查找其中的某项制度的具体内容时，可以通过目录来快速查询。

实训目的

◎ 熟练掌握插入目录的方法

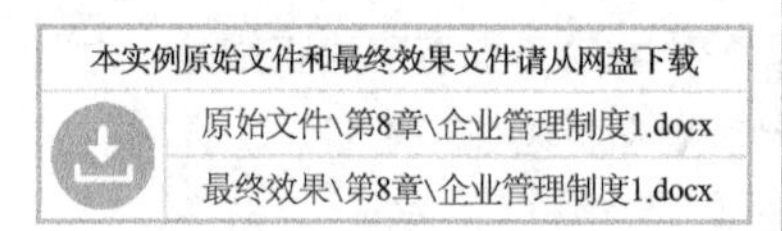

操作思路

❶ 将光标定位到文档中第一行的行首，切换到【引用】选项卡。单击【目录】组中的【目录】按钮，在弹出下拉列表中选择合适的目录选项，这里选择【内置】中的【自动目录1】选项，如图8.6-1所示。

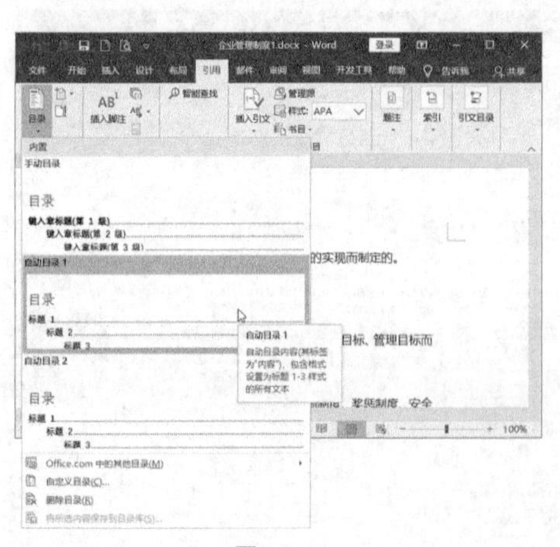

图8.6-1

❷ 返回Word文档，在光标所在位置自动生成了一个目录，如图8.6-2所示。

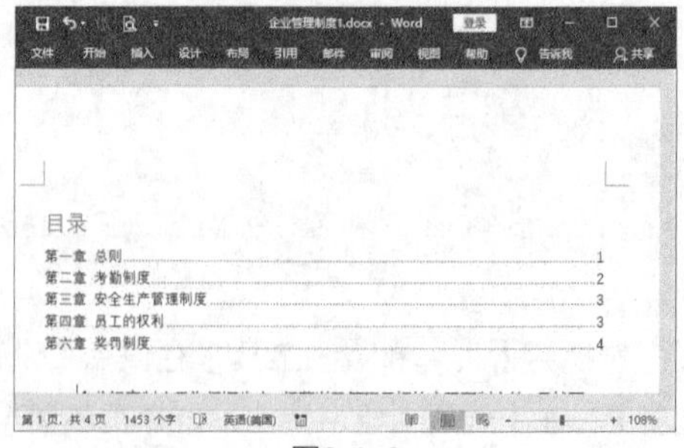

图8.6-2

8.7 常见疑难问题解析

问：在文档中怎样设置每页不同的页眉？

答：先对文档进行分节，切换到【布局】选项卡，在【页面设置】组中单击【插入分页符和分隔符】按钮，在弹出的下拉列表中选择【分节符】选项；然后切换到【插入】选项卡，在【页眉和页脚】组中单击【页眉】按钮，在弹出的下拉列表中选择合适的选项；再切换到【设计】选项卡，在【选项】组中选中【奇偶页不同】复选框即可。

8.8 课后习题

为“招标书.docx”文档设置样式并生成目录，如图8.8-1所示。

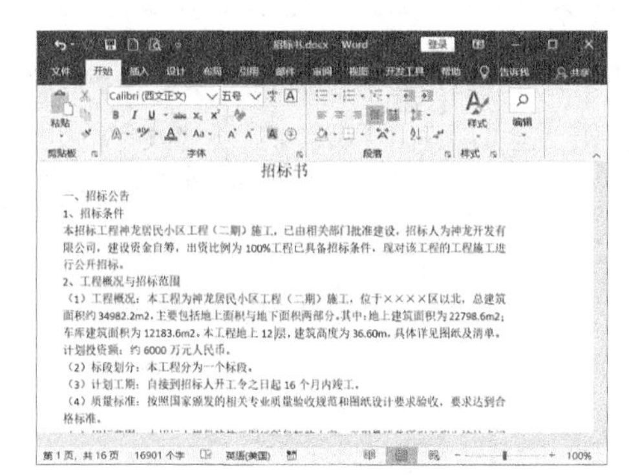

招标书

一、招标公告

1、招标条件

本招标工程神龙居民小区工程（二期）施工，已由相关部门批准建设，招标人为神龙开发有限公司，建设资金自筹，出资比例为100%工程已具备招标条件，现对该工程的工程施工进行公开招标。

2、工程概况与招标范围

（1）工程概况：本工程为神龙居民小区工程（二期）施工，位于××××区以北，总建筑面积约34982.2m2，主要包括地上面积与地下面积两部分。其中：地上建筑面积为22798.6m2；车库建筑面积为12183.6m2。本工程地上12层，建筑高度为36.60m。具体详见图纸及清单。计划投资额：约6000万元人民币。

（2）标段划分：本工程分为一个标段。

（3）计划工期：自接到招标人开工令之日起16个月内竣工。

（4）质量标准：按照国家颁发的相关专业质量验收规范和图纸设计要求验收，要求达到合格标准。

图8.8-1

第9章 Excel 2016的基本操作

本章内容简介

本章主要介绍工作簿与工作表的基本操作，编辑和美化工作表的方法等。

学完本章读者能做什么

通过对本章的学习，读者能熟练地新建并保存工作簿，对工作表进行插入、删除、隐藏、显示、移动、重命名等操作，还可以为工作表设置字体格式、添加批注等。

学习目标

- 工作簿与工作表的基本操作
- 编辑和美化工作表

9.1 工作簿与工作表的基本操作

工作簿与工作表的基本操作包括新建和保存工作簿、插入或删除工作表、隐藏或显示工作表、移动或复制工作表、重命名工作表、设置工作表标签颜色、保护工作表等。

9.1.1 新建和保存工作簿

工作簿是指用来存储并处理工作数据的文件，它是Excel工作区中一个或多个工作表的集合。

下面介绍新建并保存“人力资源.xlsx”工作簿的具体操作步骤。

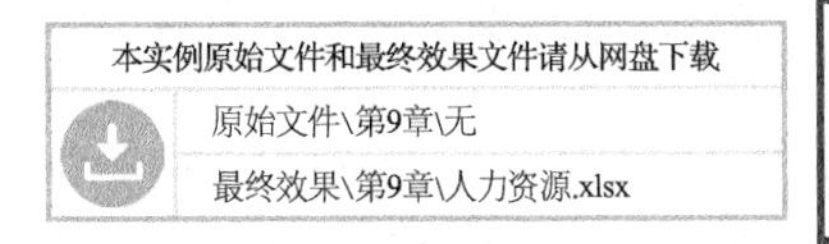

1. 新建工作簿

用户既可以新建一个空白工作簿，也可以创建一个基于模板的工作簿。

（1）新建空白工作簿。

❶ 启动Excel 2016程序后，在开始界面单击【空白工作簿】选项，即可创建一个名为“工作簿1”的空白工作簿，如图9.1-1所示。

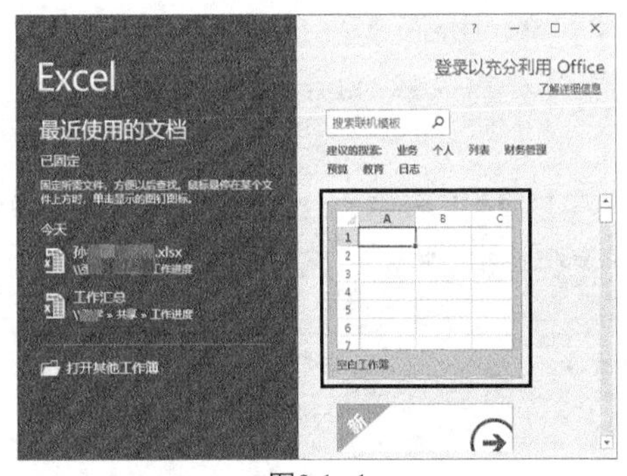

图9.1-1

❷ 单击 文件 按钮，从弹出的界面中选择【新建】选项，打开新建界面，在列表框中选择【空白工作簿】选项，也可以新建一个空白工作簿，如图9.1-2所示。

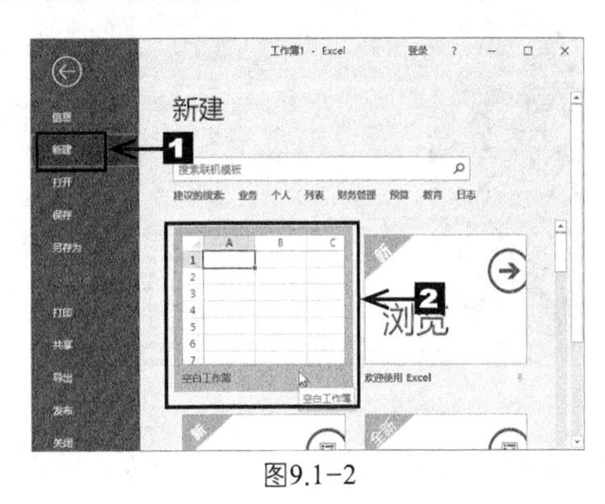

图9.1-2

（2）新建基于模板的工作簿。

Excel 2016为用户提供了多种类型的模板样式，可满足大多数用户的需求。打开Excel 2016程序后，可以看到预算、日历、清单和发票等模板。

用户可以根据需要选择模板样式并创建基于所选模板的工作簿。创建基于模板的工作簿的具体步骤如下。

❶ 单击 文件 按钮，从弹出的界面中选择【新建】选项，打开新建界面，在列表框中选择一个合适的模板，如这里选择【员工考勤时间表】选项，如图9.1-3所示。

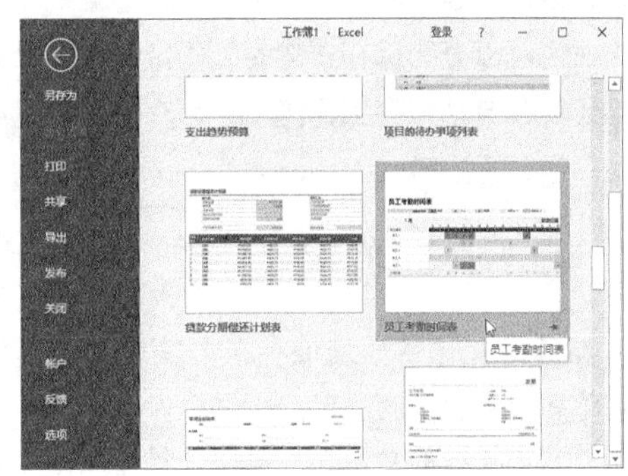

图9.1-3

❷ 弹出介绍此模板的界面，单击【创建】按钮，如图9.1–4所示。

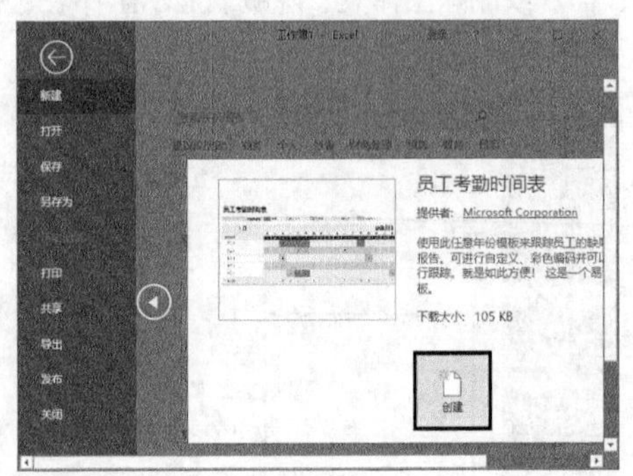

图9.1–4

❸ 这样可以下载选择的模板，模板效果如图9.1–5所示。

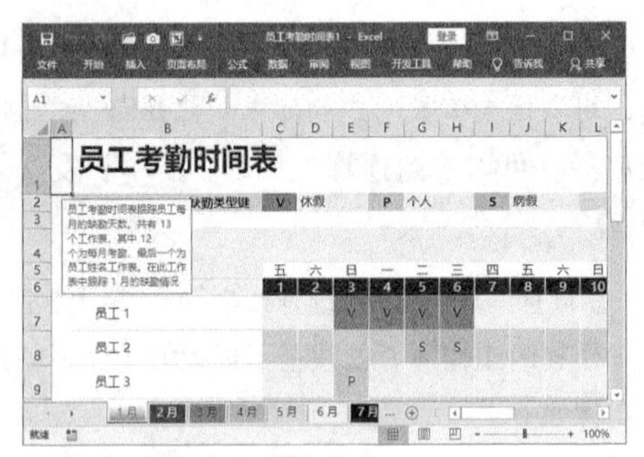

图9.1–5

2. 保存工作簿

创建或编辑好工作簿后，需要对工作簿进行保存，以便将最新的修改结果储存到电脑中。保存工作簿可以分为保存新建的工作簿、保存已有的工作簿和自动保存工作簿（即另存为、保存和自动保存）3种情况。

（1）保存新建的工作簿。

新建的工作簿尚未保存在电脑中，工作簿的名称和位置也没有确定。所以，保存新建的工作簿，其实执行的是另存为操作，具体操作步骤如下。

❶ 新建一个空白工作簿后，单击【文件】按钮，在弹出的界面中选择【另存为】选项，打开另存为界面，单击【浏览】按钮，如图9.1–6所示。

图9.1–6

❷ 弹出【另存为】对话框，选择合适的保存位置。在【文件名】文本框中输入文件名，这里输入“人力资源”。单击【保存】按钮，如图9.1–7所示。

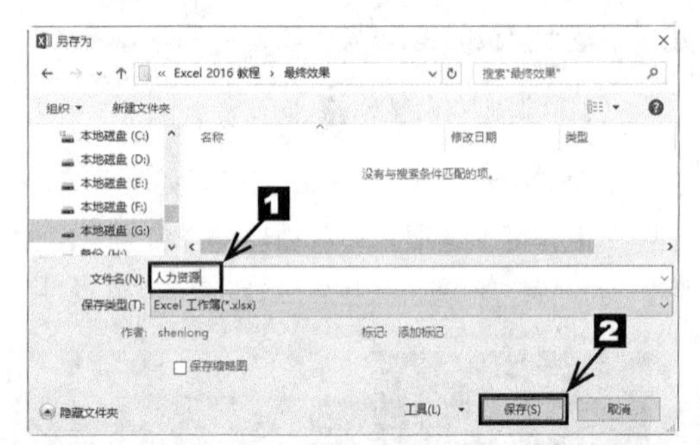

图9.1–7

❸ 可以看到已经将空白工作簿以“人力资源”的名称保存在指定位置了，如图9.1–8所示。

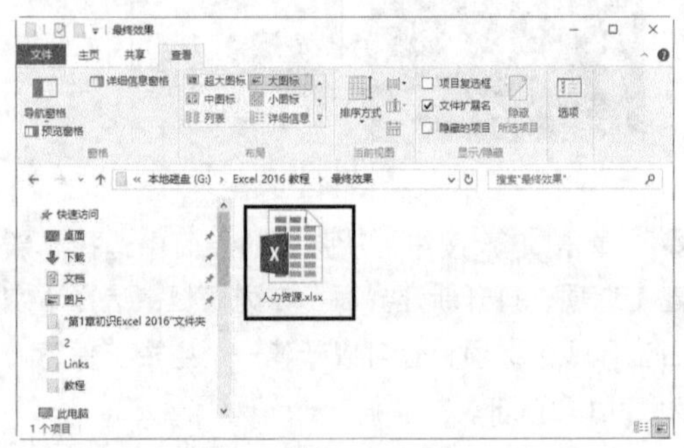

图9.1–8

（2）保存已有的工作簿。

如果用户对已有的工作簿进行了编辑操作，也需要进行保存操作。对于已存在的工作簿，用户既可以将其保存在原来的位置，也可以将其保存在其他位置。

如果用户对工作簿编辑完成后，需要将其保存在原来位置，可以单击【文件】按钮，在弹出的界面中单击【保存】选项，如图 9.1-9 所示。

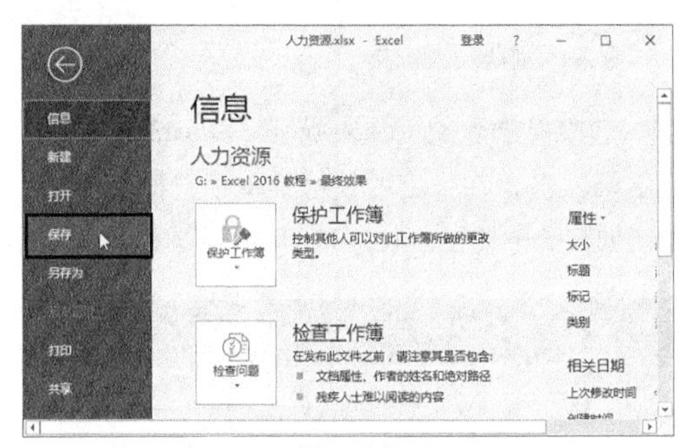

图9.1-9

（3）自动保存工作簿。

使用Excel 2016提供的自动保存功能，可以在断电或死机的情况下最大限度地减小损失。设置自动保存的具体步骤 如下。

❶ 单击 文件 按钮，从弹出的界面中单击【选项】命令，如图9.1-10所示。

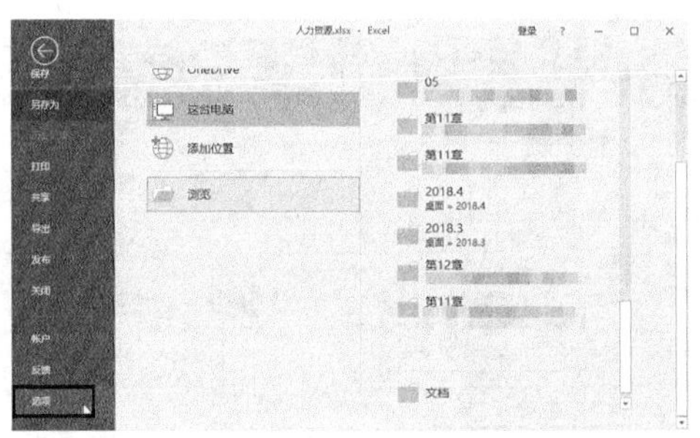

图9.1-10

❷ 弹出【Excel 选项】对话框，切换到【保存】选项卡，在【保存工作簿】组合框中的【将文件保存为此格式】下拉列表中选择【Excel工作簿】选项，然后选中【保存自动回复信息时间间隔】复选框，并在其右侧的微调框中设置合适的时间，这里设置为“5分钟”。设置完毕后单击【确定】按钮，如图9.1-11所示。以后系统就会每隔5分钟自动将该工作簿保存一次。

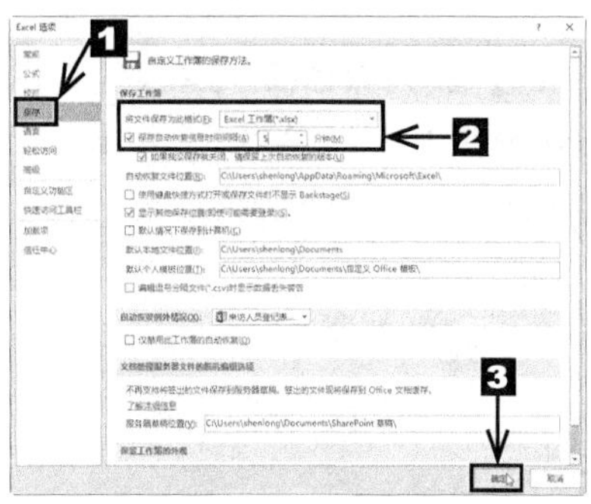

图9.1-11

9.1.2 插入和删除工作表

工作表是工作簿的组成部分，Excel 2016中默认每个新工作簿中包含1个工作表“Sheet1”。用户可以根据需要插入或删除工作表。下面介绍在“人力资源1.xlsx”工作簿中插入或删除工作表的具体操作步骤。

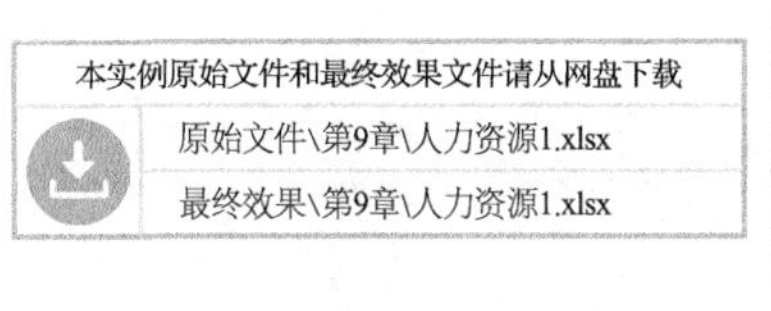

本实例原始文件和最终效果文件请从网盘下载

原始文件\第9章\人力资源1.xlsx

最终效果\第9章\人力资源1.xlsx

扫码看视频

1. 插入工作表

在工作簿中插入工作表的具体步骤如下。

❶ 打开本实例的原始文件，在工作表标签“Sheet1”上单击鼠标右键，然后从弹出的快捷菜单中选择【插入】选项，如图9.1-12所示。

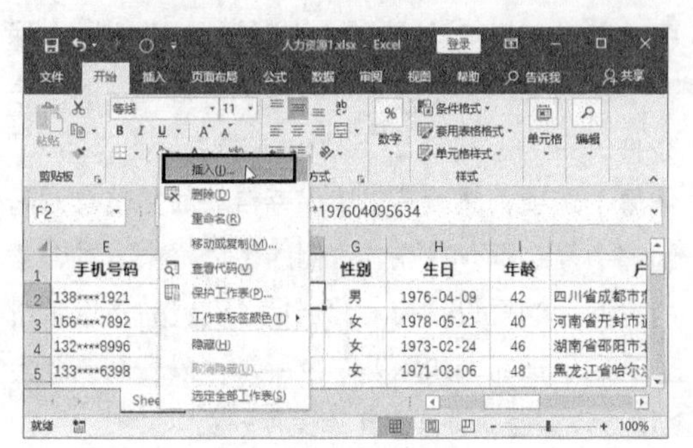

图9.1-12

❷ 弹出【插入】对话框，切换到【常用】选项卡，然后选择【工作表】选项，单击【确定】按钮，如图9.1-13所示。

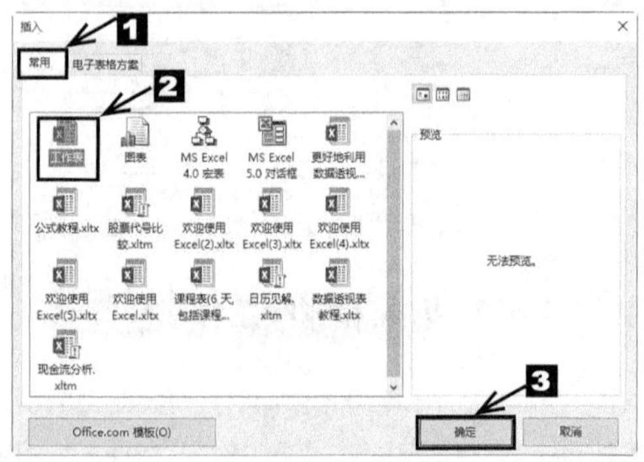

图9.1-13

❸ 这样可以在当前工作表“Sheet1”的左侧插入一个新的工作表“Sheet2”，如图9.1-14所示。

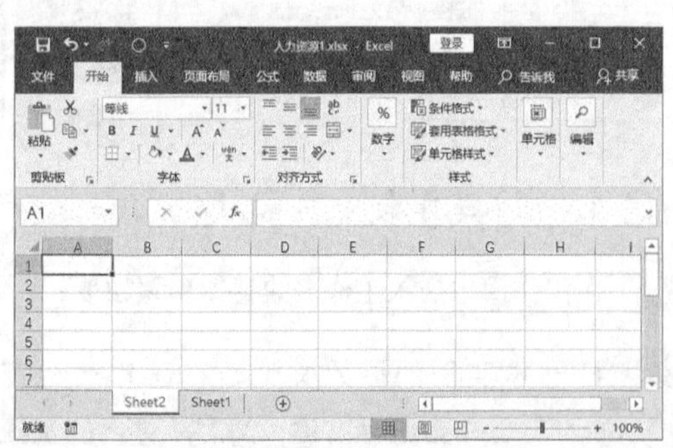

图9.1-14

❹ 除此之外，用户还可以在工作表列表区的右侧单击【插入工作表】按钮⊕，这样即可在当前活动工作表的右侧插入新的工作表，如图9.1-15所示。

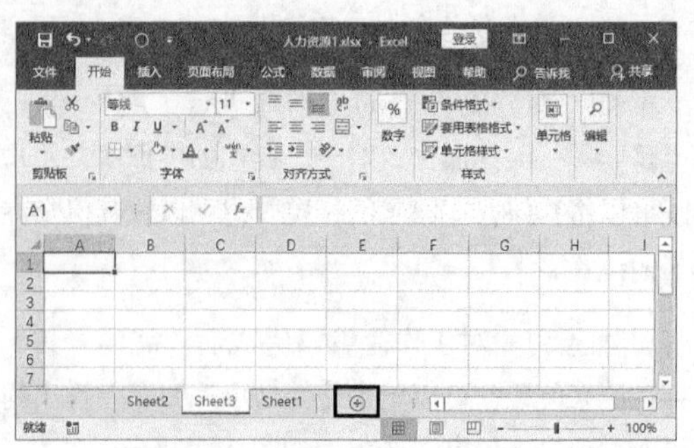

图9.1-15

2. 删除工作表

❶ 选中要删除的工作表标签“Sheet3”，然后单击鼠标右键，在弹出的快捷菜单中选择【删除】选项即可，如图9.1-16所示。

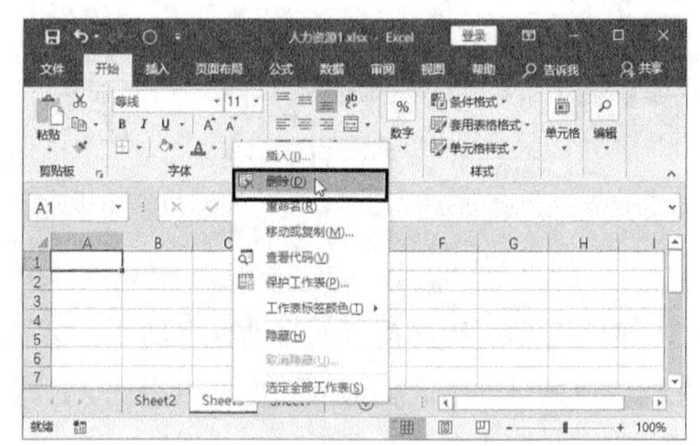

图9.1-16

❷ 可以看到已经将工作表“Sheet3”删除了，如图9.1-17所示。

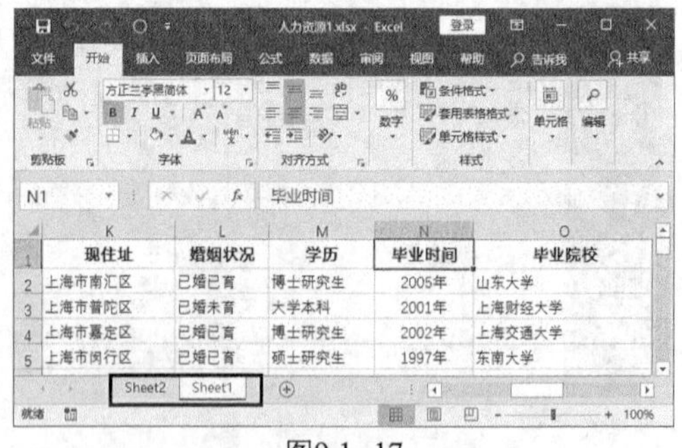

图9.1-17

9.1.3 隐藏和显示工作表

为了防止别人查看工作表中的数据，用户可以将工作表隐藏起来，当需要时再将其显示出来。下面介绍隐藏或显示“人力资源2.xlsx”工作簿中的工作表的具体操作步骤。

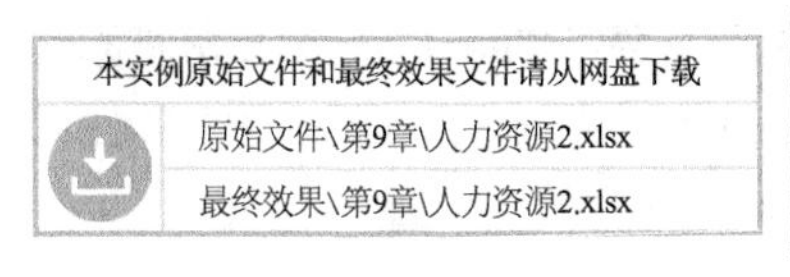

扫码看视频

1. 隐藏工作表

隐藏工作表的具体步骤如下。

❶ 打开本实例的原始文件，选中要隐藏的工作表标签“Sheet1”。单击鼠标右键，在弹出的快捷菜单中选择【隐藏】选项，如图9.1-18所示。

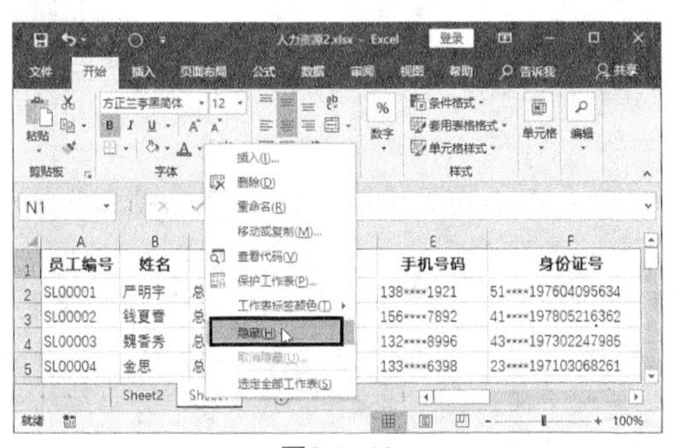

图9.1-18

❷ 可以看到工作表“Sheet1”被隐藏起来了，如图9.1-19所示。

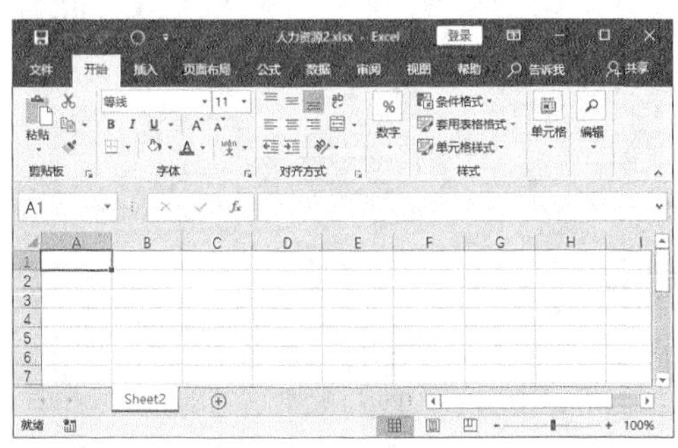

图9.1-19

2. 显示工作表

当用户想查看某个被隐藏的工作表时，首先需要将它显示出来，具体的操作步骤如下。

❶ 在任意一个工作表标签上单击鼠标右键，在弹出的快捷菜单中选择【取消隐藏】选项，如图9.1-20所示。

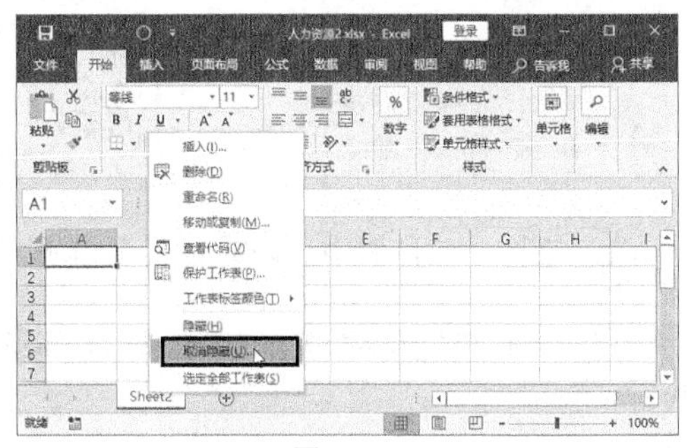

图9.1-20

❷ 弹出【取消隐藏】对话框，在【取消隐藏工作表】列表框中选择要取消隐藏的工作表“Sheet1”，然后单击【确定】按钮，如图9.1-21所示。

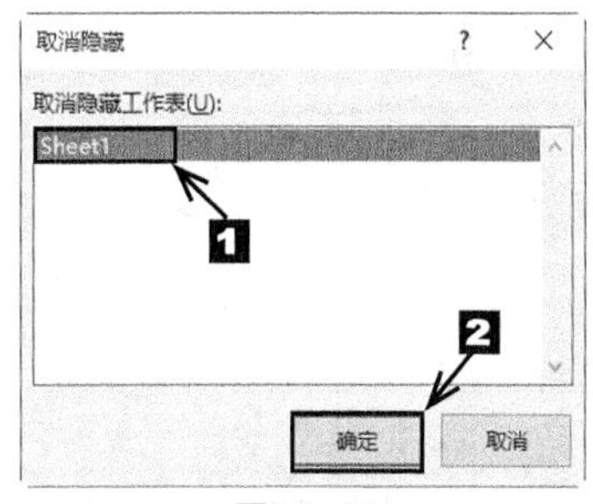

图9.1-21

❸ 这样可以将隐藏的工作表“Sheet1”显示出来，如图9.1-22所示。

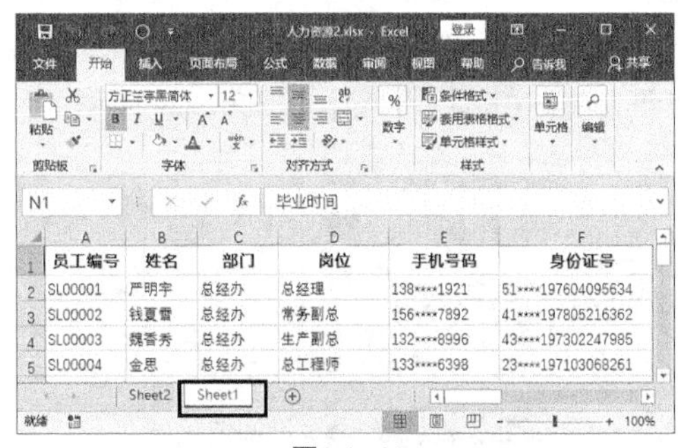

图9.1-22

9.1.4 移动或复制工作表

移动或复制工作表是日常办公中常用的操作。用户既可以在同一工作簿中移动或复制工作表，也可以在不同工作簿中移动或复制工作表。

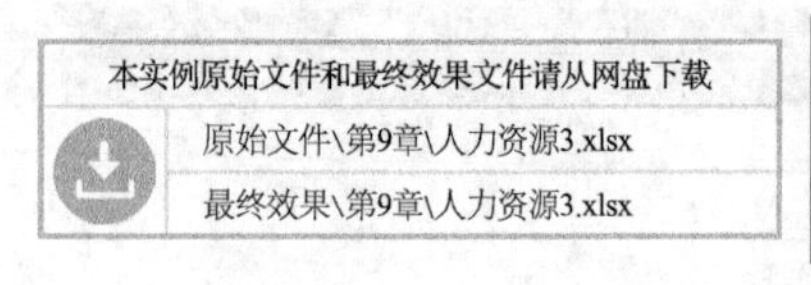

1. 在同一工作簿中移动或复制工作表

在同一工作簿中移动或复制工作表的具体步骤如下。

❶ 打开本实例的原始文件，在工作表标签“Sheet1”上单击鼠标右键，在弹出的快捷菜单中选择【移动或复制】选项，如图9.1-23所示。

图9.1-23

❷ 弹出【移动或复制工作表】对话框，在【将选定工作表移至工作簿】下拉列表中默认选择当前工作簿【人力资源3.xlsx】选项。在【下列选定工作表之前】列表框中选择合适的位置，这里选择【移至最后】选项，然后选中【建立副本】复选框，单击【确定】按钮，如图9.1-24所示。

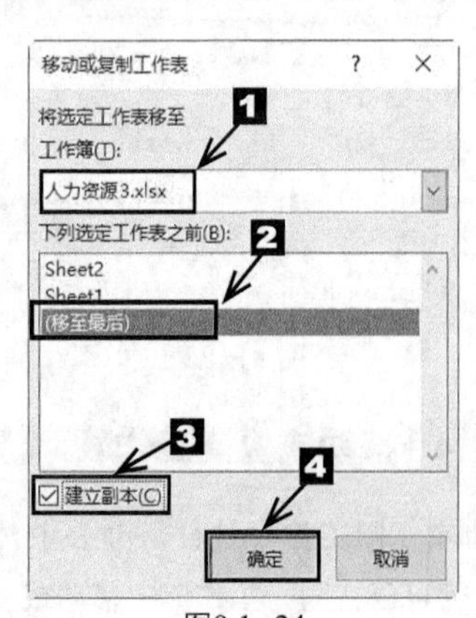

图9.1-24

❸ 可以看到工作表“Sheet1”就被复制到了最后，并建立了副本“Sheet1（2）”，如图9.1-25所示。

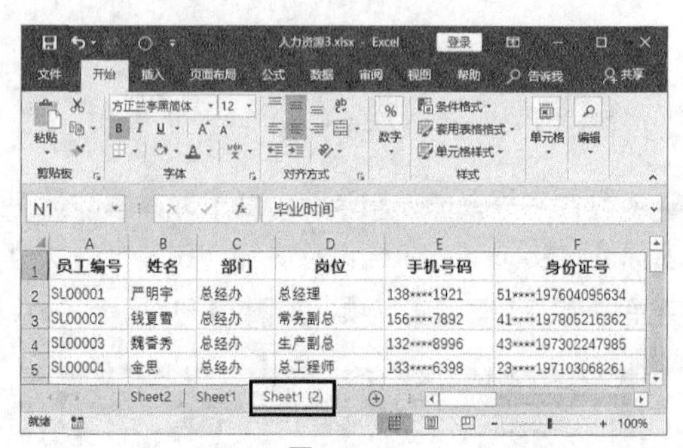

图9.1-25

2. 在不同工作簿中移动或复制工作表

❶ 打开“员工信息管理”和“人力资源3”工作簿，在“人力资源3”工作簿的“Sheet1（2）”工作表标签上单击鼠标右键，在弹出的快捷菜单中选择【移动或复制】选项，如图9.1-26所示。

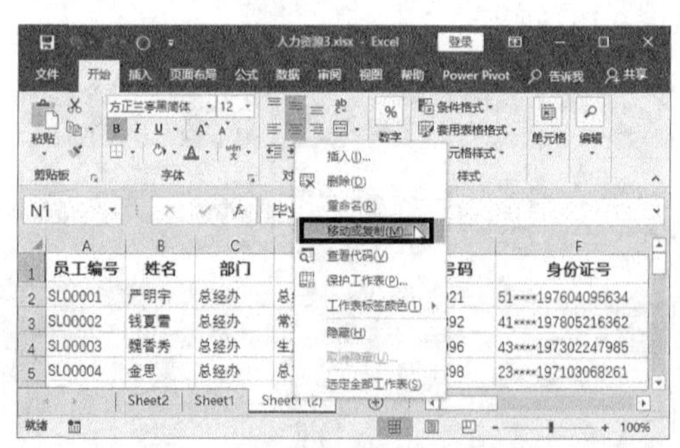

图9.1-26

❷ 弹出【移动或复制工作表】对话框，在【将选定工作表移至工作簿】下拉列表中选择【员工信息管理.xlsx】选项，在【下列选定工作表之前】列表框中选择【员工资料表】选项，单击【确定】按钮，如图9.1-27所示。

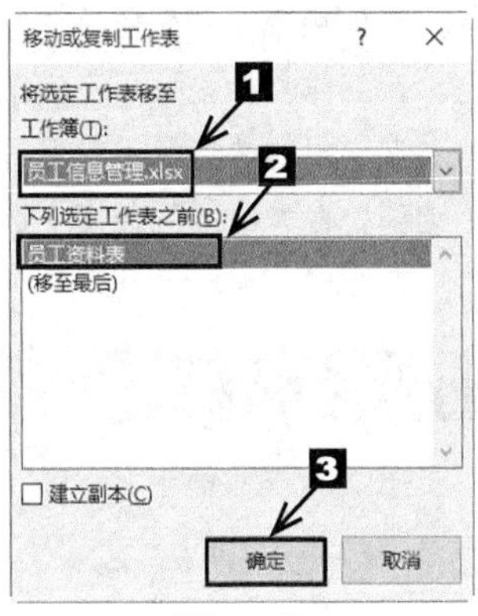

图9.1-27

❸ 可以看到工作簿“人力资源3”中的工作表“Sheet1（2）”就被移动到了工作簿“员工信息管理”中的工作表“员工资料表”之前，如图9.1-28所示。

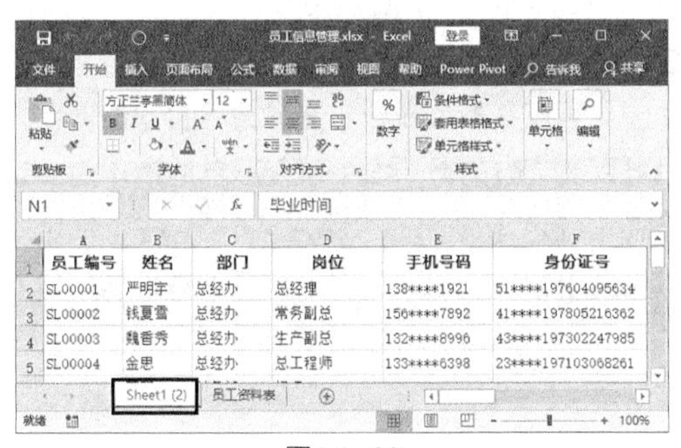

图9.1-28

9.1.5 重命名工作表

在默认情况下，工作簿中的工作表名称为“Sheet1”“Sheet2”等。在日常办公中，用户可以根据实际需要重命名工作表。下面介绍重命名“人力资源4.xlsx”工作簿中的工作表的具体操作步骤。

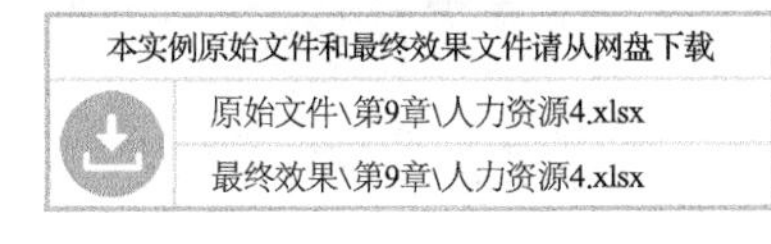

❶ 打开本实例的原始文件，选中要重命名的工作表标签“Sheet1”，然后单击鼠标右键，在弹出的快捷菜单中选择【重命名】选项，如图9.1-29所示。

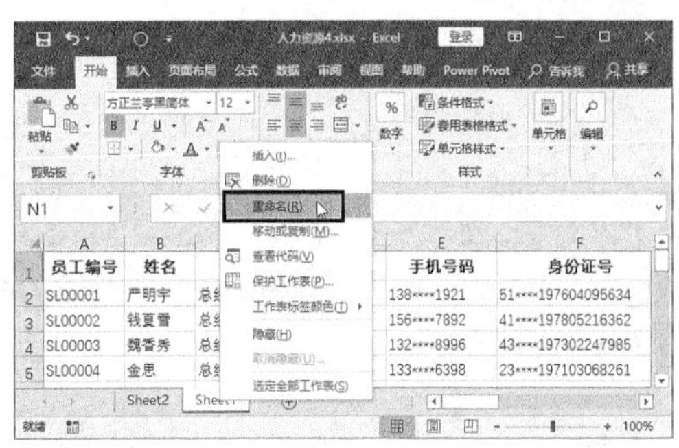

图9.1-29

❷ 可以看到工作表标签“Sheet1”处于可编辑状态，如图9.1-30所示。

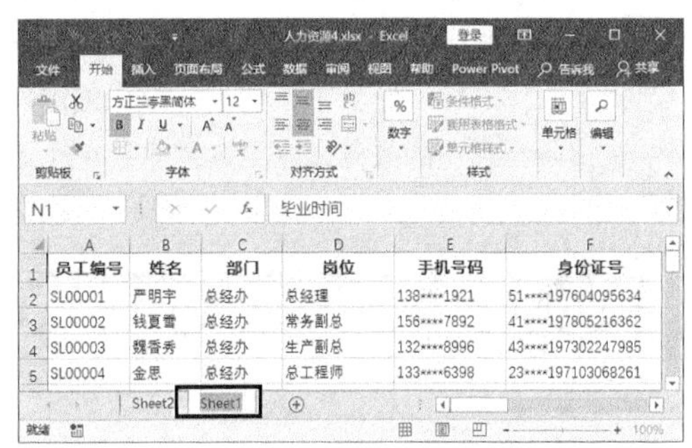

图9.1-30

❸ 输入合适的工作表名称，这里输入“员工信息表”，按【Enter】键，设置效果如图9.1-31所示。

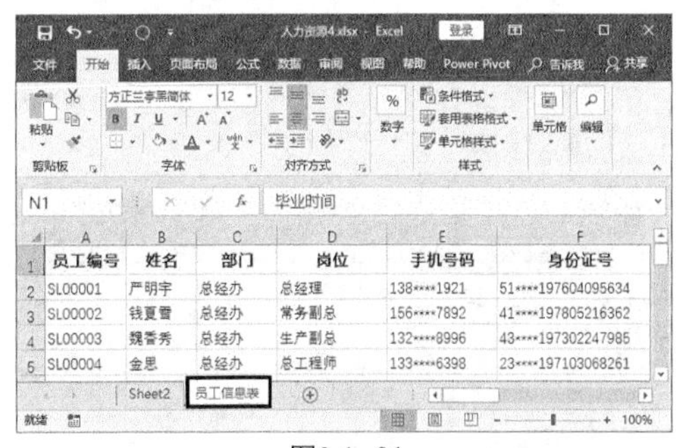

图9.1-31

❹ 另外，用户还可以通过在工作表标签上双击鼠标左键，快速地重命名工作表。

9.1.6 设置工作表标签颜色

当一个工作簿中有多个工作表时，为了方便区分出重要的工作表，用户可以将工作簿中的重点工作表标签颜色设置成特殊的颜色。下面介绍设置“人力资源5.xlsx”工作簿中的工作表标签颜色的具体操作步骤。

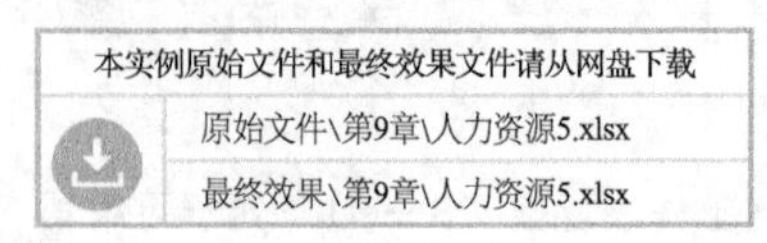

❶ 打开本实例的原始文件，在工作表标签“员工信息表”上单击鼠标右键。在弹出的快捷菜单中选择【工作表标签颜色】选项，在弹出的颜色库中选择自己喜欢的颜色，这里选择【红色】选项，如图9.1-32所示。

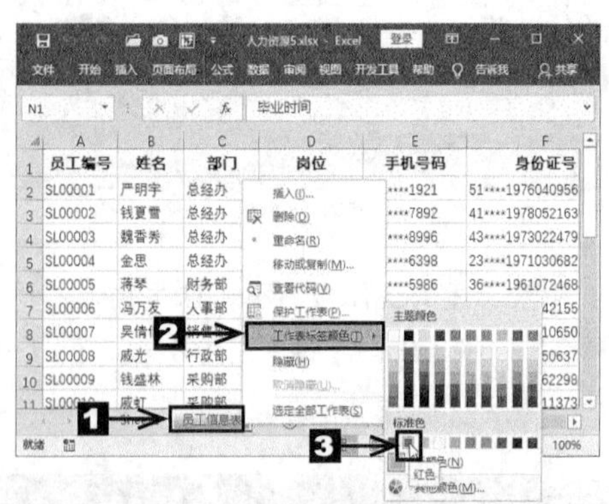

图9.1-32

❷ 设置效果如图9.1-33所示。

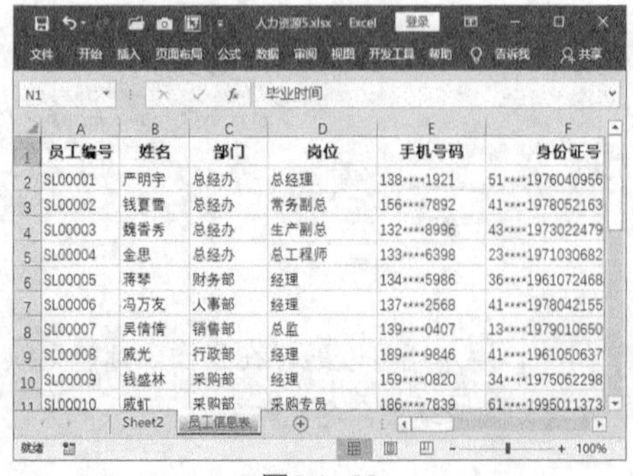

图9.1-33

❸ 如果用户对颜色库中的颜色不满意，还可以自定义颜色。在工作表标签“员工信息表”上单击鼠标右键，在弹出的快捷菜单中选择【工作表标签颜色】选项，在弹出的颜色库中选择【其他颜色】选项，如图9.1-34所示。

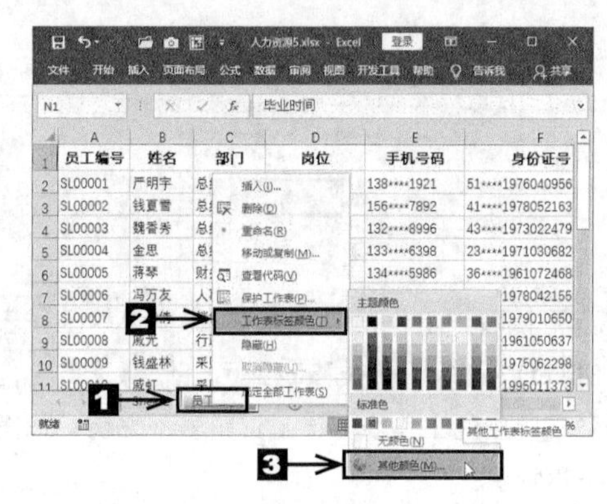

图9.1-34

❹ 弹出【颜色】对话框，切换到【自定义】选项卡。可以在颜色面板中选择自己喜欢的颜色，也可以在下方的微调框中调整颜色的RGB值。这里在【红色】微调框中输入“61”，在【绿色】微调框中输入“237”，在【蓝色】微调框中输入“19”。设置完毕后单击【确定】按钮，如图9.1-35所示。

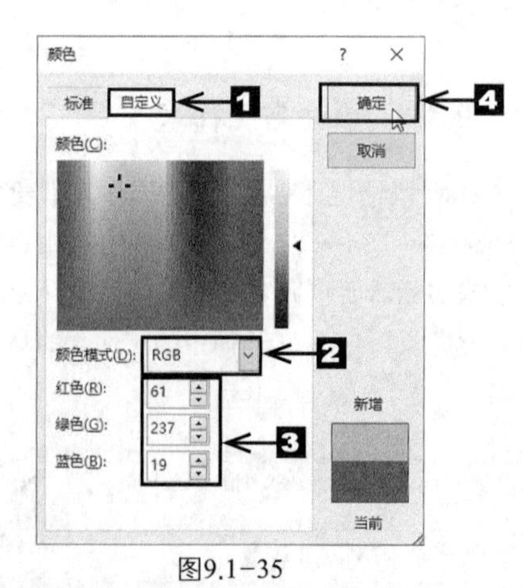

图9.1-35

❺ 最终设置效果如图9.1-36所示。

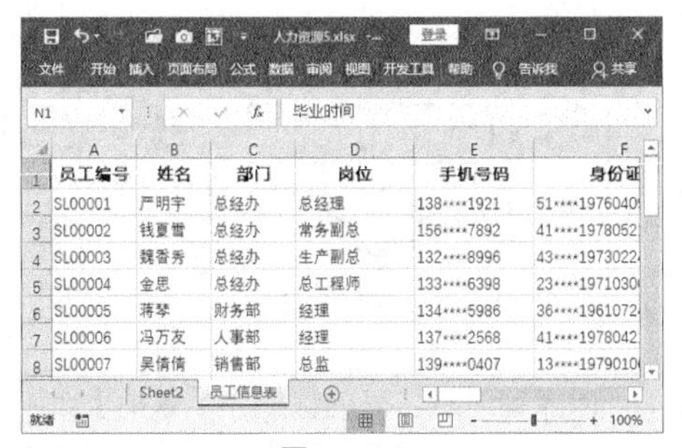

图9.1-36

9.1.7 保护工作表

为了防止他人随意更改工作表，用户可以对工作表设置保护。下面介绍保护“人力资源6.xlsx”工作簿中的工作表的具体操作步骤。

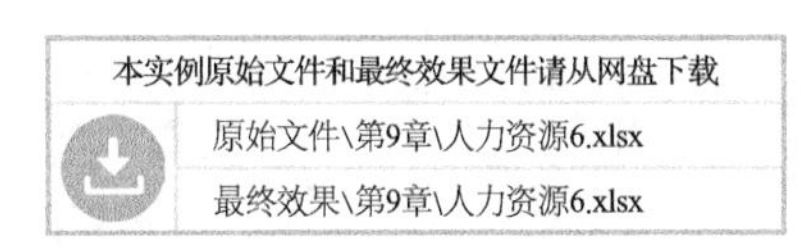

1. 设置保护工作表

设置保护工作表的具体设置步骤如下。

❶ 打开本实例的原始文件，选择工作表“员工信息表”。切换到【审阅】选项卡，单击【保护】组中的【保护工作表】按钮，如图9.1-37所示。

图9.1-37

❷ 弹出【保护工作表】对话框，选中【保护工作表及锁定单元格内容】复选框。在【取消工作表保护时使用的密码】文本框中输入密码，这里输入“123”，然后在【允许此工作表的所有用户进行】列表框中选中【选定锁定单元格】和【选定未锁定单元格】复选框。单击【确定】按钮，如图9.1-38所示。

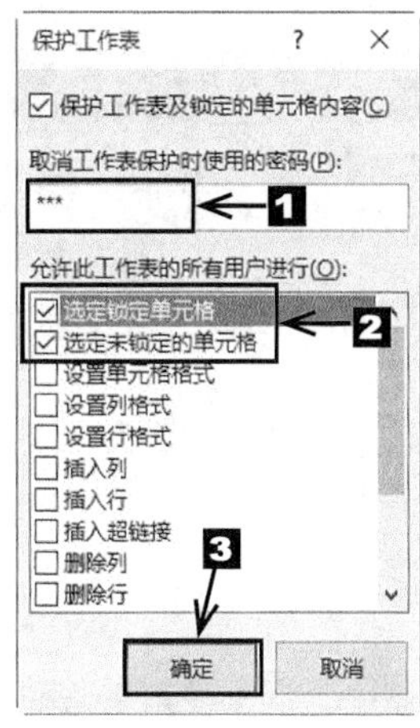

图9.1-38

❸ 弹出【确认密码】对话框，在【重新输入密码】文本框中输入“123”，单击【确定】按钮，如图9.1-39所示。

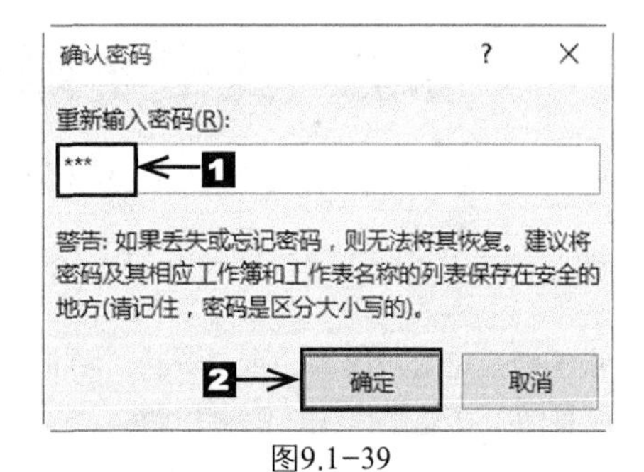

图9.1-39

❹ 此时，如果要修改某个单元格中的内容，则会弹出【Microsoft Excel】对话框，直接单击【确定】按钮即可，如图9.1-40所示。

图9.1-40

2. 撤销工作表保护

撤销工作表保护的具体步骤如下。

❶ 打开工作表“人力资源6”，切换到【审阅】选项卡，单击【保护】组中的【撤消工作表保护】的按钮，如图9.1-41所示。

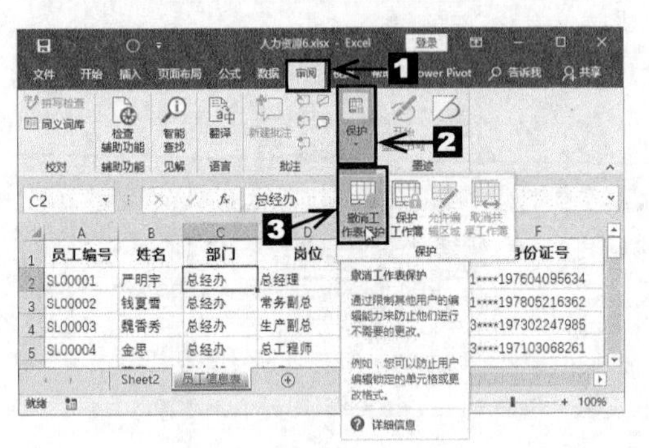

图9.1-41

❷ 弹出【撤消工作表保护】对话框，在【密码】文本框中输入“123”，单击【确定】按钮，如图9.1-42所示。

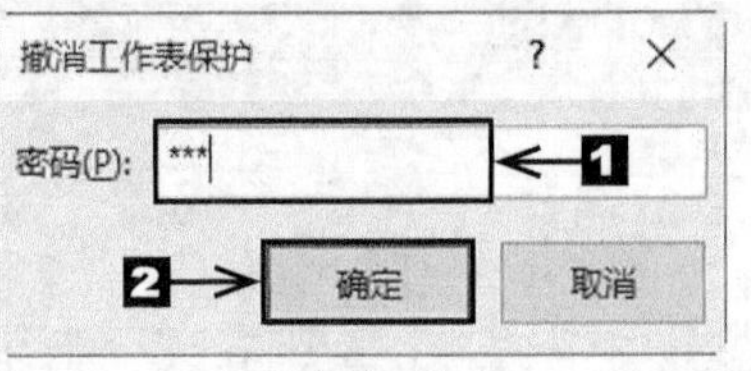

图9.1-42

❸ 可以撤销对工作表的保护，【保护】组中的【撤消工作表保护】按钮变成了【保护工作表】按钮，如图9.1-43所示。

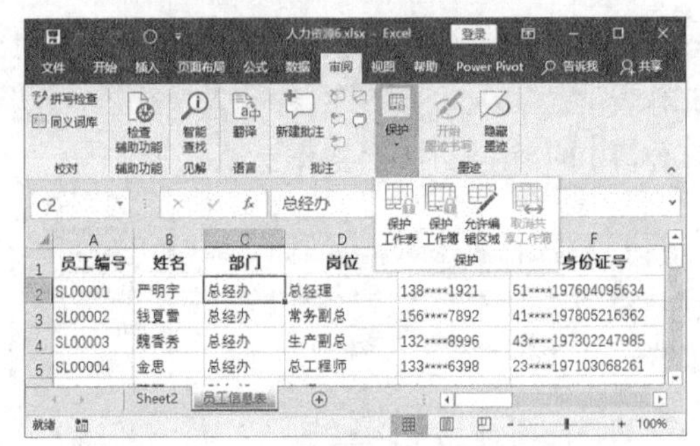

图9.1-43

9.2 课堂实训——制作员工信息表

根据9.1节学习的内容，制作员工信息表，熟悉表格的制作及美化。

专业背景

员工档案是公司内部的重要资料，对员工档案进行规范化管理不仅能够减轻人力资源部的工作负担，而且便于其他工作人员使用和调阅。

实训目的

◎ 掌握员工信息表的制作方法

◎ 掌握美化工作表的方法

操作思路

（1） 填充员工编号。

员工信息表的内容主要包括编号、姓名、性别、身份证号、学历、入职时间、所属部门以及联系电话等。

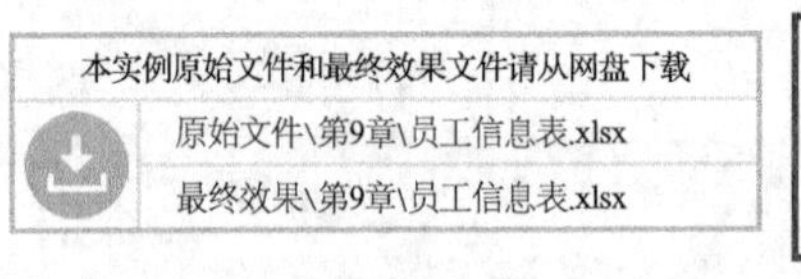

❶ 打开本实例的原始文件，在工作表的标题行中输入相应的文本，如图9.2-1所示。

图9.2-1

❷ 在单元格A2中输入编号，然后将鼠标指针移动到单元格右下角，当鼠标指针变为+形状时向下拖曳即可填充，如图9.2-2所示。

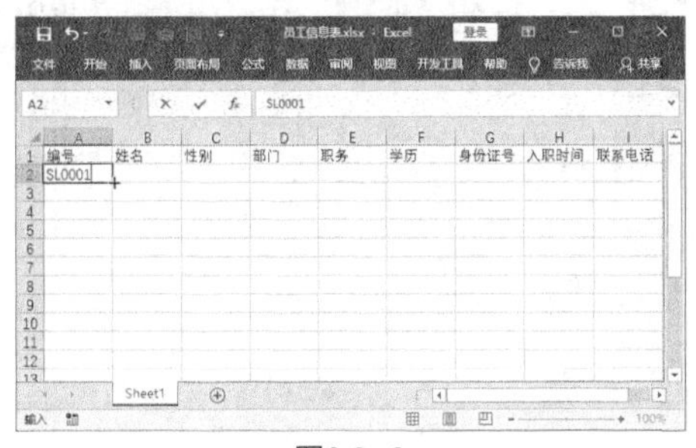

图9.2-2

❸ 填充后的效果如图9.2-3所示。

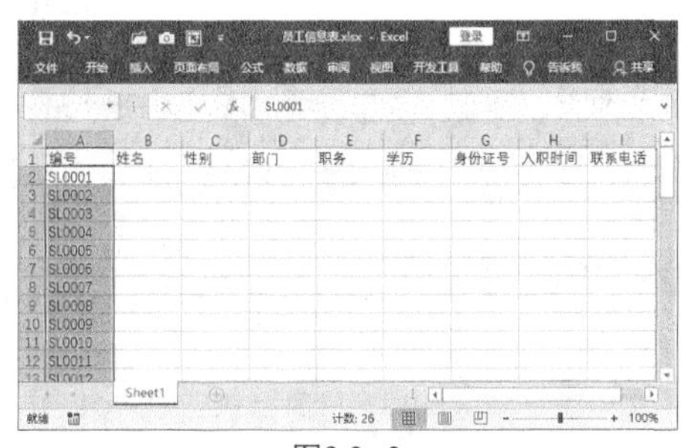

图9.2-3

❹ 在“姓名”列中输入员工的姓名，如图9.2-4所示。

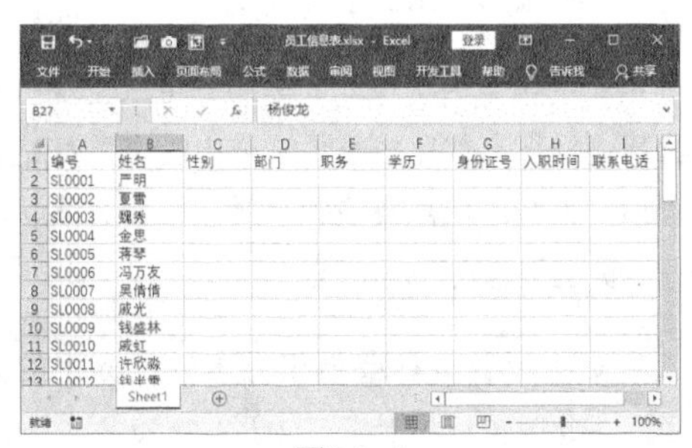

图9.2-4

（2）通过数据验证规范“部门”列和“学历”列的数据。

❶ 选中“部门”列，即D列单元格区域，切换到【数据】选项卡，在【数据工具】组中单击【数据验证】按钮，如图9.2-5所示。

图9.2-5

❷ 弹出【数据验证】对话框，切换到【设置】选项卡，在【验证条件】的【允许】下拉列表中选择【序列】选项，在【来源】文本框中输入“人力资源部,财务部,销售部,质检部,市场部”，单击【确定】按钮，如图9.2-6所示。

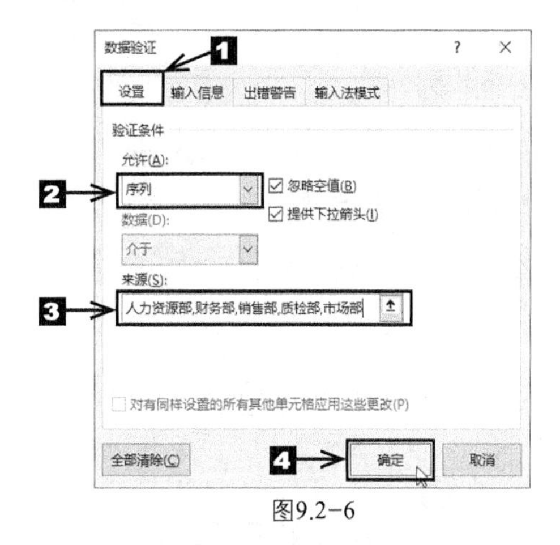

图9.2-6

❸ 返回Excel工作表，可以看到“部门”右侧多了一个下拉按钮。选中单元格D2，单击下拉按钮，在下拉列表中选择“人力资源部”选项，如图9.2-7所示。

图9.2-7

❹ 使用同样的方法，将其他单元格都填充完毕，如图9.2-8所示。

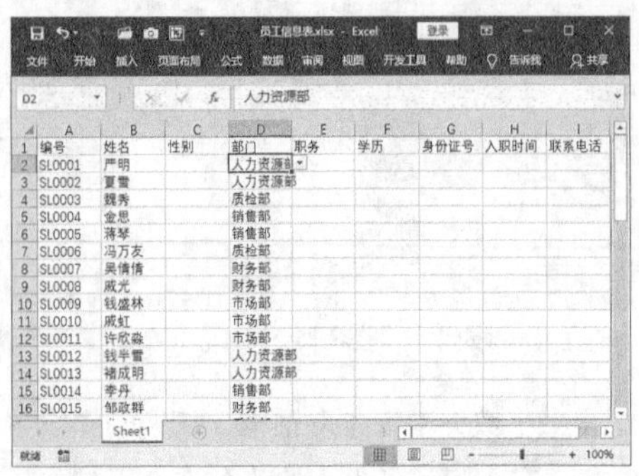

图9.2-8

❺ 同样选中“学历”列，即F列单元格区域，打开【数据验证】对话框，切换到【设置】选项卡，在【验证条件】的【来源】文本框中输入“大专,本科,硕士,博士”，单击【确定】按钮，如图9.2-9所示。

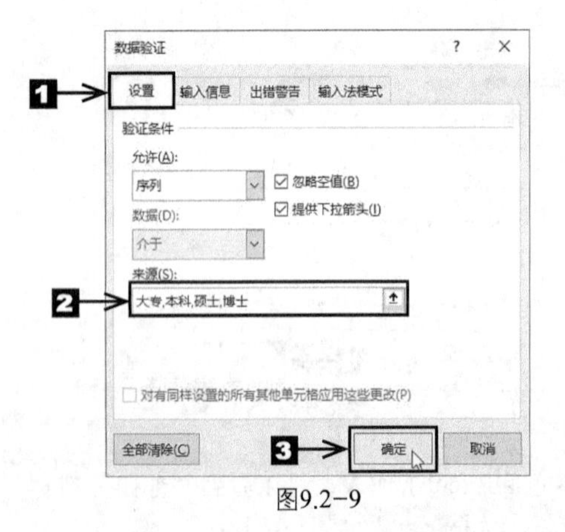

图9.2-9

❻ 返回Excel工作表，在单元格F2下拉列表中选择合适的学历即可，如图9.2-10所示。

图9.2-10

❼ 使用同样的方法将其他单元格都填充完毕，如图9.2-11所示。

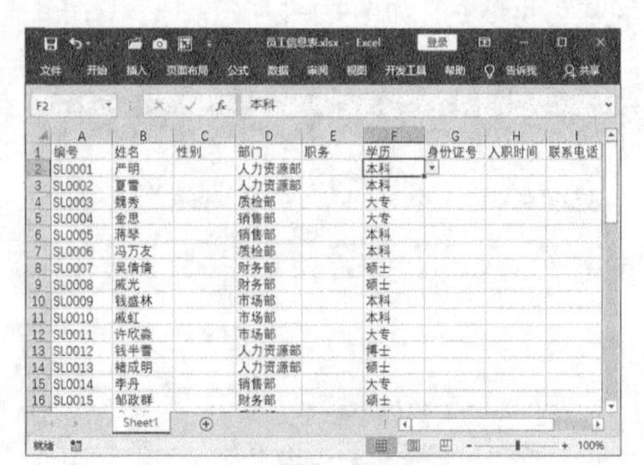

图9.2-11

❽ 在表格中输入其他相关信息，如图9.2-12所示。

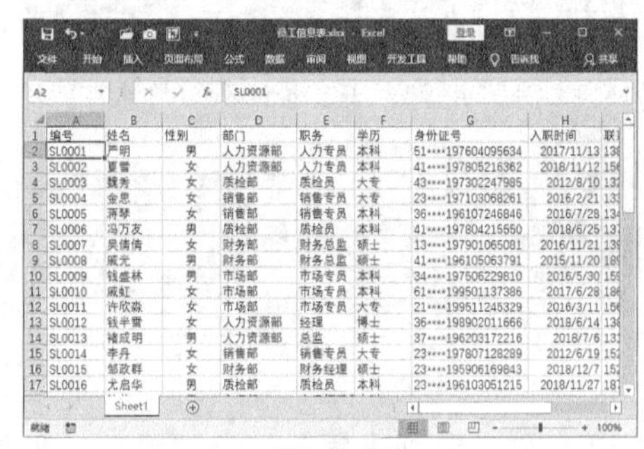

图9.2-12

（3） 编辑员工信息表。

员工的信息内容输入完毕后，可以发现单元格的列宽及行高都比较小，表格中的字体都是相同大小，不利于信息查找和观看，下面具体学习编辑“员工信息表”的方法。

❶ 将鼠标指针放在要调整行高的行标记的分隔线上，此时鼠标指针变成┿形状，如图9.2-13所示。

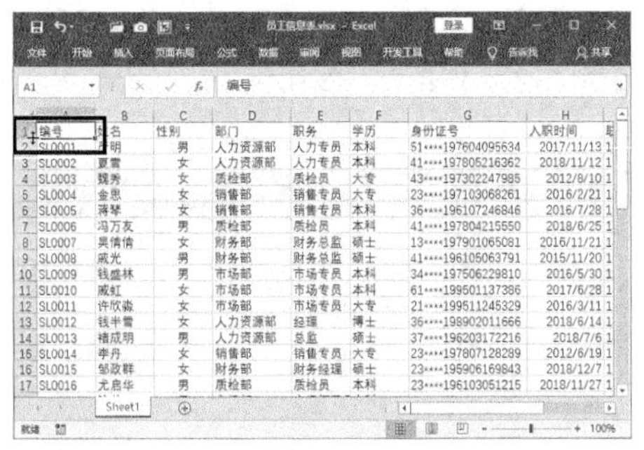

图9.2-13

❷ 按住鼠标左键，此时可以拖曳鼠标指针调整行高，并在上方显示高度值，拖曳到合适的行高即可释放鼠标左键，如图9.2-14所示。

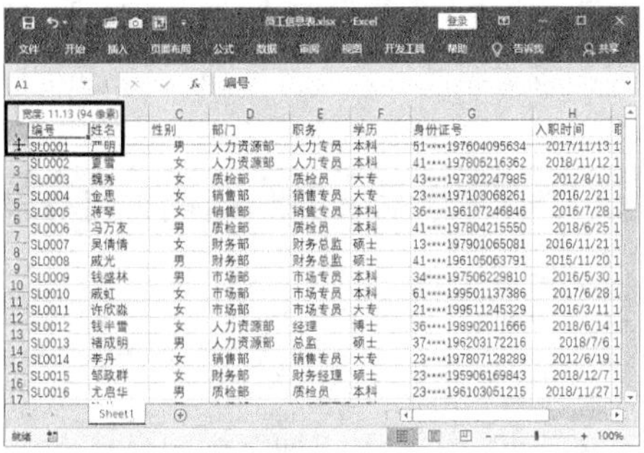

图9.2-14

❸ 用户也可以选中A2:A27对应的所有行，单击鼠标右键，在弹出的快捷菜单中单击【行高】选项，如图9.2-15所示。

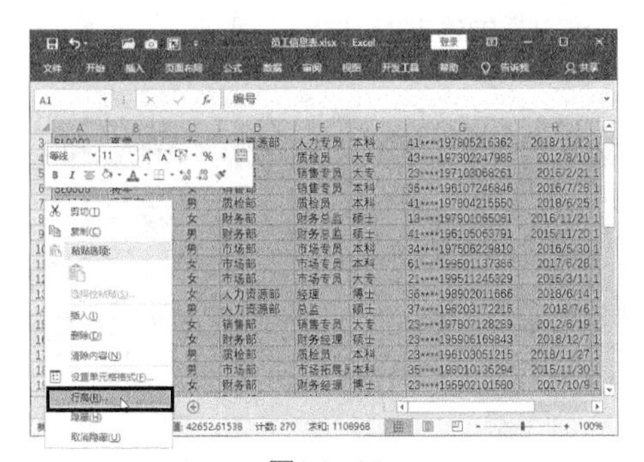

图9.2-15

❹ 弹出【行高】对话框，在【行高】文本框中输入合适的行高值，这里输入“18”，单击  确定 按钮，如图9.2-16所示。

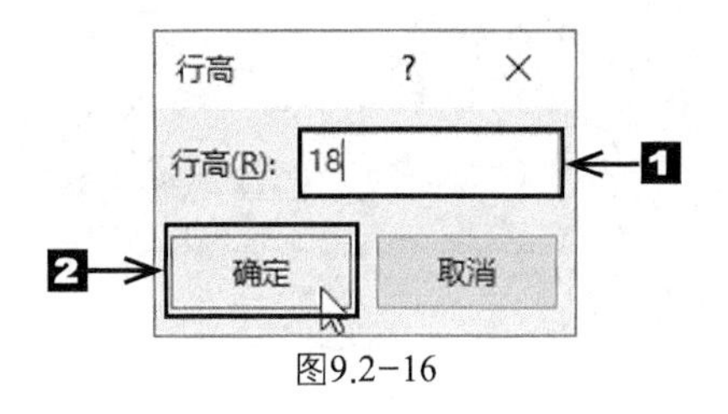

图9.2-16

❺ 返回Excel工作表，可以看到调整后的效果，如图9.2-17所示。

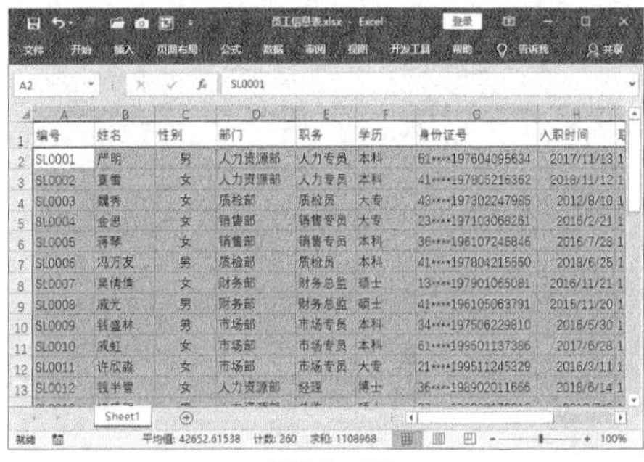

图9.2-17

❻ 使用同样的方法可以调整列宽，如图9.2-18所示。

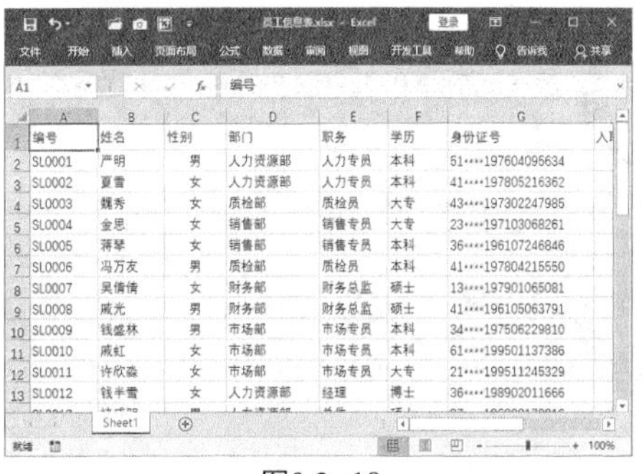

图9.2-18

❼ 选中整个单元格区域，单击【对齐方式】组中的【居中】按钮，设置单元格中的数据的对齐方式为“居中”格式，如图9.2-19所示。

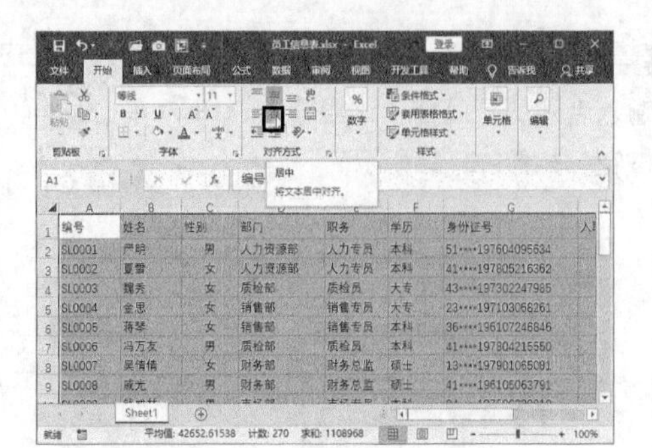

图9.2-19

❽ 设置完毕，如图9.2-20所示。

编号	姓名	性别	部门	职务	学历	身份证号
SL0001	严明	男	人力资源部	人力专员	本科	51****197604095634
SL0002	夏雪	女	人力资源部	人力专员	本科	41****197805216362
SL0003	魏秀	女	质检部	质检员	大专	43****197302247985
SL0004	金思	女	销售部	销售专员	大专	23****197103068261
SL0005	蒋琴	女	销售部	销售专员	本科	36****196107246846
SL0006	冯万友	男	质检部	质检员	本科	41****197804215550
SL0007	吴倩倩	女	财务部	财务总监	硕士	13****197901065081
SL0008	戚光	男	财务部	财务总监	硕士	41****196105063791
SL0009	钱盛林	男	市场部	市场专员	本科	34****197506229810
SL0010	戚虹	女	市场部	市场专员	本科	61****199501137386
SL0011	许欣淼	女	市场部	市场专员	大专	21****199511245329
SL0012	钱半雪	女	人力资源部	经理	博士	36****198902011666

平均值: 42652.61538 计数: 270 求和: 1108968

图9.2-20

❾ 选中表格中的标题行，切换到【开始】选项卡，在【字体】下拉列表中选择【微软雅黑】选项，如图9.2-21所示。

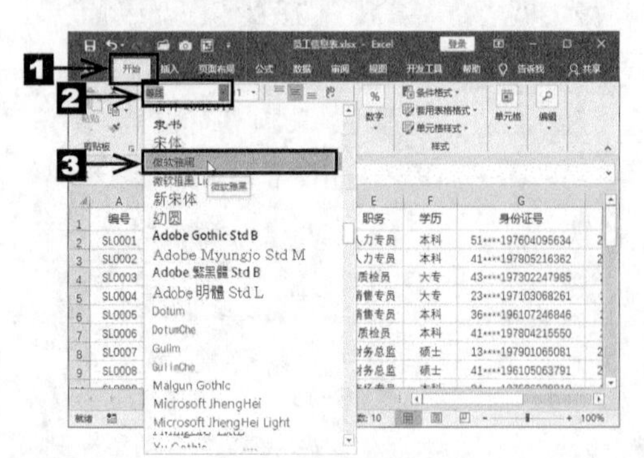

图9.2-21

❿ 在【字号】下拉列表中选择合适的字号，这里选择“12”，如图9.2-22所示。

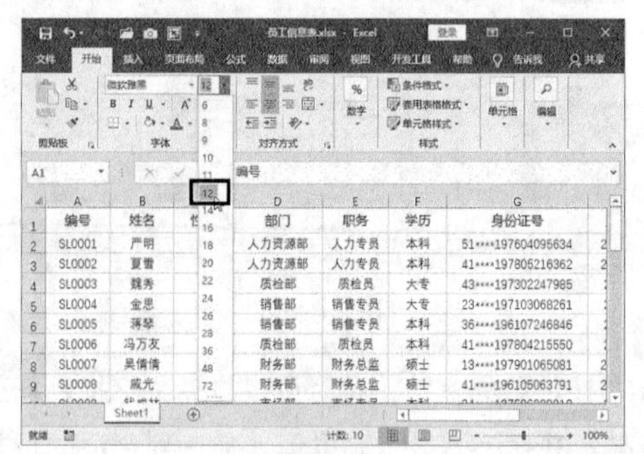

图9.2-22

⓫ 在【字体】组中单击【加粗】按钮，如图9.2-23所示。

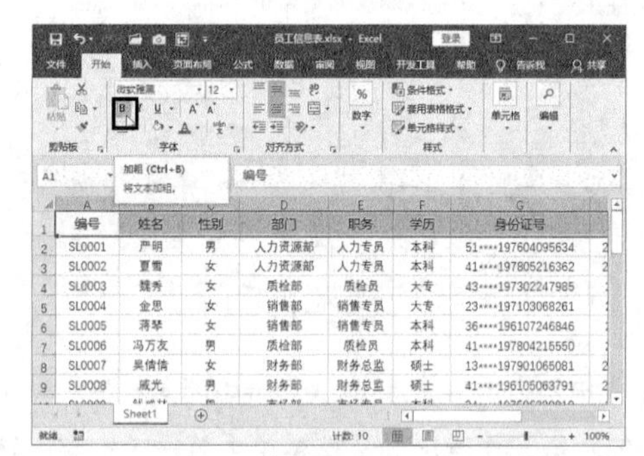

图9.2-23

⓬ 设置后的效果如图9.2-24所示。

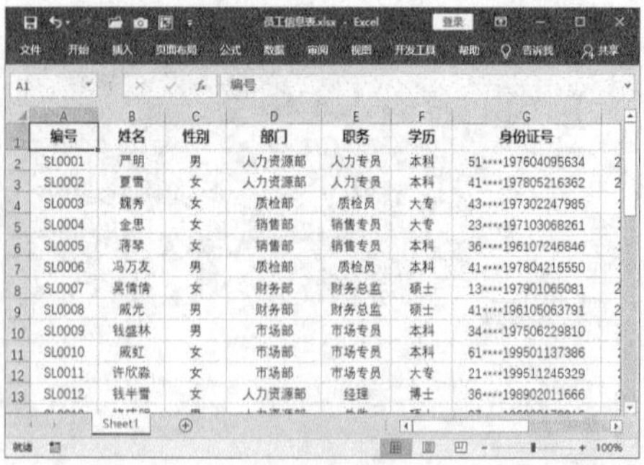

编号	姓名	性别	部门	职务	学历	身份证号
SL0001	严明	男	人力资源部	人力专员	本科	51****197604095634
SL0002	夏雪	女	人力资源部	人力专员	本科	41****197805216362
SL0003	魏秀	女	质检部	质检员	大专	43****197302247985
SL0004	金思	女	销售部	销售专员	大专	23****197103068261
SL0005	蒋琴	女	销售部	销售专员	本科	36****196107246846
SL0006	冯万友	男	质检部	质检员	本科	41****197804215550
SL0007	吴倩倩	女	财务部	财务总监	硕士	13****197901065081
SL0008	戚光	男	财务部	财务总监	硕士	41****196105063791
SL0009	钱盛林	男	市场部	市场专员	本科	34****197506229810
SL0010	戚虹	女	市场部	市场专员	本科	61****199501137386
SL0011	许欣淼	女	市场部	市场专员	大专	21****199511245329
SL0012	钱半雪	女	人力资源部	经理	博士	36****198902011666

图9.2-24

9.3 编辑和美化工作表

除了对工作簿和工作表进行基本操作之外，用户还可以对工作表进行编辑和美化操作。编辑和美化工作表的操作主要包括设置单元格的基本操作、设置单元格格式、添加批注、应用样式和主题、设置条件格式、插入迷你图等。

9.3.1 单元格的基本操作

下面介绍对“办公用品领用表.xlsx”工作簿中的单元格进行操作的步骤。

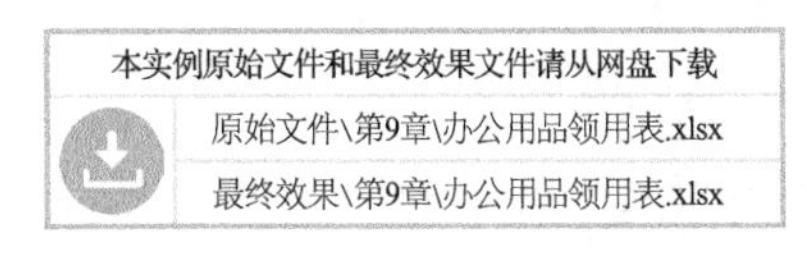

1. 选中单个单元格

选中单个单元格的方法很简单，只需要将鼠标指针移动到该单元格上，单击一下鼠标左键即可。被选中的单元格被绿色的粗框包围，在名称框中会显示该单元格的名称，如图9.3-1所示。

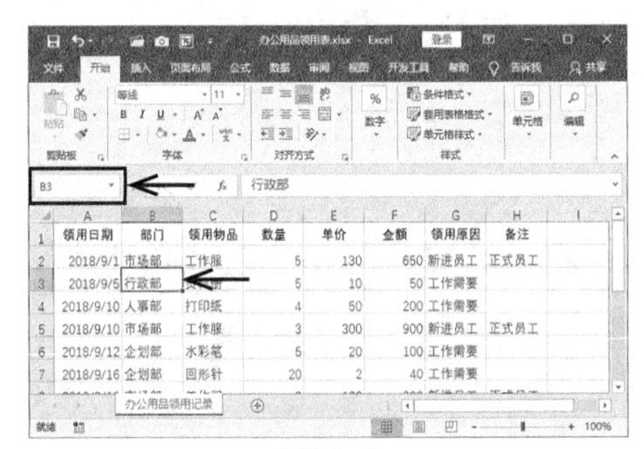

图9.3-1

2. 选中连续的单元格区域

在需要选取的起始单元格上按住鼠标左键不放，拖曳鼠标，则指针经过的矩形框即被选中，如图9.3-2所示。

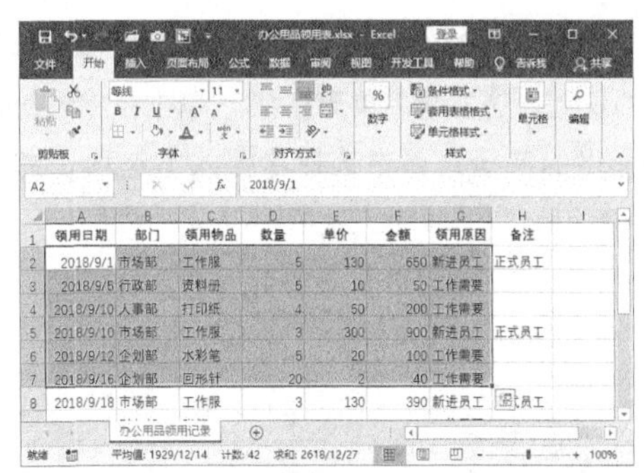

图9.3-2

用户还可以先选中要选取的起始单元格，按住【Shift】键不放的同时，单击需要选取的最后一个单元格，这样也可以选中连续的单元格区域。

3. 选中不连续的单元格区域

先选中需要选取的起始单元格，按住【Ctrl】键不放的同时，依次选中需要选取的单元格，如图9.3-3所示。

图9.3-3

4. 选中整行或整列的单元格区域

选中整行或者整列单元格区域的方法很简单，只需要单击需要选取的整行或整列单元格区域的行标题或者列标题即可。

5. 插入单元格

在对工作表进行编辑的过程中，插入单元格是最常用到的操作之一。

插入单元格的具体步骤如下。

❶ 打开本实例的原始文件，选择需要插入单元格的位置，这里选中单元格A3。单击鼠标右键，在弹出的快捷菜单中选择【插入】选项，如图9.3-4所示。

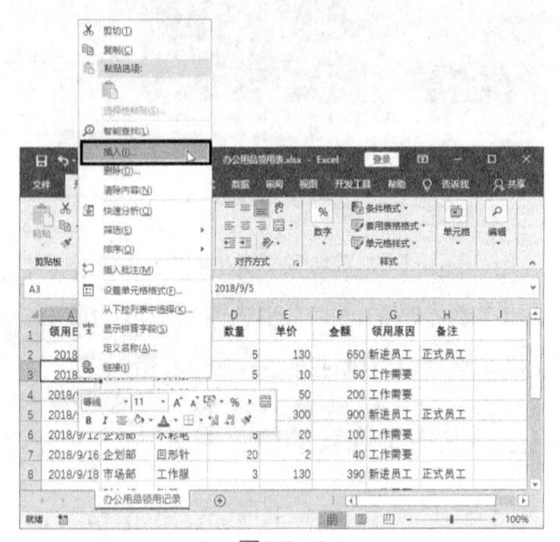

图9.3-4

❷ 弹出【插入】对话框，在其中选择一种插入方式，这里选中【活动单元格下移】单选钮。单击【确定】按钮，如图9.3-5所示。

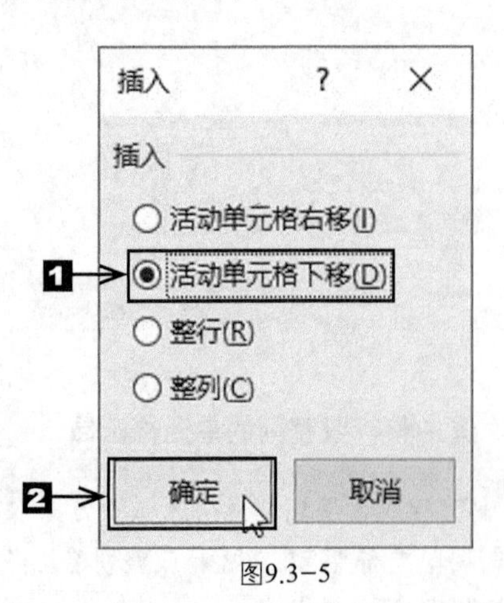

图9.3-5

❸ 可以看到A3单元格下移了，同时在其上方插入了一个空白单元格，如图9.3-6所示。

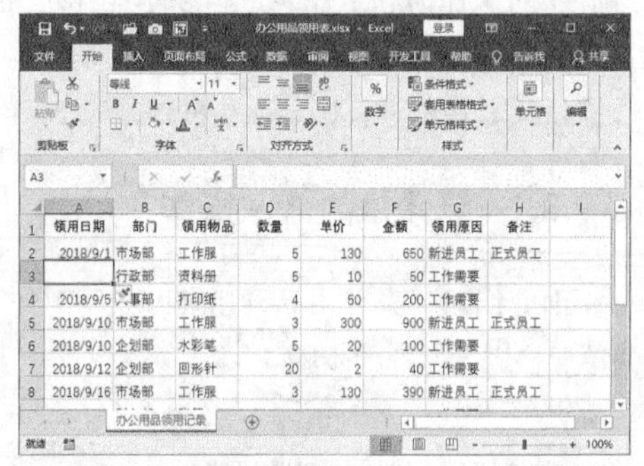

图9.3-6

6. 删除单元格

用户可以根据实际需求删除不需要的单元格。

删除单元格的具体步骤如下。

❶ 选中要删除的单元格，这里选中单元格A3。单击鼠标右键，在弹出的快捷菜单中选择【删除】选项，如图9.3-7所示。

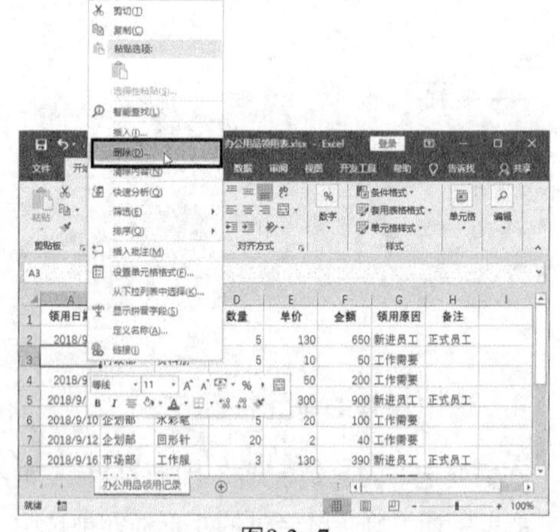

图9.3-7

❷ 弹出【删除】对话框，在其中选择一种删除方式，这里选中【下方单元格上移】单选钮。单击【确定】按钮，如图9.3-8所示。

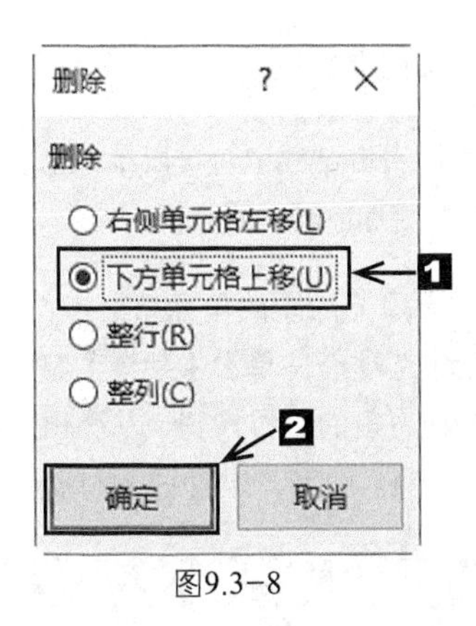

图9.3-8

❸ 此时可以将选中的单元格删除，如图9.3-9所示。

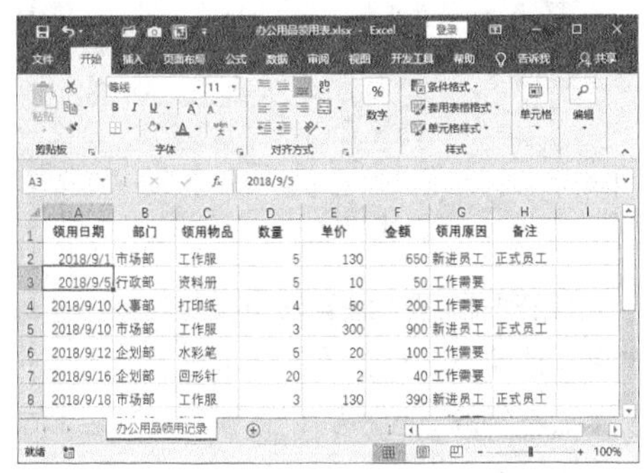

图9.3-9

9.3.2 设置单元格格式

为了使工作表看起来美观，用户还可以为工作表设置单元格格式。下面介绍为“员工信息表1.xlsx”工作簿设置单元格格式的具体操作步骤。

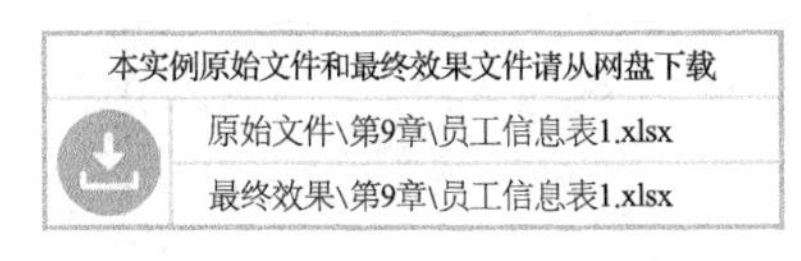

扫码看视频

1. 设置字体

❶ 打开本实例的原始文件，选中要设置字体字号格式的区域，这里选中标题单元格A1所在行，切换到【开始】选项卡，单击【字体】组右下角的【对话框启动器】按钮，如图9.3-10所示。

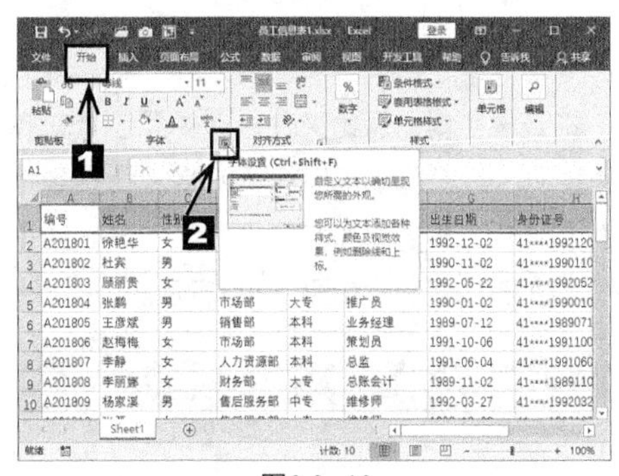

图9.3-10

❷ 弹出【设置单元格格式】对话框，切换到【字体】选项卡。在【字体】列表框中选择合适的字体，这里选择【微软雅黑】选项。在【字形】列表框中选择合适的字形，这里选择【加粗】选项。在【字号】列表框中选择合适的字号，这里选择【12】选项。单击 确定 按钮，如图9.3-11所示。

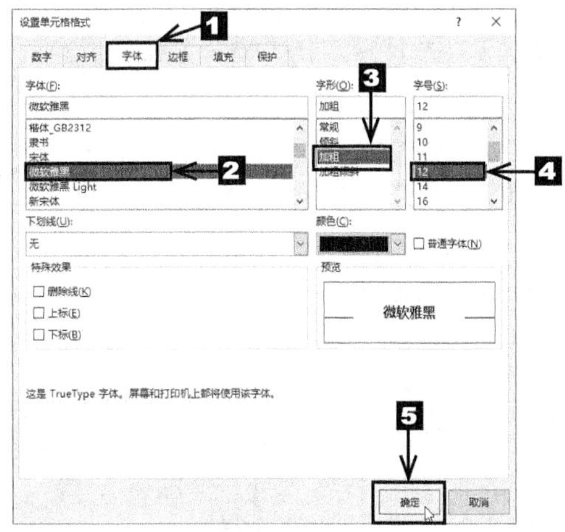

图9.3-11

❸ 返回Excel工作表，设置效果如图9.3-12所示。

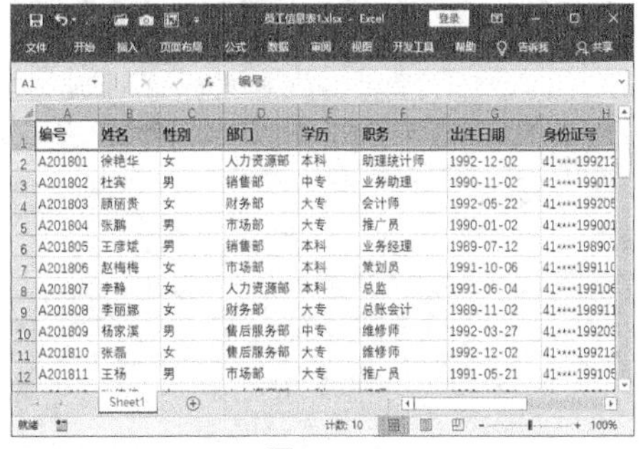

图9.3-12

2. 设置对齐方式

❶ 打开本实例的原始文件，选中要设置对齐方式的区域，这里选中标题行单元格。切换到【开始】选项卡，单击【对齐方式】组右下角的【对话框启动器】按钮，如图9.3-13所示。

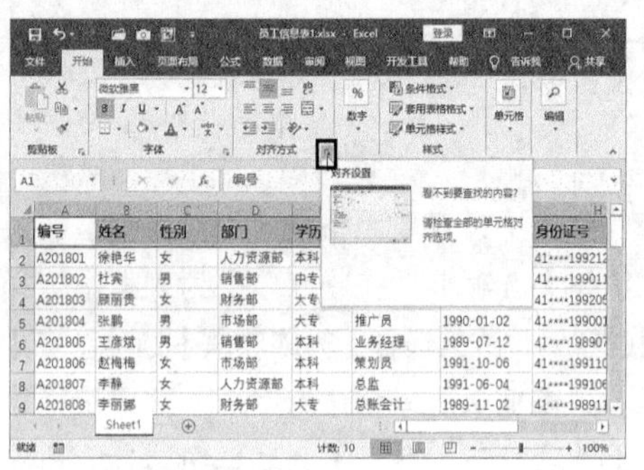

图9.3-13

❷ 弹出【设置单元格格式】对话框，切换到【对齐】选项卡。在【文本对齐方式】组中的【水平对齐】下拉列表中选择【居中】选项，单击 确定 按钮，如图9.3-14所示。

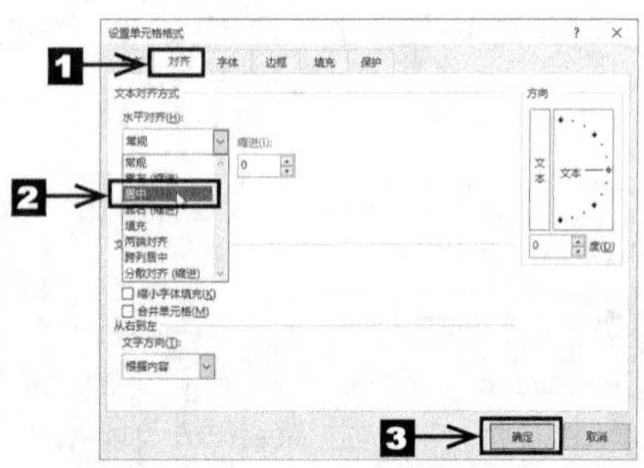

图9.3-14

❸ 返回Excel工作表，设置效果如图9.3-15所示。

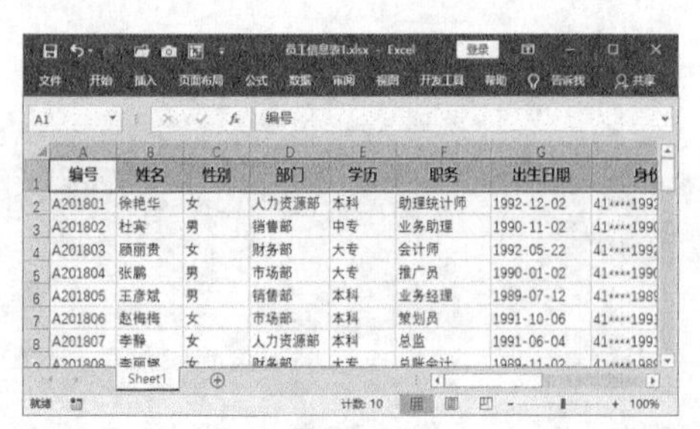

图9.3-15

3. 填充底纹

在美化表格过程中，可以给表格填充底纹，使表格信息更加清晰、醒目。

❶ 选中要填充底纹的单元格区域A1:J1。切换到【开始】选项卡，单击【字体】组中的【填充颜色】按钮右侧的下拉按钮，从弹出的颜色库中选择合适的颜色即可，如图9.3-16所示。

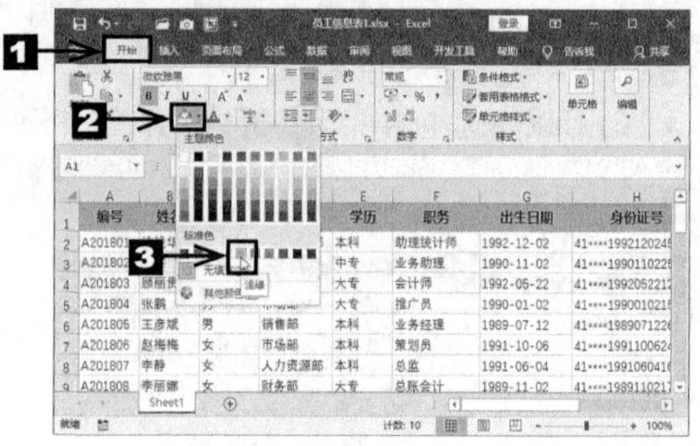

图9.3-16

❷ 如果在颜色库中没有用户喜欢的颜色，还可以选择其他颜色。单击【字体】组中的【填充颜色】按钮右侧的下拉按钮，在弹出的颜色库中选择【其他颜色】选项，如图9.3-17所示。

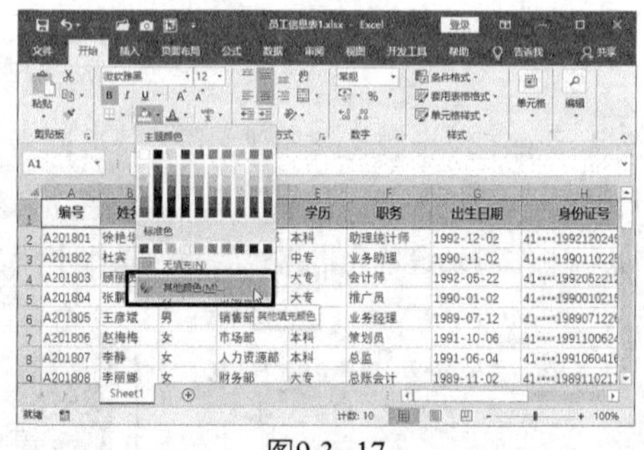

图9.3-17

❸ 弹出【颜色】对话框，切换到【自定义】选项卡。在【颜色模式】中选择【RGB】选项，在【红色】微调框中输入“142”，在【绿色】微调框输入“172”，在【蓝色】微调框输入“76”。单击【确定】按钮，如图9.3-18所示。

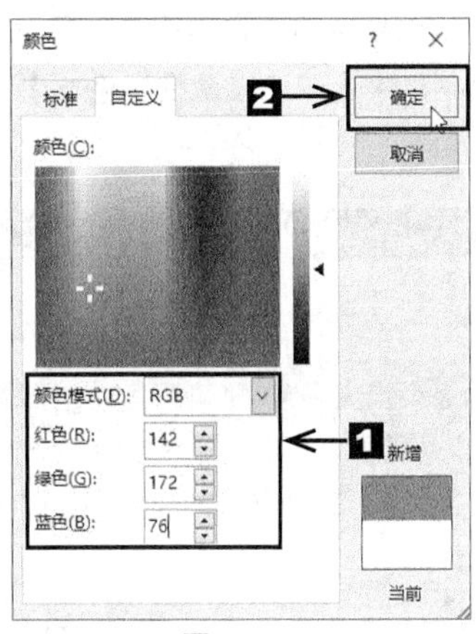

图9.3-18

❹ 返回Excel工作表，填充的底纹效果如图9.3-19所示。

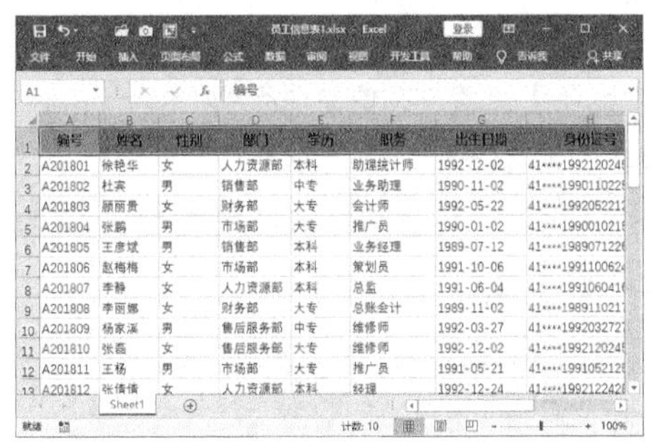

图9.3-19

9.3.3 添加批注

为单元格添加批注是指为表格内容添加一些注释。当鼠标指针停留在带批注的单元格上时，用户可以查看其中的批注。下面介绍为“员工信息表2.xlsx”工作簿添加批注的具体操作步骤。

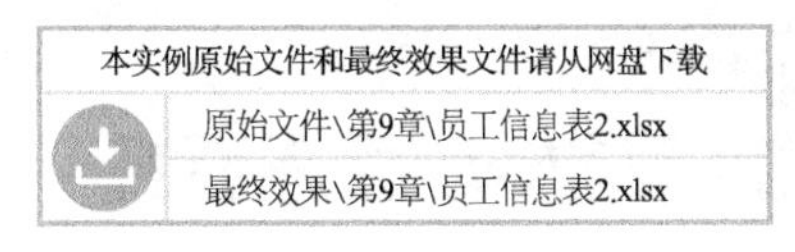

扫码看视频

1. 插入批注

在Excel 2016工作表中，用户可以通【审阅】选项卡为单元格插入批注。在单元格中插入批注的具体操作步骤如下。

❶ 选中要插入批注的单元格，这里选择单元格F1。切换到【审阅】选项卡，单击【批注】组中的【新建批注】按钮，如图9.3-20所示。

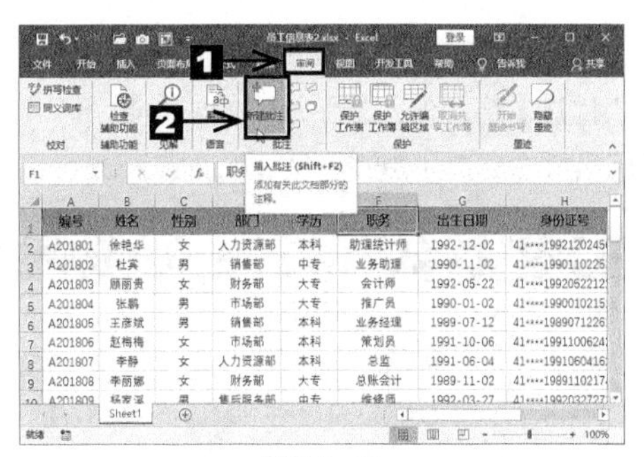

图9.3-20

❷ 可以看到在单元格F1的右上角出现一个红色小三角并弹出了一个批注框。在批注框中输入相应的文本，如图9.3-21所示。

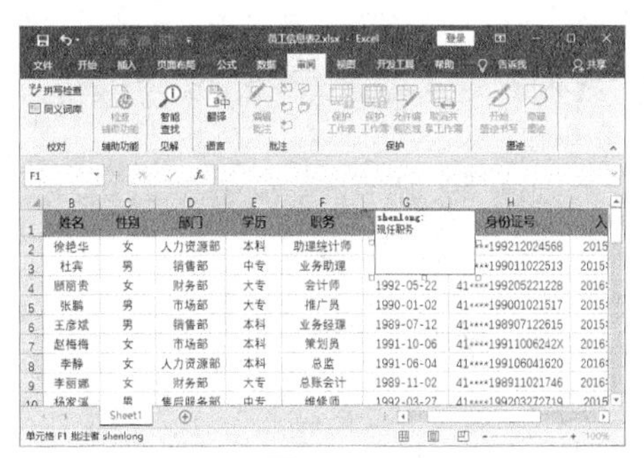

图9.3-21

❸ 输入完毕后单击批注框外部的工作表区域，即可看到单元格F1中的批注框被隐藏起来了，只显示右上角的红色小三角，如图9.3-22所示。

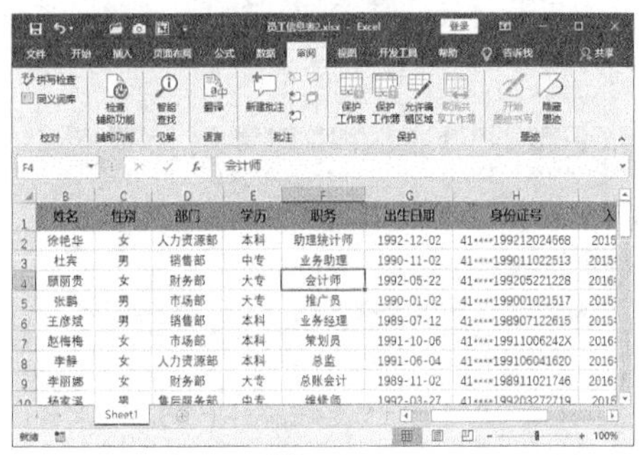

图9.3-22

2. 编辑批注

插入批注后，用户可以根据需要，对批注的大小、位置以及字体格式等进行编辑。

❶ 选中单元格F1，切换到【审阅】选项卡，单击【批注】组中的【显示所有批注】按钮，随即显示出批注框，如图9.3-23所示。

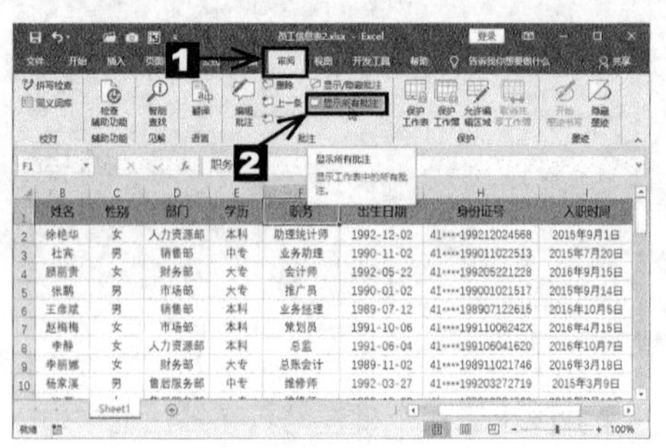

图9.3-23

❷ 选中批注框，然后将鼠标指针移动到其右下角，鼠标指针变为✥形状，如图9.3-24所示。

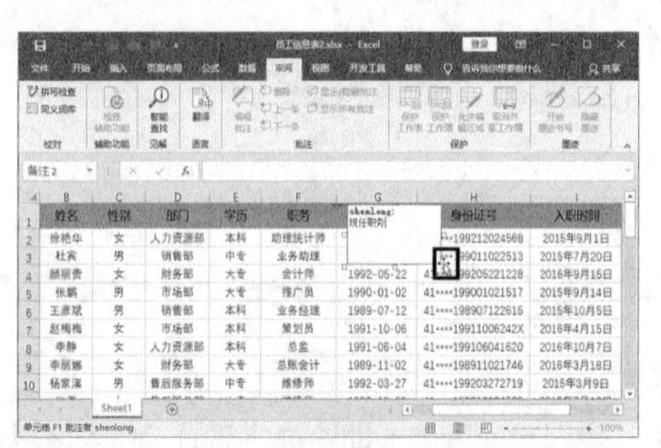

图9.3-24

❸ 按住鼠标左键不放，拖动批注框至合适的位置，调整完毕后释放鼠标左键，如图9.3-25所示。

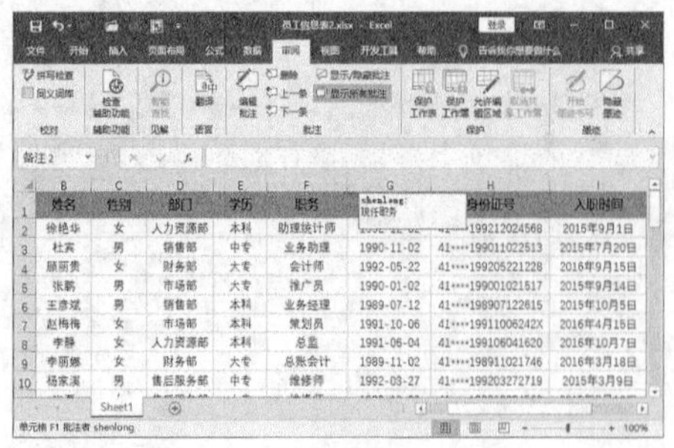

图9.3-25

❹ 选中批注框中的内容，单击鼠标右键，从弹出的快捷菜单中选择【设置批注格式】选项，如图9.3-26所示。

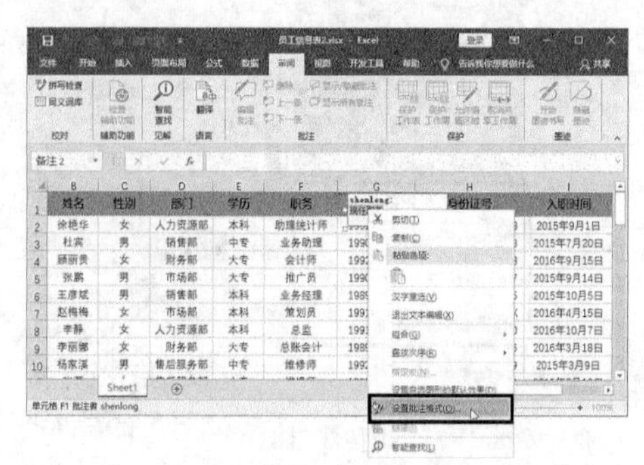

图9.3-26

❺ 弹出【设置批注格式】对话框，在【字体】列表框中选择【楷体】选项。在【字号】下拉列表中选择【11】选项，在【颜色】下拉列表中选择【红色】选项。设置完毕后单击 确定 按钮，如图9.3-27所示。

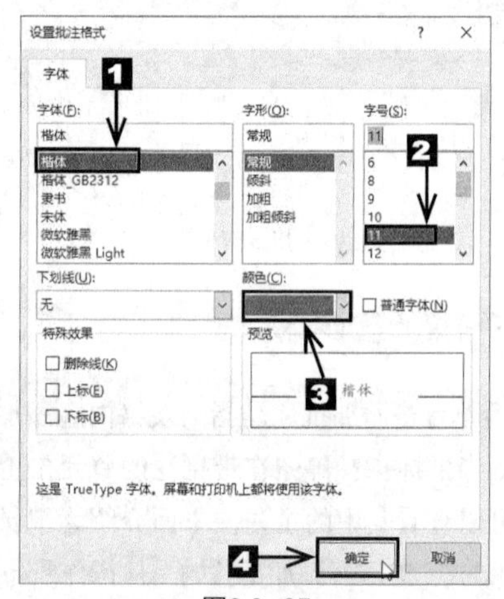

图9.3-27

❻ 设置后的效果如图9.3-28所示。

图9.3-28

9.3.4 应用样式和主题

为了使创建的表格样式更加美观，用户可以通过应用样式和主题，对表格的样式进行更加详细的设置。下面介绍为“销售额统计表.xlsx”工作簿应用样式和主题的具体操作步骤。

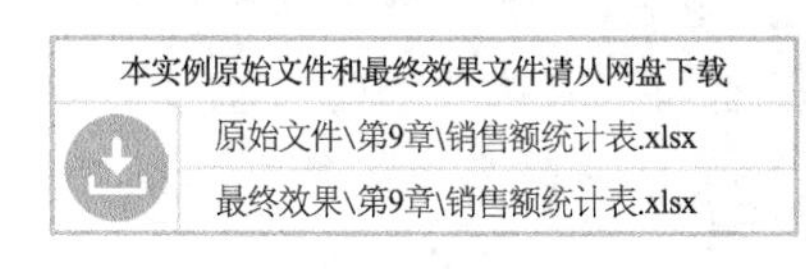
本实例原始文件和最终效果文件请从网盘下载
原始文件\第9章\销售额统计表.xlsx
最终效果\第9章\销售额统计表.xlsx

扫码看视频

1. 套用单元格样式

❶ 打开本实例的原始文件，选中单元格区域A1:I1。切换到【开始】选项卡，单击【样式】组中的【单元格样式】按钮，如图9.3-29所示。

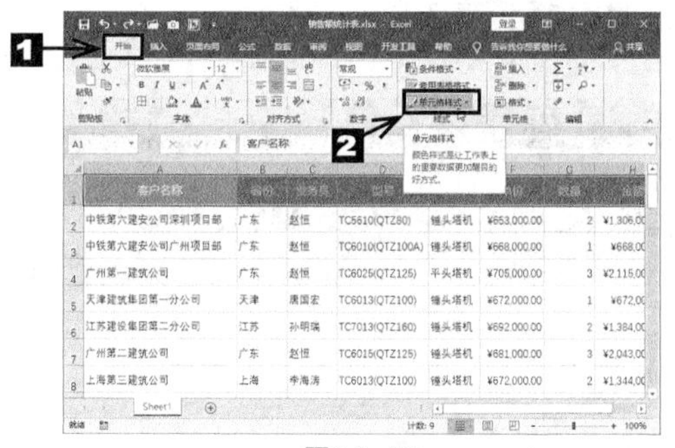
图9.3-29

❷ 从弹出的下拉列表中选择一种样式，如这里选择【标题1】选项，如图9.3-30所示。

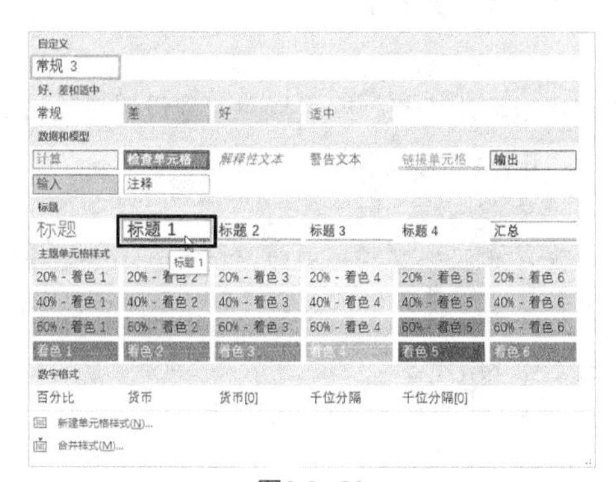
图9.3-30

❸ 应用样式后的效果如图9.3-31所示。

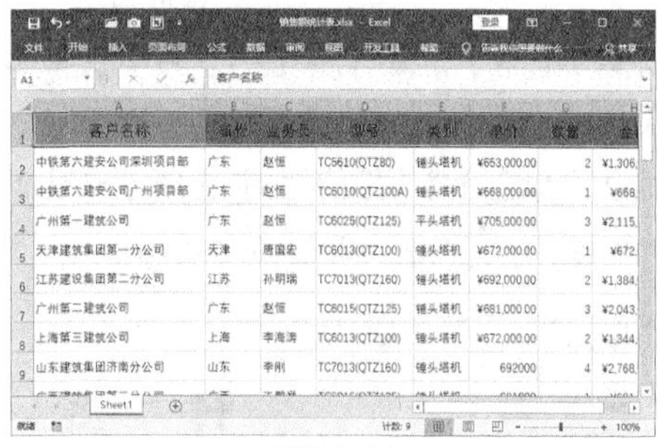
图9.3-31

2. 自定义单元格样式

❶ 切换到【开始】选项卡，单击【样式】组中的【单元格样式】按钮，从弹出的下拉列表中选择【新建单元格样式】选项，如图9.3-32所示。

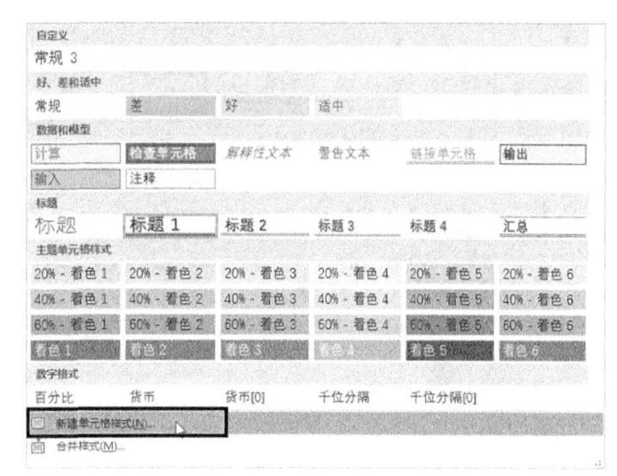
图9.3-32

❷ 弹出【样式】对话框，在【样式名】文本框中自动显示“样式1”，用户可以根据需要设置样式名，单击【格式(O)...】按钮，如图9.3-33所示。

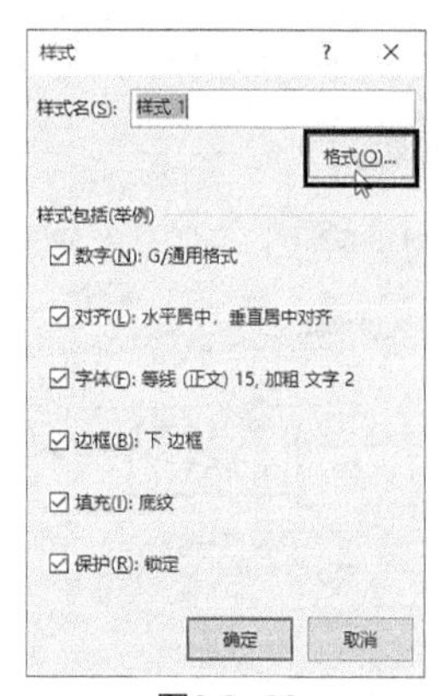

图9.3-33

❸ 弹出【设置单元格格式】对话框，切换到【字体】选项卡，在【字体】列表框中选择【微软雅黑】选项，在【字形】列表框中选择【加粗】选项，在【字号】列表框中选择【16】选项，在【颜色】下拉列表框中选择【自动】选项，单击 确定 按钮，如图9.3-34所示。

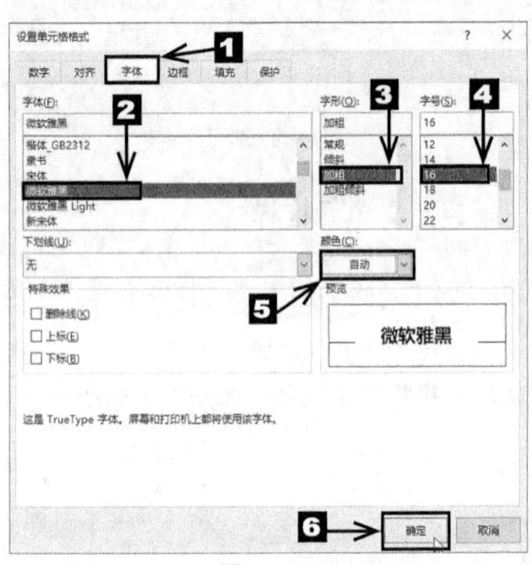

图9.3-34

❹ 返回【样式】对话框，新创建的样式“样式1”已经保存在内置样式中了，单击【确定】按钮，如图9.3-35所示。

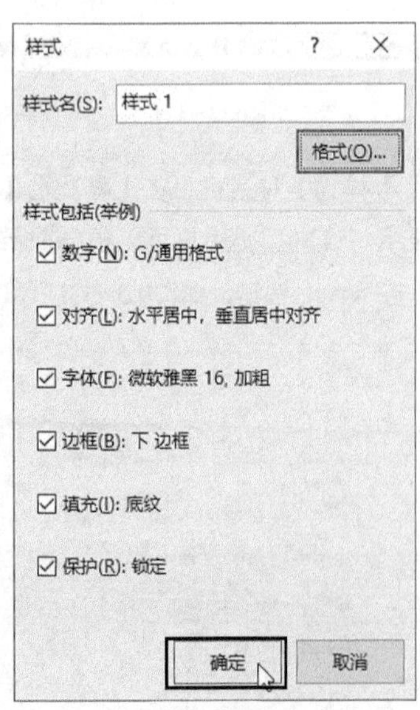

图9.3-35

❺ 选中要设置单元格样式的区域，这里选中单元格区域A1:I1，切换到【开始】选项卡，单击【样式】组中的 单元格样式 按钮，从弹出的下拉列表中选择【样式1】选项，如图9.3-36所示。

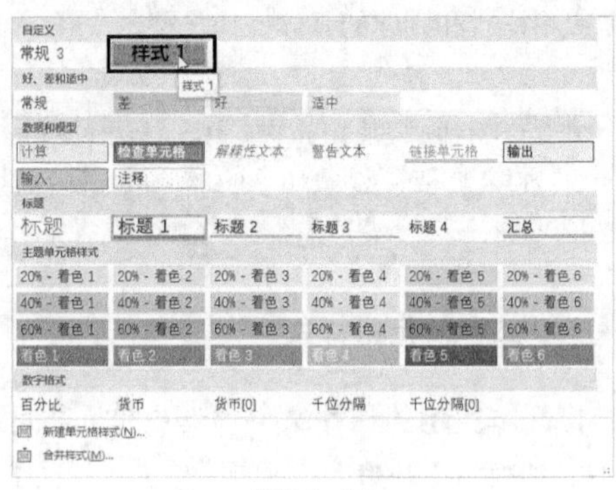

图9.3-36

❻ 设置后的效果如图9.3-37所示。

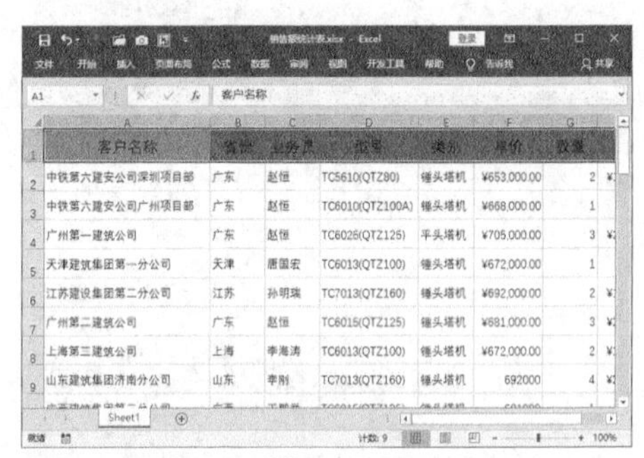

图9.3-37

3. 套用表格样式

通过套用表格样式可以快速地设置单元格的格式，并将该单元格转化为表格。

❶ 选中单元格区域A1:I12，切换到【开始】选项卡，单击【样式】组中的 套用表格格式 按钮，如图9.3-38所示。

图9.3-38

❷ 从弹出的下拉列表中选择【浅蓝，表样式中等深浅23】选项，如图9.3-39所示。

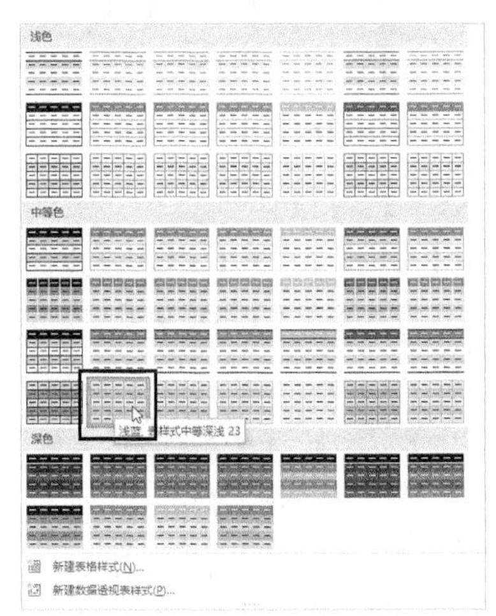
图9.3-39

❸ 弹出【套用表格式】对话框，在【表数据的来源】文本框中显示公式“=$A$1:$I$12”，选中【表包含标题】复选框，单击 确定 按钮，如图9.3-40所示。

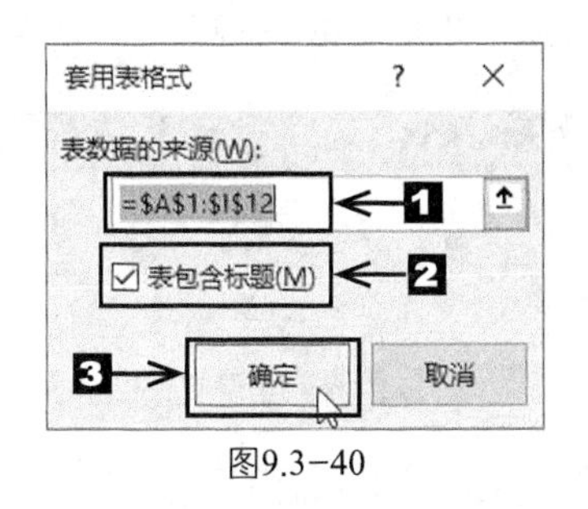

图9.3-40

❹ 设置后的效果如图9.3-41所示。

图9.3-41

4. 设置表格主题

Excel 2016为用户提供了多种风格的主题，用户可以直接套用主题，快速改变表格风格，也可以对主题颜色、字体和效果进行自定义。设置表格主题的具体操作步骤如下。

❶ 切换到【页面布局】选项卡，单击【主题】组中的【主题】按钮，如图9.3-42所示。

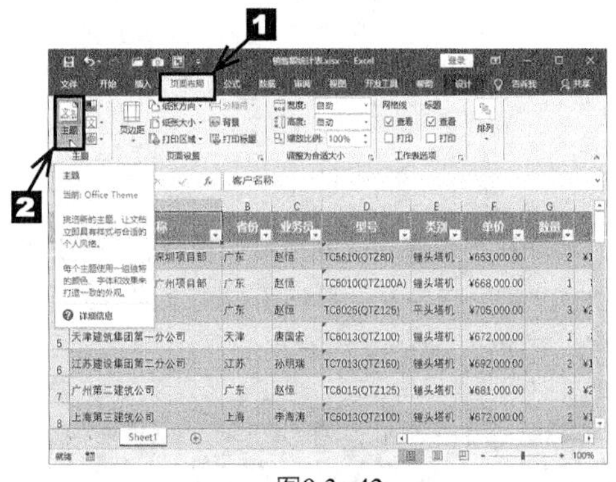
图9.3-42

❷ 从弹出的下拉列表中选择一种想要的样式，这里选择【肥皂】选项，如图9.3-43所示。

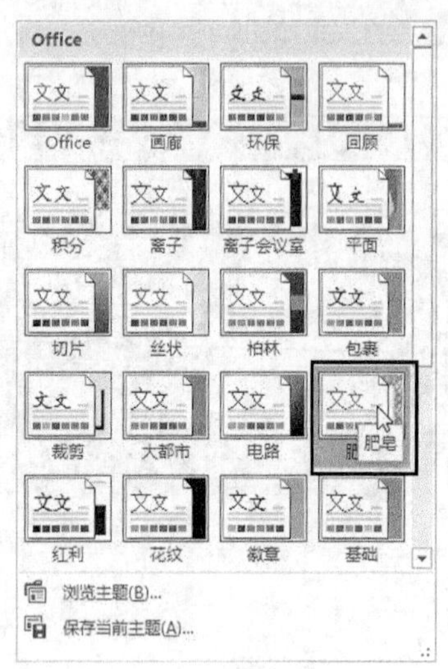

图9.3-43

❸ 设置后的效果如图9.3-44所示。

图9.3-44

❹ 如果用户对主题样式不是很满意，还可以对主题样式进行自定义。单击【主题】组中的【主题颜色】按钮，如图9.3-45所示。

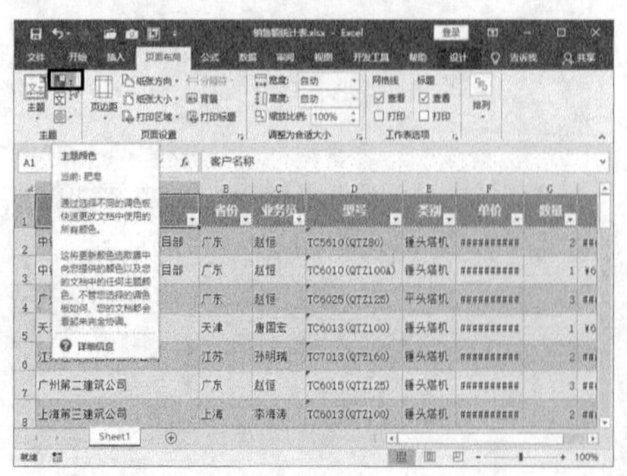

图9.3-45

❺ 从弹出的下拉列表中选择【蓝色】选项，如图9.3-46所示。

图9.3-46

❻ 单击【主题】组中的【主题效果】按钮，从弹出的下拉列表中选择【细微固体】选项，如图9.3-47所示。

图9.3-47

❼ 设置后的效果如图9.3-48所示。

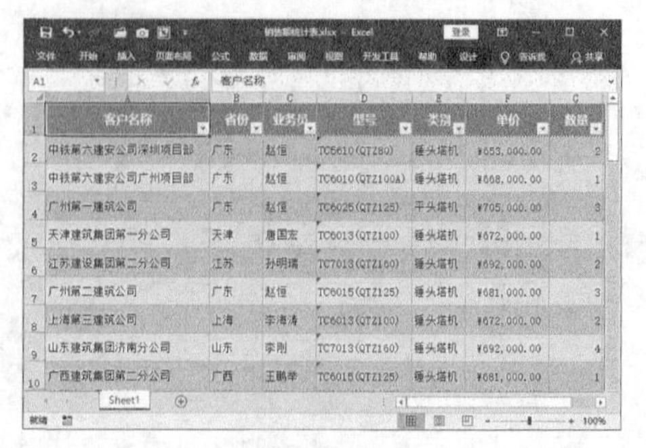

图9.3-48

9.3.5 设置条件格式

条件格式是指当单元格中的数据满足设定的某个条件时，系统会自动将其以设定的格式显示出来。下面将介绍在“业绩统计表.xlsx”工作簿中添加数据条、图标和色阶3种条件格式的具体操作步骤。

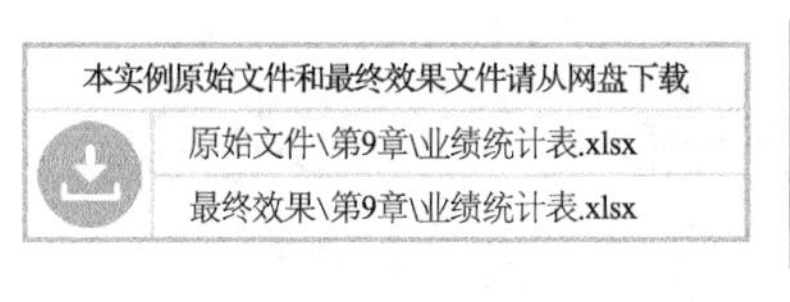
本实例原始文件和最终效果文件请从网盘下载
原始文件\第9章\业绩统计表.xlsx
最终效果\第9章\业绩统计表.xlsx

扫码看视频

1. 添加数据条

❶ 打开本实例的原始文件，选中单元格区域D3:J12，切换到【开始】选项卡，单击【样式】组中的【条件格式】按钮，如图9.3-49所示。

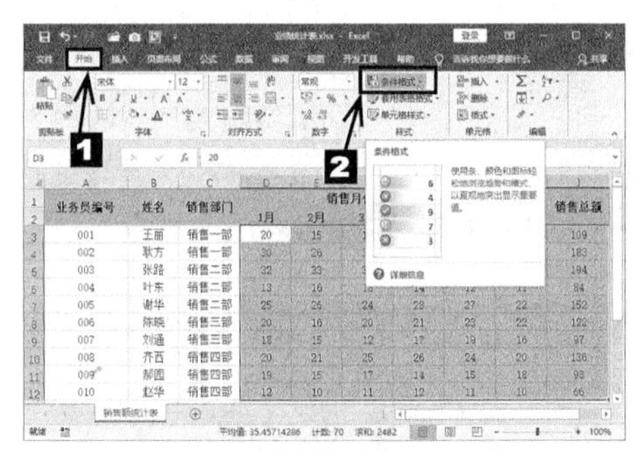
图9.3-49

❷ 从弹出的下拉列表中选择【数据条】→【渐变填充】→【蓝色数据条】选项，如图9.3-50所示。

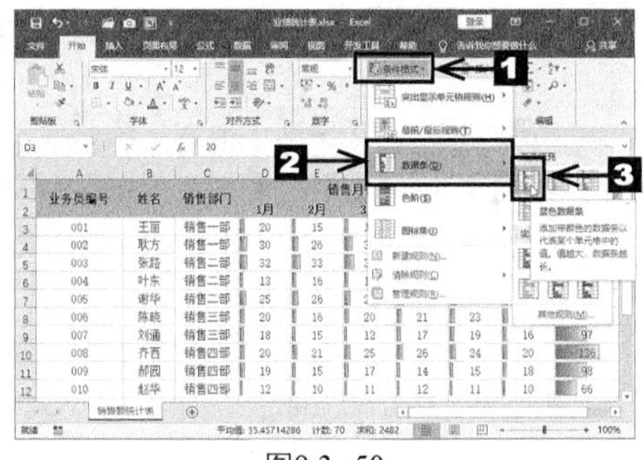
图9.3-50

❸ 设置后的效果如图9.3-51所示。

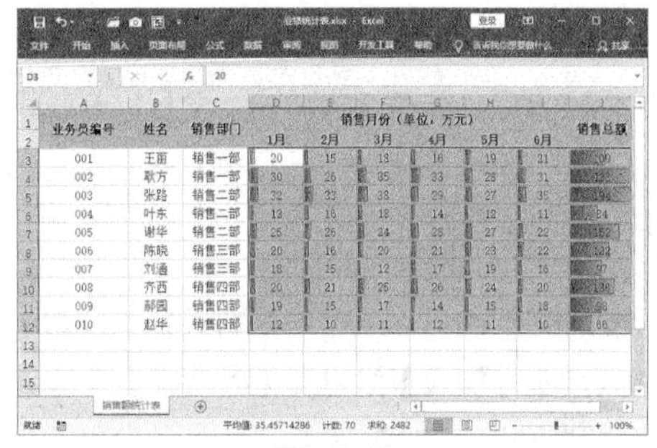
图9.3-51

2. 添加图标

使用图标集功能，可以快速地为数组插入图标，并根据数值自动调整图标的类型和方向。添加图标的具体操作步骤如下。

❶ 选中单元格区域D3:J12，切换到【开始】选项卡，单击【样式】组中的【条件格式】按钮，从弹出的下拉列表中选择【图标集】→【方向】→【三向箭头（彩色）】选项，如图9.3-52所示。

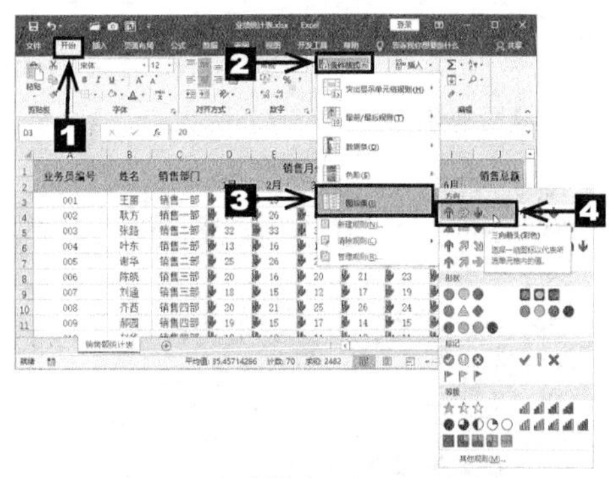
图9.3-52

❷ 设置后的效果如图9.3-53所示。

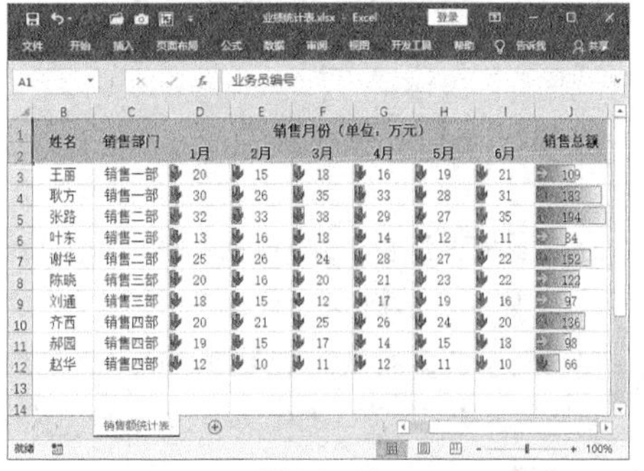
图9.3-53

3. 添加色阶

使用色阶功能，可以快速地为数组插入色阶。色阶以颜色的亮度强弱和渐变程度来显示不同的数值，如双色渐变、三色渐变等。添加色阶的具体操作步骤如下。

❶ 选中单元格区域D3:J12，切换到【开始】选项卡，单击【样式】组中的【条件格式】按钮，从弹出的下拉列表中选择【色阶】→【绿-白-红色阶】选项，如图9.3-54所示。

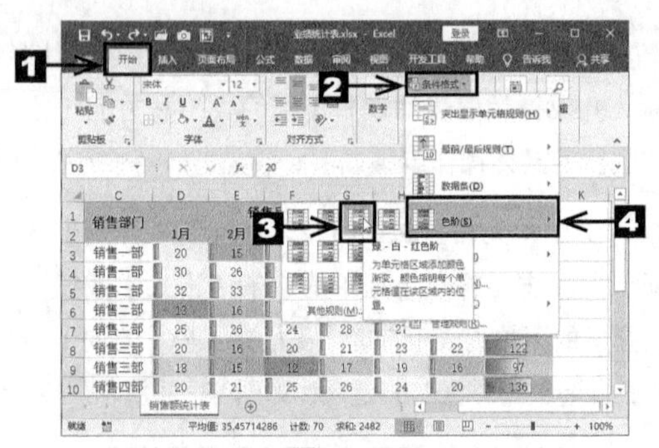

图9.3-54

❷ 设置后的效果如图9.3-55所示。

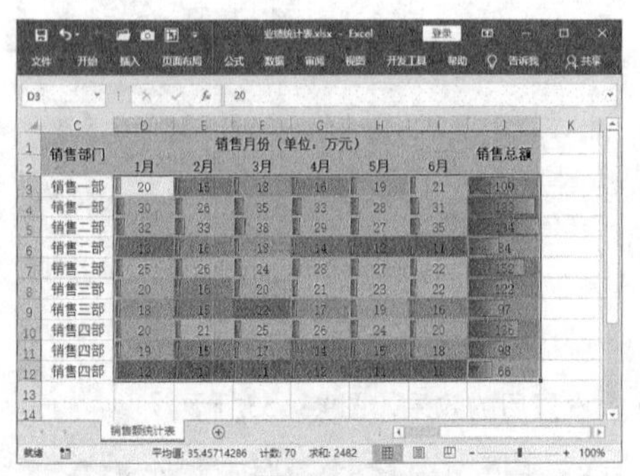

图9.3-55

9.3.6 插入迷你图

迷你图是工作表单元格中的一种微型图表，它可以直观地表示数据、反映一系列数值的趋势、突出显示数据的最大值和最小值。下面介绍在“业绩统计表1.xlsx”工作簿中插入迷你图的具体操作步骤。

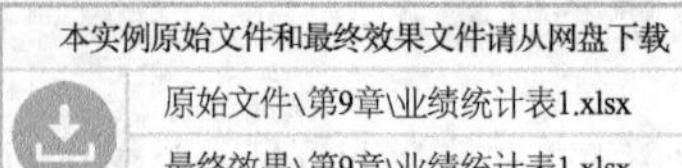

本实例原始文件和最终效果文件请从网盘下载

原始文件\第9章\业绩统计表1.xlsx

最终效果\第9章\业绩统计表1.xlsx

❶ 打开本实例的原始文件，选择要插入迷你图的区域，这里选中J列。单击鼠标右键，从弹出的快捷菜单中选择【插入】选项，如图9.3-56所示。

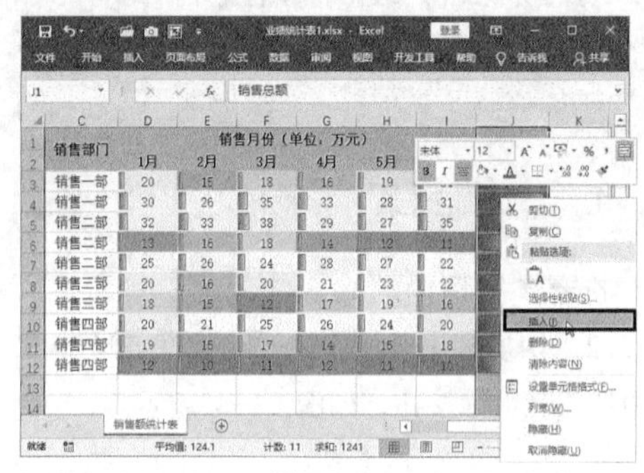

图9.3-56

❷ 可以看到在原来的J列旁插入了新的一列，然后在单元格J1中输入“迷你图”，再将单元格J1和单元格J2合并，效果如图9.3-57所示。

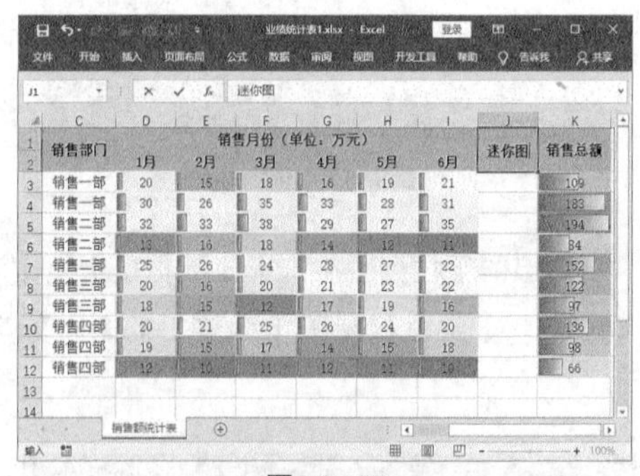

图9.3-57

❸ 选中单元格J3，切换到【插入】选项卡，单击【迷你图】组中的【折线】按钮，如图9.3-58所示。

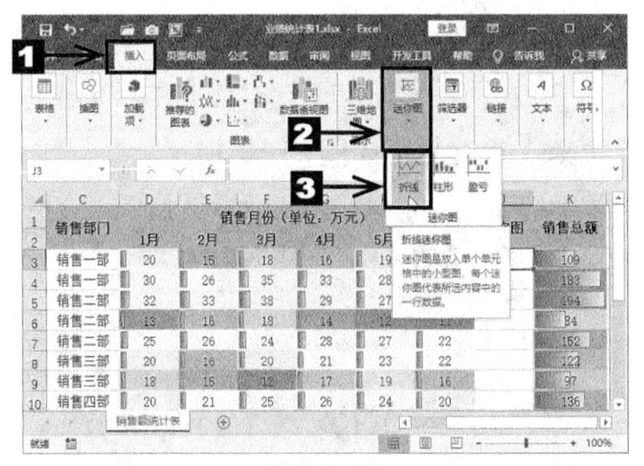

图9.3-58

❹ 弹出【创建迷你图】对话框，单击【数据范围】文本框右侧的【折叠】按钮，如图9.3-59所示。

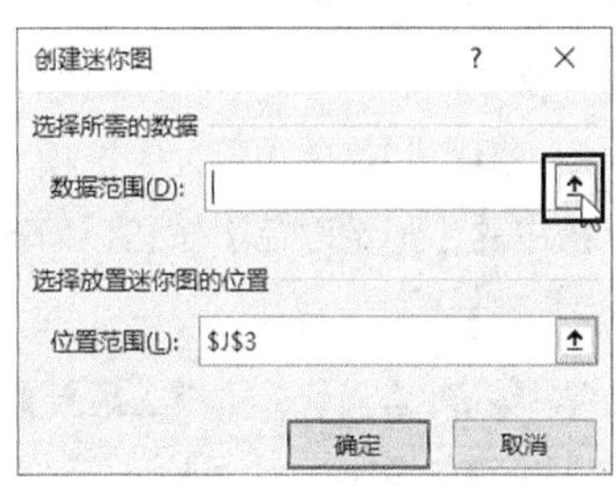

图9.3-59

❺ 可以看到【创建迷你图】对话框被折叠起来了，在工作表中选中单元格区域D3:I3，然后单击【展开】按钮，如图9.3-60所示。

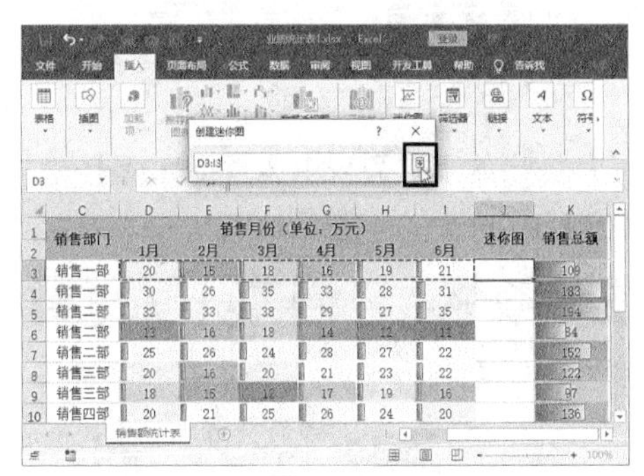

图9.3-60

❻ 展开【创建迷你图】对话框，单击 确定 按钮，如图9.3-61所示。

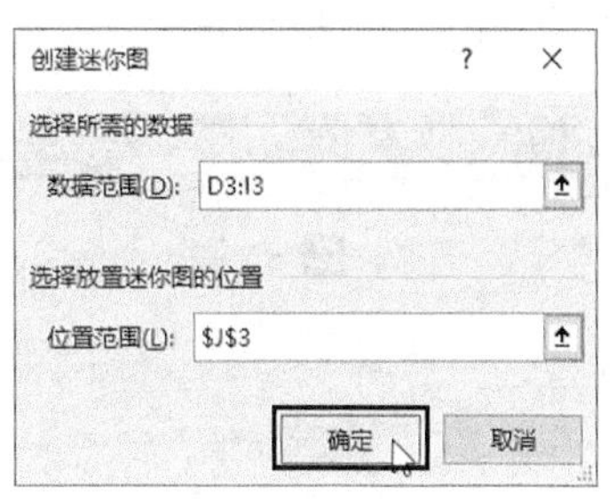

图9.3-61

❼ 返回工作表，可以看到在单元格J3中就插入了一个折线图，如图9.3-62所示。

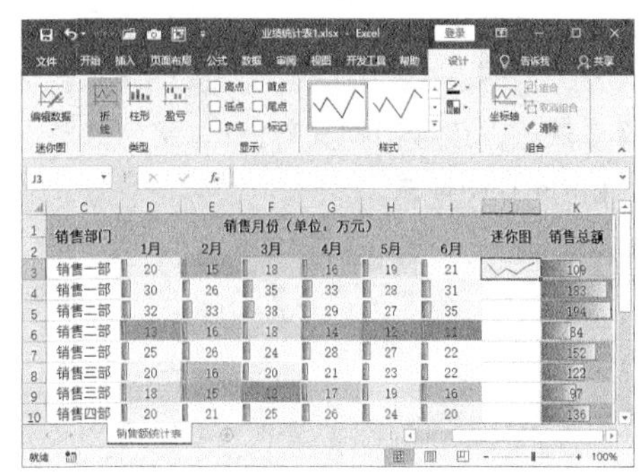

图9.3-62

❽ 将鼠标指针移至单元格J3的右下角，鼠标指针变成+形状，按住鼠标左键并向下拖曳至单元格J12，在J列的其他单元格中插入迷你图，如图9.3-63所示。

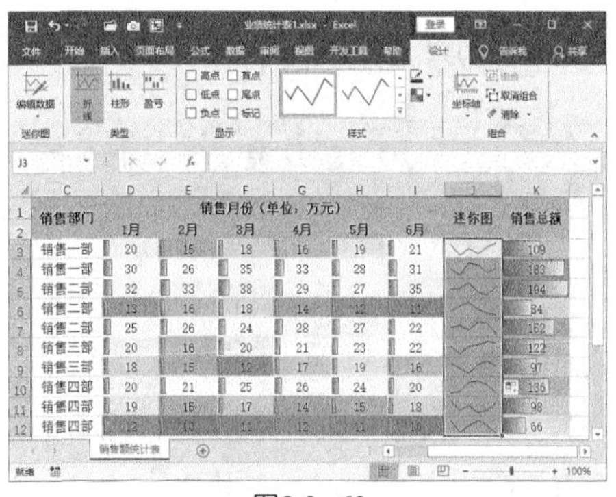

图9.3-63

❾ 选中单元格区域J3:J12，切换到【迷你图工具】栏中的【设计】选项卡，单击【样式】组中的【其他】按钮，如图9.3-64所示。

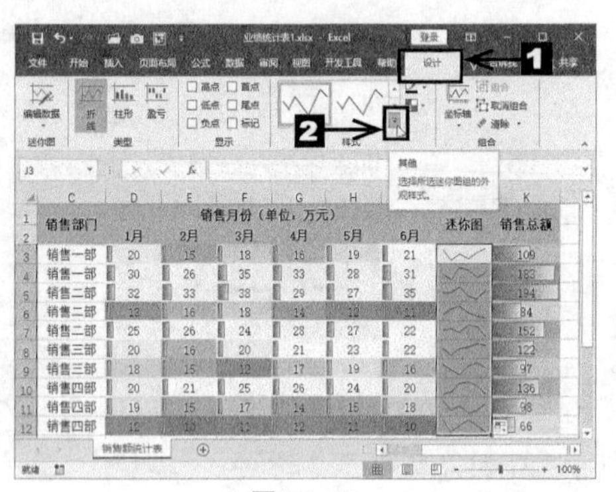

图9.3-64

❿ 从弹出的下拉列表中选择想要的样式，这里选择【深蓝，迷你图样式着色1，深色25%】选项，如图9.3-65所示。

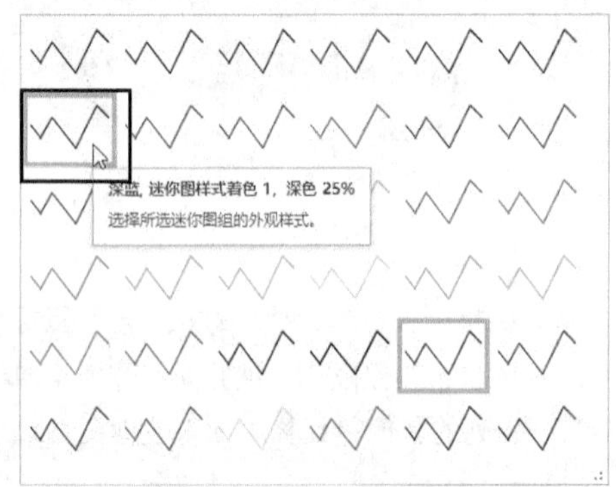

图9.3-65

⓫ 设置后的效果如图9.3-66所示。

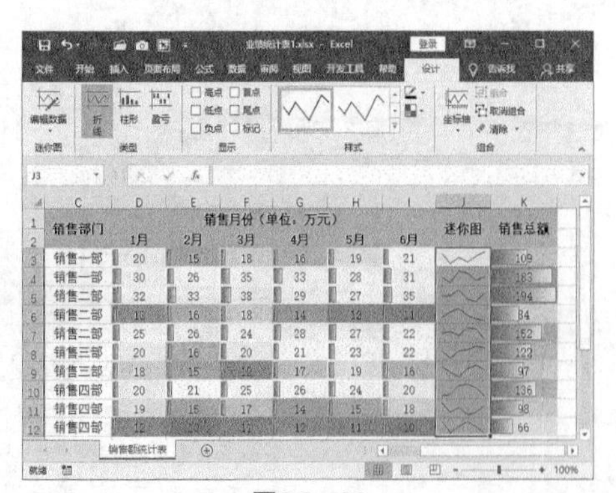

图9.3-66

⓬ 选中单元格区域J3:J12，切换到【迷你图工具】栏中的【设计】选项卡，在【显示】组中选中【高点】复选框，如图9.3-67所示。

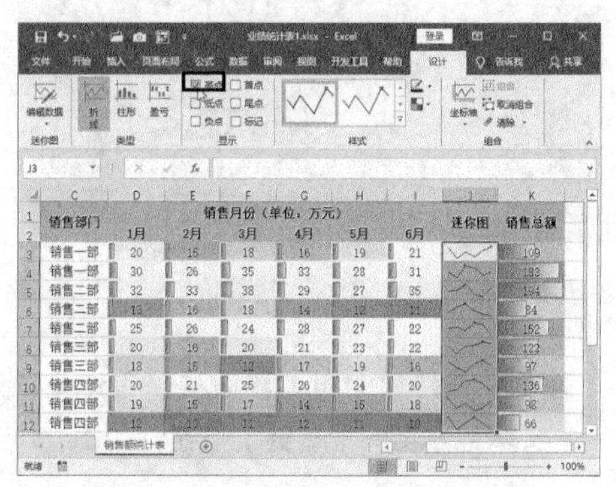

图9.3-67

⓭ 如果用户对高低点的颜色不太满意，可以根据需要进行设置。如选中单元格区域J3:J12，切换到【迷你图工具】栏中的【设计】选项卡，单击【样式】组中的【标记颜色】按钮，如图9.3-68所示。

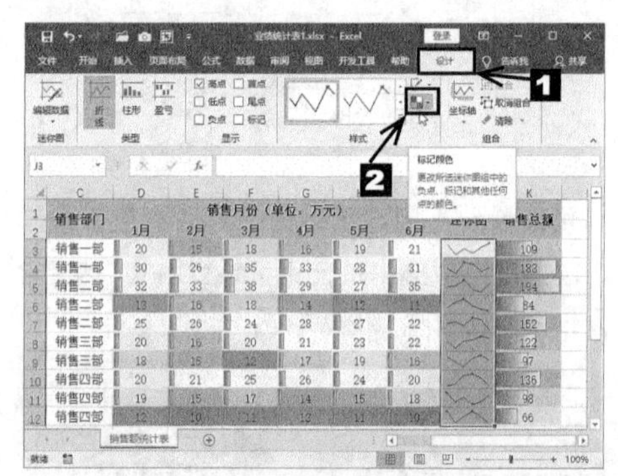

图9.3-68

⓮ 从弹出的下拉列表中选择【高点】→【绿色】选项，如图9.3-69所示。

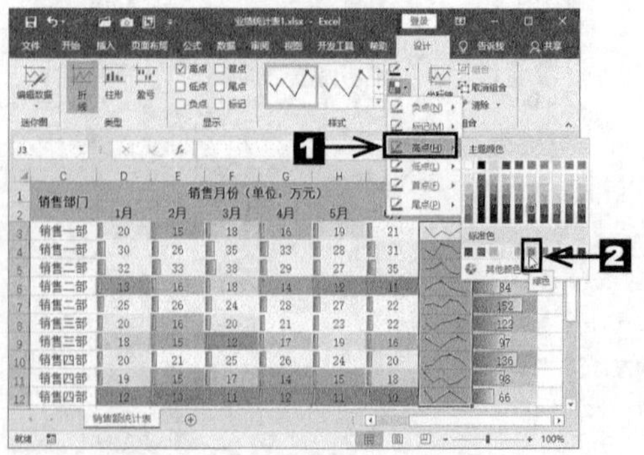

图9.3-69

⑮ 设置后的效果如图9.3-70所示。

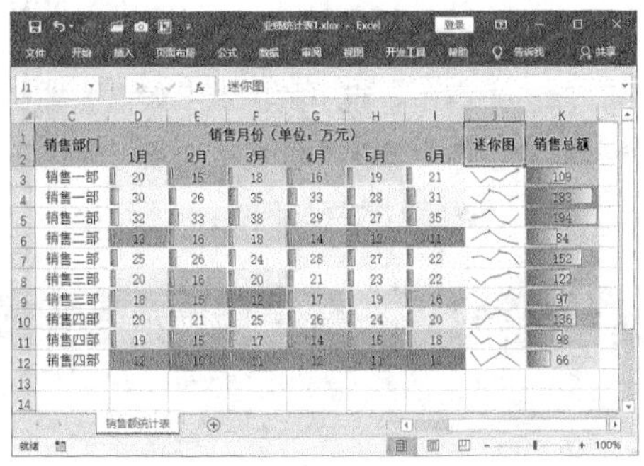

图9.3-70

⑯ 用户还可以更改迷你图的类型。切换到【迷你图工具】栏中的【设计】选项卡，单击【类型】组中的【柱形】按钮，这样即可将迷你图更改为柱形图，如图9.3-71所示。

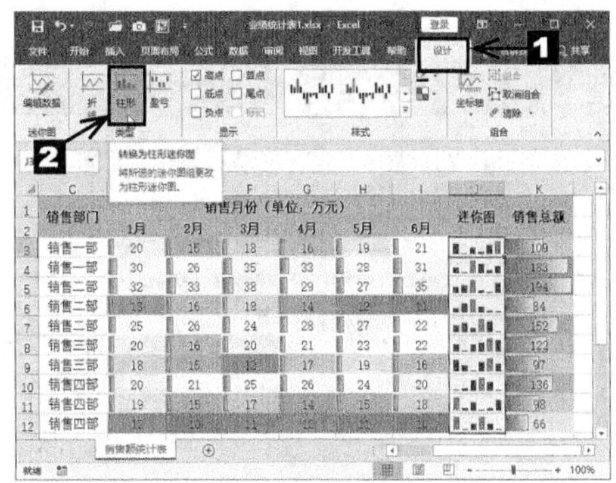

图9.3-71

9.4 课堂实训——采购物料供应状况表

根据本书9.3节学习的内容，将采购物料供应状况表工作簿中的标题栏字体加粗显示，并调整其字号为14号，然后将工作表中“状态”为“超订”的单元格填充红色底纹，如图9.4-1所示。

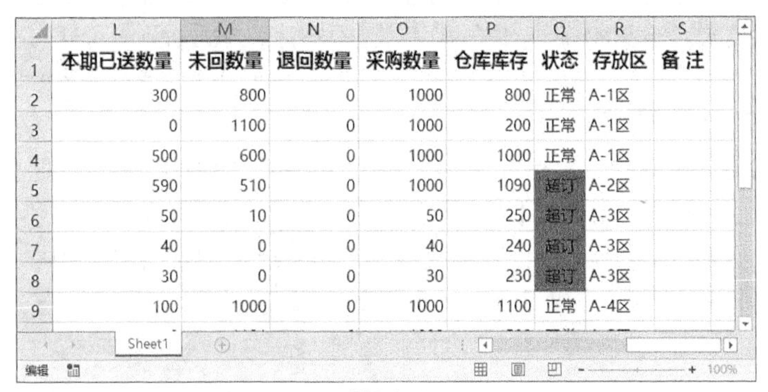

	L	M	N	O	P	Q	R	S
1	本期已送数量	未回数量	退回数量	采购数量	仓库库存	状态	存放区	备 注
2	300	800	0	1000	800	正常	A-1区	
3	0	1100	0	1000	200	正常	A-1区	
4	500	600	0	1000	1000	正常	A-1区	
5	590	510	0	1000	1090	超订	A-2区	
6	50	10	0	50	250	超订	A-3区	
7	40	0	0	40	240	超订	A-3区	
8	30	0	0	30	230	超订	A-3区	
9	100	1000	0	1000	1100	正常	A-4区	

图9.4-1

专业背景

采购物料供应状况表可以清晰地反映物料的采购、库存数量，可以及时地反映出采购物料与实际需求物料之间的差异。

实训目的

◎ 熟练掌握Excel 2016的设置字体功能

◎ 熟练掌握Excel 2016的填充底纹功能

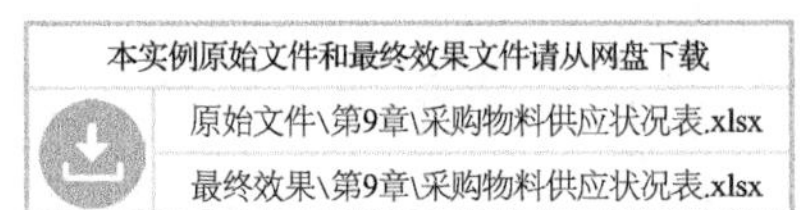

操作思路

❶ 设置字体。在【开始】选项卡的【字体】组中将标题字号调整为14号，并加粗显示，完成后的效果如图9.4-2所示。

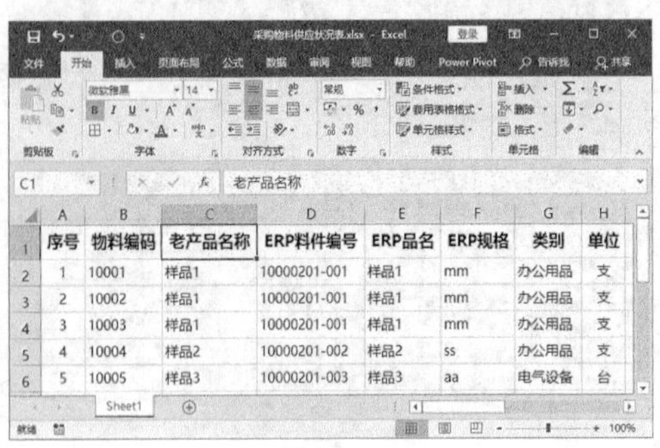

图9.4-2

❷ 填充底纹。选中“状态”为“超订”的单元格，单击【字体】组中的【填充颜色】按钮，从弹出的颜色库中选择【红色】选项。单击【确定】按钮，设置后的效果如图9.4-3所示。

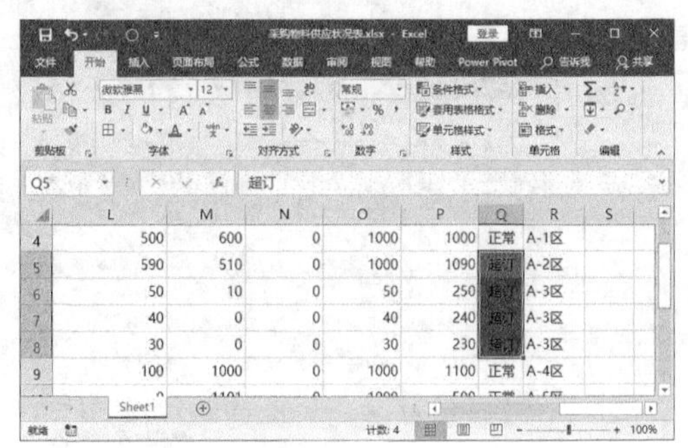

图9.4-3

9.5 常见疑难问题解析

问：如何在工作表有数据的行中，隔行插入空行?

答：首先在工作表左侧插入一列空列作为辅助列，然后在空列中输入奇数至工作表中有数据的最后一行，再继续输入同样多的偶数，最后对该列进行排序，即可看到隔行插入了空白行。

问：如何在批注中插入图片?

答：选中批注框，然后单击鼠标右键，在弹出的快捷菜单中选择【设置批注格式】选项，弹出【设置批注格式】对话框。切换到【颜色与线条】选项卡，在【填充】下拉列表中选择【填充效果】选项。打开【填充效果】对话框，切换到【图片】选项卡，单击【选择图片】选项，从弹出的界面中找到需要的图片，然后连续单击【确定】按钮即可。

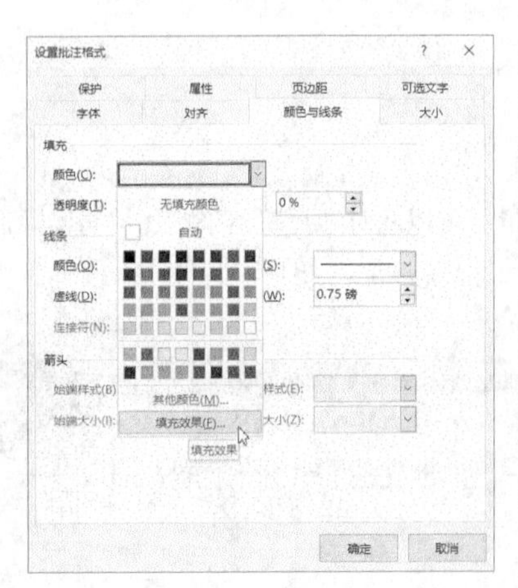

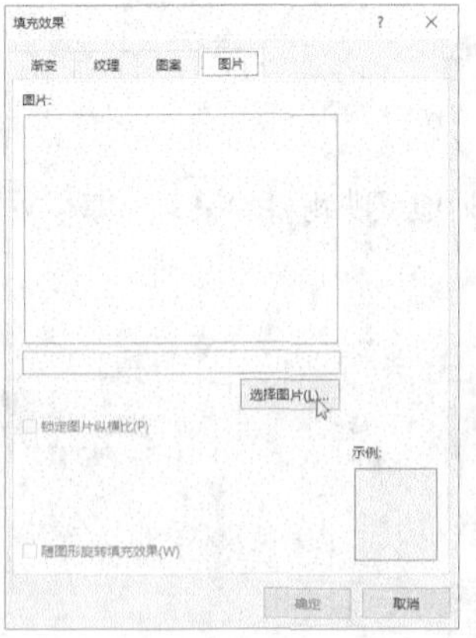

9.6　课后习题

（1）创建并保存一个名为“产品报价表”的工作簿，如图9.6-1所示。

（2）隐藏“个人收支表”工作簿中的“1-12月工作表”，如图9.6-2所示。

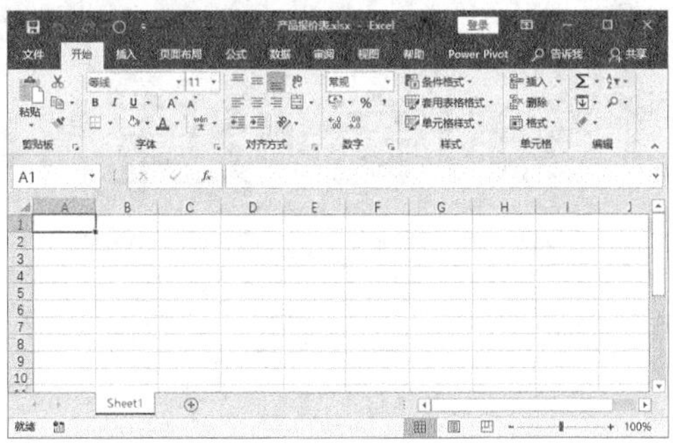

图9.6-1

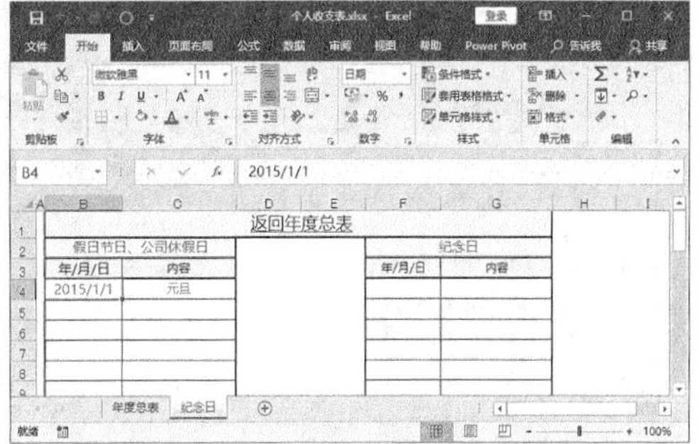

图9.6-2

第 10 章
Excel 2016的高级应用

本章内容简介

除了可以制作一般的表格，Excel 还具有强大的计算能力。熟练使用 Excel 公式与函数可以为用户的日常工作添姿增彩。本章主要介绍 Excel 2016 的高级应用，包括数据功能、公式与函数等。

学完本章读者能做什么

通过对本章的学习，读者能熟练掌握数据的排序、筛选、分类汇总等操作，还能掌握公式与函数的基本运用等。

学习目标

- 数据功能
- 公式与函数

10.1 数据功能

为了方便查看表格中的数据，用户可以对工作表中的数据进行排序、筛选、分类汇总等操作。

10.1.1 数据排序

数据排序分为简单排序、复杂排序、自定义排序3种，下面以对“销售统计表.xlsx”工作簿进行排序来详细介绍这3种排序方式。

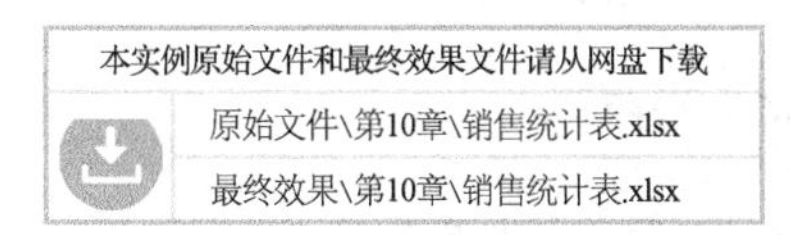

1. 简单排序

简单排序是指按照单一条件进行排序。

最开始录入销售统计表的数据的时候，是按照员工编号依次录入的。现在为了对两个部门进行统计对比，用户需要按照“部门”对数据进行降序排列，具体步骤如下。

❶ 打开本实例的原始文件，选中单元格区域A1:E11。切换到【数据】选项卡，在【排序和筛选】组中单击【排序】按钮，如图10.1-1所示。

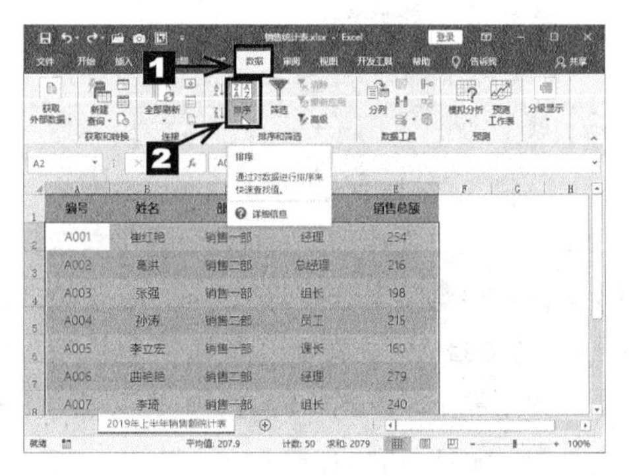

图10.1-1

❷ 弹出【排序】对话框，选中对话框右上方的【数据包含标题】复选框。在【主要关键字】下拉列表中选择【部门】选项，在【排序依据】下拉列表中选择【单元格值】选项，在【次序】下拉列表中选择【降序】选项，单击【确定】按钮，如图10.1-2所示。

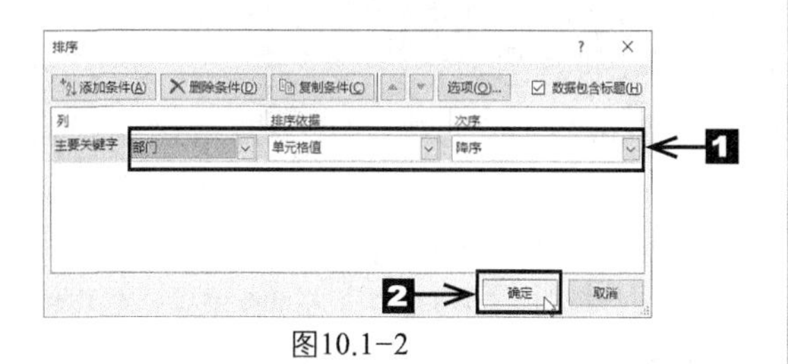

图10.1-2

❸ 返回工作表可以看到表格数据按照“部门”的拼音首字母进行降序排列，如图10.1-3所示。

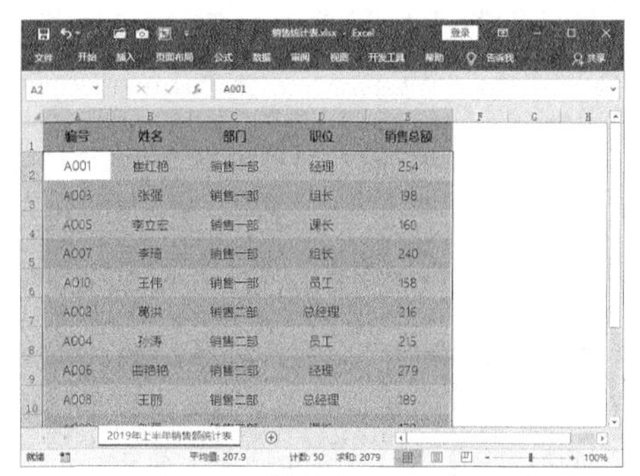

图10.1-3

2. 复杂排序

复杂排序是指按照多个条件进行排序。

销售统计表按“部门”进行降序排列后，用户可以发现相同部门的数据还是会保持着它们的原始次序。如果用户还要对这些相同部门的数据按照一定条件进行排序（例如按照“销售总额”进行降序排列），就需要用到复杂排序了。

❶ 打开本实例的原始文件，选中单元格区域A1:E11，切换到【数据】选项卡，在【排序和筛选】组中单击【排序】按钮，如图10.1-4所示。

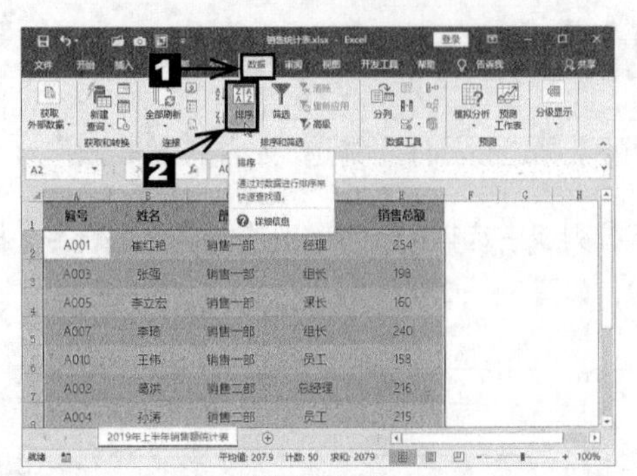

图10.1-4

❷ 弹出【排序】对话框，显示出前一小节中按照“部门”的拼音首字母对数据进行降序排列的排序条件，单击 添加条件(A) 按钮，如图10.1-5所示。

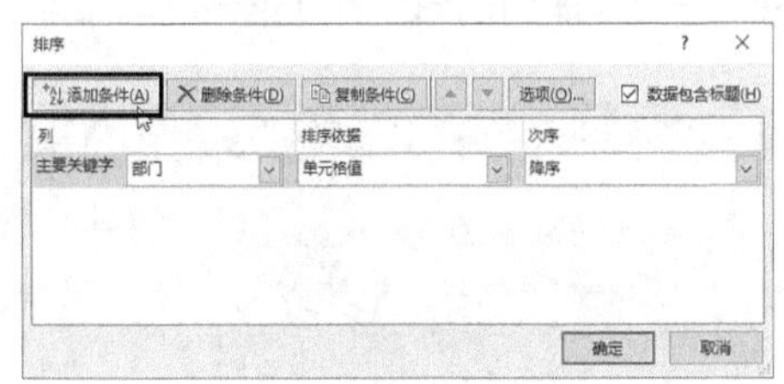

图10.1-5

❸ 此时可以添加一组新的排序条件，在【次要关键字】下拉列表中选择【销售总额】选项，在【排序依据】下拉列表中选择【单元格值】选项，在【次序】下拉列表中选择【降序】选项。单击【确定】按钮，如图10.1-6所示。

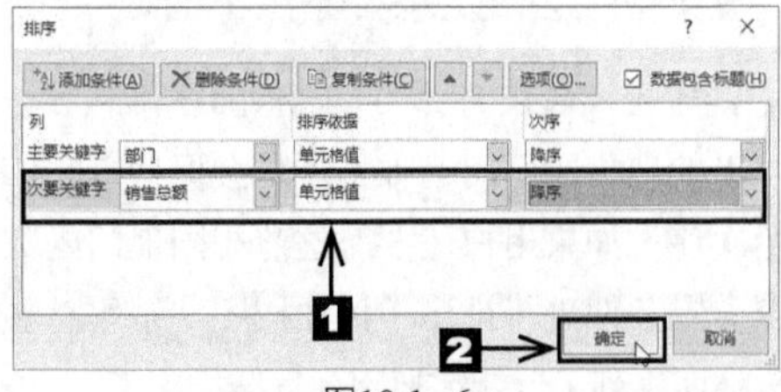

图10.1-6

❹ 返回工作表，可以看到表格数据在按照“部门”的拼音首字母进行降序排列的基础上，还按照“销售总额”的数值进行了降序排列，排序效果如图10.1-7所示。

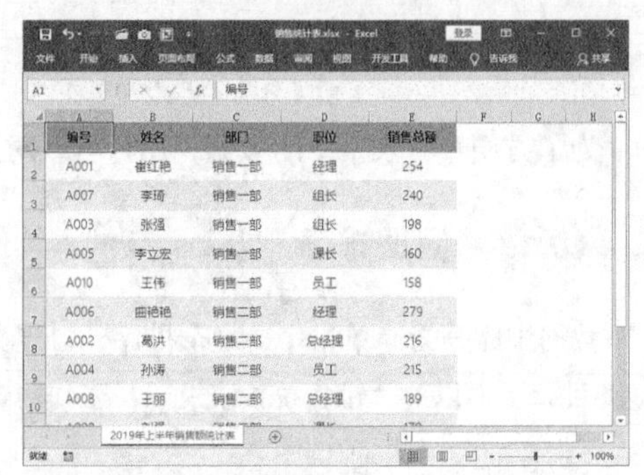

图10.1-7

3. 自定义排序

数据排序方式除了按照某个条件进行升序、降序排列外，还可以根据需要自定义排列顺序。

对销售统计表中的数据按照“自定义部门”顺序进行排序的具体步骤如下。

❶ 打开本实例的原始文件，选中单元格区域A1:E11，按照前面的方法打开【排序】对话框，即可看到前面所设置的两个排序条件。在第1个排序条件中的【次序】下拉列表中选择【自定义序列】选项，如图10.1-8所示。

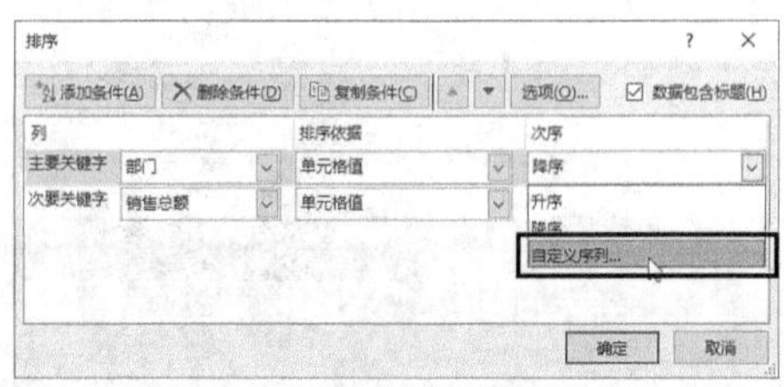

图10.1-8

❷ 弹出【自定义序列】对话框，在【自定义序列】列表框中选择【新序列】选项。在【输入序列】文本框中输入“总经理,经理,课长,组长,员工”，文本中间用英文半角状态下的逗号隔开。单击【添加】按钮，如图10.1-9所示。

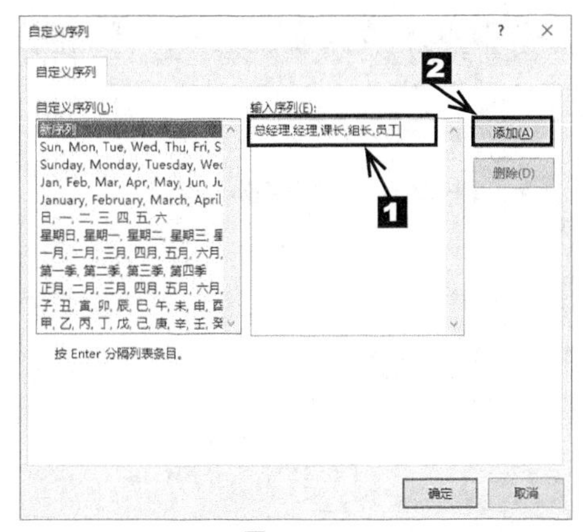

图10.1-9

❸ 可以看到新定义的序列“总经理,经理,课长,组长,员工”已经添加在【自定义序列】列表框中，单击【确定】按钮，如图10.1-10所示。

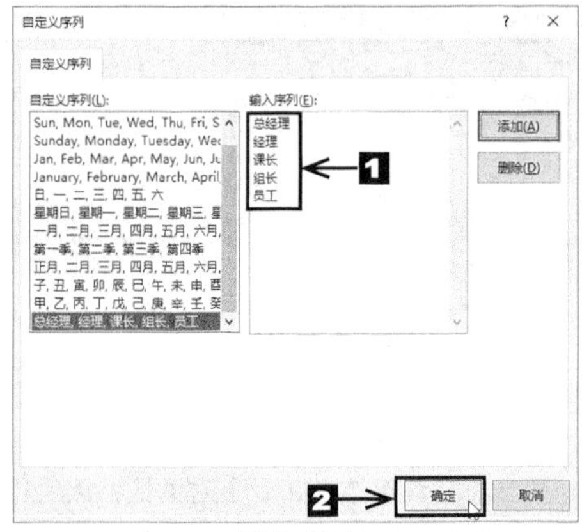

图10.1-10

❹ 返回【排序】对话框，可以看到第1个排序条件中的【次序】下拉列表中自动选择了【总经理,经理,课长,组长,员工】选项，单击【确定】按钮，如图10.1-11所示。

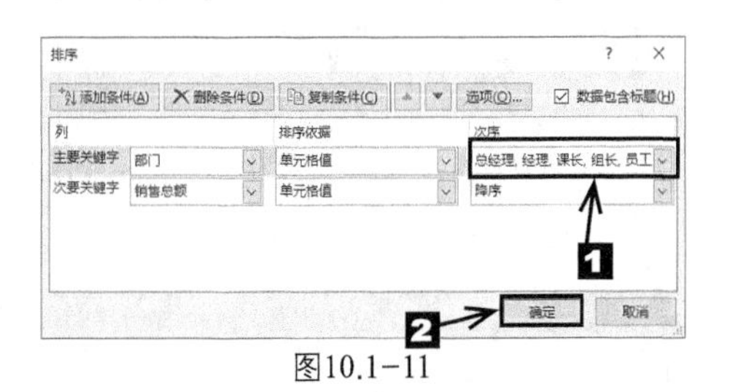

图10.1-11

❺ 返回工作表，排序效果如图10.1-12所示。

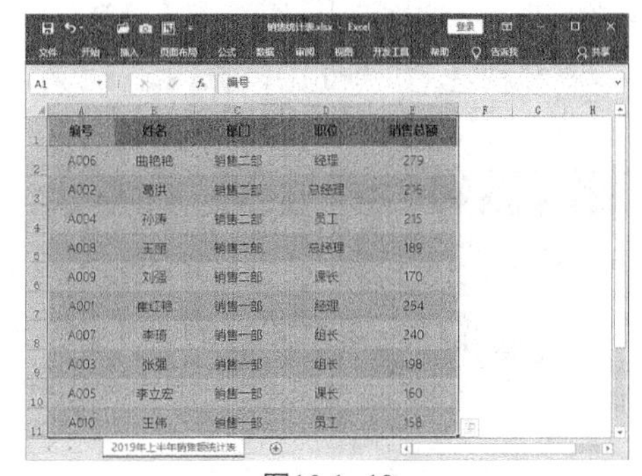

编号	姓名	部门	职位	销售总额
A006	曲艳艳	销售二部	经理	279
A002	葛洪	销售二部	总经理	216
A004	孙涛	销售二部	员工	215
A008	王丽	销售二部	总经理	189
A009	刘强	销售二部	课长	170
A001	崔红艳	销售一部	经理	254
A007	李琦	销售一部	组长	240
A003	张强	销售一部	组长	198
A005	李立宏	销售一部	课长	160
A010	王伟	销售一部	员工	158

图10.1-12

10.1.2 数据筛选

数据筛选是数据表格管理的一个常用项目和基本技能，通过数据筛选可以快速定位符合特定条件的数据，方便使用者第一时间获取需要的数据信息。数据筛选分为指定数据的筛选、指定条件的筛选、高级筛选3种，下面以对“销售统计表1.xlsx”工作簿进行排序为例详细介绍这3种筛选方式。

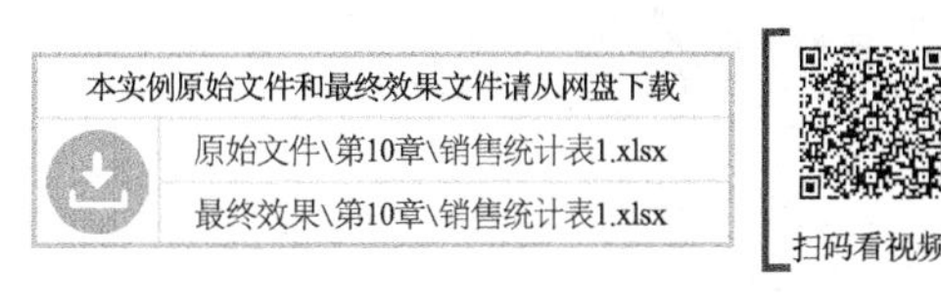

本实例原始文件和最终效果文件请从网盘下载

原始文件\第10章\销售统计表1.xlsx

最终效果\第10章\销售统计表1.xlsx

扫码看视频

1. 指定数据的筛选

❶ 打开本实例的原始文件，选中单元格区域A1:E11。切换到【数据】选项卡，单击【排序和筛选】组中的【筛选】按钮，进入筛选状态，各标题字段的右侧出现一个下拉按钮，如图10.1-13所示。

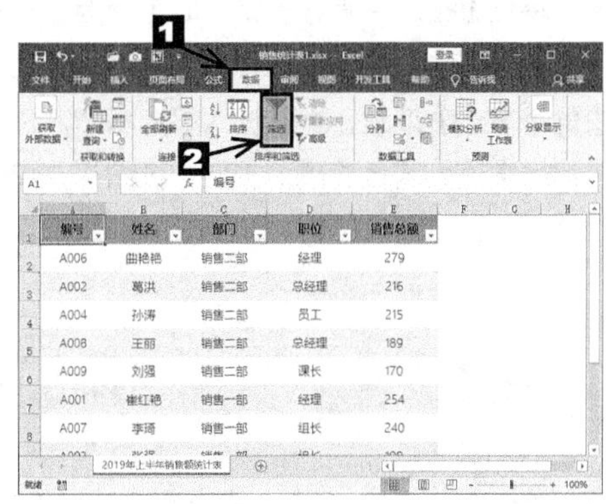

图10.1-13

❷ 单击标题字段【部门】右侧的下拉按钮▼，从弹出的筛选列表中撤选【销售二部】复选框，单击 确定 按钮，如图10.1-14所示。

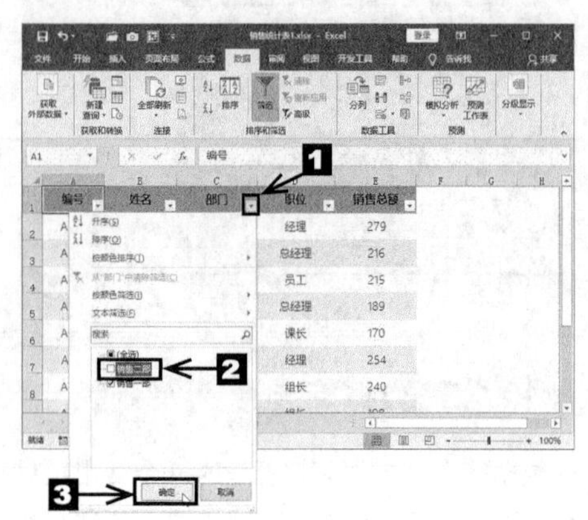

图10.1-14

❸ 返回工作表，筛选效果如图10.1-15所示。

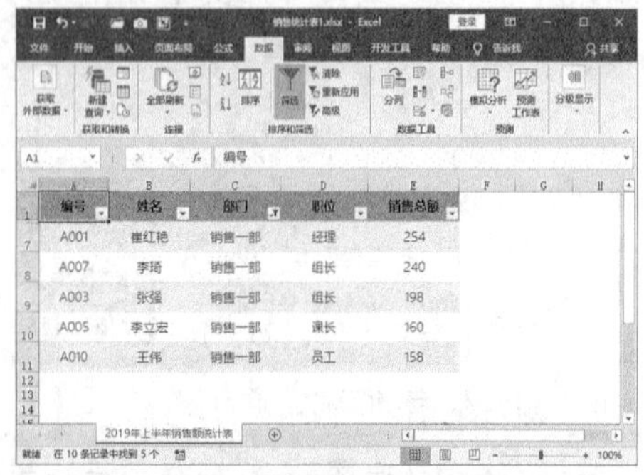

图10.1-15

2. 指定条件的筛选

❶ 选中单元格区域A1:E11，切换到【数据】选项卡，单击【排序和筛选】组中的【筛选】按钮即可撤销之前的筛选。再次单击【排序和筛选】组中的【筛选】按钮，重新进入筛选状态，然后单击标题字段【销售总额】右侧下拉按钮，如图10.1-16所示。

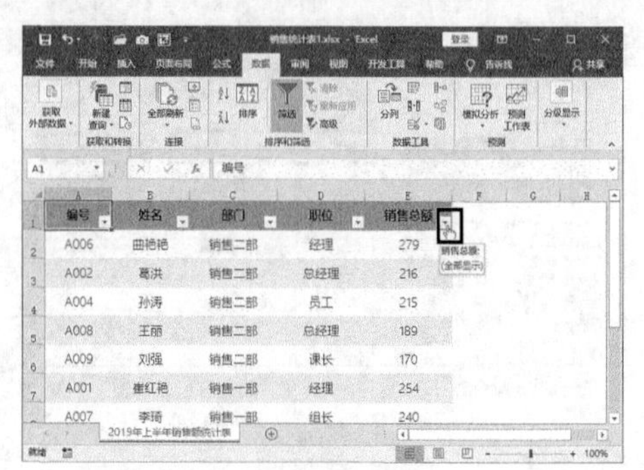

图10.1-16

❷ 从弹出的下拉列表中选择【数字筛选】→【前10 项】选项，如图10.1-17所示。

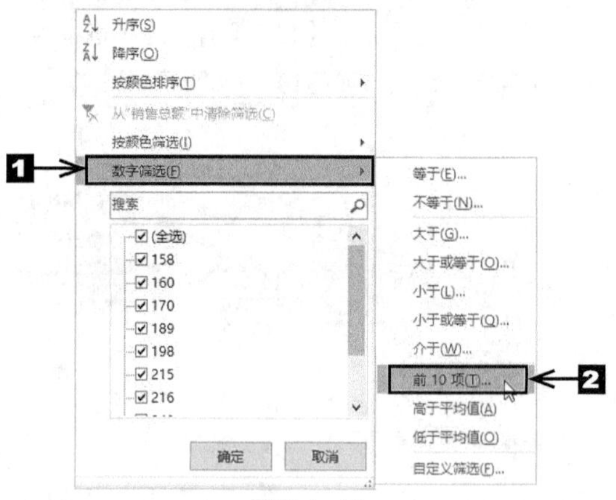

图10.1-17

❸ 弹出【自动筛选前10个】对话框，然后将显示条件设置为“最大5项”，单击 确定 按钮，如图10.1-18所示。

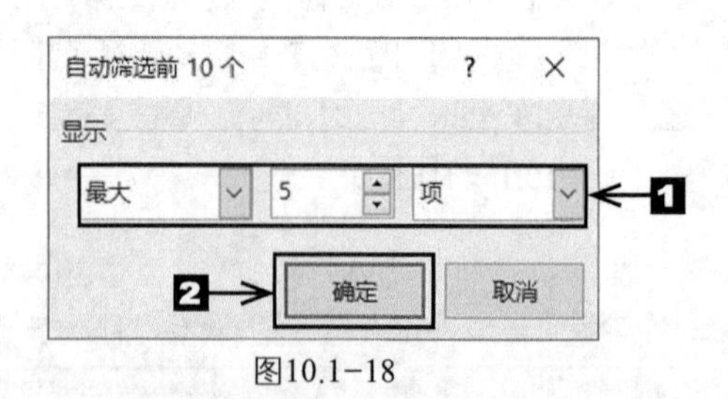

图10.1-18

❹ 返回工作表，筛选效果如图10.1-19所示。

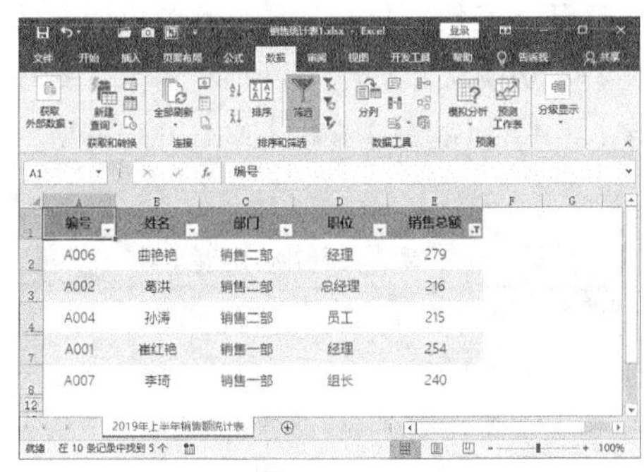

图10.1-19

3. 高级筛选

高级筛选一般用于筛选条件较复杂的情况，其筛选的结果可显示在原数据表格中，不符合条件的记录被隐藏起来；也可以在新的位置显示筛选结果，不符合条件的记录将保留在数据表中而不会被隐藏起来，这样更加便于数据比对。

筛选条件比较复杂时，如果用户使用系统自带的筛选条件，可能需要多次筛选。而如果用户使用高级筛选，就可以自定义筛选条件，具体操作步骤如下。

❶ 打开本实例的原始文件，切换到【数据】选项卡，单击【排序和筛选】组中的【筛选】按钮即可撤销之前的筛选。然后在不包含数据的区域内输入一个筛选条件，这里在单元格 E12 中输入“销售总额”，在单元格 E13 中输入“>200”，如图10.1-20所示。

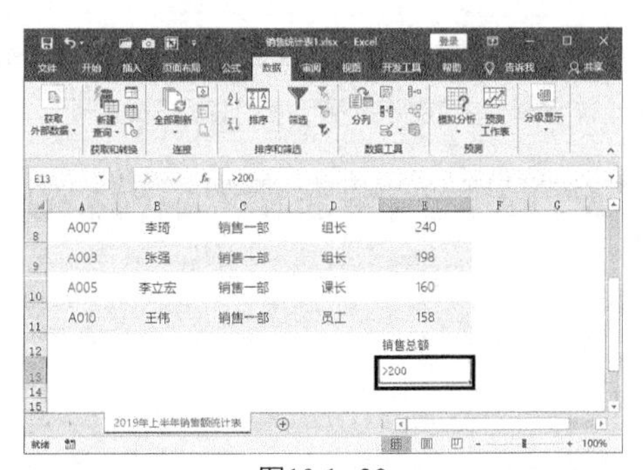

图10.1-20

❷ 将光标定位在数据区域的任意一个单元格中，单击【排序和筛选】组中的【高级】按钮，如图10.1-21所示。

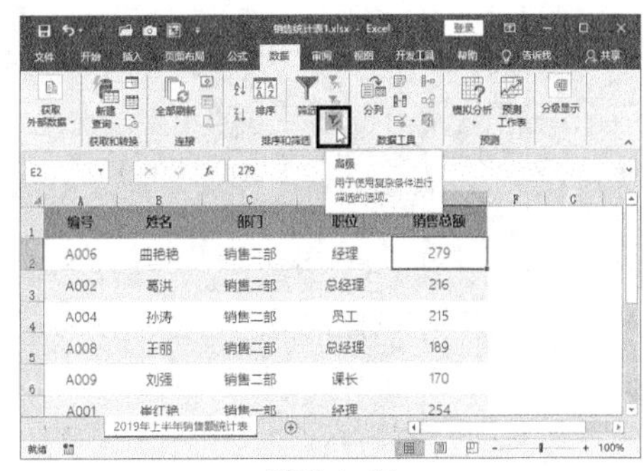

图10.1-21

❸ 弹出【高级筛选】对话框，在【方式】组合框中选择合适的位置，这里选中【在原有区域显示筛选结果】单选钮，然后单击【条件区域】文本框右侧的【折叠】按钮，如图10.1-22所示。

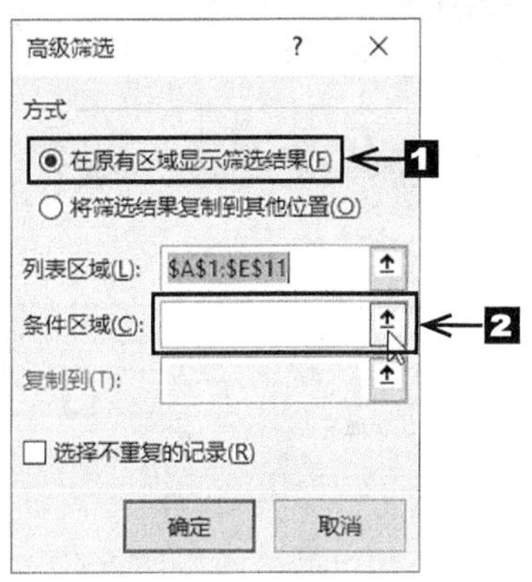

图10.1-22

❹ 弹出【高级筛选-条件区域:】对话框，然后在工作表中选中条件区域E12:E13，如图10.1-23所示。

图10.1-23

❺ 返回【高级筛选】对话框，可以看到在【条件区域】文本框中显示出了条件区域的范围，单击 确定 按钮，如图10.1-24所示。

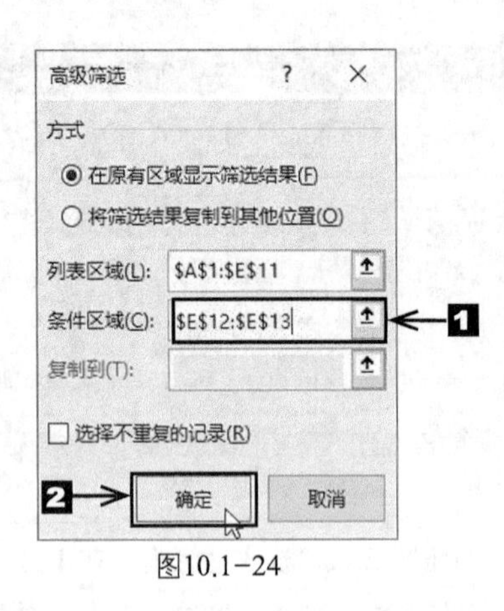

图10.1-24

❻ 返回工作表，筛选效果如图10.1-25所示。

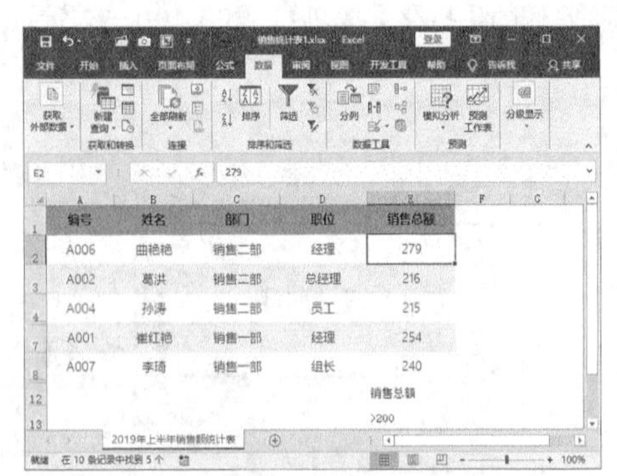

图10.1-25

10.1.3 分类汇总

分类汇总是指按某一字段的内容进行分类，并对每一类别统计出相应的结果数据。下面对销售统计表中的数据按照“部门”进行分类汇总和删除分类汇总操作。

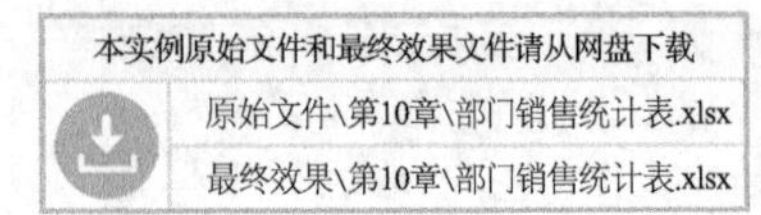

本实例原始文件和最终效果文件请从网盘下载

原始文件\第10章\部门销售统计表.xlsx

最终效果\第10章\部门销售统计表.xlsx

扫码看视频

1. 创建分类汇总

❶ 打开本实例的原始文件，选中单元格区域A1:K13。切换到【数据】选项卡，单击【排序和筛选】组中的【排序】按钮，如图10.1-26所示。

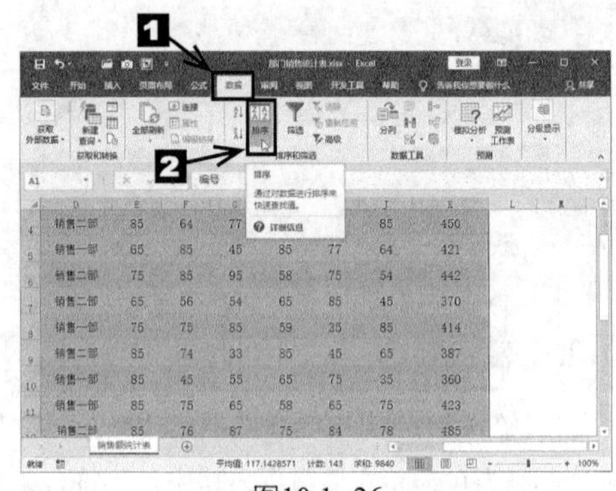

图10.1-26

❷ 弹出【排序】对话框，选中对话框右上方的【数据包含标题】复选框。在【主要关键字】下拉列表中选择【部门】选项，在【排序依据】下拉列表中选择【单元格值】选项，在【次序】下拉列表中选择【降序】选项。设置完毕后单击【确定】按钮，如图10.1-27所示。

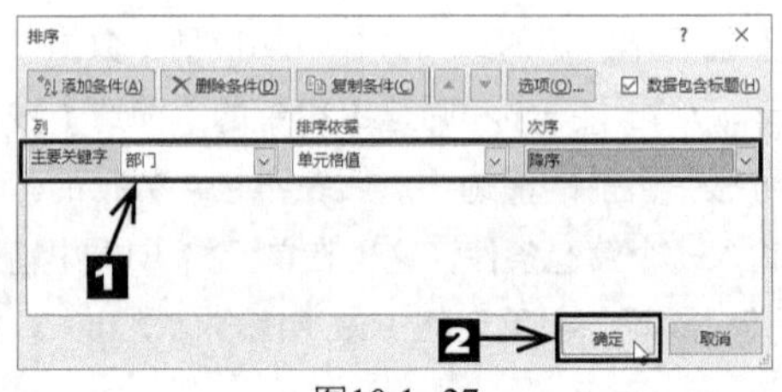

图10.1-27

❸ 返回工作表，可以看到数据根据“部门”的拼音首字母进行降序排列，如图10.1-28所示。

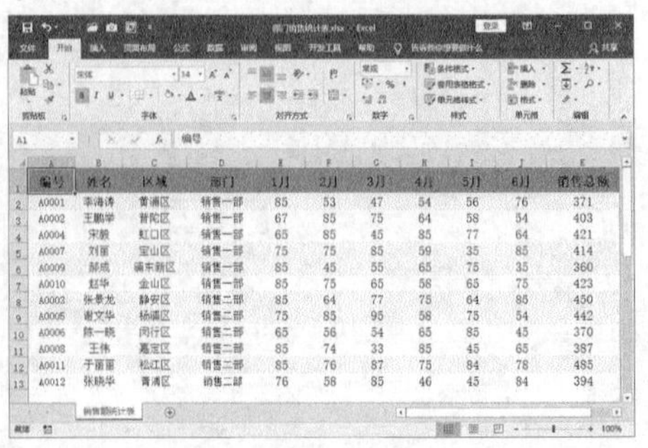

图10.1-28

❹ 单击【分级显示】组中的【分类汇总】按钮，如图10.1-29所示。

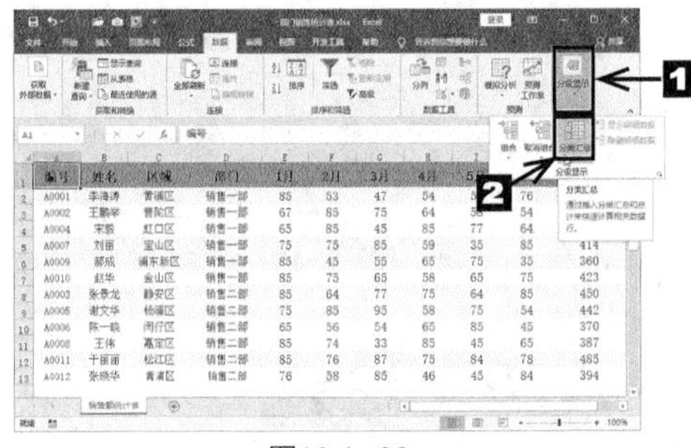

图10.1-29

❺ 弹出【分类汇总】对话框，在【分类字段】下拉列表中选择【部门】选项，在【汇总方式】下拉列表中选择【求和】选项，在【选定汇总项】列表框中选中【销售总额】复选框。单击 确定 按钮，如图10.1-30所示。

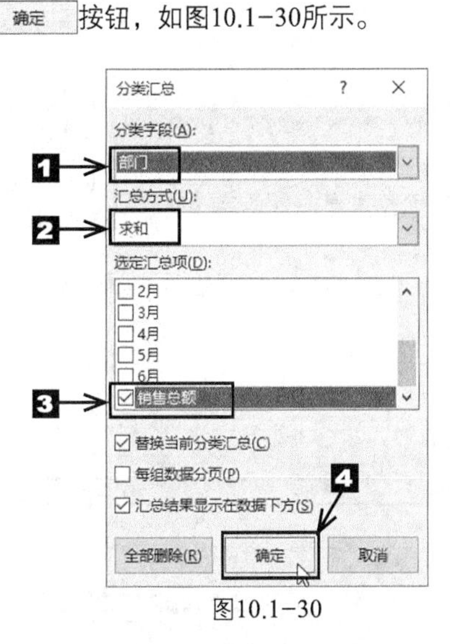

图10.1-30

❻ 返回工作表中，分类汇总效果如图10.1-31所示。

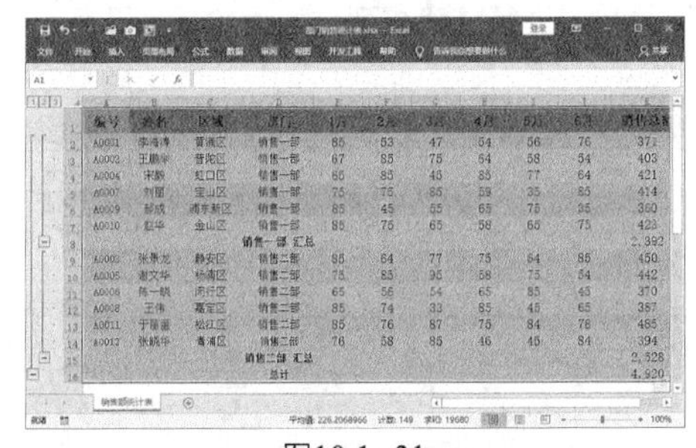
图10.1-31

2. **删除分类汇总**

如果用户不再需要将工作表中的数据以分类汇总的方式显示出来，则可将创建好的分类汇总删除。

❶ 打开本实例的原始文件，将光标定位在数据区域的任意单元格中，切换到【数据】选项卡，单击【分级显示】组中【分类汇总】按钮，如图10.1-32所示。

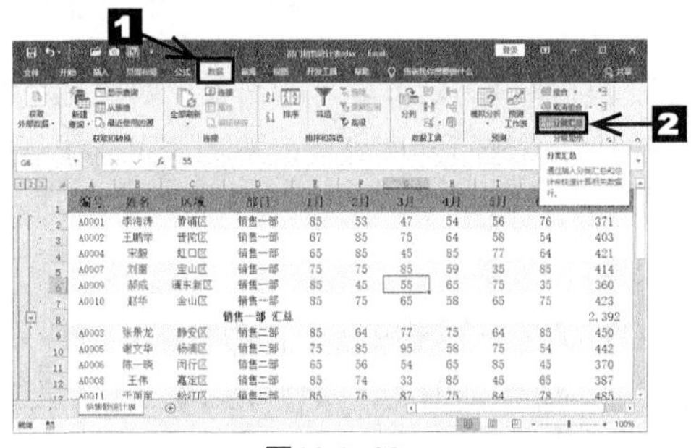

图10.1-32

❷ 弹出【分类汇总】对话框，单击 全部删除(R) 按钮，如图10.1-33所示。

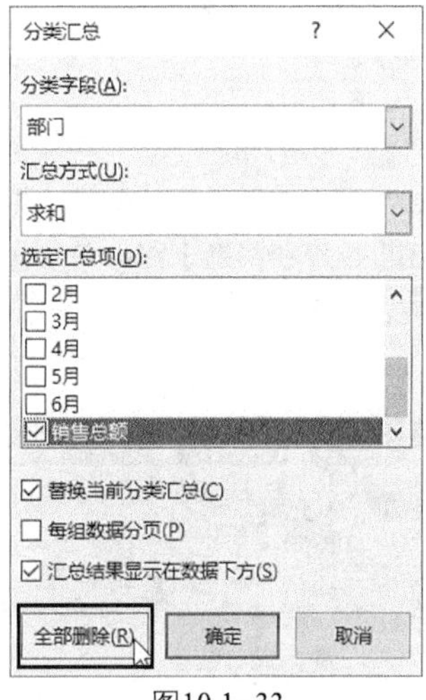

图10.1-33

❸ 返回Excel工作表，可以看到所创建的分类汇总全部被删除了，工作表恢复到分类汇总前的状态，效果如图10.1-34所示。

图10.1-34

10.2 课堂实训——成绩考核表

根据本书10.1节学习的内容，对员工成绩考核表进行排序及筛选，此处对工作表中的数据按照“总成绩”进行降序排列，并筛选出“业务知识”大于“90”的数据。

专业背景

在员工成绩考核表中，用户很难一眼就看出哪个员工的考核成绩最优秀，为了方便观看和查找，也为了节省时间，用户可以对工作表进行排序和筛选。

实训目的

◎ 掌握数据排序的方法

◎ 掌握数据筛选的方法

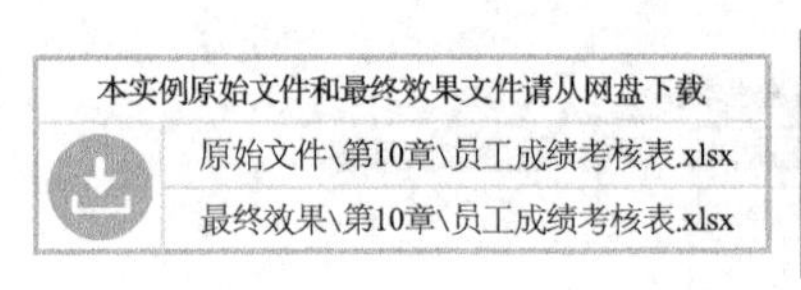

操作思路

❶ 打开本实例的原始文件，将光标定位在数据区域的任意一个单元格中。切换到【数据】选项卡，然后在【排序和筛选】组中单击【排序】按钮，如图10.2-1所示。

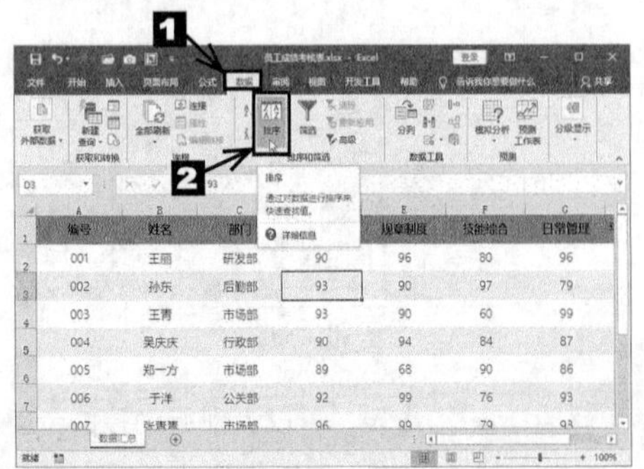

图10.2-1

❷ 弹出【排序】对话框，在【主要关键字】下拉列表中选择【总成绩】选项，在【次序】下拉列表中选择【降序】选项，单击【确定】按钮，如图10.2-2所示。

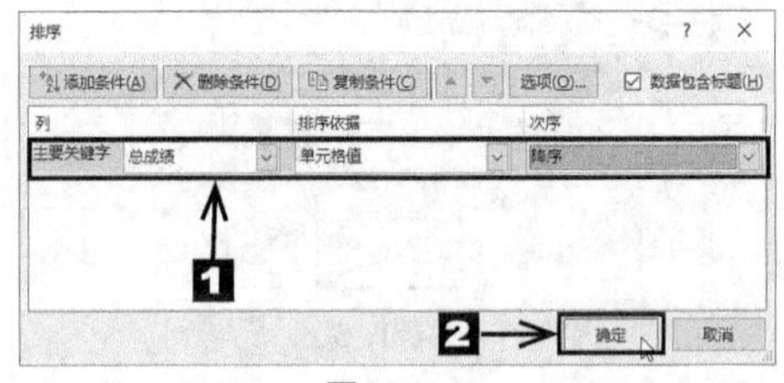

图10.2-2

❸ 返回工作表，可以看到表格数据按照“总成绩”的数值进行降序排列，如图10.2-3所示。

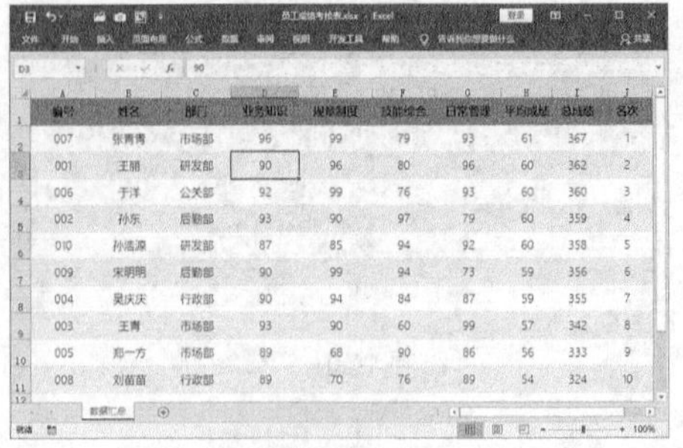

图10.2-3

❹ 排序完毕即可对成绩进行筛选，筛选出“业务知识”成绩优秀的员工。切换到【数据】选项卡，单击【排序和筛选】组中的【筛选】按钮，此时工作表进入筛选状态，各标题字段的右侧出现一个下拉按钮，如图10.2-4所示。

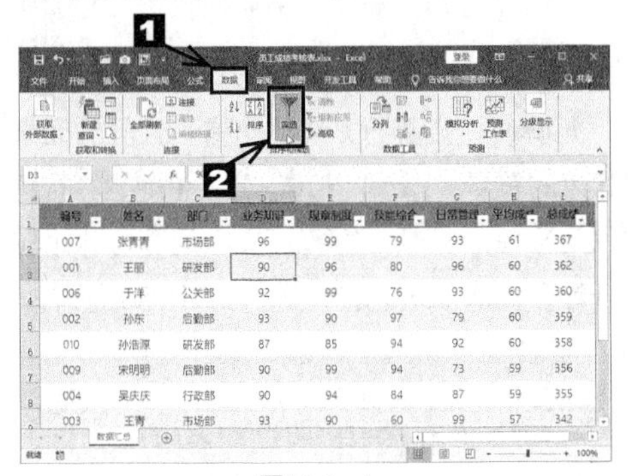

图10.2-4

❺ 单击标题字段【业务知识】右侧的下拉按钮，在弹出的筛选列表中选择【数字筛选】→【大于或等于】选项，如图10.2-5所示。

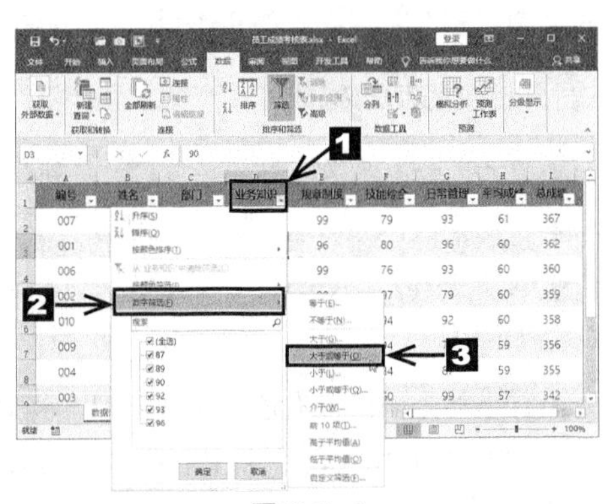

图10.2-5

❻ 弹出【自定义自动筛选方式】对话框，在【大于或等于】后的列表框中输入“90”，然后单击【确定】按钮，如图10.2-6所示。

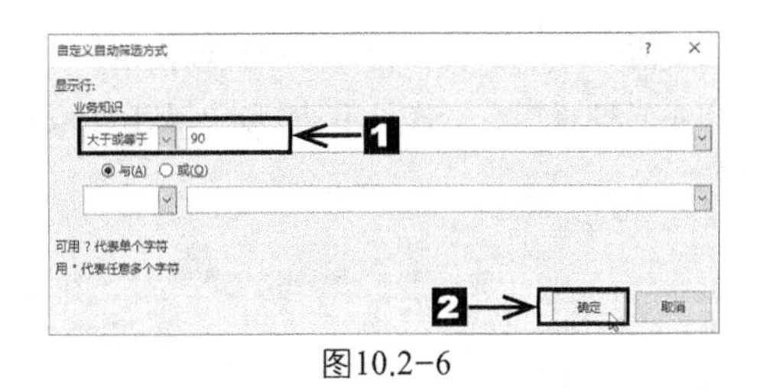

图10.2-6

❼ 筛选后的效果如图10.2-7所示。

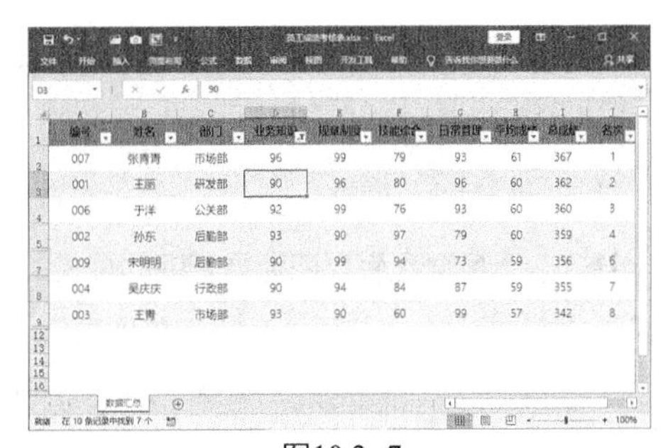

图10.2-7

10.3 公式与函数

公式与函数是 Excel 中进行数据输入、统计、分析必不可少的技能之一。学好公式与函数的关键是厘清问题的逻辑思路。

10.3.1 公式的基本概念

Excel中的公式是以等号（=）开头，通过运算符将数据和函数等元素按一定顺序连接在一起的表达式。在Excel中，凡是在单元格中先输入等号=，再输入其他数据的，都会被自动判定为公式。

现在以下面两个公式为例，介绍一下公式的组成与结构。

<公式1>

=TEXT(MID(A2,7,8),"0000-00-00")

这是一个从18位身份证号中提取出生日期并将出生日期以特定格式显示的公式，如图10.3-1所示。

C2 =TEXT(MID(A2,7,8),"0000-00-00")

身份证号	性别	生日	年龄
51****197604095634	男	1976-04-09	43
41****197805216362	女	1978-05-21	41
43****197302247985	女	1973-02-24	46
23****197103068261	女	1971-03-06	48
36****196107246846	女	1961-07-24	57
41****197804215550	男	1978-04-21	41

图10.3-1

<公式2>

=(TODAY()-C2)/365

这是一个根据出生日期计算年龄的公式，如图10.3-2所示。

D2 =(TODAY()-C2)/365

身份证号	性别	生日	年龄
51****197604095634	男	1976-04-09	43
41****197805216362	女	1978-05-21	41
43****197302247985	女	1973-02-24	46
23****197103068261	女	1971-03-06	48
36****196107246846	女	1961-07-24	57
41****197804215550	男	1978-04-21	41

图10.3-2

公式由以下几种基本元素组成。

等号：公式必须以等号开头，例如公式1、公式2都是以等号开头的。

常量：常量包括常数和字符串，例如公式1中的7和8是常数，"0000-00-00"是字符串，公式2中的365也是常数。

单元格引用：单元格引用是指以单元格地址或名称来代表单元格的数据进行计算，例如公式1中的A2，公式2中的C2。

函数：函数也是公式中的一个元素，对于一些特殊的、复杂的运算而言，使用函数会更简单，例如公式1中的TEXT和MID都是函数，公式2中的TODAY也是函数。

括号：一般每个函数后面都会跟一个括号，用于设置参数，另外括号还可以用于控制公式中各元素运算的先后顺序，例如公式1、公式2中均含有括号。

运算符：运算符是将多个参与计算的元素连接起来的符号，Excel 2016的公式中的运算符包含引用运算符、算数运算符、文本运算符和比较运算符等，例如公式2中的“/”属于比较运算符。

提示：在Excel 2016的公式中开头的等号可以用加号代替。

10.3.2 函数的基本概念

Excel 2016 提供了大量的内置函数，利用这些函数进行数据计算与分析，不仅可以大大提高工作效率，还可以提高数据的准确率。

1. 函数的基本构成

函数大部分由函数名称和函数参数两部分组成，即“=函数名(参数1,参数2,…,参数*n*)”，如“=SUM(A1:A10)”就是指对单元格区域A1:A10中的数值求和。

还有小部分函数没有函数参数，即“=函数名()”，如“=TODAY()”就是指得到系统的当前日期。

2. 函数的种类

根据运算类别及应用行业的不同，Excel 2016中的函数可以分为：财务、日期与时间、数学与三角函数、统计、查找与引用、数据库、文本、逻辑、信息、工程多维数据集、兼容性和Web等。

10.3.3 逻辑函数

逻辑函数是一种用于进行真假值判断或复合检验的函数。逻辑函数是Excel函数中最常用的函数之一，常用的逻辑函数包括IF函数、AND

函数、OR函数等。下面对“考勤表.xlsx”工作簿应用IF函数、AND函数和OR函数，得到“迟到”“早退”及“正常出勤”的员工的数据的操作方法进行介绍。

1. IF函数

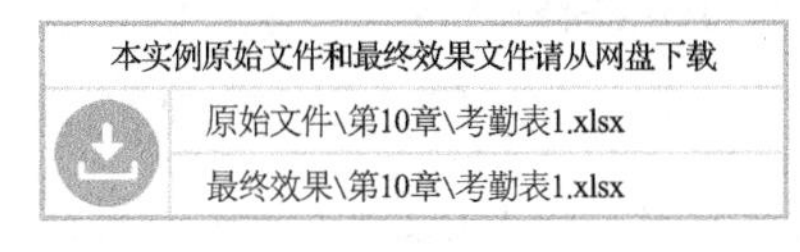

IF函数可以说是逻辑函数中的王者了，它的应用十分广泛。基本用法是：根据指定的条件进行判断，得到满足条件的结果1或者不满足条件的结果2。其语法结构如下。

IF(判断条件,满足条件的结果1,不满足条件的结果2)

下面通过一个具体案例来学习一下IF函数的实际应用。

例：公司规定上班时间为8:00，下班时间为17:00，如图10.3-3所示。下面使用IF函数来判断哪些员工迟到了。

编号	姓名	日期	上班时间	下班时间	迟到	早退
SL00001	王鹏	2018/4/1	7:37:11	10:42:32		
SL00001	王鹏	2018/4/2	8:00:03	18:07:06		
SL00001	王鹏	2018/4/3	8:06:22	17:02:40		
SL00001	王鹏	2018/4/4	7:51:54	17:00:29		
SL00001	王鹏	2018/4/7	7:52:17	17:01:29		
SL00001	王鹏	2018/4/8	7:59:28	17:01:17		
SL00001	王鹏	2018/4/9	7:59:35	17:01:20		
SL00001	王鹏	2018/4/10	7:51:54	17:08:46		
SL00001	王鹏	2018/4/11	7:49:39	17:03:29		
SL00001	王鹏	2018/4/12	7:55:36	17:00:52		
SL00001	王鹏	2018/4/13	7:49:39	17:01:59		
SL00001	王鹏	2018/4/16	7:53:23	17:02:53		
SL00001	王鹏	2018/4/17	8:05:51	17:07:15		

图10.3-3

首先，我们分析一下这个问题，并根据分析做一个逻辑关系图。

上班时间超过8:00即为迟到，下班时间早于17:00即为早退。由此可以设定判断条件，然后确定判断结果。满足条件的结果为“迟到”，不满足条件的结果为“空值”，如图10.3-4所示。

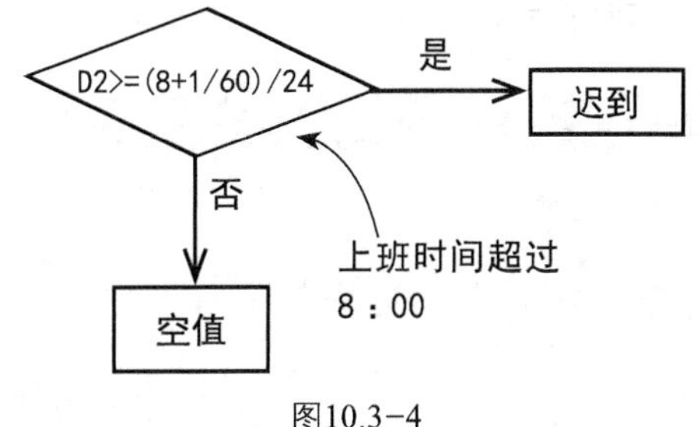

图10.3-4

❶ 打开本实例的原始文件，选中单元格F2。切换到【公式】选项卡，单击【函数库】组中的【逻辑】按钮，在弹出的下拉列表中选择【IF】选项，如图10.3-5所示。

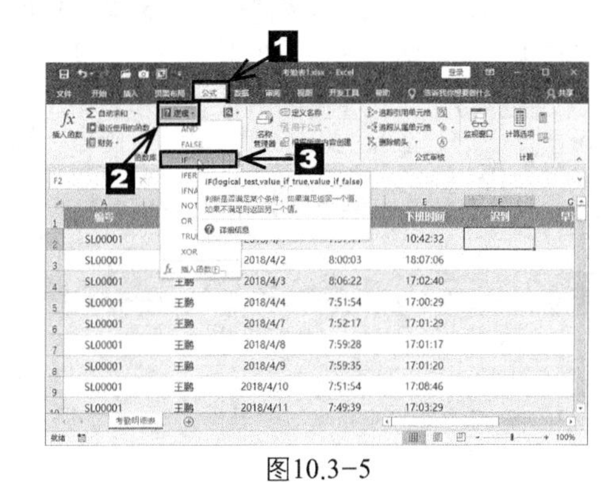

图10.3-5

❷ 弹出【函数参数】对话框，在第1个参数文文本框中输入“D2>=(8+1/60)/24”。若满足条件返回结果“迟到”，不满足条件则返回结果为空。单击【确定】按钮，如图10.3-6所示。

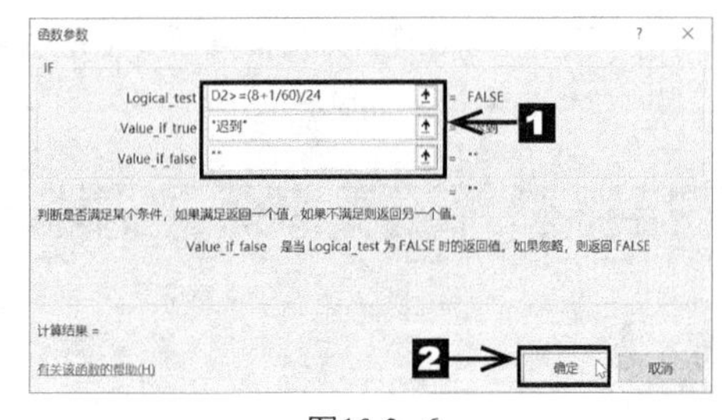

图10.3-6

❸ 返回工作表，效果如图10.3-7所示。

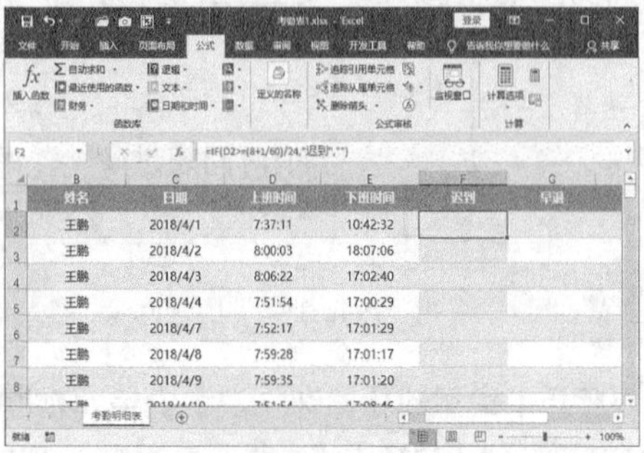

图10.3-7

❹ 将鼠标指针移动到单元格F2的右下角，双击鼠标左键，这样即可将公式带格式填充到下面的单元格中。同时会弹出一个【自动填充选项】按钮，单击此按钮，在弹出的下拉列表中选中【不带格式填充】单选钮，这样即可将公式不带格式地填充到下面的单元格中，如图10.3-8所示。

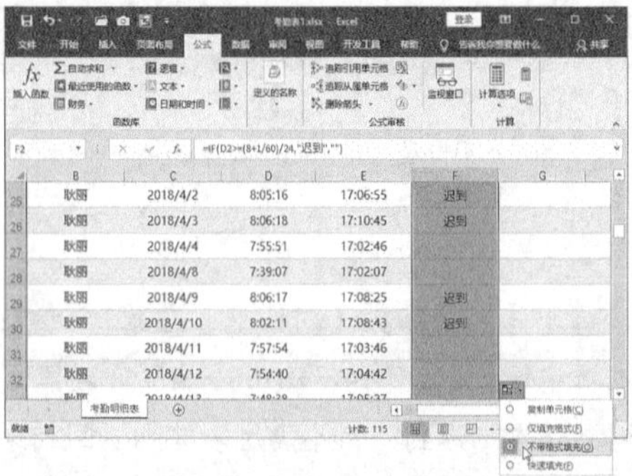

图10.3-8

❺ 用户可以按照相同的方法，判断员工是否早退，最终效果如图10.3-9所示。

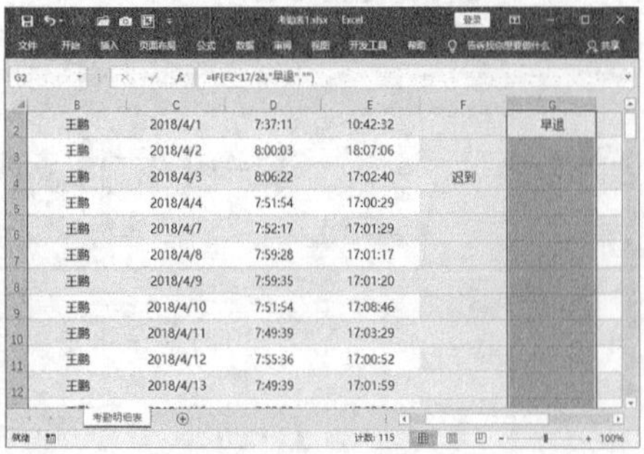

图10.3-9

2. AND 函数

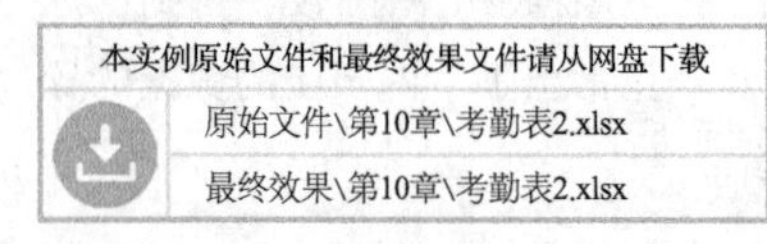

AND 函数是用来判断多个条件是否同时成立的逻辑函数，其语法格式如下。

AND(条件1,条件2,…)

AND 函数的特点：在众多条件中，只有全部为真时，其逻辑值才为真；只要有一个条件为假，其逻辑值为假。其逻辑关系判断如表10.3-1所示。

表10.3-1

条件 1	条件 2	逻辑值
真	真	真
真	假	假
假	真	假
假	假	假

但AND函数的结果就是一个逻辑值 TRUE 或 FALSE，不能直接参与数据计算与处理，一般需要与其他函数嵌套使用。前面介绍的 IF 函数只能用于一个条件的判断，在实际操作中，经常需要同时对几个条件进行判断。例如要判断员工是否正常出勤，所谓正常出勤，就是既不能迟到也不能早退。也就是说要同时满足两个条件才能算正常出勤，此时只使用 IF 函数，是无法做出判断的，这时就需要使用 AND 函数来辅助了。

还是根据条件做一个逻辑关系图。首先确定判断条件，判断条件就是既不迟到也不早退，即上班时间早于 8:01，下班时间晚于17:00。然后确定判断的结果，满足两个条件的结果为“是”，不满足条件的结果为“否”，如图10.3-10所示。

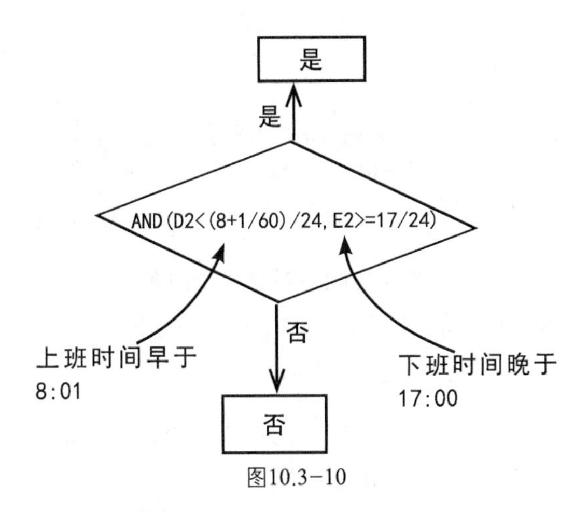

图10.3-10

❶ 打开本实例的原始文件，选中单元格 I2。切换到【公式】选项卡，单击【函数库】组中的【逻辑】按钮，在弹出的下拉列表中选择【IF】选项，如图10.3-11所示。

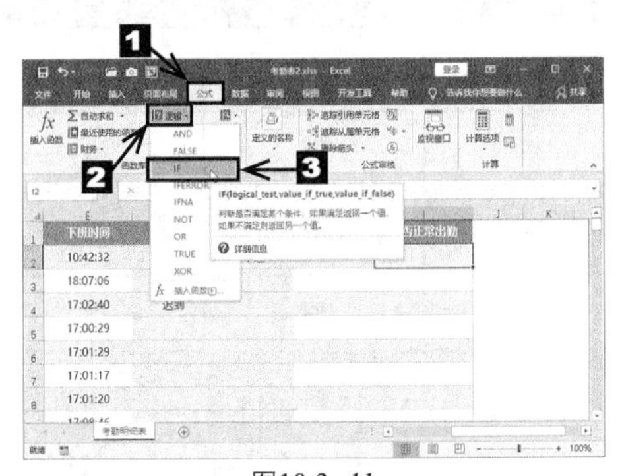
图10.3-11

❷ 弹出【函数参数】对话框，先把简单的参数设置好，满足条件的结果1“是”，不满足条件的结果2“否”。然后将光标移动到第1个文本框中，如图10.3-12所示。

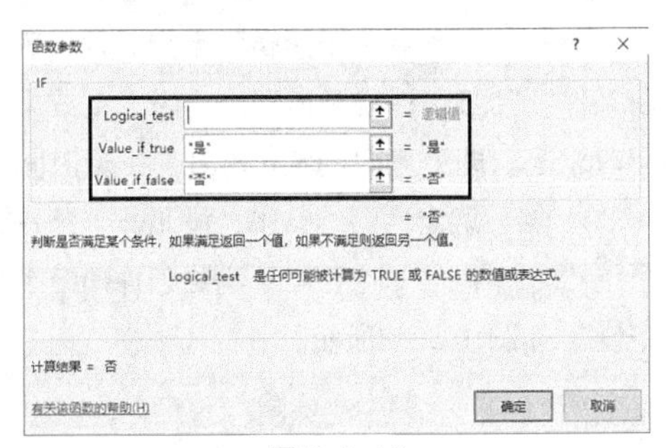

图10.3-12

❸ 单击工作表中名称框右侧的下三角按钮，在弹出的下拉列表中选择【其他函数】选项（如果下拉列表中有AND函数，也可以直接选择AND函数），如图10.3-13所示。

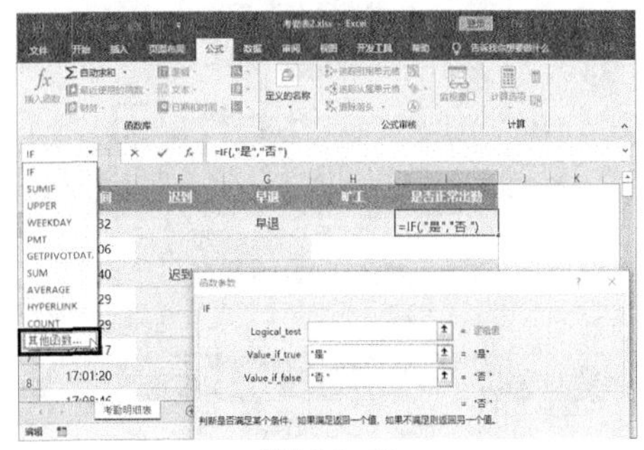
图10.3-13

❹ 弹出【插入函数】对话框，在【或选择类别】下拉列表中选择【逻辑】选项，在【选择函数】列表框中选择【AND】选项，单击【确定】按钮，如图10.3-14所示。

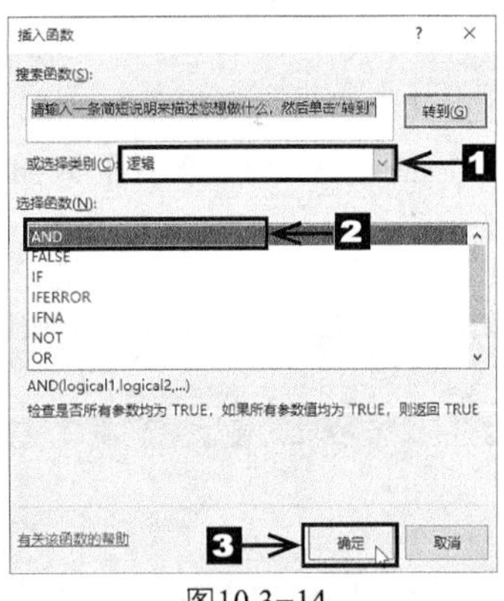

图10.3-14

❺ 弹出AND函数的【函数参数】对话框，依次在前两个文本框中输入参数“D2<(8+1/60)/24”和“E2>=17/24”。单击【确定】按钮，如图10.3-15所示。

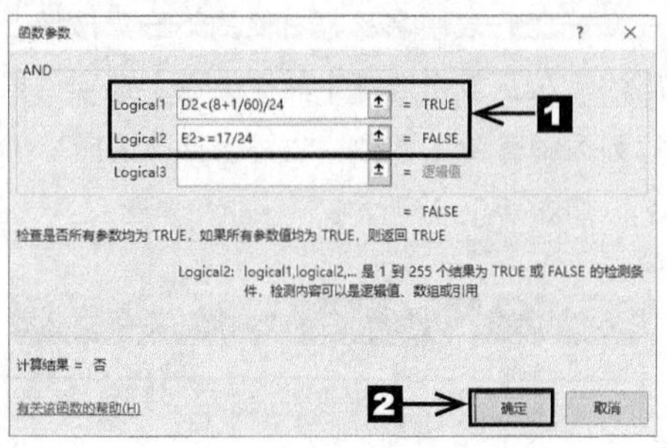

图10.3-15

❻ 返回工作表，效果如图10.3-16所示。

图10.3-16

❼ 按照前文的方法，将单元格I2中的公式不带格式地填充到下面的单元格中，如图10.3-17所示。

图10.3-17

3. OR 函数

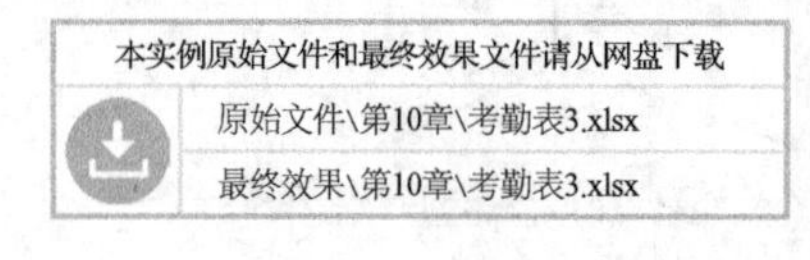

扫码看视频

OR函数的功能是对公式中的条件进行连接。其语法格式如下。

OR(条件1,条件2,…)

OR函数的特点：在众多条件中，只要有一个条件为真时，其逻辑值就为真；只有全部条件为假时，其逻辑值才为假。其逻辑判断关系如表10.3-2所示。

表10.3-2

条件 1	条件 2	逻辑值
真	真	真
真	假	真
假	真	真
假	假	假

OR函数与AND函数的结果一样，也是一个逻辑值TRUE或FALSE，不能直接参与数据计算与处理，一般需要与其他函数嵌套使用。例如要判断员工是否旷工，假设迟到或早退半小时以上的都算旷工，也就是说只要满足两个条件中的任何一个条件就算旷工。这里将 IF 函数与 OR 函数嵌套使用。

还是根据条件做一个逻辑关系图。首先确定判断条件，判断条件就是迟到半小时以上或早退半小时以上，即上班时间晚于8:31，下班时间早于16:30。然后确定判断的结果，满足一个条件或两个条件的结果为“旷工”，不满足条件的结果为“空值”。如图10.3-18所示。

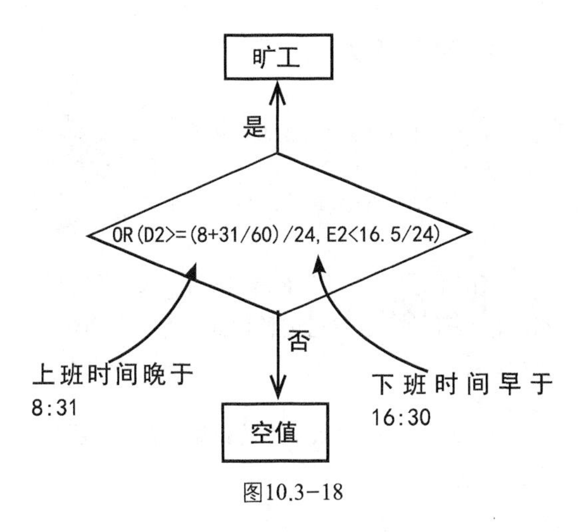

图10.3-18

❶ 打开本实例的原始文件，选中单元格 H2。切换到【公式】选项卡，单击【函数库】组中的【逻辑】按钮，在弹出的下拉列表中选择【IF】选项，如图10.3-19所示。

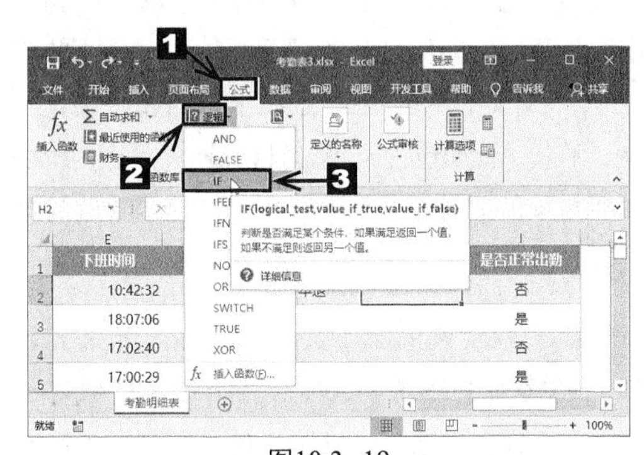

图10.3-19

❷ 弹出【函数参数】对话框，先把简单的参数设置好。满足条件的结果 1“旷工”，不满足条件的结果 2“空值”。将光标移动到第1个参数文本框中，如图10.3-20所示。

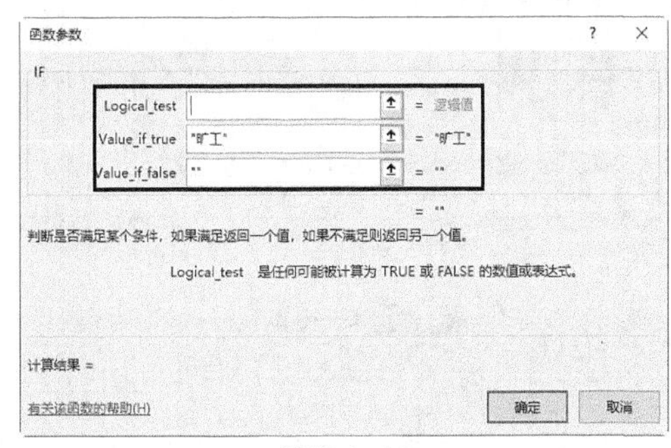

图10.3-20

❸ 单击工作表中名称框右侧的下三角按钮，在弹出的下拉列表中选择【其他函数】选项（如果下拉列表中有OR函数，也可以直接选择OR函数），如图10.3-21所示。

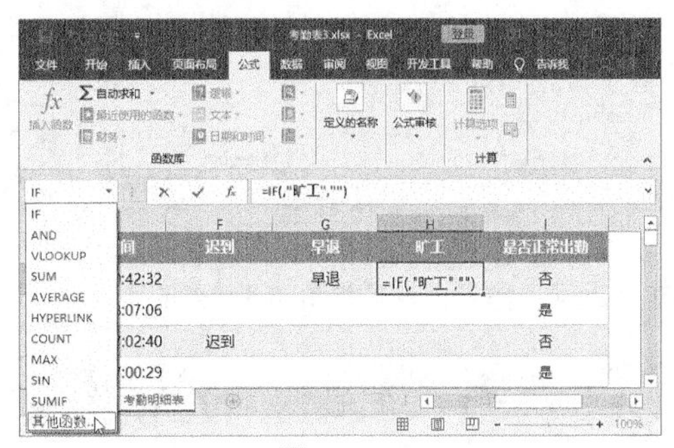

图10.3-21

❹ 弹出【插入函数】对话框，在【或选择类别】下拉列表中选择【逻辑】选项，在【选择函数】列表框中选择【OR】函数，单击【确定】按钮，如图10.3-22所示。

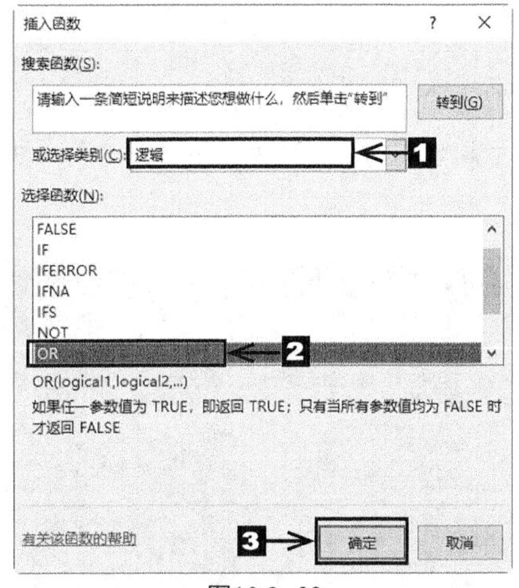

图10.3-22

❺ 弹出OR函数的【函数参数】对话框，依次在两个参数文本框中输入参数“D2>=(8+31/60)/24”和“E2<16.5/24”。单击【确定】按钮，如图10.3-23所示。

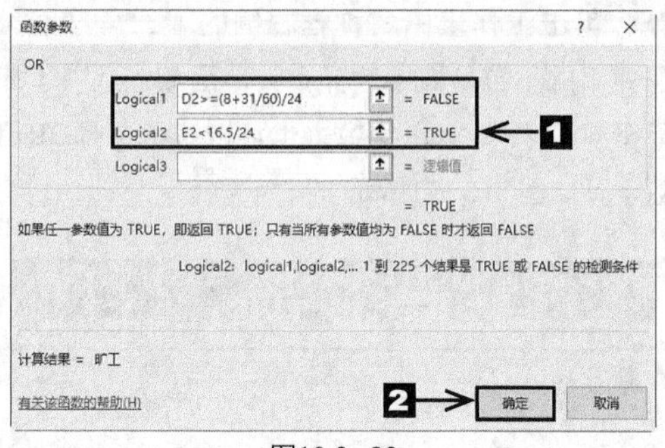
图10.3-23

❻ 返回工作表，效果如图10.3-24所示。

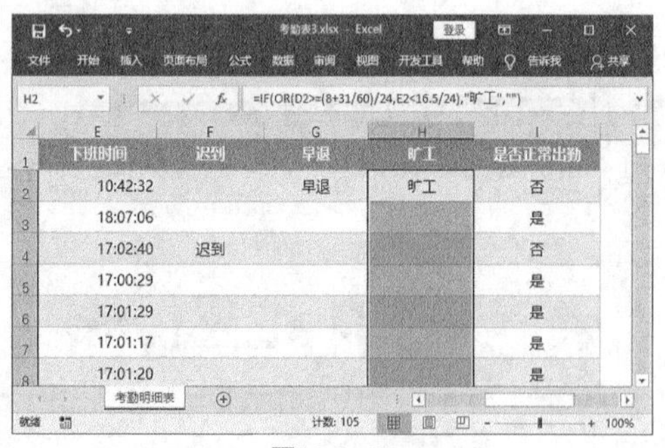
图10.3-24

❼ 按照前文的方法，将单元格H2中的公式不带格式地填充到下面的单元格中，如图10.3-25所示。

图10.3-25

10.3.4 文本函数

文本函数是指可以在公式中处理字符串的函数。常用的文本函数是MID 函数、LEFT 函数和TEXT 函数。下面对“销售一览表1.xlsx”工作簿应用MID 函数、LEFT 函数和TEXT 函数，得到“合同日期”和“楼号”的数据。

1. MID 函数

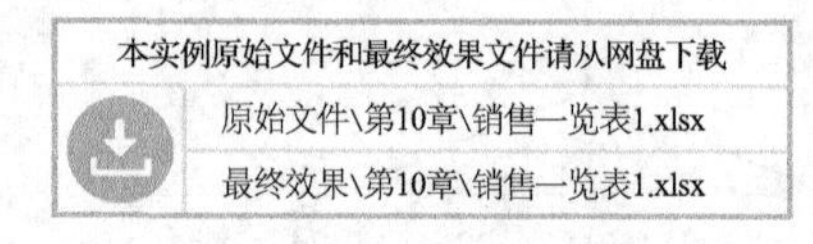

本实例原始文件和最终效果文件请从网盘下载
原始文件\第10章\销售一览表1.xlsx
最终效果\第10章\销售一览表1.xlsx

扫码看视频

MID 函数的主要功能是从一个文本字符串的指定位置开始，截取指定数目的字符。其语法格式如下。

MID(字符串,截取字符的起始位置,要截取的字符个数)

在销售一览表中，合同编号的编号规则是“SL&合同日期&-编号”。所以在输入合同编号后，合同日期就无须重复输入了，只需要通过 MID 函数从合同编号中提取就可以了。在提取之前，先来分析一下函数的各个参数：“字符串”就是“合同编号”；合同编号中日期是从第3个字符开始的，所以“截取字符的起始位置”是“3”；日期包含了年月日，是8个字符，所以“要截取的字符个数”是“8”。把函数的各个参数分析清楚后，就可以使用函数了。

❶ 打开本实例的原始文件，选中单元格区域E2。切换到【公式】选项卡，单击【函数库】组中的【文本】按钮，在弹出的下拉列表中选择【MID】选项，如图10.3-26所示。

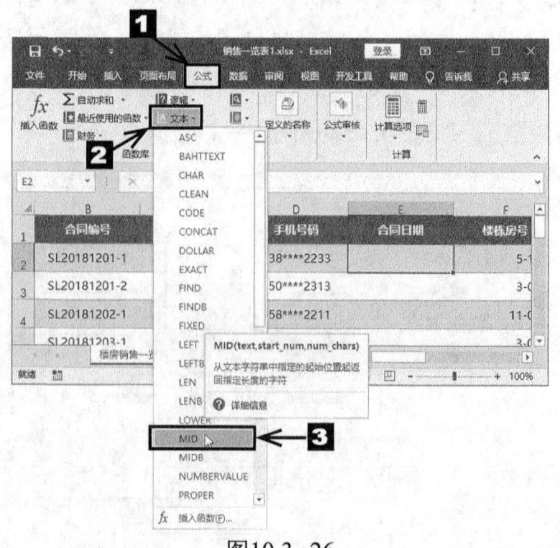
图10.3-26

❷ 弹出【函数参数】对话框，在字符串文本框中输入“B2”，在截取字符的起始位置文本框中输入“3”，在要截取的字符个数文本框中输入“8”。单击【确定】按钮，如图10.3-27所示。

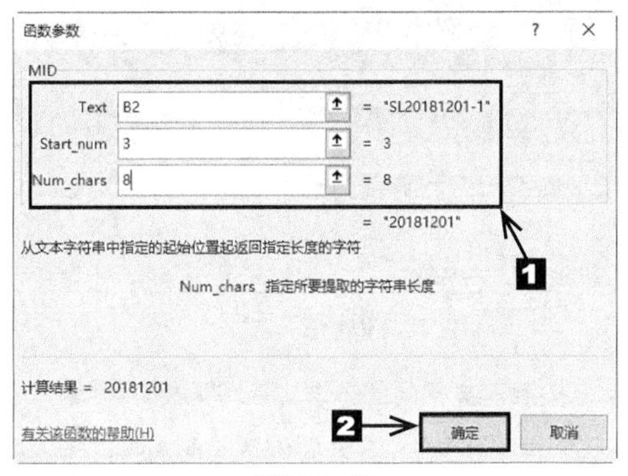

图10.3-27

❸ 返回工作表，即可看到合同日期已经从合同编号中提取出来了，如图10.3-28所示。

合同编号	户主	手机号码	合同日期	楼栋房号
SL20181201-1	王丽	138****2233	20181201	5-1
SL20181201-2	王力	150****2313		3-(
SL20181202-1	张璐	158****2211		11-(

图10.3-28

❹ 按照前文的方法，将单元格E2中的公式不带格式地填充到下面的单元格区域中，如图10.3-29所示。

合同编号	户主	手机号码	合同日期	楼栋房号
SL20181201-1	王丽	138****2233	20181201	5-1
SL20181201-2	王力	150****2313	20181201	3-(
SL20181202-1	张璐	158****2211	20181202	11-(
SL20181203-1	叶东	133****2050	20181203	3-(
SL20181204-1	谢华	155****4616	20181204	7-(
SL20181208-1	陈晓	131****5264	20181208	8-(

图10.3-29

2. LEFT 函数

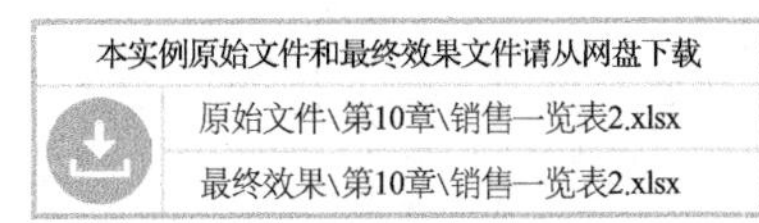

LEFT函数是一个从字符串左侧截取字符的函数。其语法格式如下。

LEFT(字符串,截取的字符个数)

在销售一览表中，楼栋房号中既包含了楼号、还包含了楼层和房间号。为了避免阅读偏差，需要将这3项信息分开填写。楼号位于“楼栋房号”字符串的最左侧，可以使用LEFT函数将其提取出来。提取之前分析一下参数，显然“字符串”是“楼栋房号”，“楼号”是“楼栋房号”字符串中前1或2个字符，所以截取的字符个数为“1”或“2”。

❶ 打开本实例的原始文件，选中单元格区域G2，切换到【公式】选项卡。单击【函数库】组中的【文本】按钮，在弹出的下拉列表中选择【LEFT】选项，如图10.3-30所示。

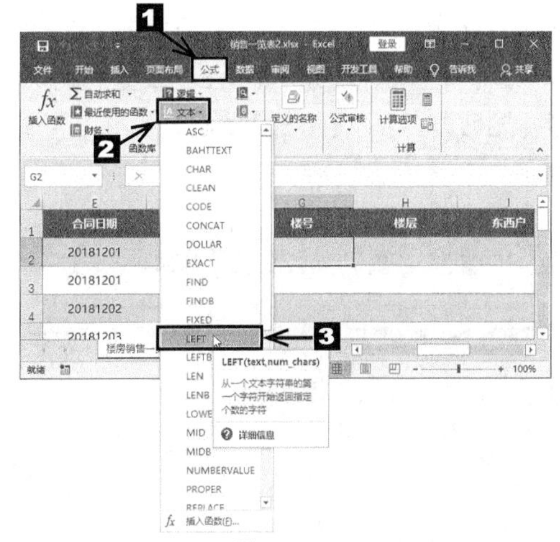

图10.3-30

❷ 弹出【函数参数】对话框，在字符串文本框中输入“F2”，在截取的字符个数文本框中输入“1”，单击【确定】按钮，如图10.3-31所示。

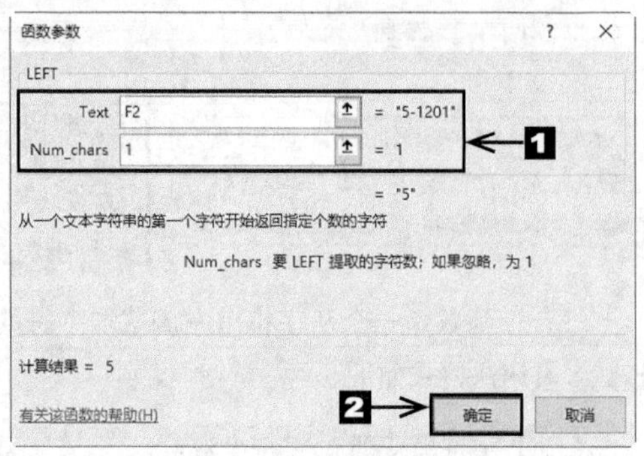

图10.3-31

❸ 返回工作表，即可看到楼号已经从楼栋房号中提取出来了，如图10.3-32所示。

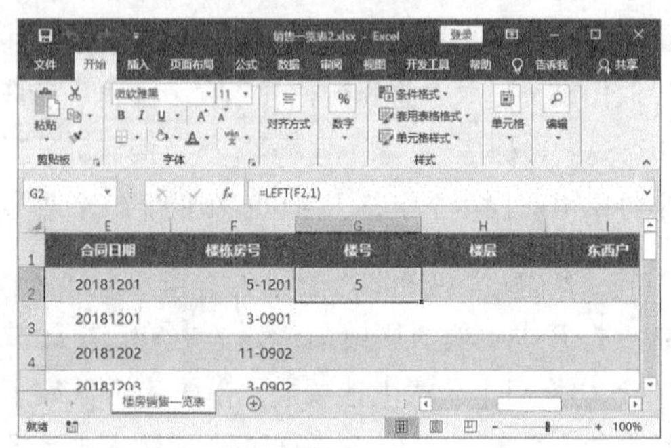

图10.3-32

❹ 选中单元格G2，按【Ctrl】+【C】组合键进行复制。然后选中单元格G3和单元格区域G5:G9，单击鼠标右键，在弹出的快捷菜单中选择【粘贴选项】→【公式】选项，如图10.3-33所示。

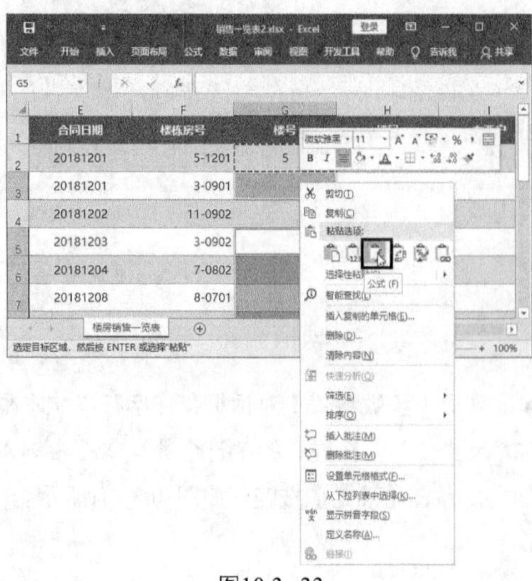

图10.3-33

❺ 可以将公式填充到选中的单元格及单元格区域中，如图10.3-34所示。

图10.3-34

❻ 按照前文相同的方法，在单元格G4中输入公式“=LEFT(F4,2)”，并将公式复制到单元格区域G10:G11中，如图10.3-35所示。

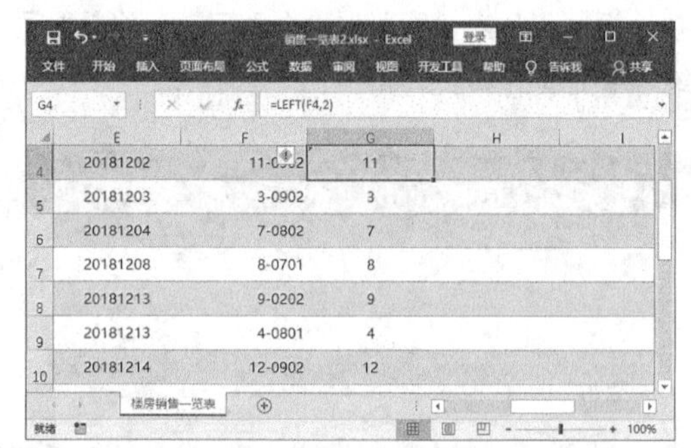

图10.3-35

楼号提取完成后，可以观察到工作表中的“楼栋房号”的文本长度是与“楼号”紧密相关的。当“楼栋房号”的文本长度为6时，“楼号”字符数为1；当“楼栋房号”的文本长度为7时，“楼号”字符数为2。由此，可以得到图10.3-36所示的逻辑关系。

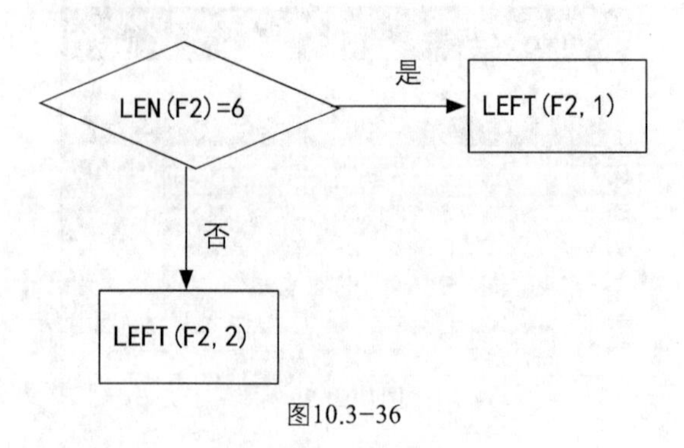

图10.3-36

有了这个关系，就可以通过嵌套使用 IF 函数、LEN 函数和 LEFT 3个函数来从楼栋房号中提取楼号了。IF 函数为主函数，LEN 函数为 IF 函数的判断条件，两个 LEFT 函数为IF函数的两个结果。

❶ 打开本实例的原始文件，选中单元格区域G2，切换到【公式】选项卡。单击【函数库】组中的【逻辑】按钮，在弹出的下拉列表中选择【IF】选项，如图10.3-37所示。

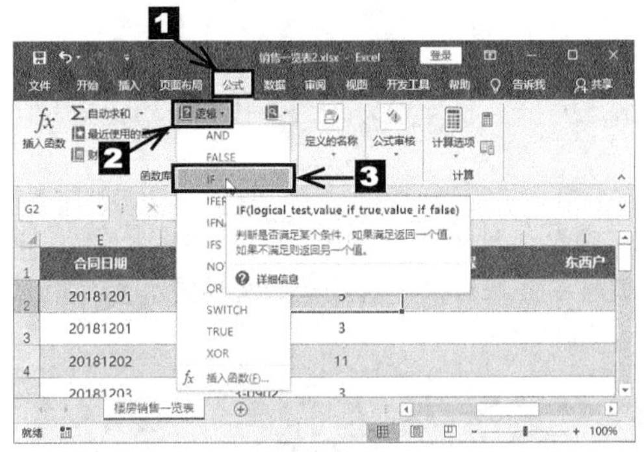

图10.3-37

❷ 弹出【函数参数】对话框，在3个参数文本框中依次输入“LEN(F2)=6、LEFT(F2,1)、LEFT(F2,2)”，单击【确定】按钮，如图10.3-38所示。

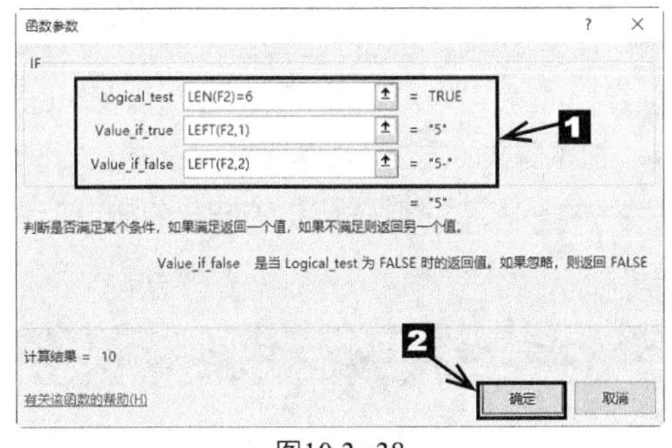

图10.3-38

❸ 返回工作表，即可看到楼号已经从楼栋房号中提取出来了。按照前文的方法，将单元格G2中的公式不带格式地填充到下面的单元格中，如图10.3-39所示。

图10.3-39

嵌套使用3个函数，只需要输入一次公式就可以从楼栋房号中准确地提取出所有楼号了。但是这里需要注意的是，在嵌套使用多函数时，逻辑关系必须要清楚。

3. TEXT 函数

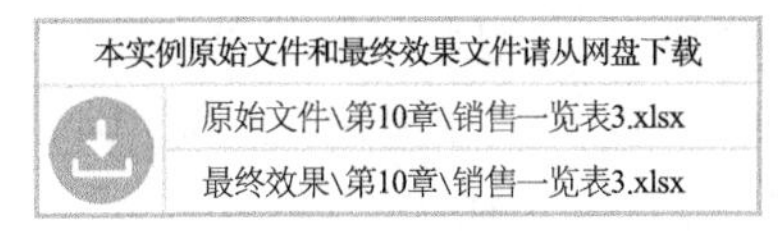

本实例原始文件和最终效果文件请从网盘下载

原始文件\第10章\销售一览表3.xlsx

最终效果\第10章\销售一览表3.xlsx

扫码看视频

TEXT 函数的主要功能是将数字转换为指定格式的文本。其语法格式如下。

TEXT(数字,格式代码)

TEXT 函数被很多人称为万能函数，其宗旨是将自定义格式体现在最终结果里。

前文介绍了如何从合同编号中提取合同日期，提取出的日期默认显示格式是“00000000”，但是这样的显示格式不一定符合用户的要求。如果要让合同日期按用户指定的格式显示，就需要使用 TEXT 函数了。在销售一览表中，如果将 TEXT 函数与 MID 函数嵌套使用，就可以一步到位，直接从合同编号中提取出指定格式的合同日期了。

❶ 打开本实例的原始文件，清除单元格区域E2:E11中的公式。切换到【公式】选项卡，单击【函数库】组中的【文本】按钮，在弹出的下拉列表中选择【TEXT】选项，如图10.3-40所示。

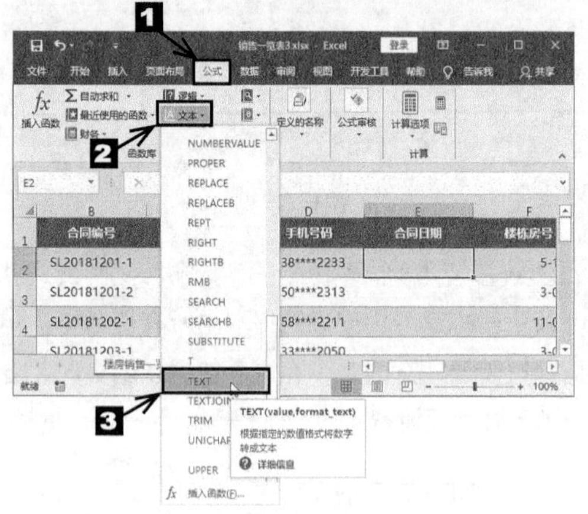

图10.3-40

❷ 弹出【函数参数】对话框，在格式代码文本框中输入“"0000-00-00"”，然后将光标定位到数字文本框中，如图10.3-41所示。

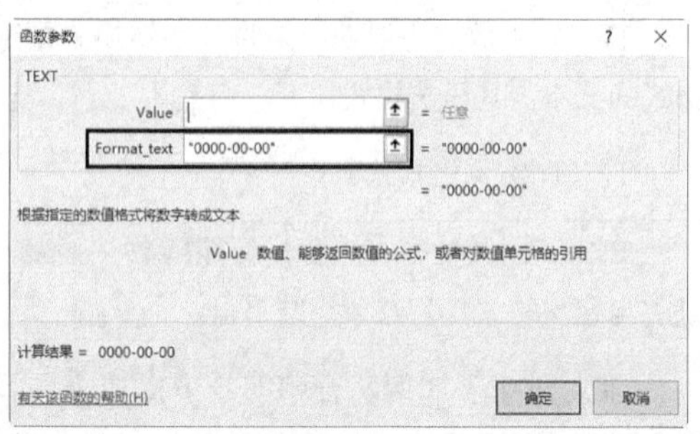

图10.3-41

❸ 单击工作表中名称框右侧的下三角按钮，在弹出的下拉列表中选择【MID】选项，如图10.3-42所示。

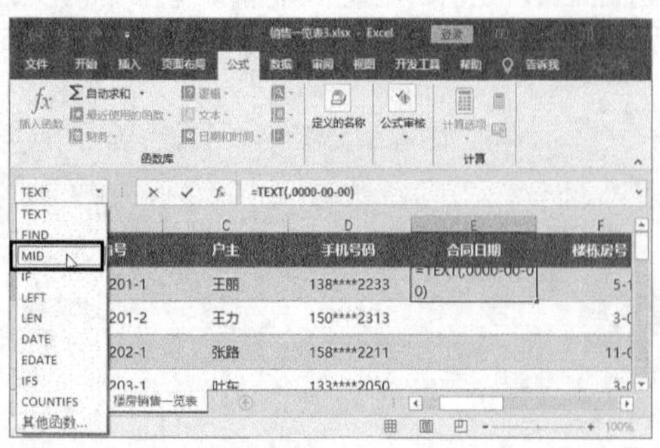

图10.3-42

❹ 弹出MID函数的【函数参数】对话框，在字符串文本框中输入“B2”，在截取字符的起始位置文本框中输入“3”，在要截取的字符个数文本框中输入“8”。单击【确定】按钮，如图10.3-43所示。

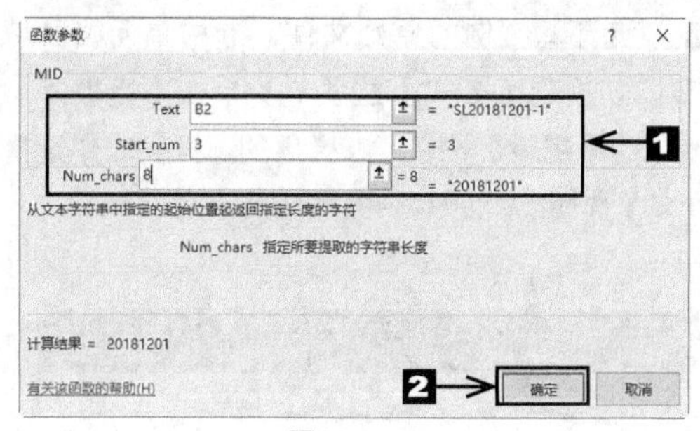

图10.3-43

❺ 返回工作表，即可看到合同日期已经从合同编号中提取出来并且按指定格式显示了，如图10.3-44所示。

图10.3-44

❻ 按照前文的方法，将单元格E2中的公式不带格式地填充到单元格区域E3:E11中，如图10.3-45所示。

图10.3-45

10.3.5 日期与时间函数

日期与时间函数是处理日期型或日期时间型数据的函数。日期在工作表中是一项非常重要的数据，用户经常需要对日期进行计算。例如，计算合同的应还款日期，距离还款日还有多少天等。

1. EDATE 函数

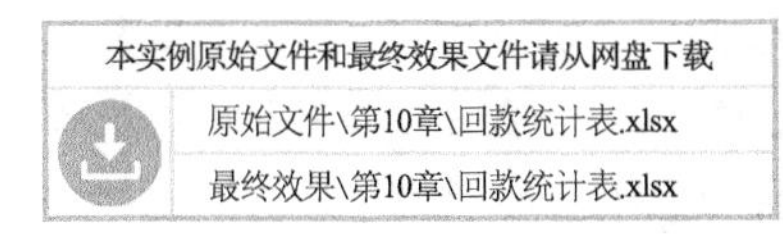

EDATE函数用来计算指定日期之前或之后几个月的日期。其语法格式如下。

EDATE(指定日期,以月数表示的期限)

在回款统计表中给出了合同的签订日期和账期，且账期是月数，那么可以使用EDATE函数计算出应回款日期。其参数中的"指定日期"是"签订日期"，以"月数表示的期限"是"账期"。

❶ 打开本实例的原始文件，选中单元格F2，切换到【公式】选项卡。单击【函数库】组中的【日期和时间】按钮，在弹出的下拉列表中选择【EDATE】选项，如图10.3-46所示。

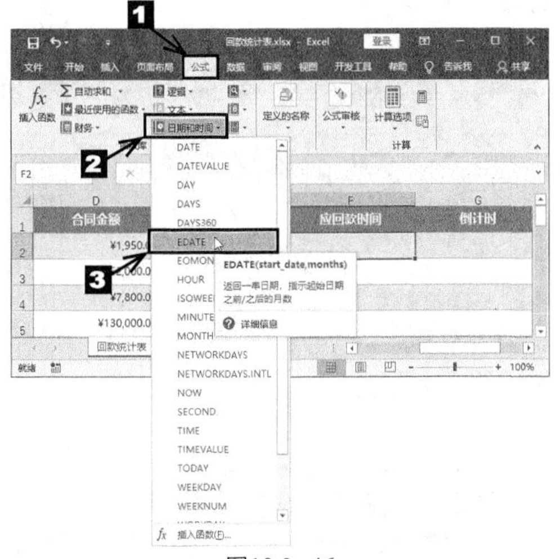

图10.3-46

❷ 弹出【函数参数】对话框，在指定日期参数文本框中输入"B2"，在以月份表示的期限参数文本框中输入"E2"，再单击【确定】按钮，如图10.3-47所示。

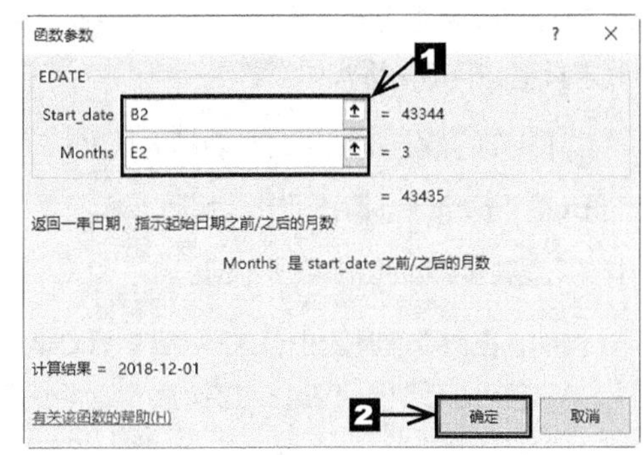

图10.3-47

❸ 返回工作表，即可看到应回款日期已经计算完成了，如图10.3-48所示。

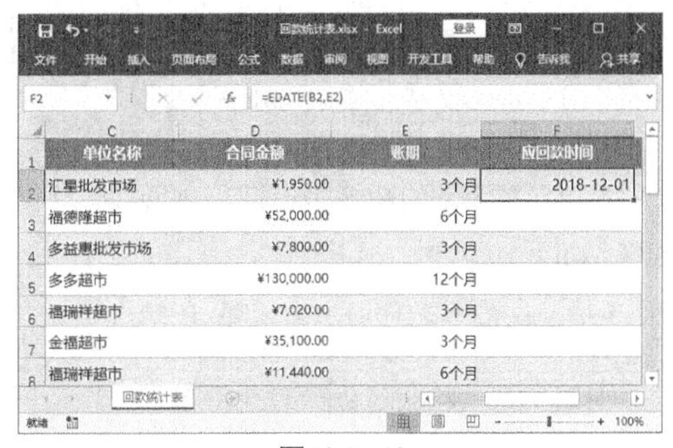

单位名称	合同金额	账期	应回款时间
汇星批发市场	¥1,950.00	3个月	2018-12-01
福德隆超市	¥52,000.00	6个月	
多益惠批发市场	¥7,800.00	3个月	
多多超市	¥130,000.00	12个月	
福瑞祥超市	¥7,020.00	3个月	
金福超市	¥35,100.00	3个月	
福瑞祥超市	¥11,440.00	6个月	

图10.3-48

❹ 按照前文的方法将单元格F2中的公式不带格式地填充到下面的单元格中，如图10.3-49所示。

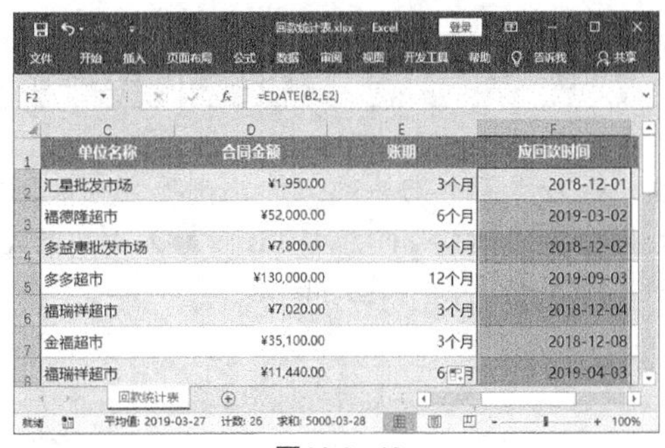

单位名称	合同金额	账期	应回款时间
汇星批发市场	¥1,950.00	3个月	2018-12-01
福德隆超市	¥52,000.00	6个月	2019-03-02
多益惠批发市场	¥7,800.00	3个月	2018-12-02
多多超市	¥130,000.00	12个月	2019-09-03
福瑞祥超市	¥7,020.00	3个月	2018-12-04
金福超市	¥35,100.00	3个月	2018-12-08
福瑞祥超市	¥11,440.00	6个月	2019-04-03

图10.3-49

提示：EDATE函数计算得到的是一个常规数字，所以在使用EDATE函数时，需要将单元格格式设置为日期格式。

EMONTH函数用来计算指定日期之前或之后的月末日期。其语法格式如下。

EMONTH(指定日期,以月数表示的期限)

EMONTH函数与EDATE函数的两个参数是一样的，只是返回的结果有所不同。

例如，在回款统计表中公式“=EDATE(B2,E2)”，返回的日期为“2018-12-01”，而公式“=EMONTH(B2,E2)”，返回的日期为“2018-12-31”。

2. TODAY 函数

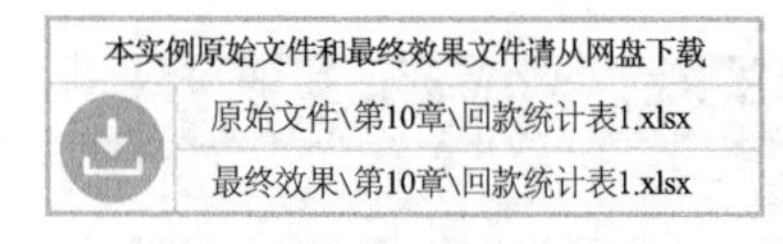

TODAY函数的功能是返回当前日期。其语法格式如下。

TODAY()

其具体语法格式可以参照表10.3-3。

表10.3-3

公式	结果
=TODAY()	今天的日期
=TODAY()+10	从今天开始，10 天后的日期
=TODAY()-10	从今天开始，10 天前的日期

❶ 打开本实例的原始文件，在单元格G2中输入公式“=F2-TODAY()”，输入完毕后按【Enter】键，如图10.3-50所示。

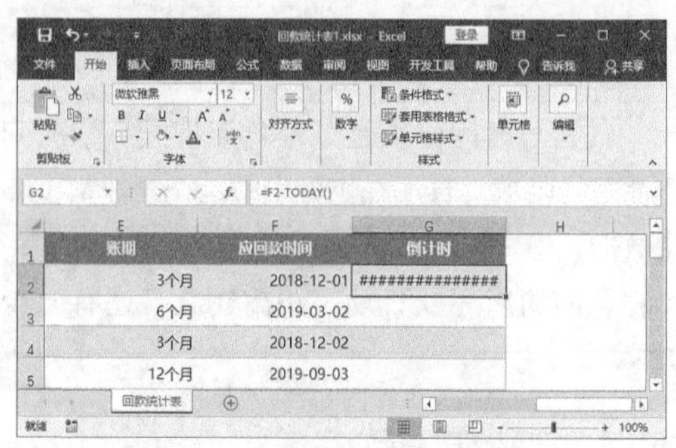

图10.3-50

❷ 选中单元格G2，切换到【开始】选项卡，在【数字】组中的【数字格式】下拉列表中选择【常规】选项，如图10.3-51所示。

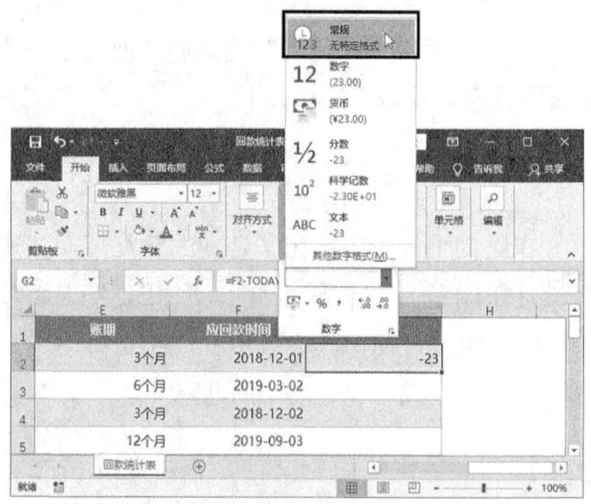

图10.3-51

❸ 按照前文的方法，将单元格G2中的公式不带格式地填充到下面的单元格中，如图10.3-52所示。

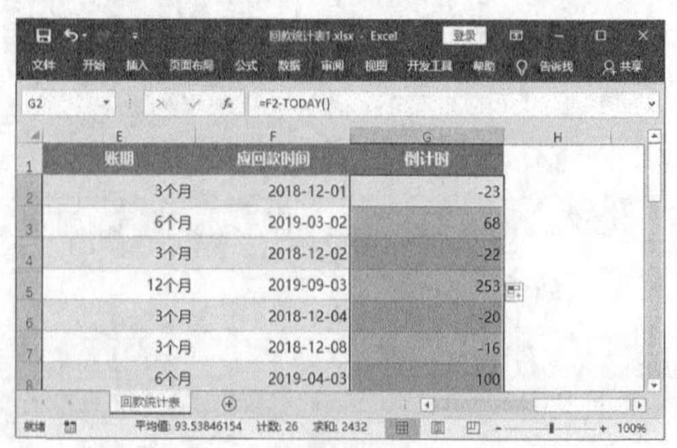

图10.3-52

提示：日期相加减默认得到的都是日期格式的数字，如果用户需要得到常规数字，需要设置单元格的数字格式。

10.3.6 查找与引用函数

查找与引用函数的主要功能是在数据清单或表格中查找特定数值。常用的查找与引用函数包括LOOKUP函数、VLOOKUP函数等。下面介绍在“销售详情表.xlsx”工作簿中使用LOOKUP函数，在“员工信息表.xlsx”工作簿中使用VLOOKUP函数查找数据的具体操作步骤。

1. LOOKUP 函数

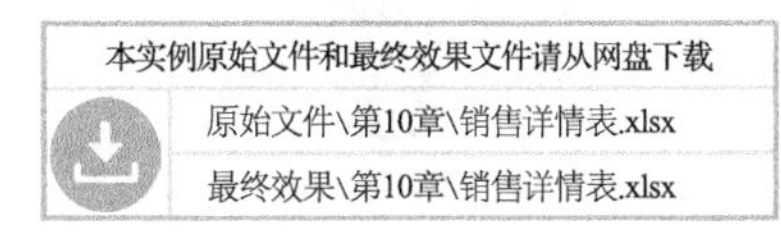

本实例原始文件和最终效果文件请从网盘下载

原始文件\第10章\销售详情表.xlsx

最终效果\第10章\销售详情表.xlsx

扫码看视频

LOOKUP函数的功能是从向量或数组中查找符合条件的数值。该函数有两种语法形式：向量和数组。向量形式是指从一行或一列的区域内查找符合条件的数值。向量形式的LOOKUP函数按照在单行区域或单列区域查找的数值，返回第二个单行区域或单列区域中相同位置的数值。数组形式是指在数组的首行或首列中查找符合条件的数值，然后返回数组的尾行或尾列中相同位置的数值。这里重点介绍向量形式的LOOKUP函数的用法。

LOOKUP函数的语法格式如下。

LOOKUP（lookup_value,lookup_vector,result_vector）

❶ 打开本实例的原始文件，在表中已将数据表按姓名升序排列，选中单元格E2，输入公式“=LOOKUP(E1,A:B)”，如图10.3-53所示。

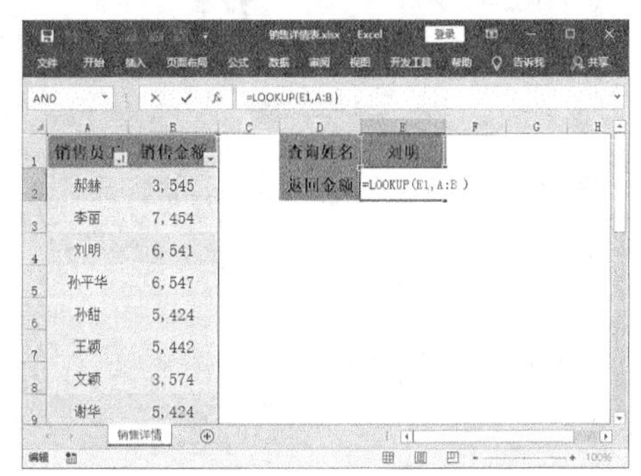

图10.3-53

❷ 单击【Enter】键，返回Excel表格的效果如图10.3-54所示。

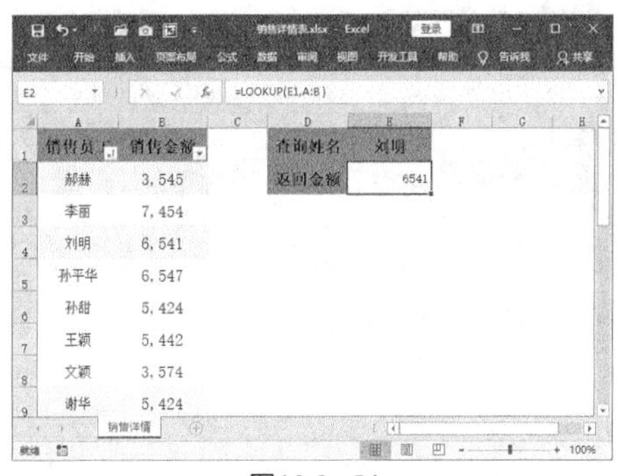

图10.3-54

2. VLOOKUP 函数

VLOOKUP函数的功能是进行列查找，并返回当前行中指定的列的数值，其语法格式如下。

VLOOKUP(lookup_value,table_array,col_index_num,range_lookup)

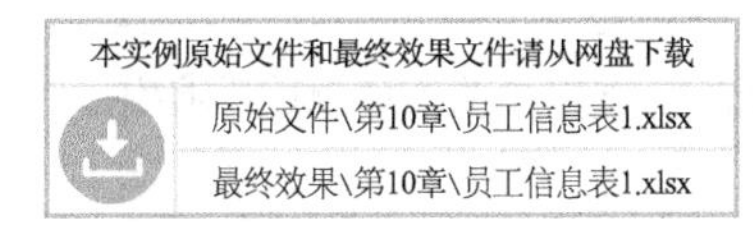

本实例原始文件和最终效果文件请从网盘下载

原始文件\第10章\员工信息表1.xlsx

最终效果\第10章\员工信息表1.xlsx

扫码看视频

❶ 选中单元格G3，输入公式“=VLOOKUP（F3,$B3:$D12,3,0）”，如图10.3-55所示。

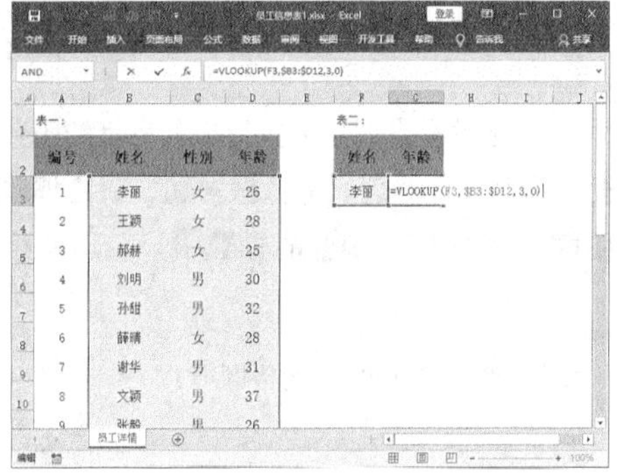

图10.3-55

❷ 单击【Enter】键，即可看到查找结果，如图10.3-56所示。

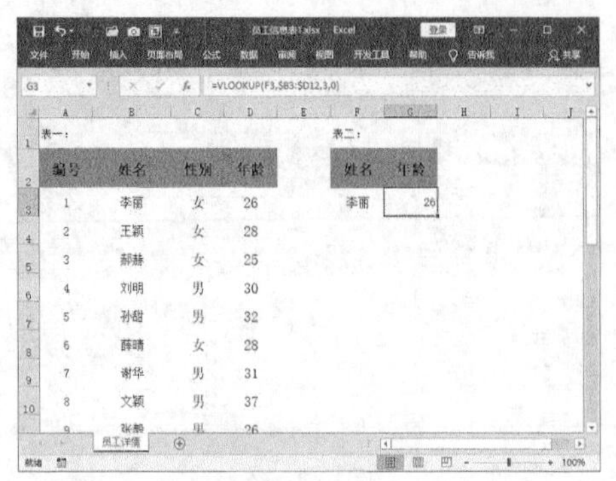

图10.3-56

10.3.7 数学与三角函数

数学与三角函数的主要功能是处理简单的计算，例如对数字取整、计算单元格区域中的数值总和或其他更复杂的计算。常用的数学与三角函数有SUM函数、SUMIF函数、SUMIFS函数、SUMPRODUCT函数等。下面使用以上4个函数对“销售报表.xlsx”工作簿中的销售额进行求和。

1. SUM 函数

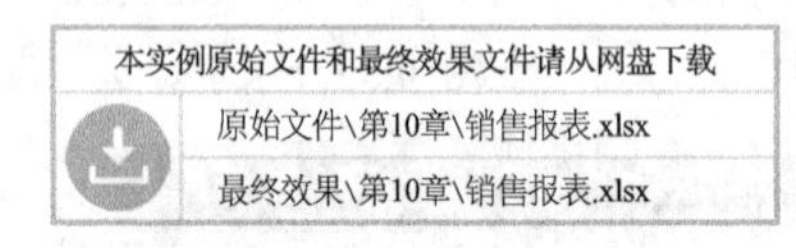

本实例原始文件和最终效果文件请从网盘下载

原始文件\第10章\销售报表.xlsx

最终效果\第10章\销售报表.xlsx

扫码看视频

SUM函数是专门用来执行求和运算的函数，需要对哪些单元格区域的数据求和，就将那些单元格区域写在SUM函数的参数中。其语法格式如下。

SUM(需要求和的单元格区域)

如果要求单元格区域A2:A10中所有数据的和，最直接的方式就是将单元格A2、A3、A4、A5、A6、A7、A8、A9、A10中的数据逐个相加，但是如果要求单元格区域A2:A100中所有数据的和，逐个相加不仅输入量大，而且容易输错。如果使用SUM函数就简单多了，直接在单元格中输入公式“=SUM(A2:A100)”即可。

❶ 打开本实例的原始文件，选中单元格I1。切换到【公式】选项卡，单击【函数库】组中的【数学和三角函数】按钮，在弹出的下拉列表中选择【SUM】选项，如图10.3-57所示。

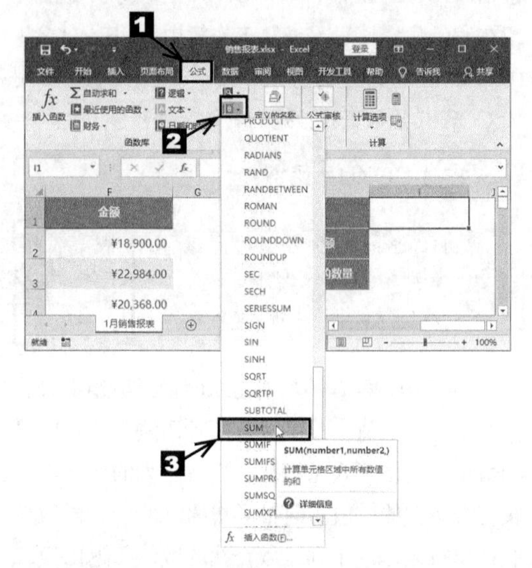

图10.3-57

❷ 弹出【函数参数】对话框，在第1个参数文本框中选择输入“F2:F86”，单击【确定】按钮，如图10.3-58所示。

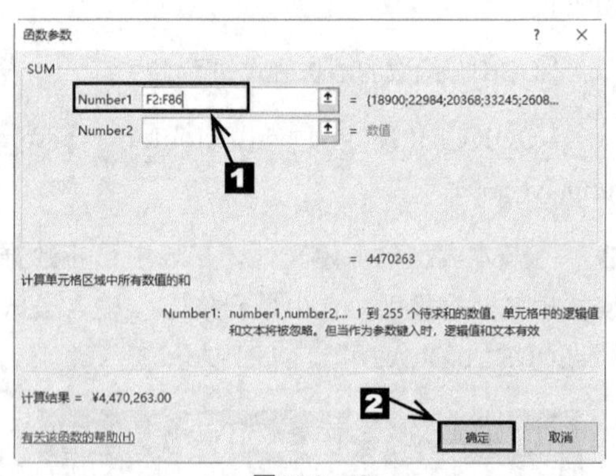

图10.3-58

❸ 返回工作表，可以看到求和结果，如图10.3-59所示。

图10.3-59

2. SUMIF 函数

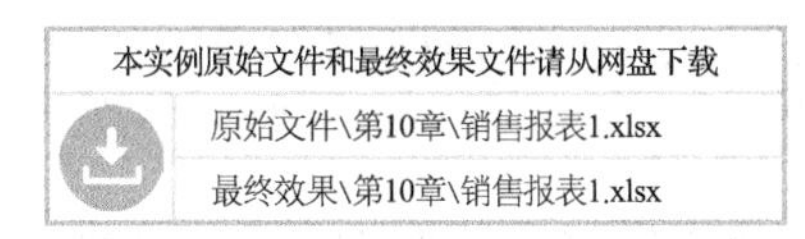

扫码看视频

SUMIF函数的功能是对指定区域中符合指定条件的单元格数据进行求和。其语法格式如下。

SUMIF(条件区域,求和条件,求和区域)

如果要求1月销售报表中仕捷公司的销售总额，需要求单元格区域C2:C86中客户名称为“仕捷公司”的对应单元格区域F2:F86中销售额的和。那么SUMIF函数对应的3个参数应为：条件区域=单元格区域C2:C86，求和条件="仕捷公司"，求和区域=单元格区域F2:F86。

❶ 打开本实例的原始文件，选中单元格I2，切换到【公式】选项卡。单击【函数库】组中的【数学和三角函数】按钮，在弹出的下拉列表中选择【SUMIF】选项，如图10.3-60所示。

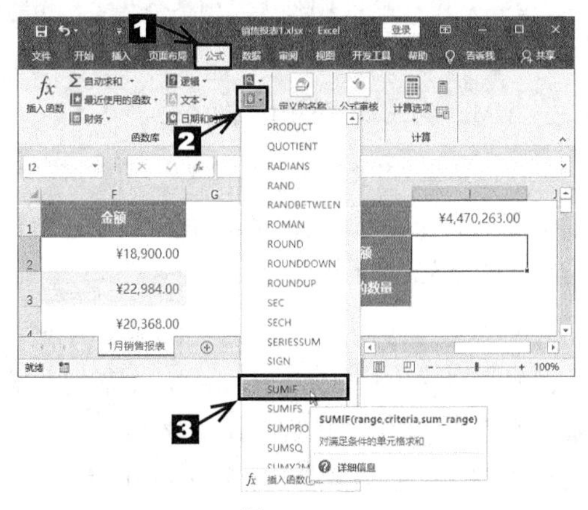

图10.3-60

❷ 弹出【函数参数】对话框，在第1个参数文本框中选择输入“C2:C86”，第2个参数文本框中输入文本“"仕捷公司"”，第3个参数文本框中输入“F2:F86”。单击【确定】按钮，如图10.3-61所示。

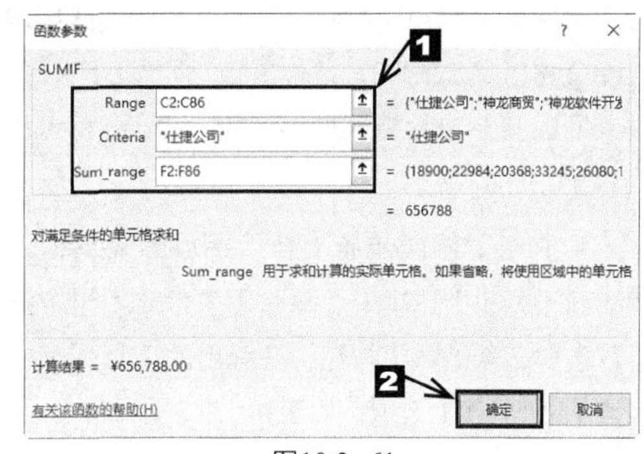

图10.3-61

❸ 返回工作表，即可看到求和结果，如图10.3-62所示。

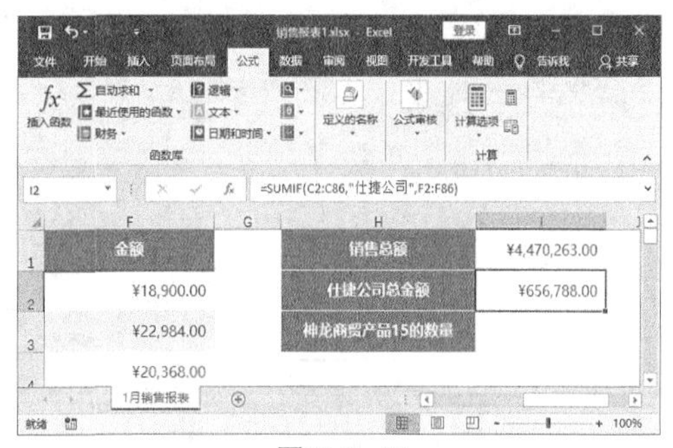

图10.3-62

3. SUMIFS 函数

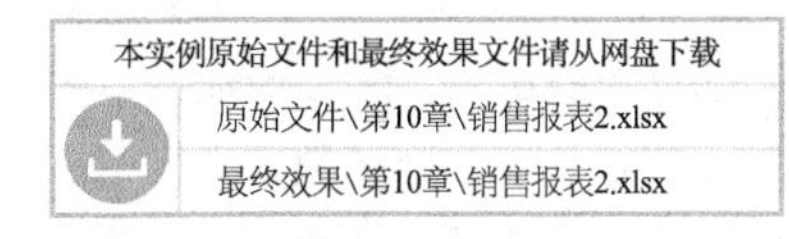

扫码看视频

SUMIFS函数的功能是对指定区域中符合多个指定条件的单元格数据进行求和。其语法格式如下。

SUMIFS(实际求和区域,
条件判断区域1,条件值1,
条件判断区域2,条件值2,
条件判断区域3,条件值3…)

如果要求1月销售报表中神龙商贸产品15的销售数量，需要求单元格区域C2:C86中客户名称为“神龙商贸”且单元格区域B2:B86中产品名称为“产品15”的对应单元格区域E2:E86中销售数量的和。那么SUMIFS函数对应的参数应为：实际求和区域=单元格区域E2:E86，条件判断区域1=单元格区域C2:C86，条件值1="神龙商贸"，条件判断区域2=单元格区域B2:B86，条件值2="产品15"。

❶ 打开本实例的原始文件，选中单元格I3，切换到【公式】选项卡。单击【函数库】组中的【数学和三角函数】按钮，在弹出的下拉列表中选择【SUMIFS】选项，如图10.3-63所示。

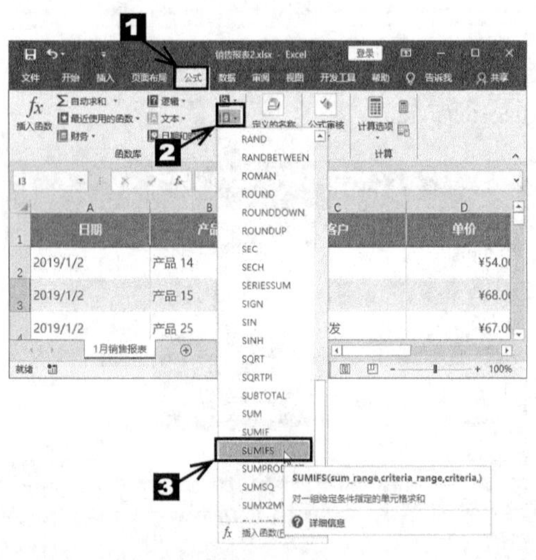

图10.3-63

❷ 弹出【函数参数】对话框，在第1个参数文本框中选择输入“E2:E86”，第2个参数文本框中选择输入“C2:C86”，第3个参数文本框中输入文本“"神龙商贸"”，第4个参数文本框中选择输入“B2:B86”，第5个参数文本框中输入文本“"产品 15"”。单击【确定】按钮，如图10.3-64所示。

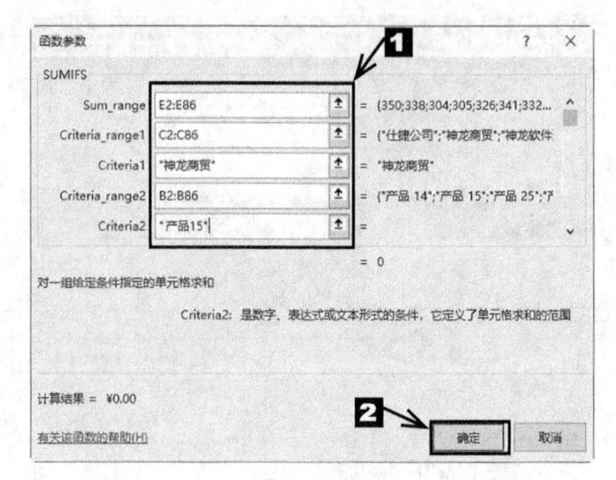

图10.3-64

❸ 返回工作表，即可看到求和结果，如图10.3-65所示。

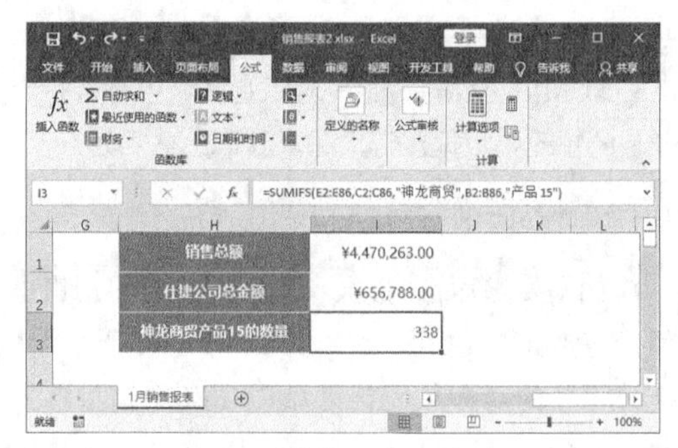

图10.3-65

4. SUMPRODUCT 函数

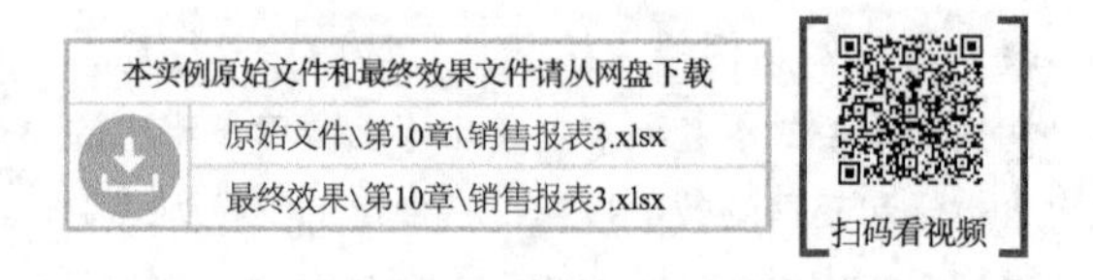

本实例原始文件和最终效果文件请从网盘下载
原始文件\第10章\销售报表3.xlsx
最终效果\第10章\销售报表3.xlsx

扫码看视频

SUMPRODUCT函数主要用来求几组数据的乘积之和。其语法格式如下。

SUMPRODUCT(数据1,数据2,⋯)

在使用SUMPRODUCT函数时，用户可以给它设置1~255个参数，下面来分别看一下不同个数的参数对函数的影响。

如果SUMPRODUCT函数的参数只有一个，那么其作用与SUM函数相同。下面把“数量”作为SUMPRODUCT函数的参数，看一下SUMPRODUCT函数只有一个参数时的应用。

❶ 打开本实例的原始文件，选中单元格J1，切换到【公式】选项卡。单击【函数库】组中的【数学和三角函数】按钮，在弹出的下拉列表中选择【SUMPRODUCT】选项，如图10.3-66所示。

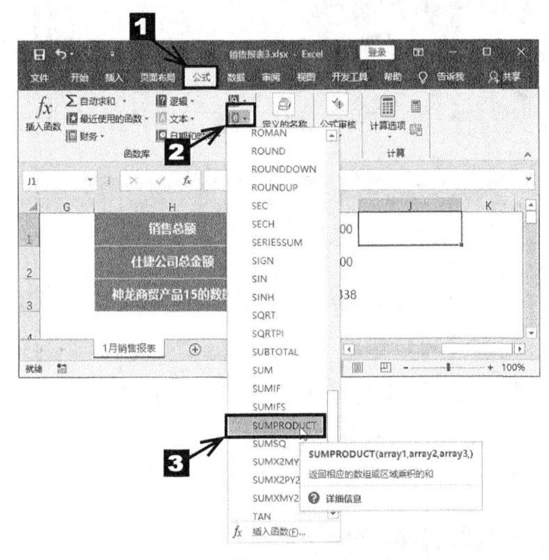

图10.3-66

❷ 弹出【函数参数】对话框，在第1个参数文本框中选择输入“F2:F86”，单击【确定】按钮，如图10.3-67所示。

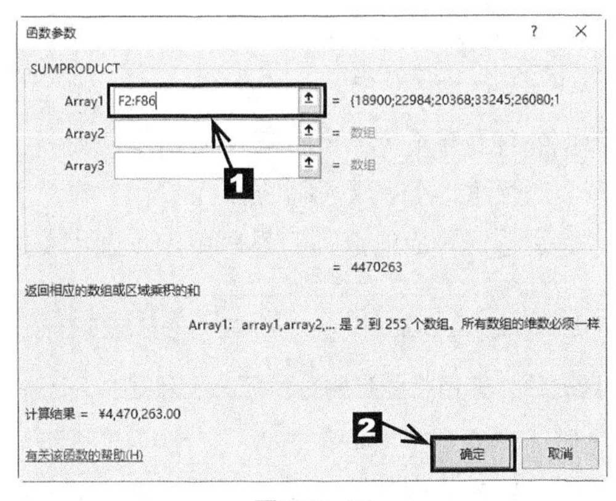

图10.3-67

❸ 返回工作表，可以看到求和结果与单元格I2中使用SUM函数时求和的结果一样，如图10.3-68所示。

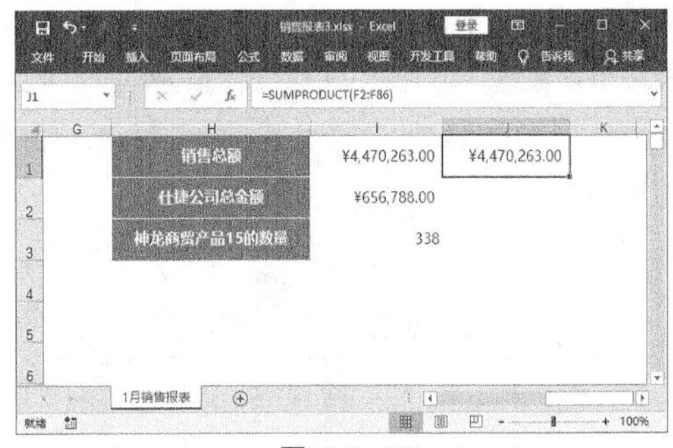

图10.3-68

如果给SUMPRODUCT函数设置两个参数，那么函数就会先计算两个参数中对应位置的两个数值的乘积，然后求这些乘积的和。下面把“单价”和“数量”作为SUMPRODUCT函数的两个参数，看一下SUMPRODUCT函数有两个参数时的应用。

❶ 选中单元格K1，切换到【公式】选项卡。单击【函数库】组中的【数学和三角函数】按钮，在弹出的下拉列表中选择【SUMPRODUCT】选项，如图10.3-69所示。

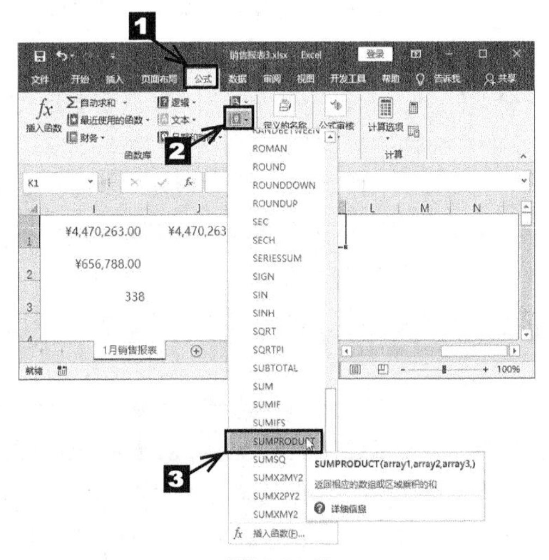

图10.3-69

❷ 弹出【函数参数】对话框，在第1个参数文本框中选择输入“D2:D86”，在第2个参数文本框中输入“E2:E86”，单击【确定】按钮，如图10.3-70所示。

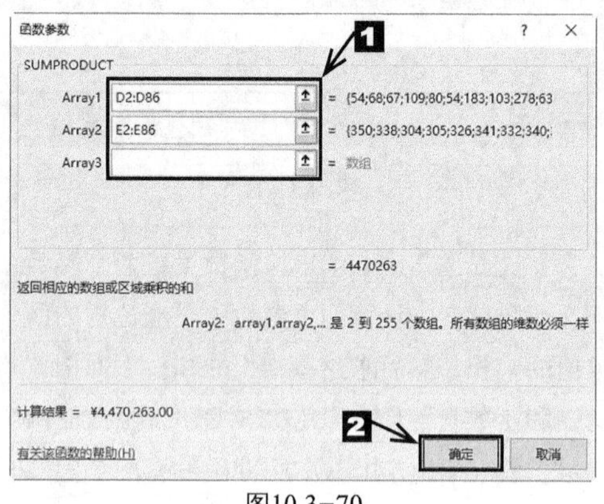

图10.3-70

❸ 返回工作表，可以看到求和结果，如图10.3-71所示。

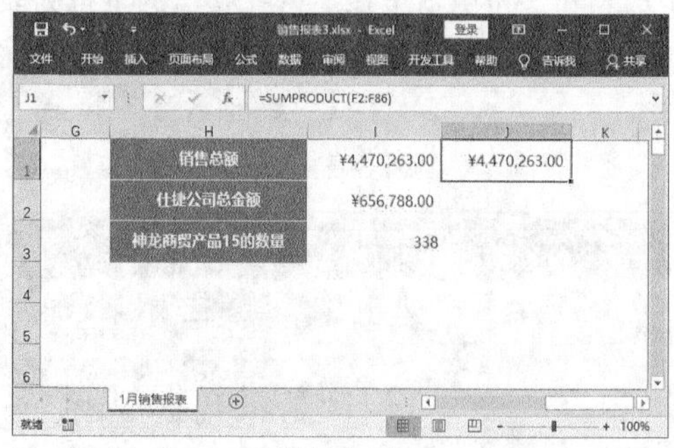

图10.3-71

在这个案例中，SUMPRODUCT函数会先将单价和数量对应相乘，得到的乘积即为销售额。然后将这些乘积相加，得到的和即为SUMPRODUCT函数的返回结果。

10.4 常见疑难问题解析

问：默认情况下，单元格中显示的是公式的计算结果，那么能不能将单元格中的公式显示出来呢？

答：可以。切换到【公式】选项卡，单击【公式审核】组中的【显示公式】按钮。此时所有包含公式的单元格中将显示公式，而不显示公式的计算结果。

问：在对表格数据进行排序时，如果当前使用的关键字下出现相同的数据，这时该怎么办？

答：这时可使用多列数据的组合排序。选择表格数据的任意单元格，切换到【数据】选项卡，单击【排序和筛选】组中的【排序】按钮，打开【排序】对话框。单击【添加条件】按钮，在出现的【次要关键字】【排序依据】和【次序】下拉列表中分别选择相应的选项，然后单击【确定】按钮。

问：对表格进行分类汇总是为了查看某些信息，查看完成后，如何将创建的分类汇总删除呢？

答：方法很简单。选择分类汇总范围内的任意单元格，切换到【数据】选项卡。单击【分级显示】组中的【分类汇总】按钮，弹出【分类汇总】对话框，单击【全部删除】按钮即可将分类汇总删除。

10.5 课后习题

请将销售明细表中的数据（见图10.5-1）按销售额进行升序排列，结果如图10.5-2所示。

扫码看视频

	G	H	I	J	K	L	M
1	产品名称	规格型号	单位	供货单价	指导销售价	销售数量	销售额(元)
2	产品名称1	S	个	¥50.00		30	¥ 1,500.00
3	产品名称1	S	个	¥50.00		800	¥ 40,000.00
4	产品名称3	SS	包	¥60.00		100	¥ 6,000.00
5	产品名称3	LL	瓶	¥50.00		2000	¥ 100,000.00
6	产品名称1	S	个	¥45.00		120	¥ 5,400.00
7	产品名称4	HH	瓶	¥50.00		540	¥ 27,000.00

图10.5-1

	G	H	I	J	K	L	M
1	产品名称	规格型号	单位	供货单价	指导销售价	销售数量	销售额(元)
2	产品名称5	5EEE	个	¥45.00		30	¥ 1,350.00
3	产品名称4	LLL	个	¥45.00		30	¥ 1,350.00
4	产品名称1	S	个	¥50.00		30	¥ 1,500.00
5	产品名称5	SSS	个	¥40.00		40	¥ 1,600.00
6	产品名称6	6FF	个	¥40.00		50	¥ 2,000.00
7	产品名称2	M	个	¥40.00		50	¥ 2,000.00

图10.5-2

第11章 编辑与设计PPT幻灯片

本章内容简介

在使用 PowerPoint 2016 制作演示文稿之前，首先需要熟悉 PowerPoint 2016 的基本操作。本章首先介绍如何新建演示文稿，然后介绍幻灯片母版的设计等。

学完本章读者能做什么

通过对本章的学习，读者能熟练地新建并保存幻灯片，设计和编辑幻灯片母版等。

学习目标

- 幻灯片的基本操作
- 幻灯片母版的设计

11.1 幻灯片的基本操作

在使用PowerPoint 2016制作演示文稿之前，首先需要熟悉幻灯片的基本操作。本节首先介绍演示文稿的基本操作、幻灯片的基本操作等。

11.1.1 演示文稿的基本操作

演示文稿的基本操作主要包括新建演示文稿、保存演示文稿等，其具体操作步骤如下。

1. 新建演示文稿

通常情况下，启动PowerPoint 2016之后，在其开始界面单击【空白演示文稿】选项，即可创建一个名为“演示文稿1”的空白演示文稿，如图11.1-1所示。

图11.1-1

为了方便用户更快捷地创建演示文稿，PowerPoint 2016还提供了很多演示文稿的模板。用户可以根据需要选择合适的模板，在模板基础上创建演示文稿。

❶ 启动PowerPoint 2016程序，在PowerPoint 2016开始界面。在界面顶端的搜索文本框中输入想要使用的模板的关键字，这里输入“销售汇报” 然后单击右侧的【开始搜索】按钮，如图11.1-2所示。

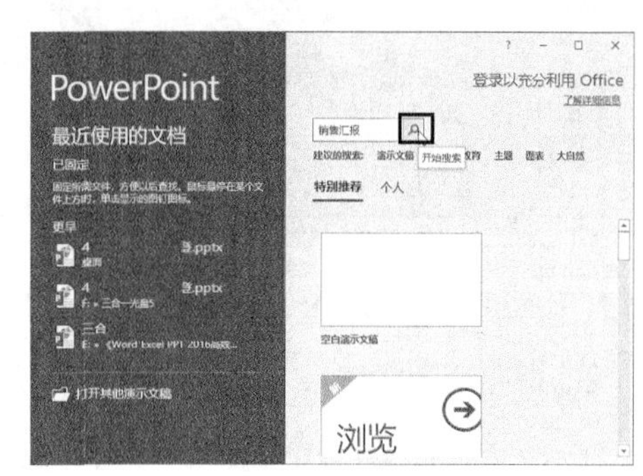

图11.1-2

❷ 随即系统内置的与销售汇报相关的模板即可全部显示出来，在搜索出的模板中选择一个合适的模板，如图11.1-3所示。

图11.1-3

❸ 在弹出的界面中显示出该模板的相关信息，单击【创建】按钮即可下载和安装该模板，如图11.1-4所示。

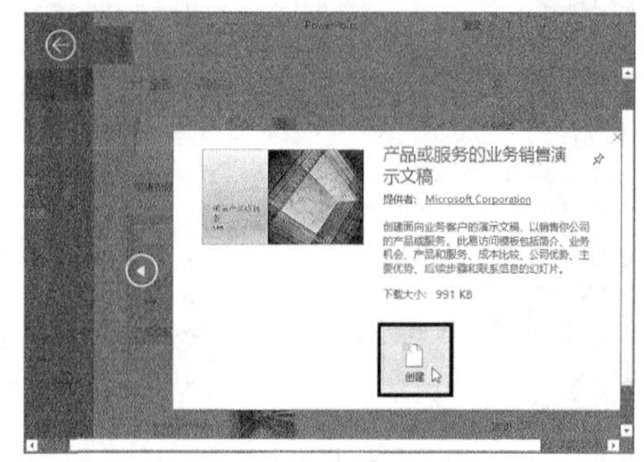

图11.1-4

❹ 安装完毕后模板效果如图11.1-5所示。

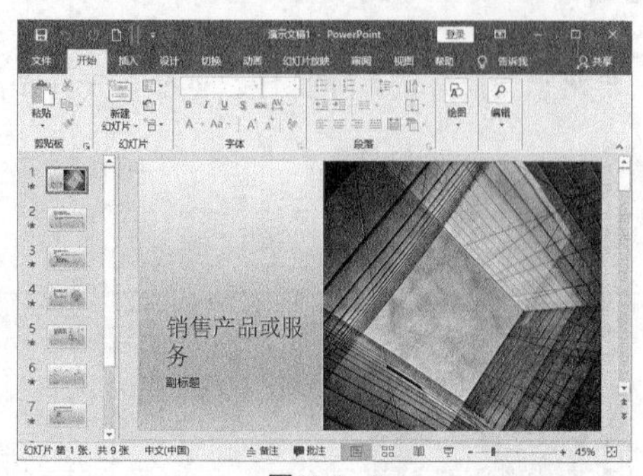

图11.1-5

2. 保存演示文稿

演示文稿在制作过程中应及时地保存，以免因断电或没有制作完成就误将演示文稿关闭而造成不必要的损失。

❶ 在演示文稿的窗口中单击【文件】按钮，如图11.1-6所示。

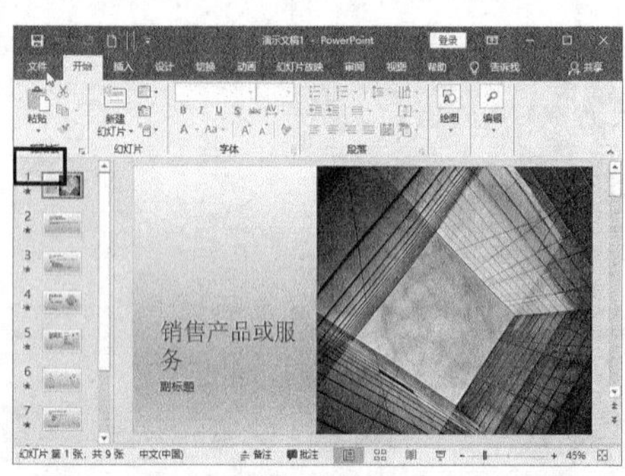

图11.1-6

❷ 在弹出的界面中单击【另存为】选项，弹出另存为界面，单击【浏览】按钮，如图11.1-7所示。

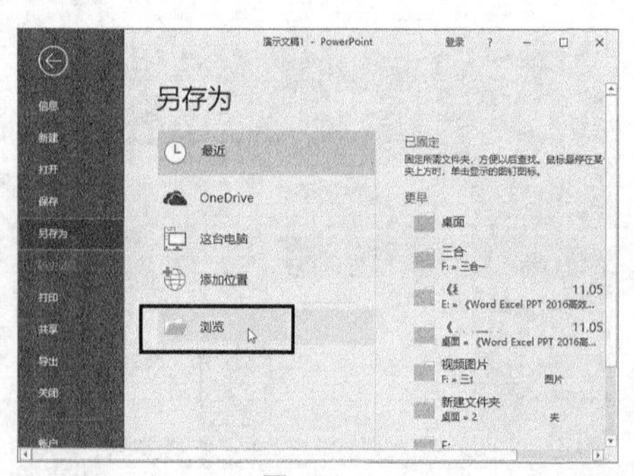

图11.1-7

❸ 弹出【另存为】对话框，选择合适的保存位置。然后在【文件名】文本框中输入文件名称，这里输入“产品销售汇报”，单击【保存】按钮，如图11.1-8所示。

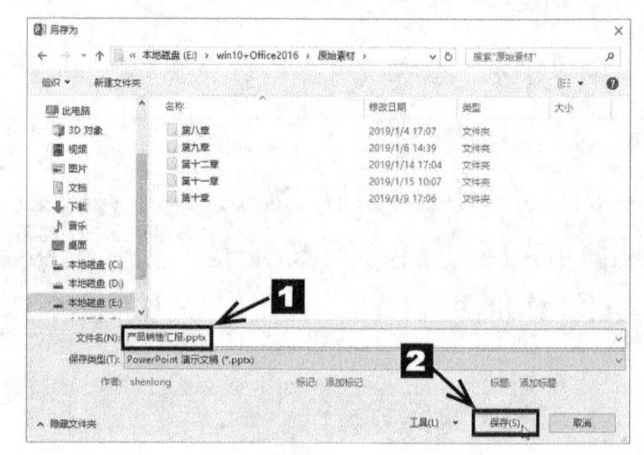

图11.1-8

提示：如果对已有的演示文稿进行了编辑操作，可以直接单击【快速访问工具栏】中的【保存】按钮保存演示文稿。

11.1.2 幻灯片的基本操作

幻灯片的基本操作主要是指新建幻灯片、删除幻灯片、复制与移动幻灯片、隐藏幻灯片、输入文本、插入图片、插入形状等内容。下面在“年终工作总结汇报.pptx”演示文稿中进行幻灯片的基本操作。

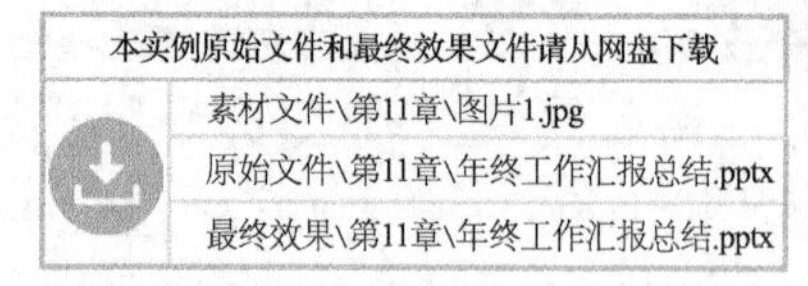

本实例原始文件和最终效果文件请从网盘下载
素材文件\第11章\图片1.jpg
原始文件\第11章\年终工作汇报总结.pptx
最终效果\第11章\年终工作汇报总结.pptx

扫码看视频

1. 新建幻灯片

在制作演示文稿的过程中，新建幻灯片是最常用的一种基本操作。在演示文稿中新建幻灯片的方法有两种，一种是使用右键快捷菜单新建幻灯片，另一种是使用【幻灯片】组新建幻灯片。下面重点介绍如何使用右键快捷菜单新建幻灯片。

❶ 打开本实例的原始文件，在左侧导航窗格中的第1张幻灯片上单击鼠标右键，从弹出的快捷菜单中选择【新建幻灯片】选项，如图11.1-9所示。

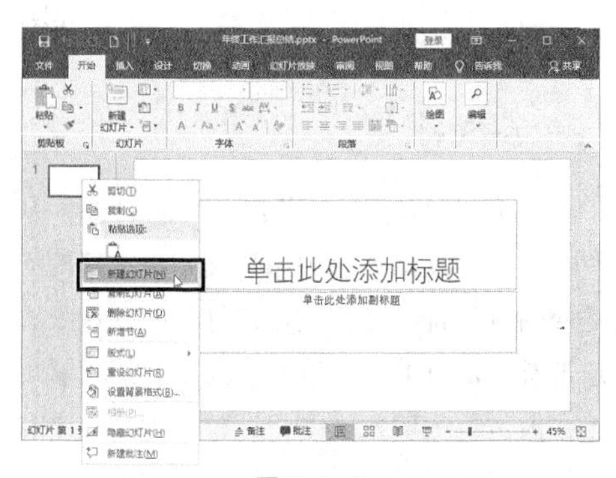

图11.1-9

❷ 可以看到在选择的幻灯片的下方插入了一张新的幻灯片，如图11.1-10所示。

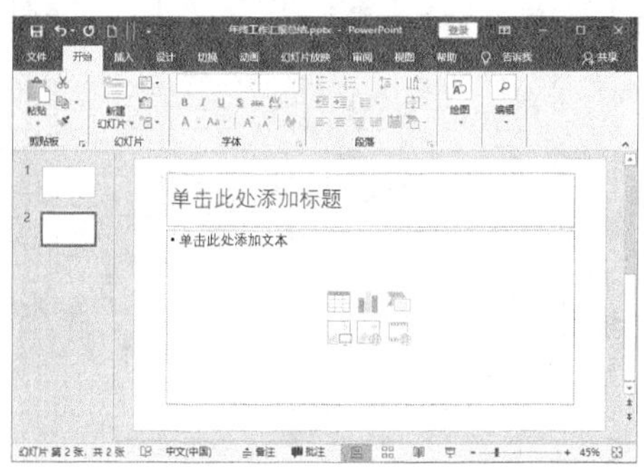

图11.1-10

2. 删除幻灯片

如果演示文稿中有多余的幻灯片，用户还可以将其删除。

❶ 在演示文稿左侧导航窗格中选择要删除的幻灯片，这里选择第2张幻灯片，然后单击鼠标右键，在弹出的快捷菜单中选择【删除幻灯片】选项，如图11.1-11所示。

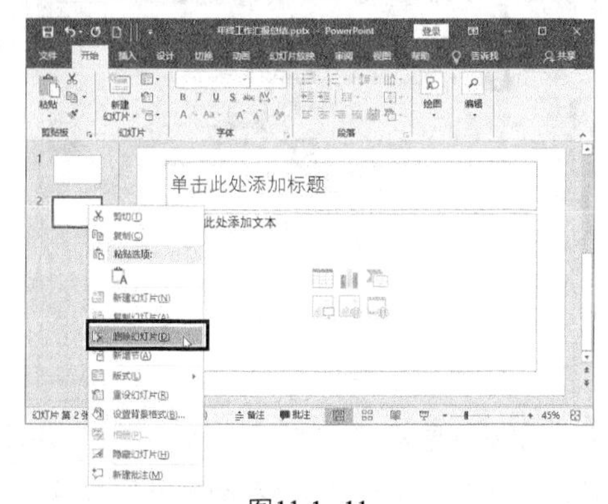

图11.1-11

❷ 可以看到将选择的第2张幻灯片删除了，效果如图11.1-12所示。

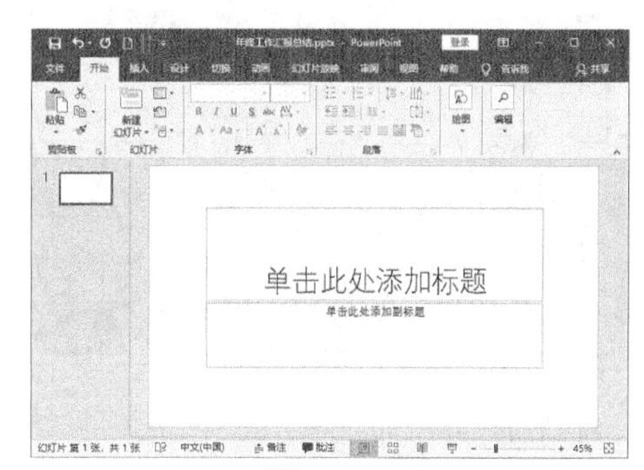

图11.1-12

3. 复制与移动幻灯片

在演示文稿的排版过程中，用户可以移动每一张幻灯片，也可以将具有较好版式的幻灯片复制到其他的演示文稿中。

复制幻灯片

复制幻灯片的方法很简单，只需在演示文稿左侧导航窗格中选择要复制的幻灯片，然后单击鼠标右键，从弹出的快捷菜单中选择【复制幻灯片】选项即可，如图11.1-13所示。

另外，用户还可以使用【Ctrl】+【C】组合键复制幻灯片，然后使用【Ctrl】+【V】组合键在同一演示文稿内或不同演示文稿之间粘贴幻灯片，如图11.1-14所示。

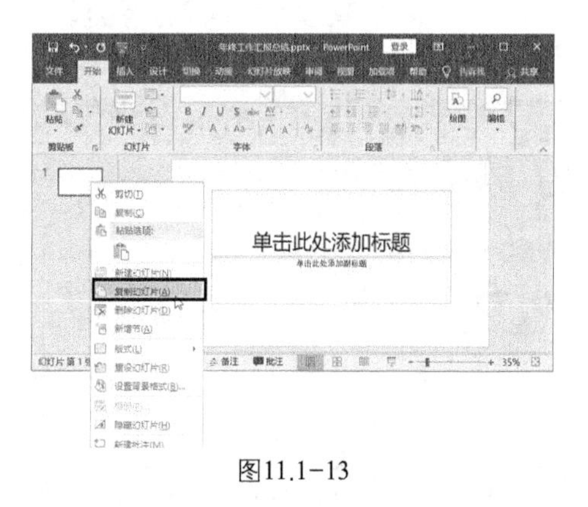

图11.1-13

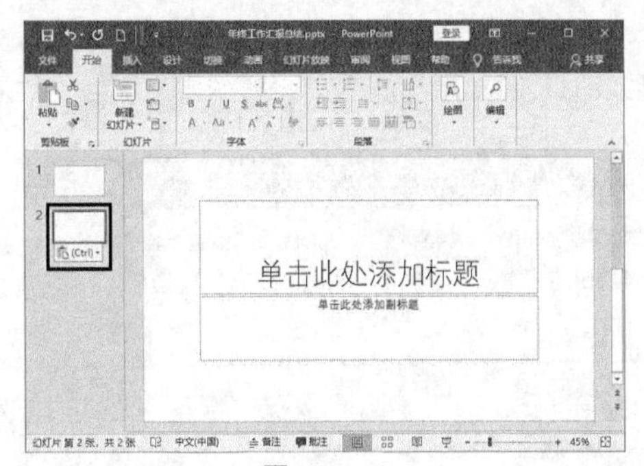

图11.1-14

移动幻灯片

移动幻灯片的方法也很简单，只需在演示文稿左侧导航窗格中选择要移动的幻灯片，然后按住鼠标左键不放，将其拖动到要移动的位置后释放鼠标左键即可。

例如在前文中复制好的第2张幻灯片下面添加一张幻灯片，然后再将该幻灯片移动到第2张幻灯片的位置，如图11.1-15所示和图11.1-16所示。

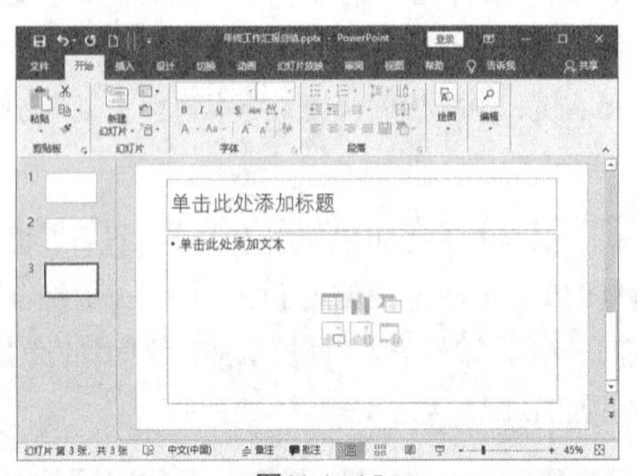

图11.1-15

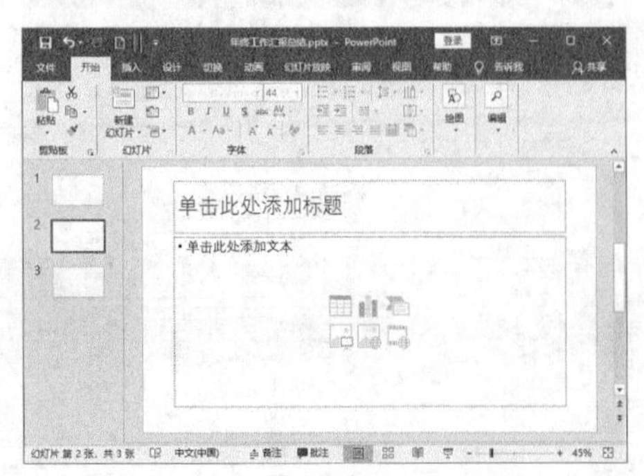

图11.1-16

4. 输入文本

使用占位符

文本作为幻灯片内容的主要传递者，是幻灯片的核心。在幻灯片中添加文本最直接的方式就是使用占位符，因为很多幻灯片的默认版式中都是带有占位符的。在这种情况下，用户就可以直接在占位符中输入文本，调整文本的大小和格式，然后根据版面需要适当调整占位符在幻灯片中的位置，如图11.1-17所示。

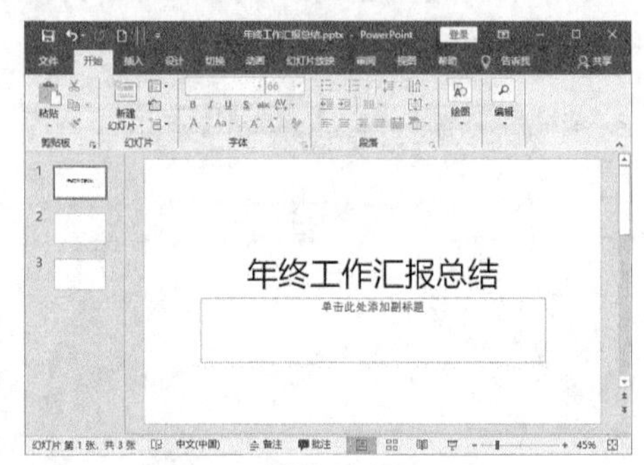

图11.1-17

使用文本框

用户除了可以在占位符中添加文本外，还可以通过插入文本框的方式添加文本。

❶ 切换到【插入】选项卡，单击【文本】组中的【文本框】按钮，在弹出的下拉列表中根据需要选择横排文本框或竖排文本框，这里选择横排文本框，如图11.1-18所示。

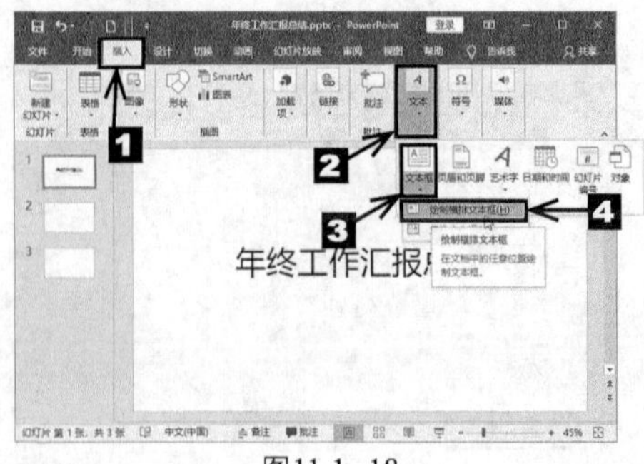

图11.1-18

❷ 可以看到鼠标指针变成↕形状，将鼠标指针移动到幻灯片的编辑区，单击鼠标左键或者按住鼠标左键不放的同时拖曳鼠标，即可绘制一个文

本框。绘制完毕后释放鼠标左键，如图11.1-19所示。

图11.1-19

❸ 在文本框中输入文本内容，如图11.1-20所示。

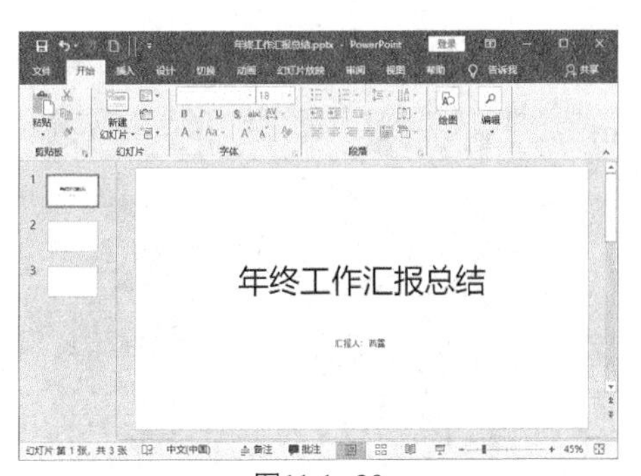

图11.1-20

❹ 接下来设置输入文本的字体大小和颜色。选择输入的文本，切换到【开始】选项卡，在【字体】组中的【字号】下拉列表中选择一个合适的字号，这里选择【66】选项。然后单击【字体颜色】按钮右侧的下三角按钮，在弹出的颜色库中选择一种合适的字体颜色，这里选择【蓝色】选项，如图11.1-21所示。

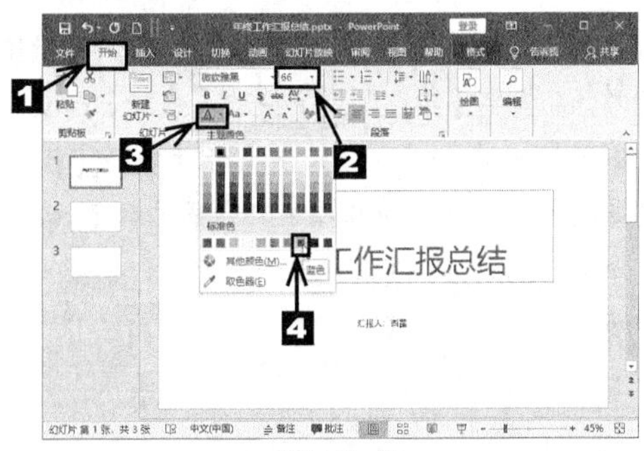

图11.1-21

❺ 设置后的效果如图11.1-22所示。

图11.1-22

5. 插入图片

在幻灯片中插入图片不仅可以使幻灯片更加美观，同时好的图片可以帮助读者更好地理解幻灯片的内容。下面我们先来学习如何在幻灯片中插入图片。

❶ 切换到【插入】选项卡，在【图像】组中单击【图片】按钮，如图11.1-23所示。

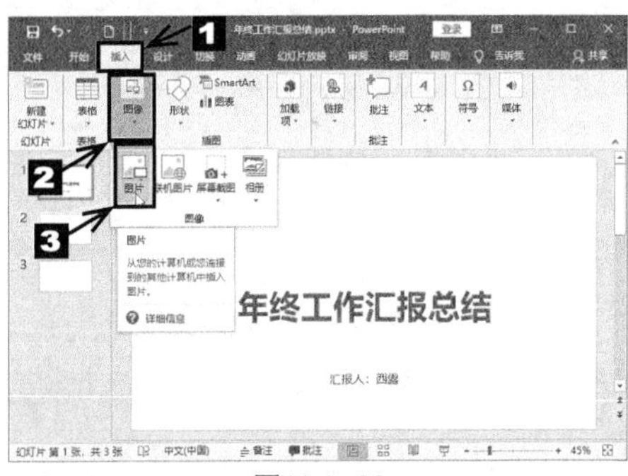

图11.1-23

❷ 弹出【插入图片】对话框，找到想插入的图片所在的文件夹。选中图片，然后单击【插入】按钮，如图11.1-24所示。

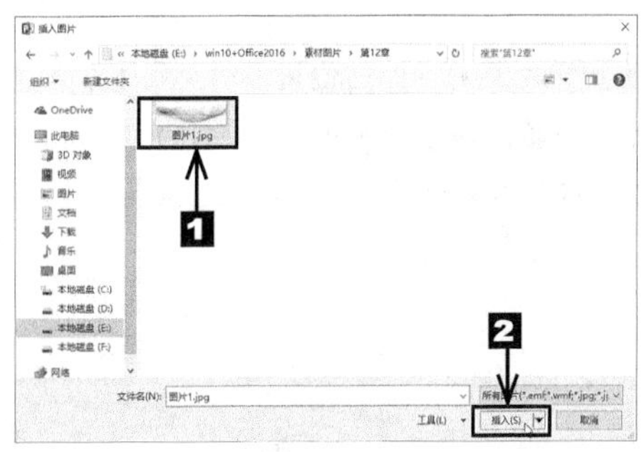

图11.1-24

❸ 可以看到将选择的图片已经插入到幻灯片中，设置后的效果如图11.1-25所示。

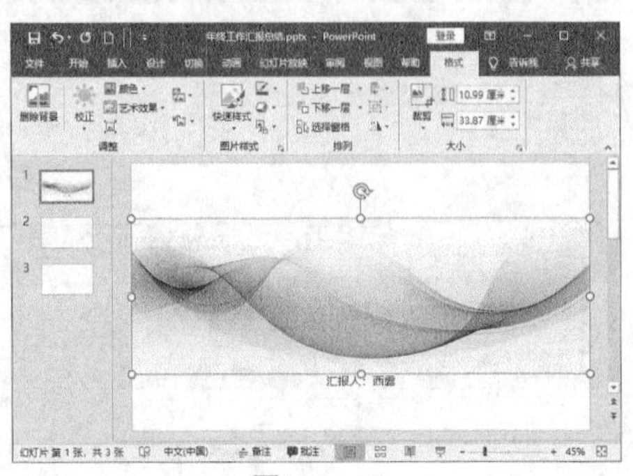
图11.1-25

❹ 选择插入的图片，调整图片的位置及大小，如图11.1-26所示。

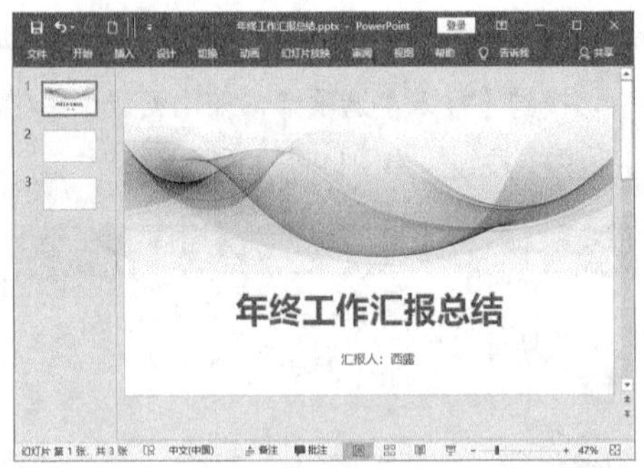

图11.1-26

6. 插入形状

在幻灯片中形状的应用也是非常广泛的，它既可以充当文本框，也可以通过不同的排列组合来表现不同的逻辑关系。下面我们先来讲解如何在幻灯片中插入形状，以及形状的一些基本编辑方法。

❶ 删除幻灯片中的占位符，切换到【插入】选项卡，在【图像】组中单击【形状】按钮，在弹出的下拉列表中选择一种形状，这里选择【矩形】选项，如图11.1-27所示。

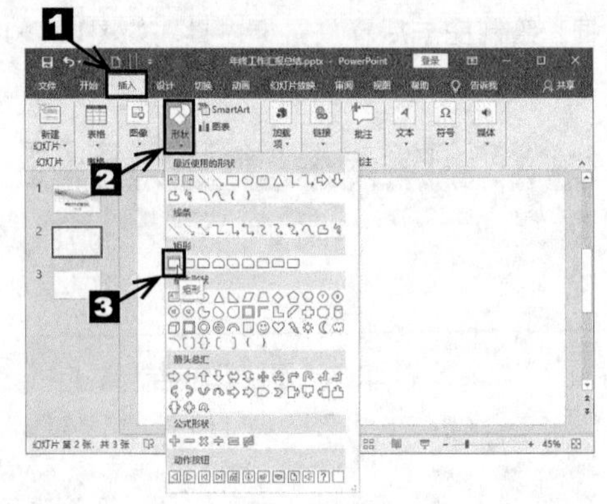

图11.1-27

❷ 可以看到鼠标指针变成十形状，按住【Shift】键或按住鼠标左键的同时拖曳鼠标，即可在幻灯片中绘制一个矩形。绘制完毕后，调整矩形的位置和大小，如图11.1-28所示。

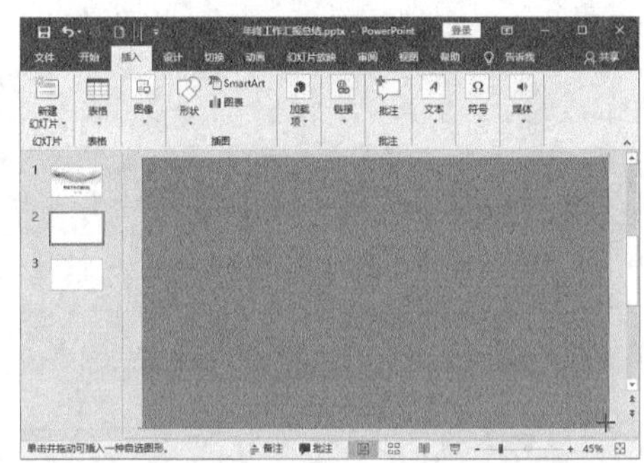
图11.1-28

> 提示：在幻灯片中绘制形状时，按住【Shift】键可以绘制纵横比为1：1的形状；在调整幻灯片中形状、图片的大小时，按住【Shift】键可以保持原有纵横比。

❸ 接下来对形状进行美化和填充。选中绘制的矩形，切换到【绘图工具】栏的【格式】选项卡，在【形状样式】组中，单击【形状填充】按钮，在弹出的下拉列表中选择一种合适的颜色，这里选择【蓝色,个性色1,深色50%】选项，如图11.1-29所示。

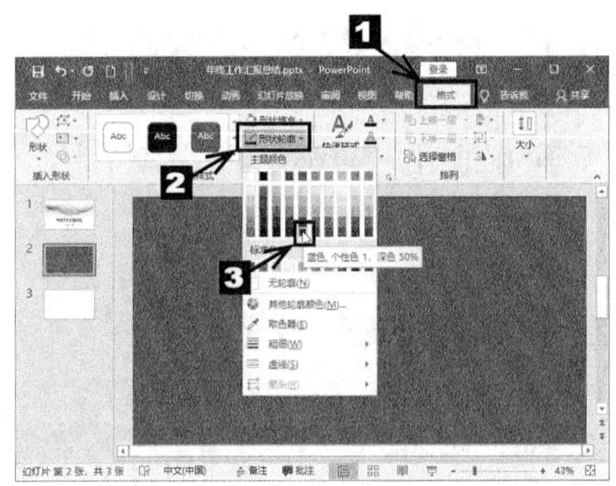

图11.1-29

❹ 因为当前幻灯片中所使用的文本框和图片都是没有边框的，为了风格统一，此处将形状的轮廓删除。单击【形状样式】组中的【形状轮廓】按钮，在弹出的下拉列表中选择【无轮廓】选项，如图11.1-30所示。

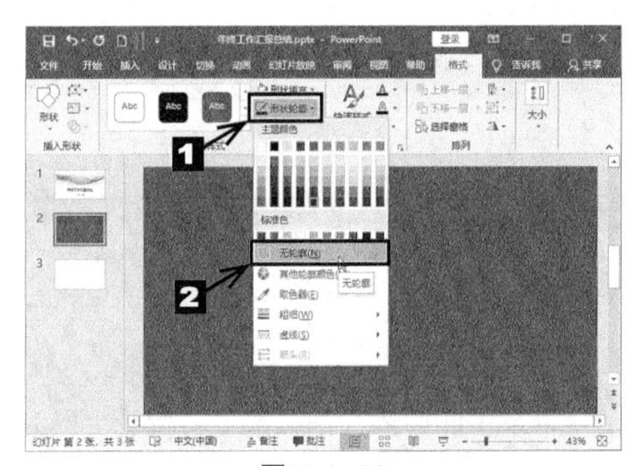

图11.1-30

❺ 在幻灯片中输入相应的内容，设置后的效果如图11.1-31所示。

图11.1-31

7. 隐藏幻灯片

当用户不想放映演示文稿中的某些幻灯片时，可以将其隐藏起来。隐藏幻灯片的具体步骤如下。

❶ 在演示文稿左侧的导航窗格中选择要隐藏的幻灯片，然后单击鼠标右键，从弹出的快捷菜单中选择【隐藏幻灯片】选项，如图11.1-32所示。

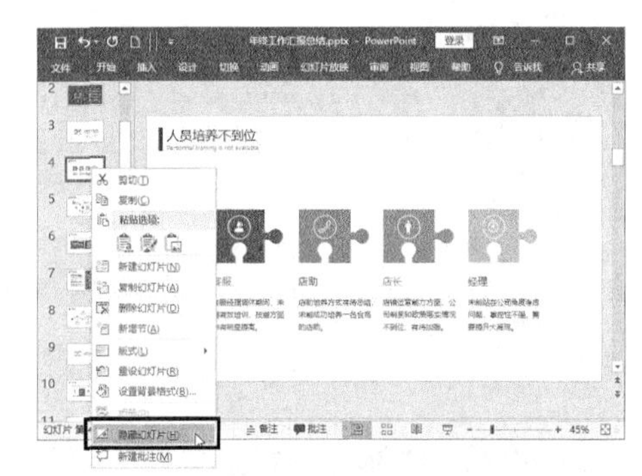

图11.1-32

❷ 可以看到在该幻灯片的标号上会显示一条删除斜线，表明该幻灯片已经被隐藏了，如图11.1-33所示。

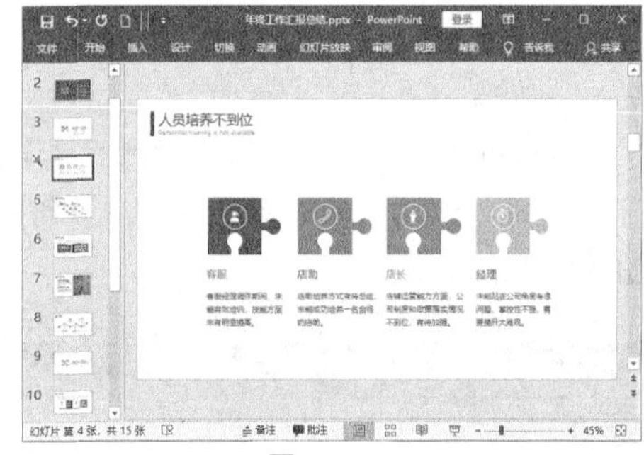

图11.1-33

11.2 课堂实训——幻灯片基本操作实训

在幻灯片中设置文本字体格式可以使内容突出显示，下面通过制作“企业文化”来具体讲解。

专业背景

文字是演示文稿的重要组成部分，一个直观明了的演示文稿少不了必要的文字说明。

实训目的

◎ 掌握文本的输入

◎ 掌握字体格式设置

操作思路

（1）输入文本。

❶ 新建一个空白演示文稿，将其重命名为“企业文化”，如图11.2-1所示。

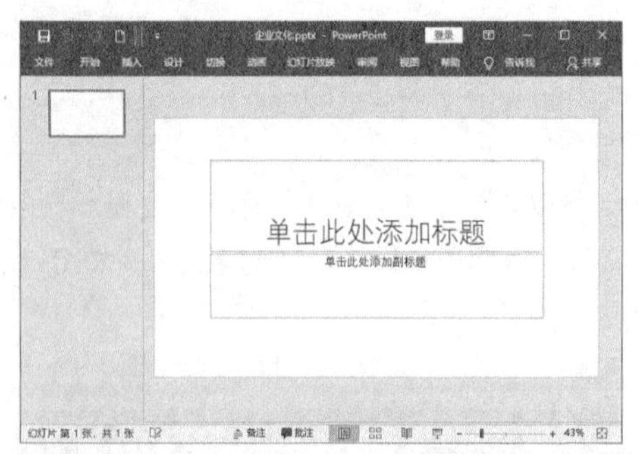

图11.2-1

❷ 在空白幻灯片中的【单击此处添加标题】占位符中单击鼠标左键，将光标定位到该占位符中，如图11.2-2所示。

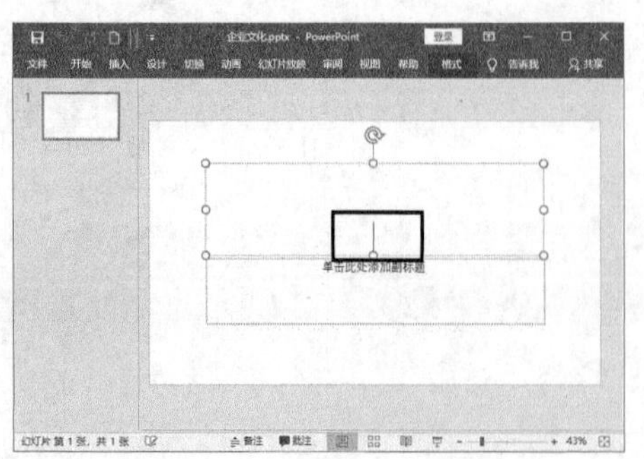

图11.2-2

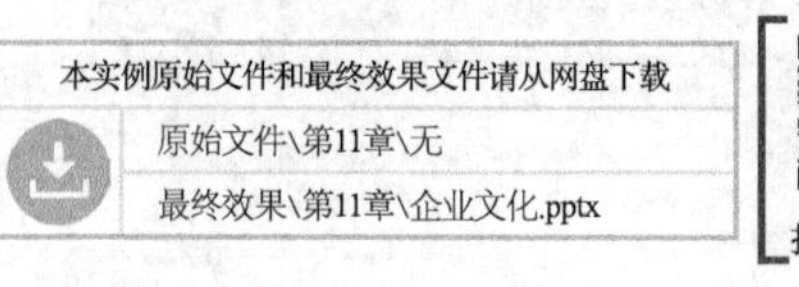

扫码看视频

❸ 在占位符中输入文本，这里输入“企业文化”，如图11.2-3所示。

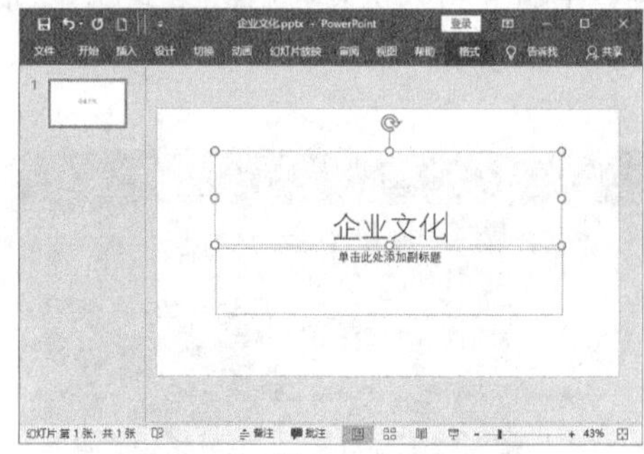

图11.2-3

❹ 在【单击此处添加副标题】占位符中输入文本，如图11.2-4所示。

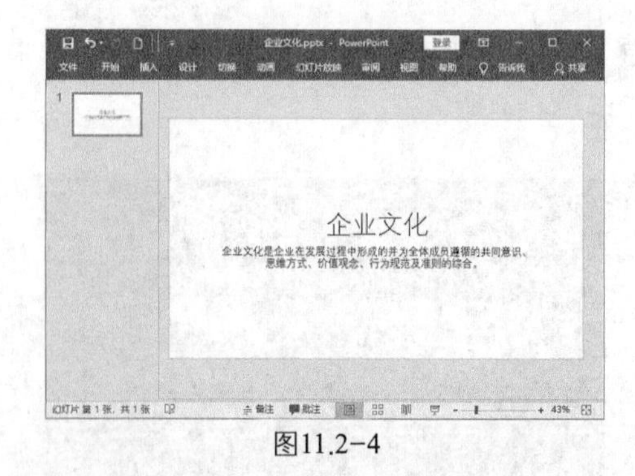

图11.2-4

（2）设置字体格式。

为了使文档中的文字便于阅读，就需要对文档中的文本的字体及字号进行设置，具体操作步骤如下。

❶ 选择标题“企业文化”，切换到【开始】选项卡。在【字体】组中的【字体】下拉列表中选择合适的字体，这里选择【微软雅黑】选项。在【字号】下拉列表中选择合适的字号，这里选择【66】选项，如图11.2-5所示。

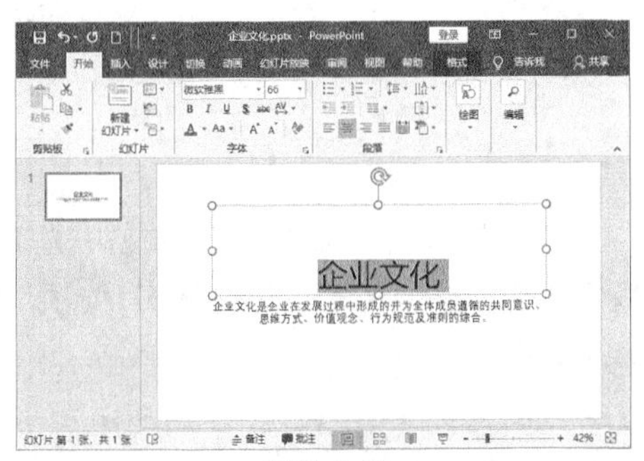

图11.2-5

❷ 单击【字体颜色】按钮右侧的下三角按钮，在弹出的颜色库中选择一种合适的字体颜色，这里选择【橙色，个性色2】选项，如图11.2-6所示。

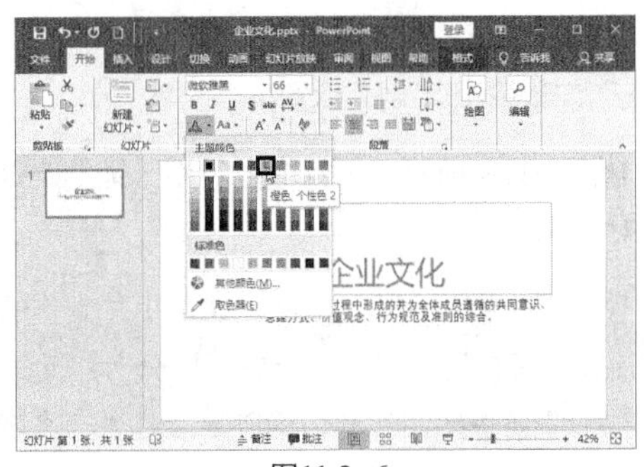

图11.2-6

❸ 单击【字体】组中的【加粗】按钮，设置后的效果如图11.2-7所示。

图11.2-7

❹ 使用相同的方法设置副标题的字体格式，最终效果如图11.2-8所示。

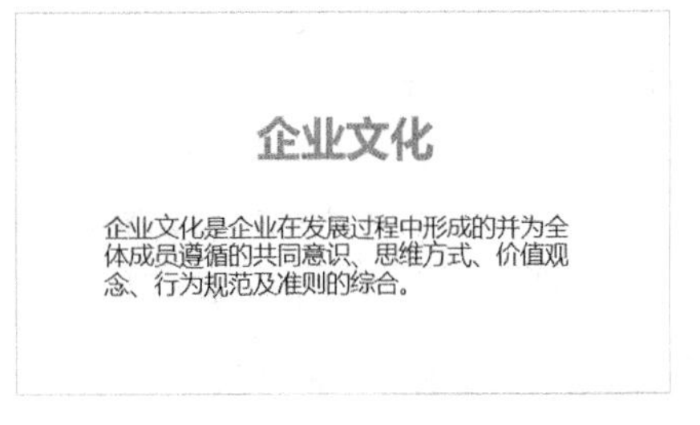

图11.2-8

11.3 幻灯片母版的设计

幻灯片母版中包含了出现在每一张幻灯片上的显示元素，如文本占位符、图片、动作按钮等。使用母版可以方便地统一幻灯片的样式及风格，提高制作幻灯片的效率。

11.3.1 PPT 母版的特性

PPT母版具有以下3种特性。

统一：使用母版可以使演示文稿的风格统一，如统一配色、版式、标题、字体和页面布局等。

限制：母版限制了一些元素的样式和位置，有利于实现统一，限制个性发挥。

速配：排版时可以根据内容类别一键选定母版中对应的版式。

鉴于PPT母版的以上特性，如果用户制作的PPT具有页面数量大、页面版式可以分为固定的若干类、需要多次制作类似的PPT、对生产速度有要求等特点，那就应该给PPT定制一个母版。

11.3.2 PPT 母版的结构和类型

进入PPT母版视图后，可以看到PPT自带的一组默认母版，分别是以下几类。

Office主题：在这一版式中添加的内容会作为背景在其他幻灯片的所有版式中出现。

标题幻灯片：可作为幻灯片的封面和封底，与Office主题不同时需要选中【隐藏背景图形】复选框。

标题和内容：主要包括标题框架和内容框架等内容。

除了上述几类版式外，还有节标题、比较、空白、仅标题、仅图片等不同的PPT版式可供选择。以上PPT版式都可以根据设计需要进行调整，保留需要的版式，将多余的版式删除即可。

11.3.3 设计 PPT 母版

一般按照封面页、过渡页、目录页、内容页和封底页等5类页面来设计幻灯片母版。下面介绍设计“电子产品推广方案.pptx”幻灯片的封面页和目录页的具体操作步骤。

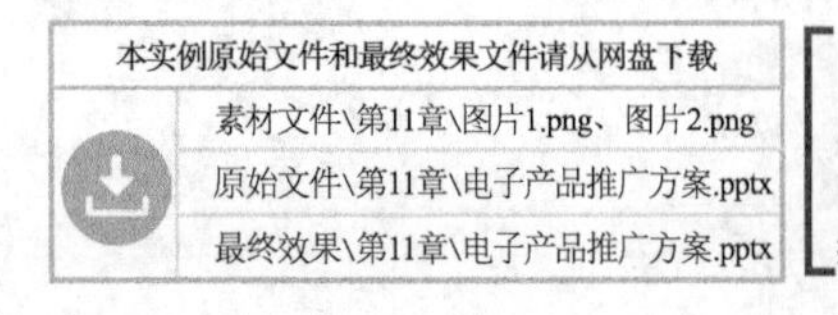

1. 设计封面页版式

因为封面页的可变性不大，图片一般不会变化，可变的是标题文字。所以，设计封面页版式时，一般在母版中制作好背景图片，利用占位符固定好标题文字的位置。

❶ 打开本实例的原始文件，切换到【视图】选项卡，单击【母版视图】组中的【幻灯片母版】按钮，如图11.3-1所示。

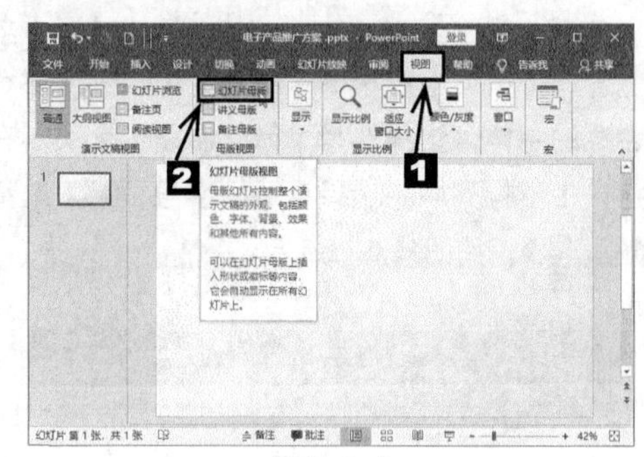

图11.3-1

❷ 进入幻灯片母版，在左侧导航窗格中选择一个版式，这里选择【标题幻灯片 版式】选项，如图11.3-2所示。

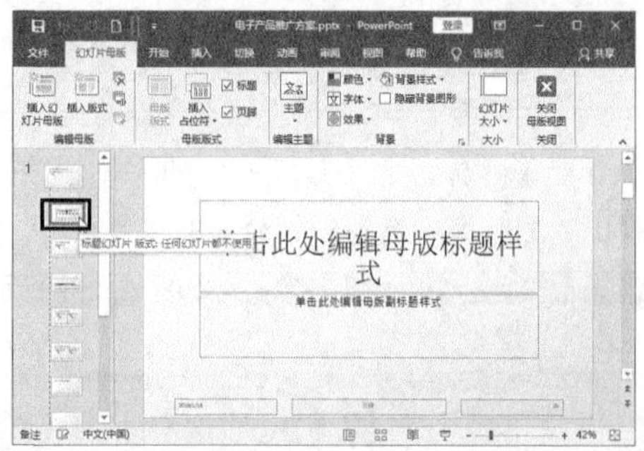

图11.3-2

❸ 按住【Shift】键的同时选中幻灯片中的两个占位符，然后按【Delete】键即可将占位符删除，如图11.3-3所示。

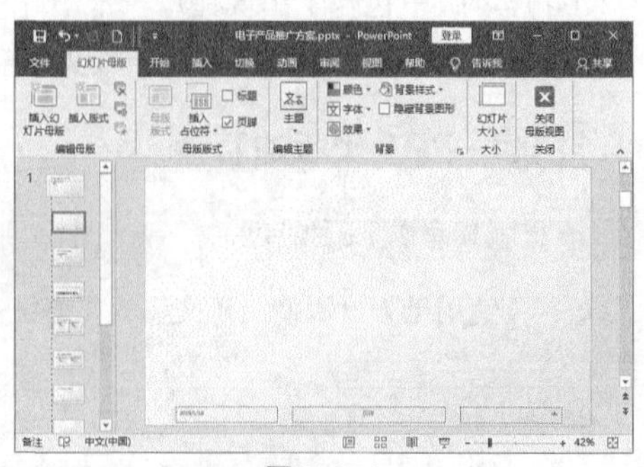

图11.3-3

❹ 切换到【插入】选项卡，在【插图】组中单击【形状】按钮，从弹出的下拉列表中选择一种形状，这里选择【矩形】选项，如图11.3-4所示。

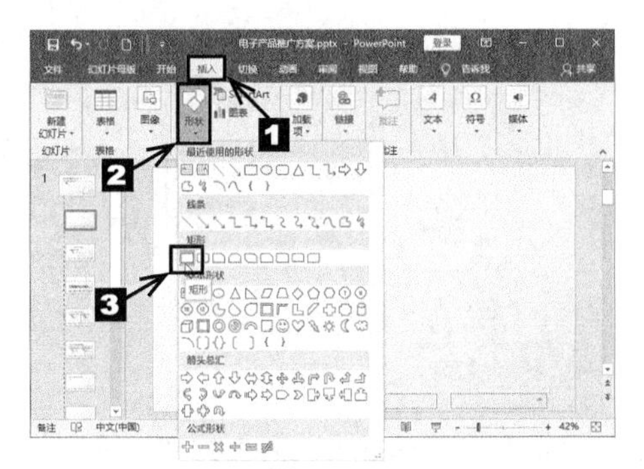

图11.3-4

❺ 将鼠标指针移动到幻灯片中，此时鼠标指针呈✛形状，按住鼠标左键的同时拖曳鼠标即可绘制一个矩形，如图11.3-5所示。

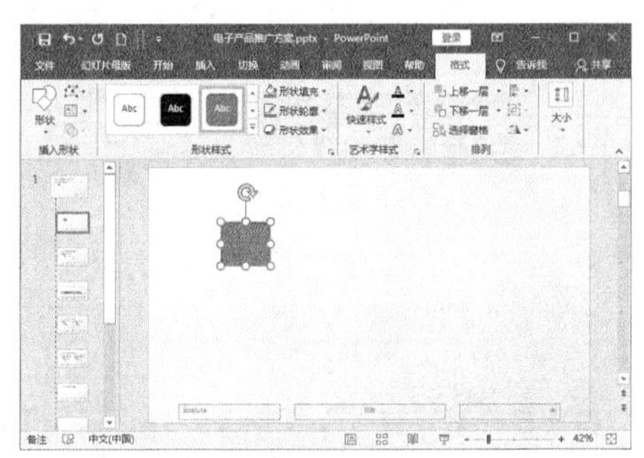

图11.3-5

❻ 选择绘制好的矩形，单击鼠标右键，在弹出的快捷菜单中选择【设置形状格式】选项，如图11.3-6所示。

图11.3-6

❼ 弹出【设置形状格式】任务窗格，单击【填充与线条】按钮。在【填充】组中选中【纯色填充】单选钮。单击【填充颜色】按钮，在弹出的下拉列表中选择【其他颜色】选项，如图11.3-7所示。

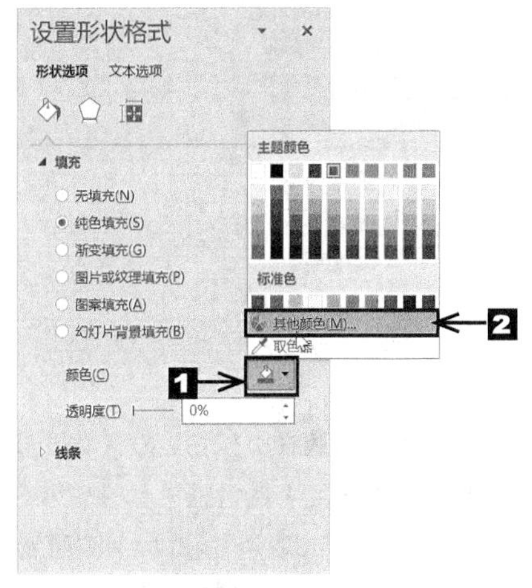

图11.3-7

❽ 弹出【颜色】对话框，切换到【自定义】选项卡。在【颜色模式】下拉列表框中选择【RGB】选项，然后在【红色】【绿色】和【蓝色】微调框中分别输入合适的数值，这里输入“215”“103”和“57”，然后单击 确定 按钮，如图11.3-8所示。

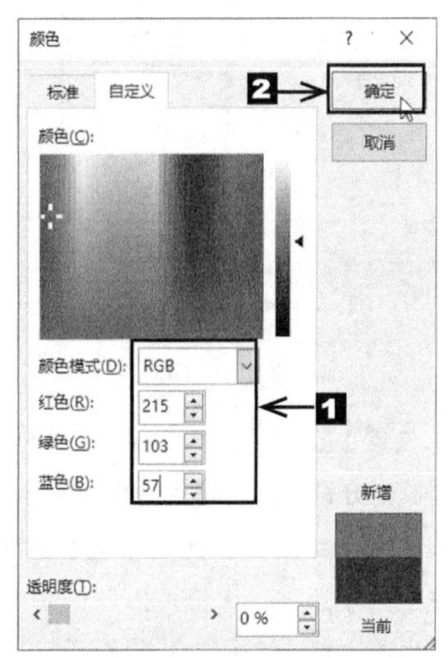

图11.3-8

⑨ 返回【设置形状格式】任务窗格，在【线条】组中选择【无线条】单选钮，如图11.3-9所示。

图11.3-9

⑩ 单击【大小与属性】按钮，在【大小】组中的【高度】和【宽度】微调框中分别输入合适的数值，这里输入“5.6厘米”和“33.87厘米”，这样可以使矩形的宽度和幻灯片的宽度一致，如图11.3-10所示。

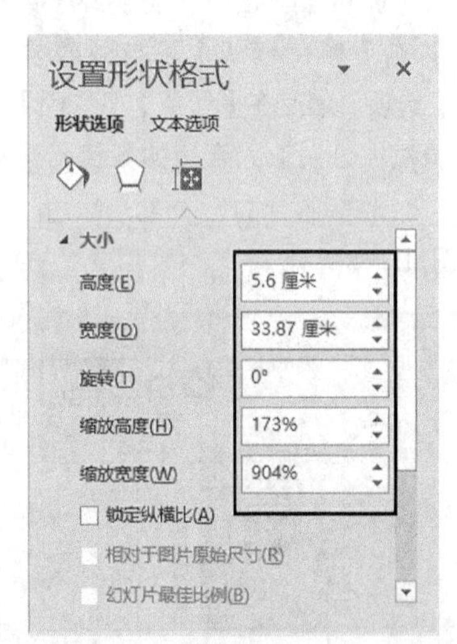

图11.3-10

⑪ 在【位置】组中的【水平位置】和【垂直位置】微调框中分别输入合适的数值，这里输入“0厘米”和“6.4厘米”，在两个【从】下拉列表中选择【左上角】选项，这样可以使绘制的矩形相对于幻灯片左对齐，如图11.3-11所示。

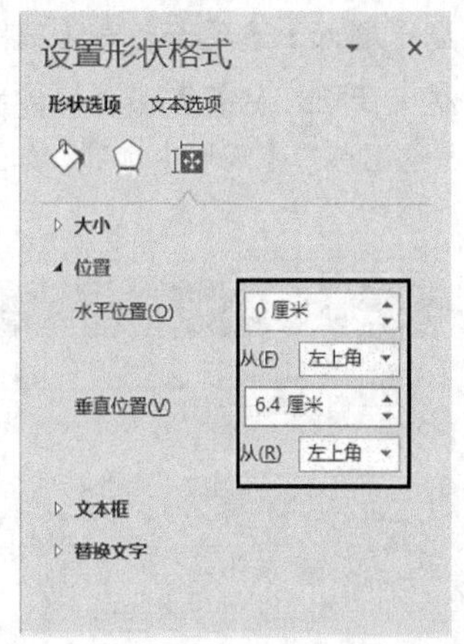

图11.3-11

⑫ 设置完毕后单击【关闭】按钮，返回幻灯片，设置效果如图11.3-12所示。

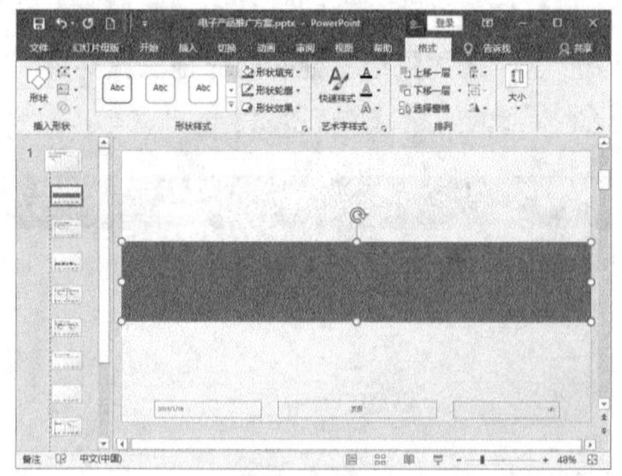
图11.3-12

⑬ 再次切换到【插入】选项卡，在【插图】组中单击【形状】按钮，从弹出的下拉列表中选择一种形状，这里选择【直线】选项，如图11.3-13所示。按住鼠标左键的同时拖曳鼠标，在矩形的下方绘制一条长度与幻灯片宽度相等的直线。

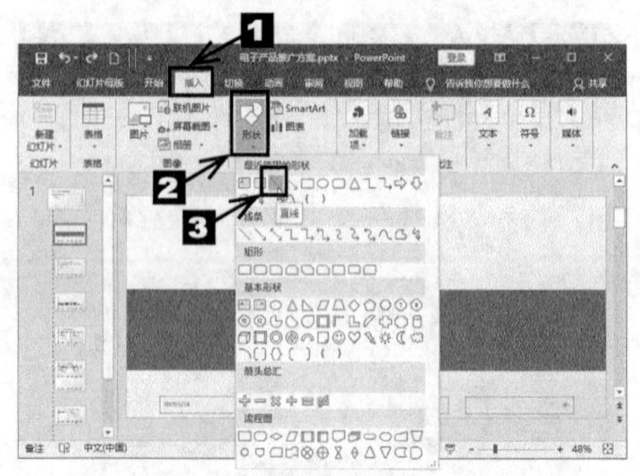

图11.3-13

⑭ 切换到【绘图工具】栏的【格式】选项卡，在【形状样式】组中单击【形状轮廓】按钮，在弹出的下拉列表中选择【粗细】→【1.5磅】选项，如图11.3-14所示。

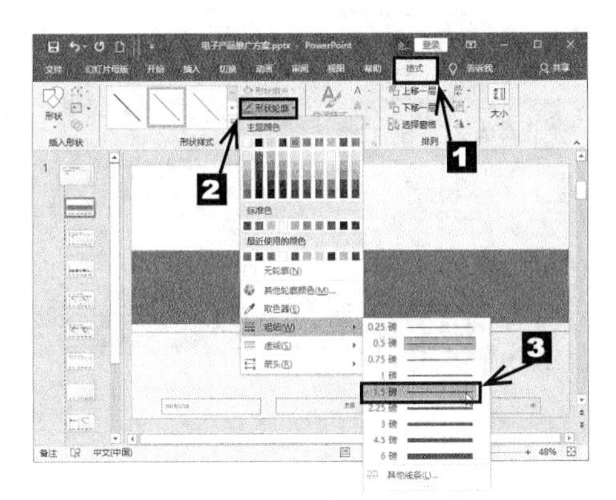

图11.3-14

⑮ 再次单击【形状轮廓】按钮，在弹出的下拉列表中选择【取色器】选项，如图11.3-15所示。

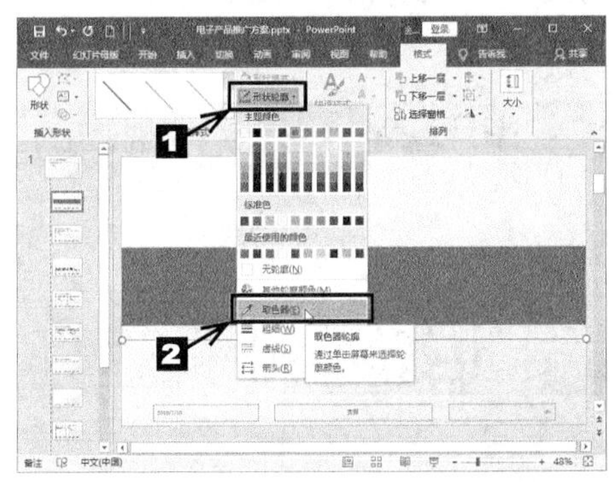

图11.3-15

⑯ 将鼠标指针移动到矩形上，可以看到鼠标指针呈吸管状，同时在吸管右上方显示吸管所在位置的颜色参数，如图11.3-16所示。

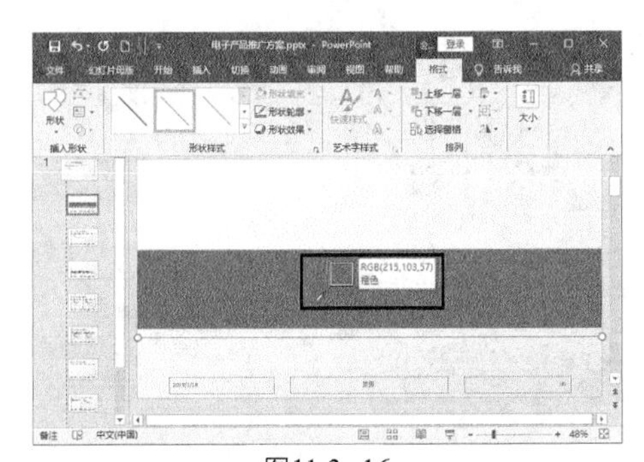

图11.3-16

⑰ 单击鼠标左键，将直线颜色设置为与矩形相同的颜色，如图11.3-17所示。

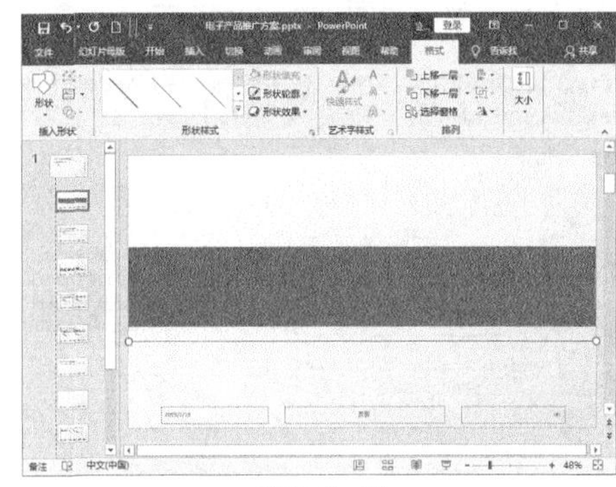

图11.3-17

⑱ 通过【Ctrl】+【C】组合键和【Ctrl】+【V】组合键复制插入的直线并调整好位置，如图11.3-18所示。

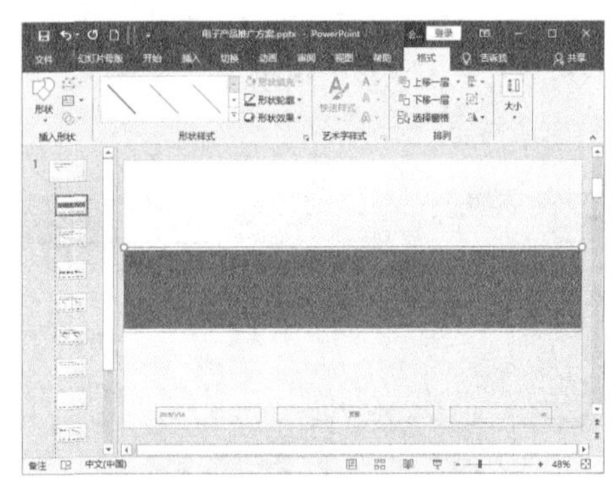

图11.3-18

⑲ 按照同样的方法，在幻灯片中绘制一条长为13厘米、颜色为橙色、宽为0.25磅的直线，如图11.3-19所示。

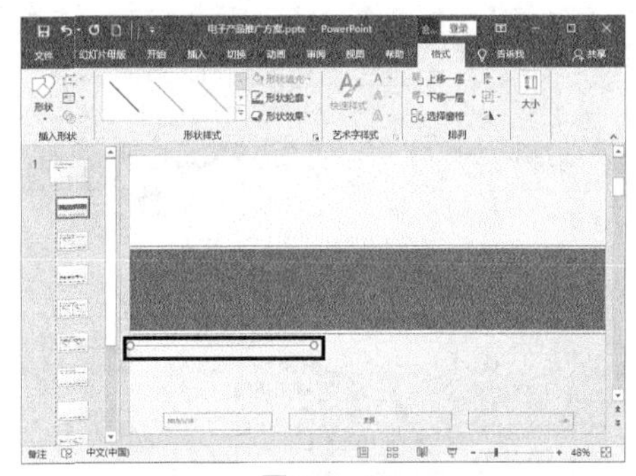

图11.3-19

⑳ 选择绘制的短直线，通过【Ctrl】+【C】组合键和【Ctrl】+【V】组合键，在幻灯片中复制两条相同的直线，如图11.3-20所示。

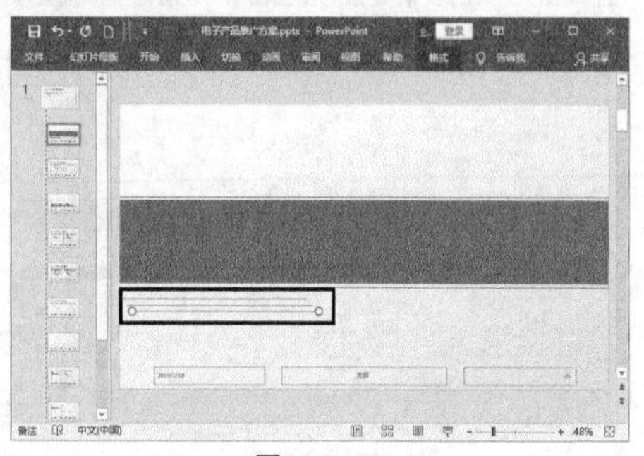

图11.3-20

㉑ 按住【Shift】键的同时选择幻灯片中的3条短直线。切换到【绘图工具】栏的【格式】选项卡，在【排列】组中单击【对齐对象】按钮，从弹出的下拉列表中选择【对齐幻灯片】选项，使【对齐幻灯片】选项前面出现一个对勾，如图11.3-21所示。

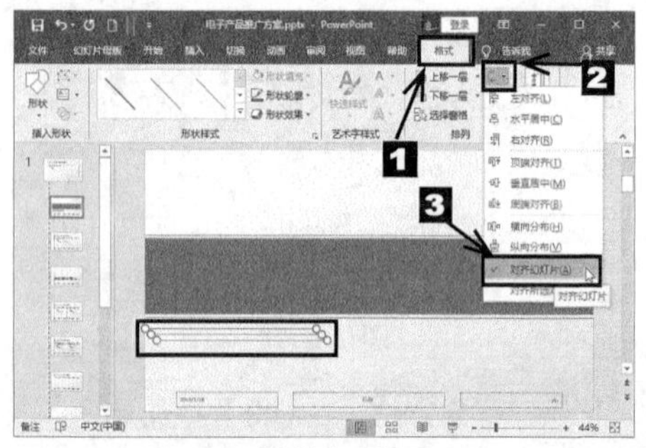

图11.3-21

㉒ 再次单击【对齐对象】按钮，从弹出的下拉列表中选择【左对齐】选项，这样即可使3条短直线相对于幻灯片左对齐，如图11.3-22所示。

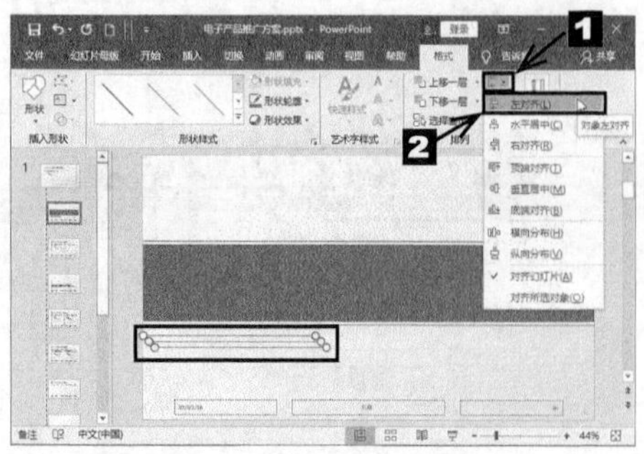

图11.3-22

㉓ 为了方便管理，可以将3条短直线组合为一个整体。再次切换到【绘图工具】栏的【格式】选项卡，在【排列】组中单击【组合对象】按钮，从弹出的下拉列表中选择【组合】选项，如图11.3-23所示。

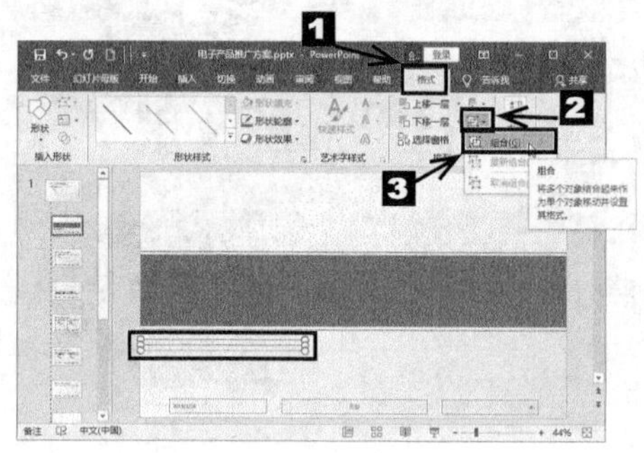

图11.3-23

㉔ 将鼠标指针移动到组合图形的边框上，鼠标指针呈✥形状。按住鼠标左键的同时拖曳鼠标，将组合图形移动到右侧对应位置，如图11.3-24所示。

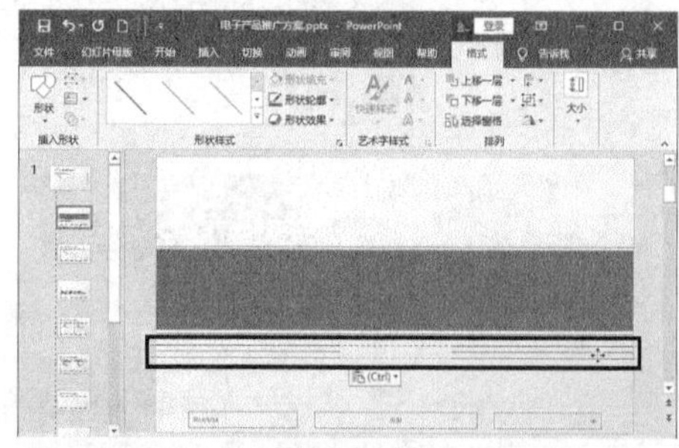

图11.3-24

㉕ 接下来插入封面底图。切换到【插入】选项卡，在【图像】组中单击【图片】按钮，如图11.3-25所示。

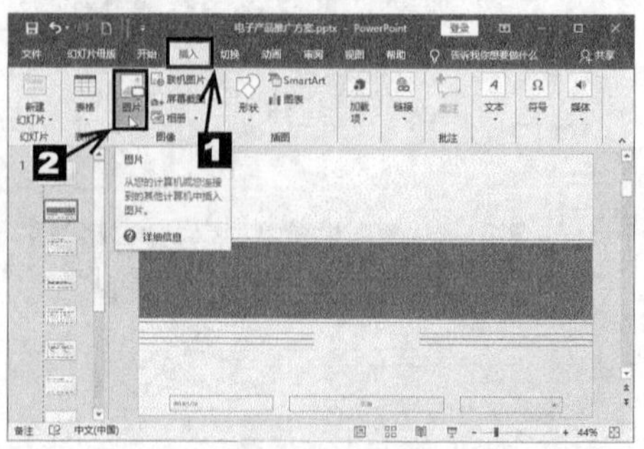

图11.3-25

㉖ 弹出【插入图片】对话框，选择“图片1.png”，单击【插入】按钮，如图11.3-26所示。

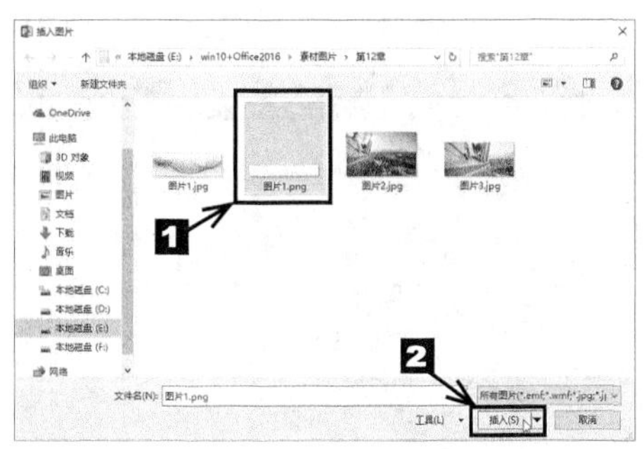

图11.3-26

㉗ 可以看到将选择的图片插入到幻灯片中了，调整好图片的位置，如图11.3-27所示。

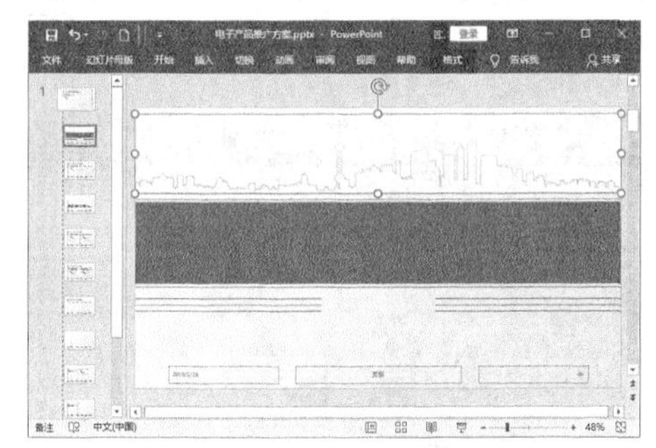
图11.3-27

㉘ 调整占位符的位置以及占位符中的文字格式，输入提示信息，如图11.3-28所示。

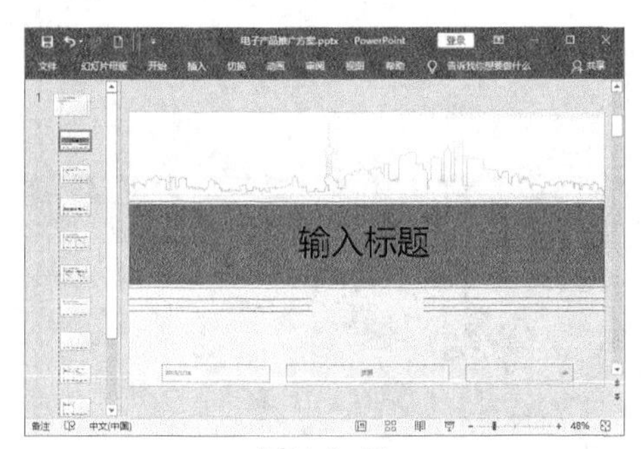

图11.3-28

2. 设计目录页版式

目录页的版式相对比较简单，其内容主要是背景和一个并列关系的信息图表。

❶ 选择一个母版版式，删除多余占位符，如图11.3-29所示。

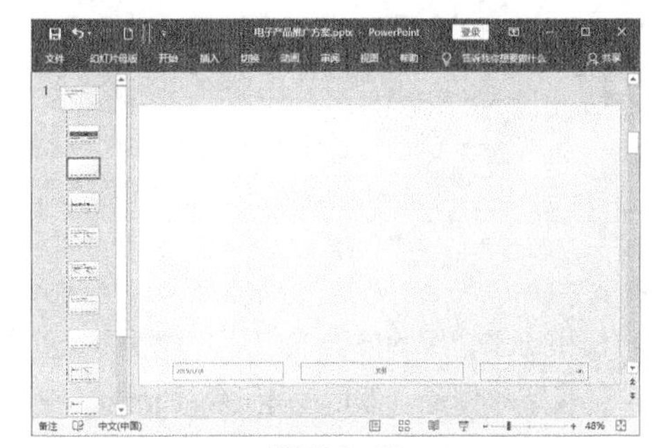
图11.3-29

❷ 切换到【插入】选项卡，在【图像】组中单击【图片】按钮，如图11.3-30所示。

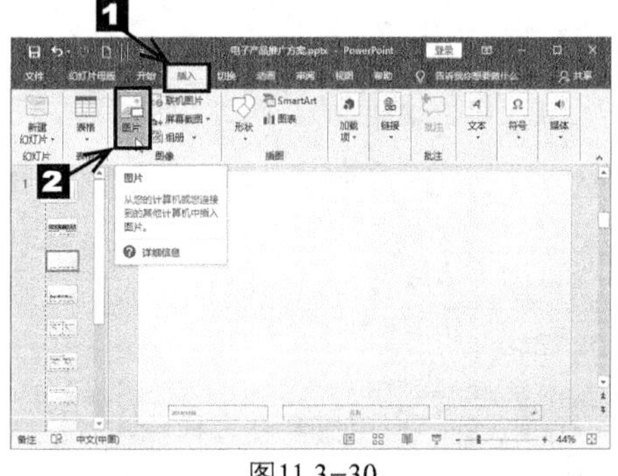

图11.3-30

❸ 弹出【插入图片】对话框，选择“图片2.png”，单击【插入】按钮，如图11.3-31所示。

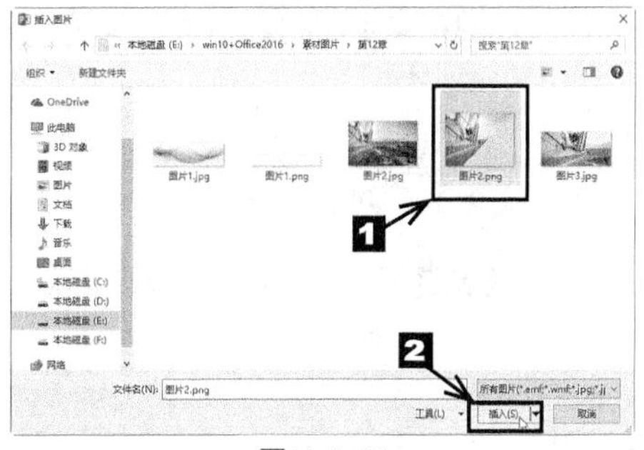

图11.3-31

❹ 可以看到选择的图片插入到了幻灯片中，调整图片的位置，如图11.3-32所示。

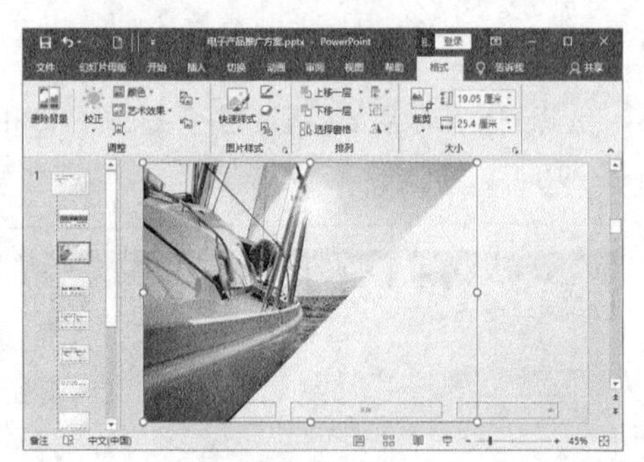

图11.3-32

❺ 使用前文介绍的方法在幻灯片中插入一个矩形并调整矩形位置，然后为矩形添加形状、颜色及形状轮廓，如图11.3-33所示。

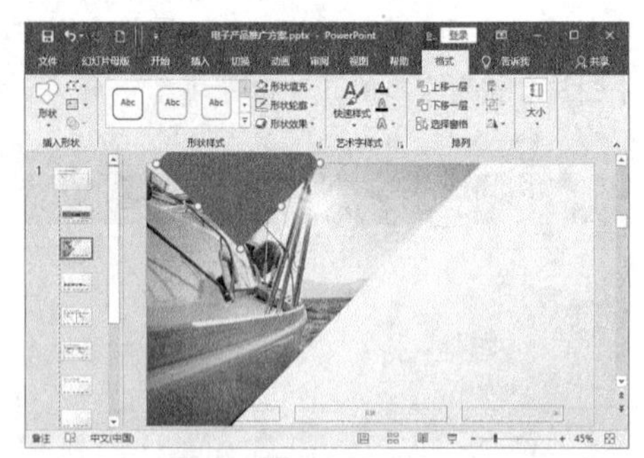

图11.3-33

❻ 在插入的矩形中绘制文本框并添加文本内容，然后设置字体格式，如图11.3-34所示。

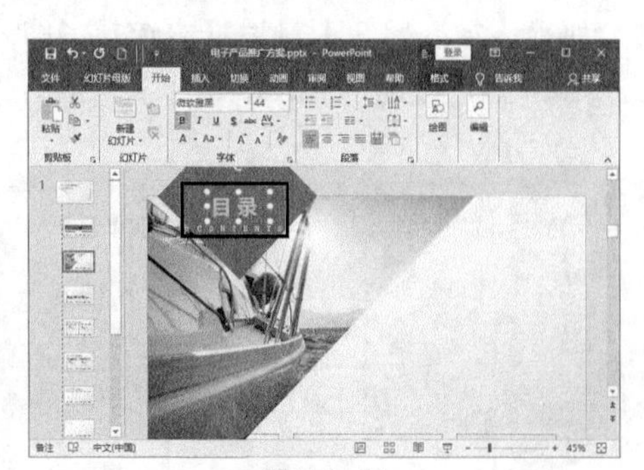

图11.3-34

❼ 使用前文介绍的方法，在幻灯片中再插入一个矩形，调整其大小、位置和颜色，如图11.3-35所示。

图11.3-35

❽ 选中插入的矩形，通过【Ctrl】+【C】组合键和【Ctrl】+【V】组合键，在幻灯片中复制3个相同的矩形并调整好位置，如图11.3-36所示。

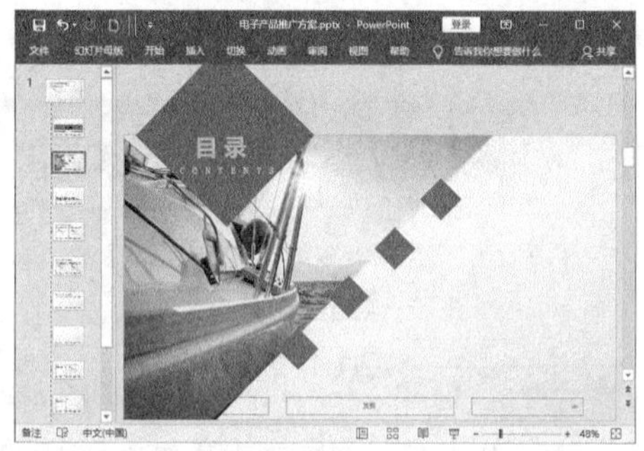

图11.3-36

❾ 使用前文介绍的方法，在幻灯片中插入一条直线，调整其大小、位置和颜色，如图11.3-37所示。

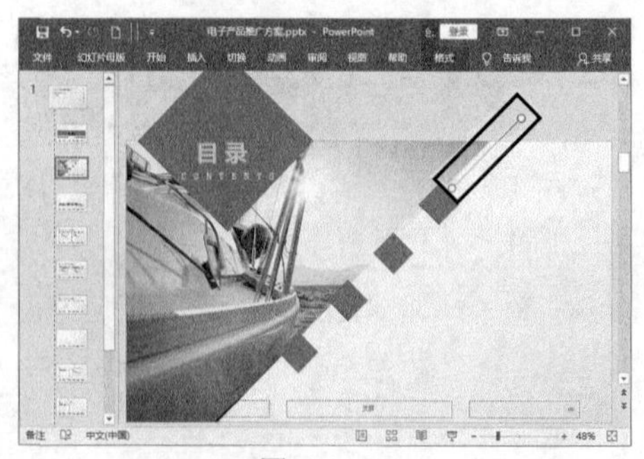

图11.3-37

⑩ 选中插入的直线，通过【Ctrl】+【C】组合键和【Ctrl】+【V】组合键，在幻灯片中复制3条相同的直线并调整好位置，如图11.3-38所示。

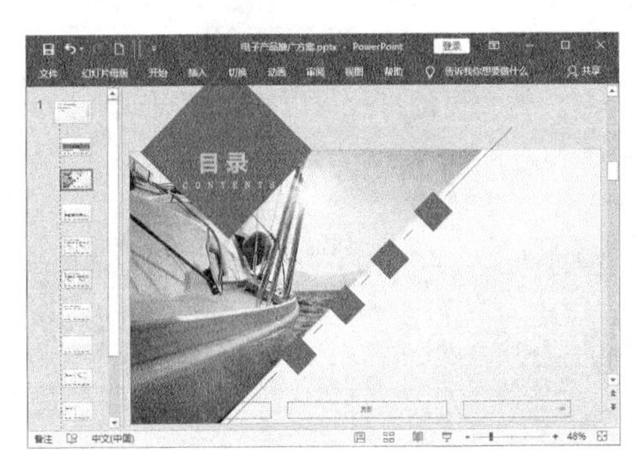

图11.3-38

⑪ 在4个矩形中分别输入文本内容，如图11.3-39所示。

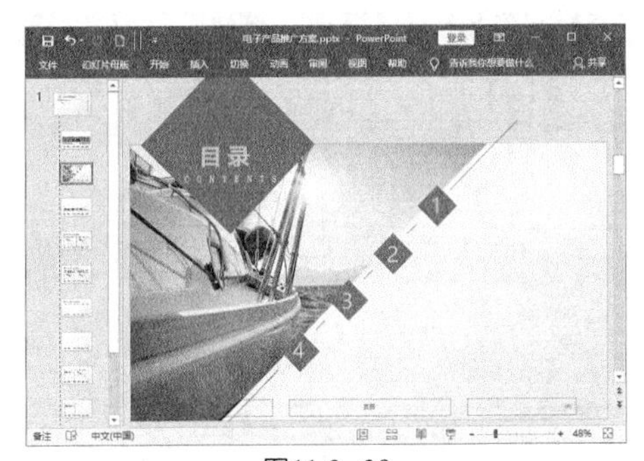

图11.3-39

⑫ 在4个矩形旁边分别插入4个大小相同的文本框，然后调整好位置。在文本框中输入提示信息并调整文字格式如图11.3-40所示。

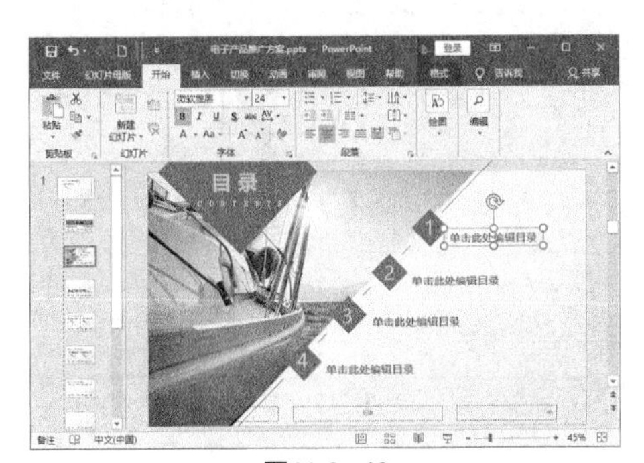

图11.3-40

3. 设计过渡页和内容页版式

过渡页版式和内容页版式相对比较简单，主要是设计背景和标题位置，此处不再赘述。

过渡页版式如图11.3-41所示。

图11.3-41

内容页版式如图11.3-42所示。

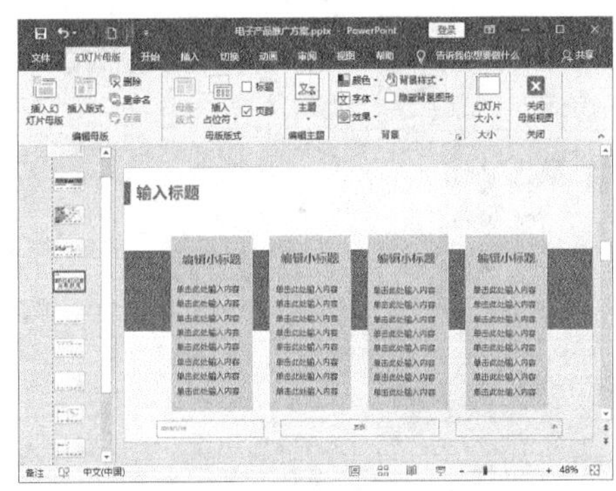

图11.3-42

11.4 课堂实训——设计封底页幻灯片

封底页应与封面的风格一致，主要用来表达感谢或者放置演讲人的联系信息。

专业背景

简洁、美观的封底页幻灯片可以为演讲画上完美的句号。封底页幻灯片可以与封面页或者目录页的风格一致，在封面页或目录页的基础上简化设计。

实训目的

◎ 掌握制作封底页幻灯片的方法

操作思路

编辑封底页幻灯片是设计幻灯片母版中必不可少的一步，具体操作步骤如下。

❶ 打开本实例的原始文件，切换到【视图】选项卡，在【母版视图】组中单击【幻灯片母版】按钮，如图11.4-1所示。

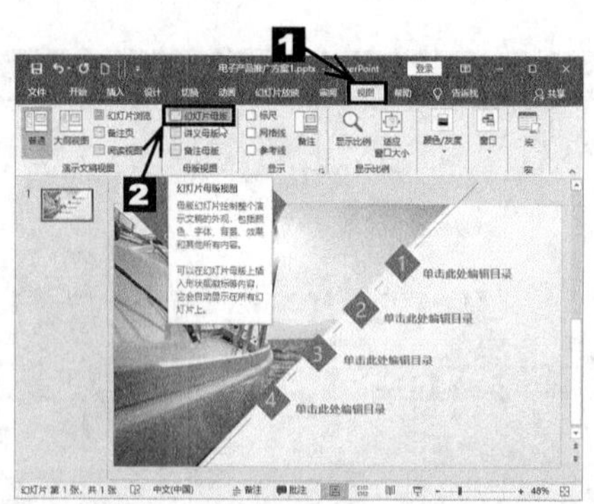

图11.4-1

❷ 进入幻灯片母版，在左侧的导航窗格中选择一个版式，然后删除版式中多余的占位符，如图11.4-2所示。

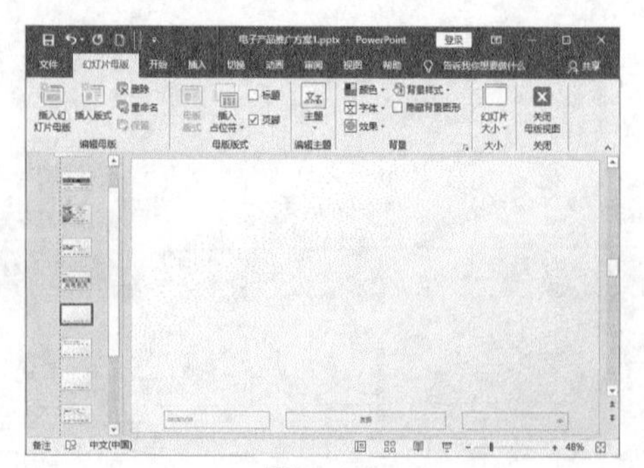

图11.4-2

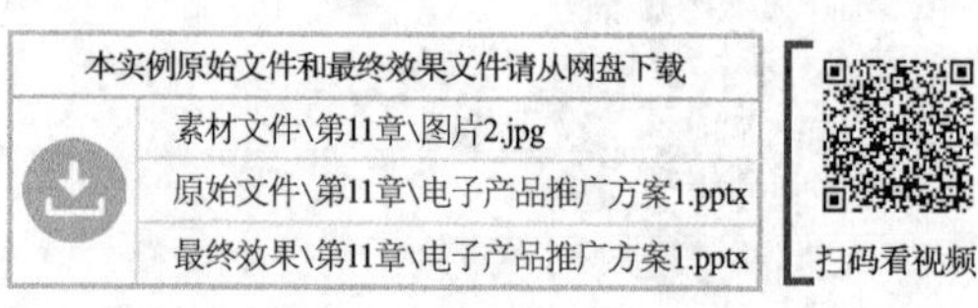

本实例原始文件和最终效果文件请从网盘下载
素材文件\第11章\图片2.jpg
原始文件\第11章\电子产品推广方案1.pptx
最终效果\第11章\电子产品推广方案1.pptx

扫码看视频

❸ 接下来插入封底图片。切换到【插入】选项卡，在【图像】组中单击【图片】按钮，如图11.4-3所示。

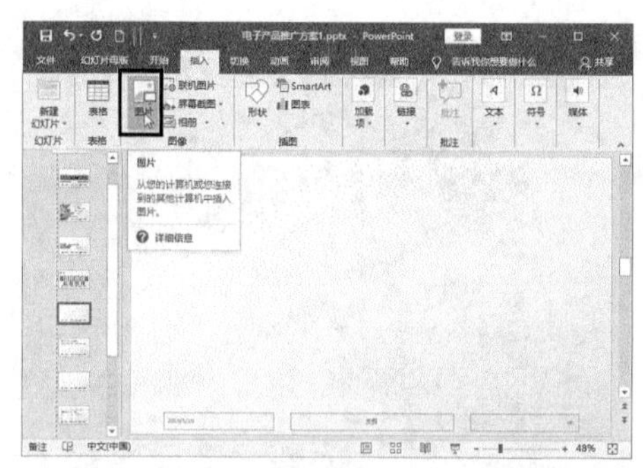

图11.4-3

❹ 弹出【插入图片】对话框，选中“图片2.jpg”，单击【插入】按钮，如图11.4-4所示。

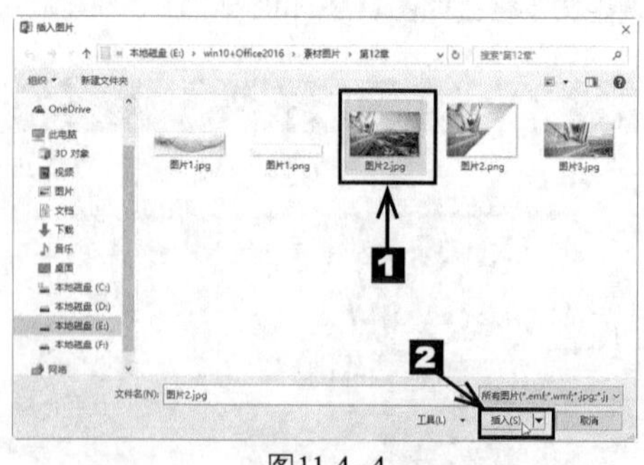

图11.4-4

❺ 可以看到将选中图片插入幻灯片中了，调整好图片的位置，如图11.4-5所示。

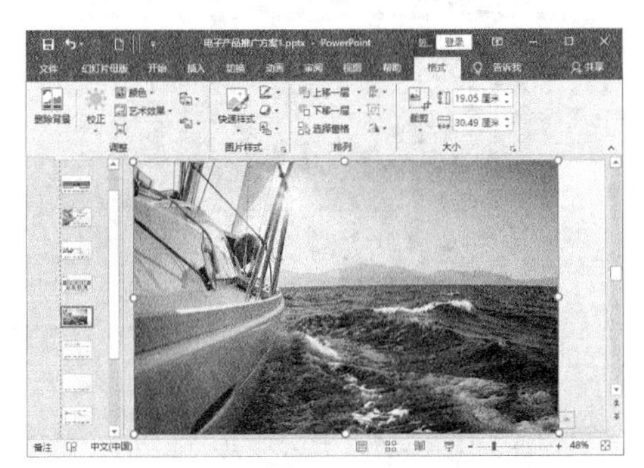

图11.4-5

❻ 使用前文介绍的方法，在幻灯片中插入一个矩形，并调整其大小、位置和颜色，如图11.4-6所示。

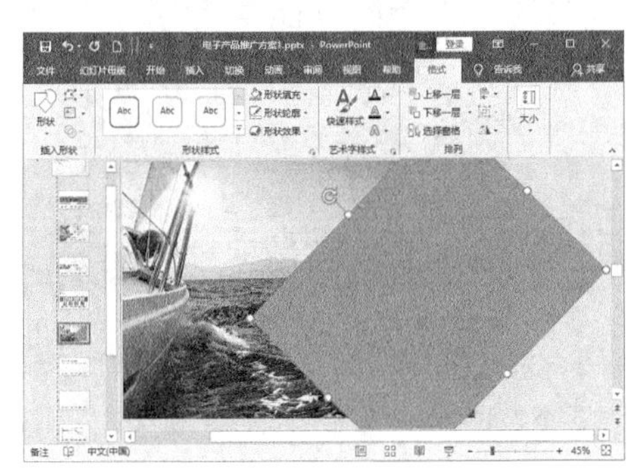

图11.4-6

❼ 选中矩形后单击鼠标右键，在弹出的快捷菜单中选择【设置形状格式】选项，如图11.4-7所示。

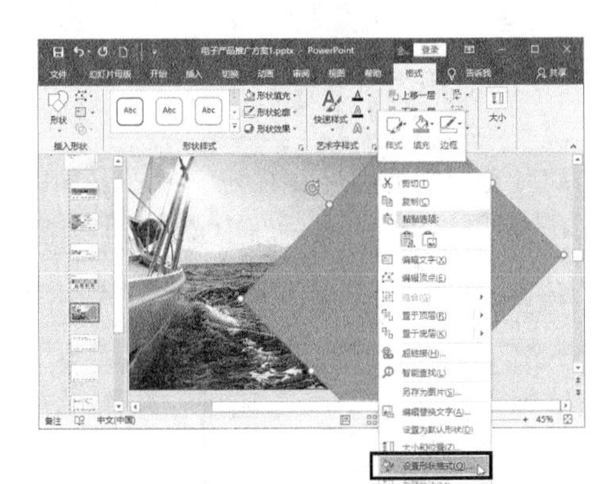

图11.4-7

❽ 弹出【设置形状格式】任务窗格，单击【填充与线条】按钮。在【透明度】微调框中输入“30%”，然后关闭任务窗格，如图11.4-8所示。

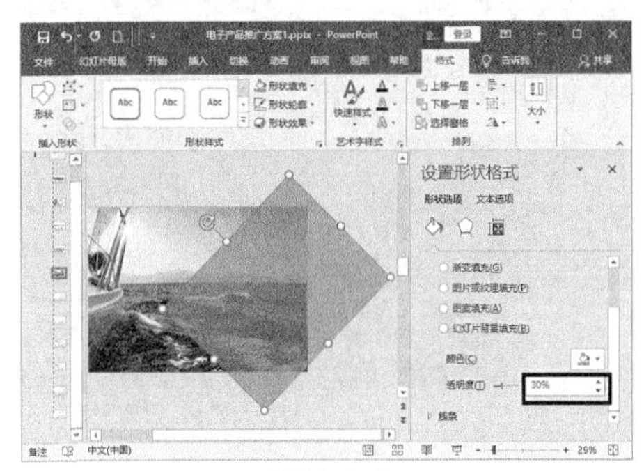

图11.4-8

❾ 选择矩形，单击【插入形状】组中的【编辑形状】按钮右侧的下三角按钮，在弹出的下拉列表中选择【编辑顶点】选项，如图11.4-9所示。

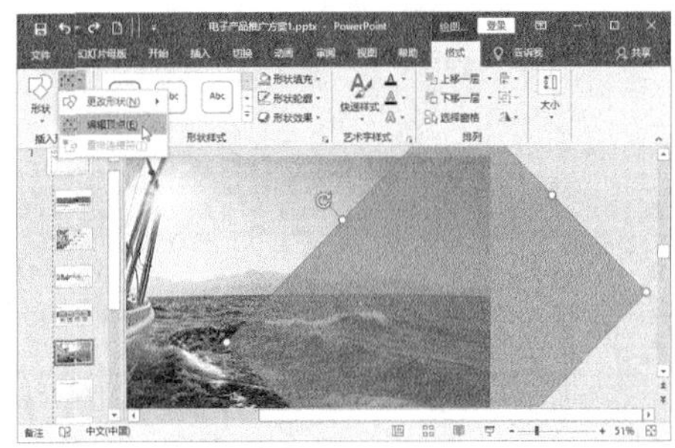

图11.4-9

❿ 可以看到显示出的路径顶点，将鼠标指针移动到其中一个顶点上，当鼠标指针变为形状时，拖动鼠标指针即可改变路径，如图11.4-10所示。

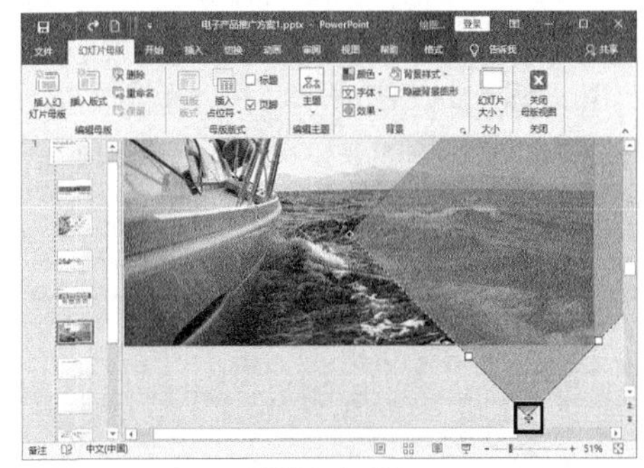

图11.4-10

⑪ 使用同样的方法编辑好其他的顶点，如图11.4-11所示。

图11.4-11

⑫ 切换到【插入】选项卡，单击【文本】组中的【文本框】按钮。在弹出的下拉列表中根据需要选择横排文本框或竖排文本框，这里选择横排文本框，如图11.4-12所示。

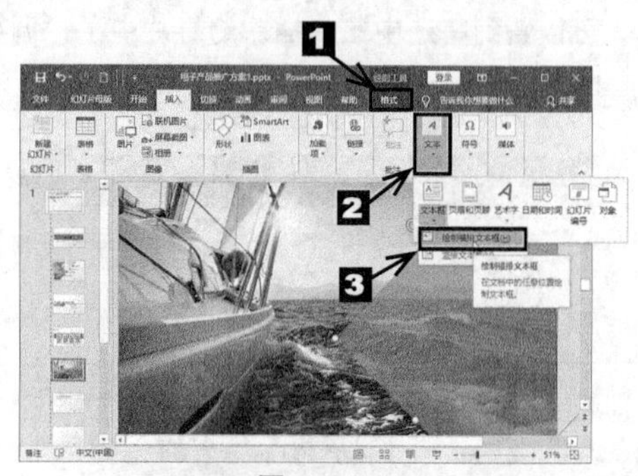

图11.4-12

⑬ 可以看到鼠标指针变为↔形状，按住鼠标左键的同时拖动鼠标，即可绘制一个横排文本框。在文本框中输入相应的文字内容并设置好字体格式，如图11.4-13所示。

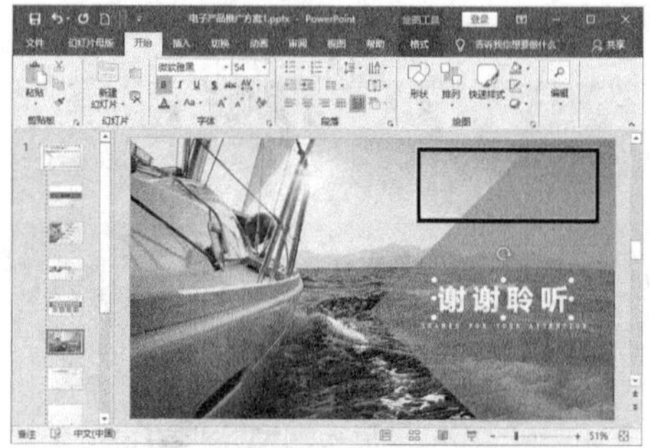

图11.4-13

11.5 常见疑难问题解析

问：在编辑教学幻灯片时，常常需要插入一些公式，应该怎样插入公式？

答：选择需要插入公式的幻灯片，切换到【插入】选项卡，单击【符号】组中的【公式】下拉按钮，在弹出的列表中选择需要的公式即可。

问：如何将演示文稿保存为图片？

答：打开相应的演示文稿，单击【文件】→【另存为】选项，打开【另存为】对话框，单击【保存类型】右侧的下拉按钮，在弹出的下拉列表中选择一种图片类型。然后在【文件名】文本框中输入文件名，单击【保存】按钮即可。

11.6 课后习题

制作封面页幻灯片，如图11.6-1所示。

图11.6-1

第12章 动画效果与放映

本章内容简介

为了使演示文稿更有说服力，更能抓住观众的视线，有时候还需要在演示文稿中根据先后顺序适当添加动画来指引观众的视线。本章主要介绍如何为演示文稿添加动画效果，如何放映和打包演示文稿等。

学完本章读者能做什么

通过对本章的学习，读者可以掌握如何为幻灯片添加动画效果，使幻灯片更加生动形象；还可以学会设置演示文稿的放映及打包方法等。

学习目标

- 添加动画效果和多媒体文件
- 放映和打包演示文稿

12.1 添加动画效果和多媒体文件

在放映演示文稿时，添加适当的动画效果，可以引导观众的视线，避免观众感到枯燥、单调。在幻灯片中添加多媒体文件，可以增强演示文稿的播放效果。

12.1.1 添加动画效果

演示文稿的动画效果一般可以分为两种形式的动画，一个是页面切换动画，另一个是页面中各元素的动画。下面为“品牌推广策划方案.pptx”演示文稿添加动画效果，包括为页面添加切换动画，为幻灯片中的元素添加进入动画。

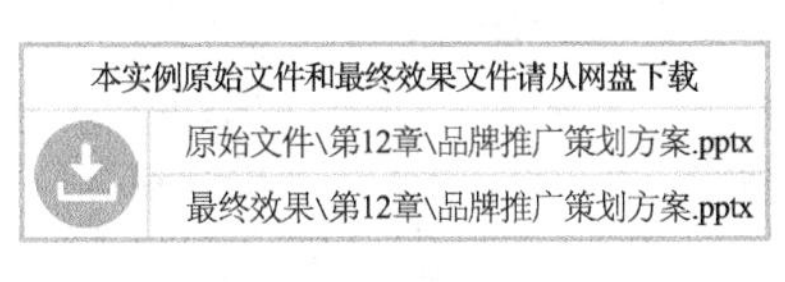

扫码看视频

1. 设置页面切换动画

用户创建的演示文稿默认页面之间切换时是没有动画效果的，都是直接翻页的。如果用户觉得前后两页幻灯片的切换方式太过平淡，可以考虑使用PowerPoint中种类丰富、效果绚丽的幻灯片页面切换动画。

PowerPoint中默认提供了“细微”“华丽”“动态内容”3大类，共40多种页面切换动画效果，如图12.1-1所示。

图12.1-1

细微型的切换动画效果相对来说比较简单。

华丽型的切换动画效果则更富有视觉冲击力。

动态内容型的切换动画效果可以被用来对幻灯片中的内容元素提供动画效果，有时也被用来对页面中的图片等对象提供切换效果。

❶ 打开本实例的原始文件，切换到【切换】选项卡，在【切换到此幻灯片】组中单击【其他】按钮，如图12.1-2所示。

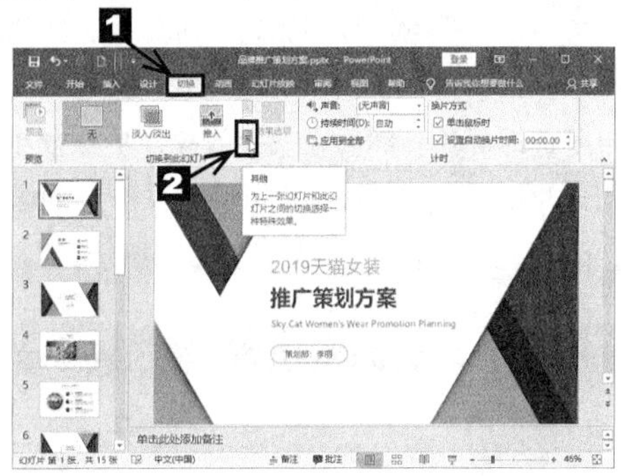

图12.1-2

❷ 在弹出的切换效果列表中选择一种合适的切换效果，这里选择【涟漪】选项，如图12.1-3所示。

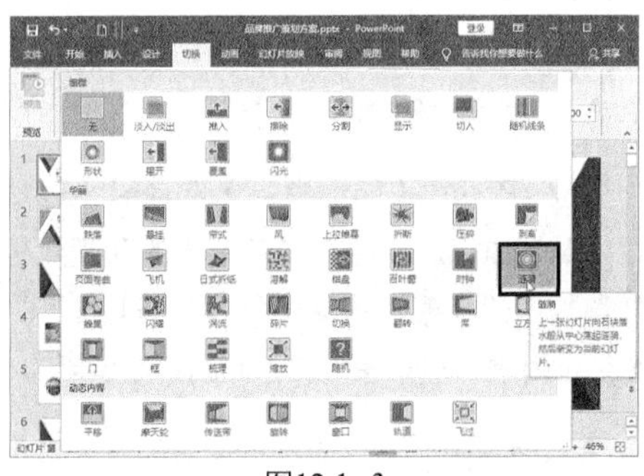

图12.1-3

❸ 对于系统提供的这些切换动画，用户还可以根据页面需要，通过“效果选项”设置不同的变化方式。例如刚才选择的涟漪效果，默认是居中的。系统还提供了另外4种展开方式，用户可以根据页面需要选择不同的展开方式，如图12.1-4所示。

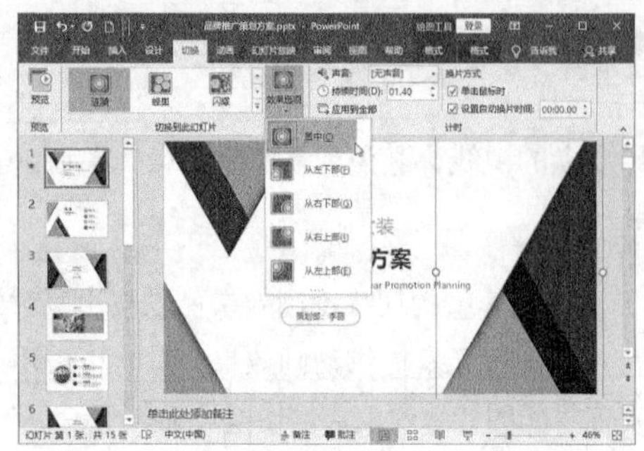

图12.1-4

❹ 用户除了可以设置幻灯片的切换效果外，还可以调整切换的声音、持续时间和换片方式等。每一个演示文稿都由很多张幻灯片组成，如果用户不想一张一张地设置其切换方式，可以一次性选中所有幻灯片，然后在切换效果库中选择【随机】选项，这样所有幻灯片都会添加上动画效果，而且效果互不相同，如图12.1-5所示。

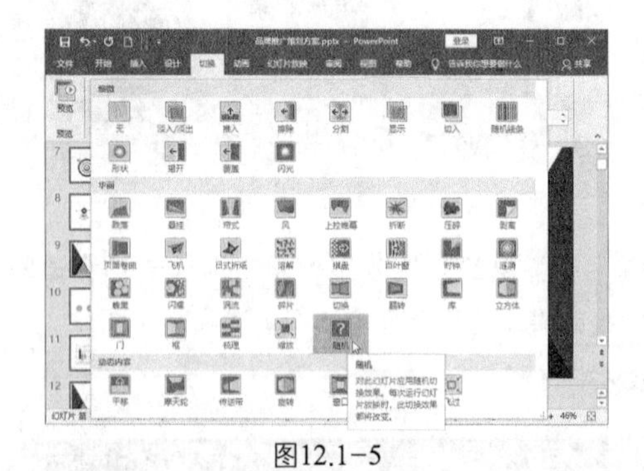

图12.1-5

2. 为元素设置动画效果

PowerPoint 2016中为各元素提供了包括进入、强调、退出、路径等多种形式的动画效果。为幻灯片中的元素添加动画特效，可以突出PPT中的关键内容，显示各内容之间的层次关系。

进入动画是最基本的自定义动画效果之一，用户可以根据需要对PPT中的文本、图形、图片、组合等多种对象实现从无到有、陆续展现的动画效果。为幻灯片中的元素设置动画效果也是有规律可循的，一般是按照左右或者上下顺序设置，有时也会按照由内而外的顺序设置。下面我们通过一个实例来讲解进入动画的具体设置步骤。

❶ 打开本实例的原始文件，第1张幻灯片中的元素按内容分为图形和文字，在添加进入动画时就按照这个分类添加。选择幻灯片页面左上角的图形，切换到【动画】选项卡，单击【动画】组中的【其他】按钮，如图12.1-6所示。

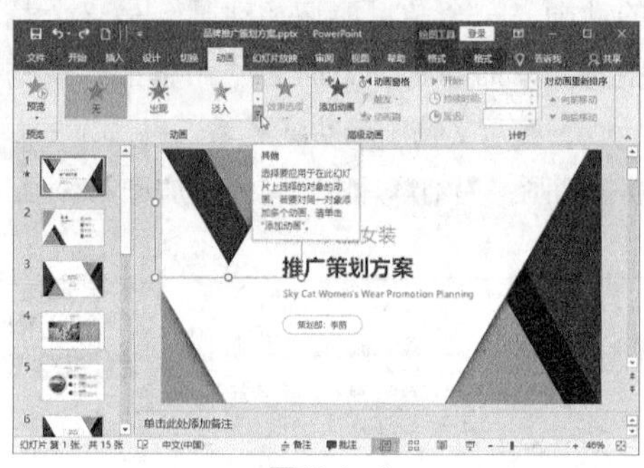

图12.1-6

❷ 弹出动画效果列表，在【进入】组中选择一种合适的进入动画，这里选择【飞入】选项，如图12.1-7所示。

图12.1-7

❸ 可以为选择的图形添加“飞入”的进入动画效果，单击【高级动画】组中的【动画窗格】按钮，如图12.1-8所示。

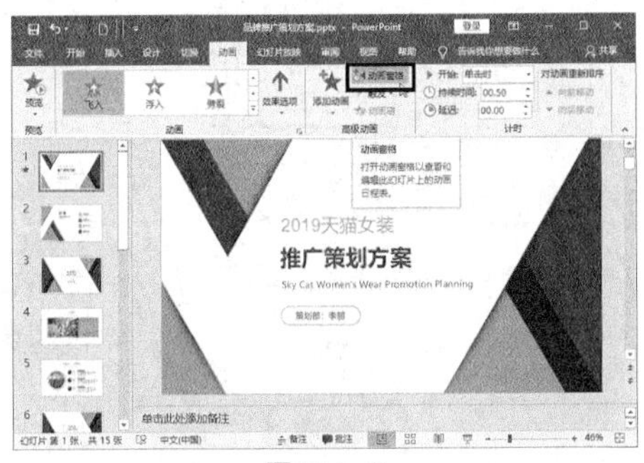

图12.1-8

❹ 弹出【动画窗格】任务窗格，选择动画1，然后单击鼠标右键，从弹出的快捷菜单中选择【效果选项】选项，如图12.1-9所示。

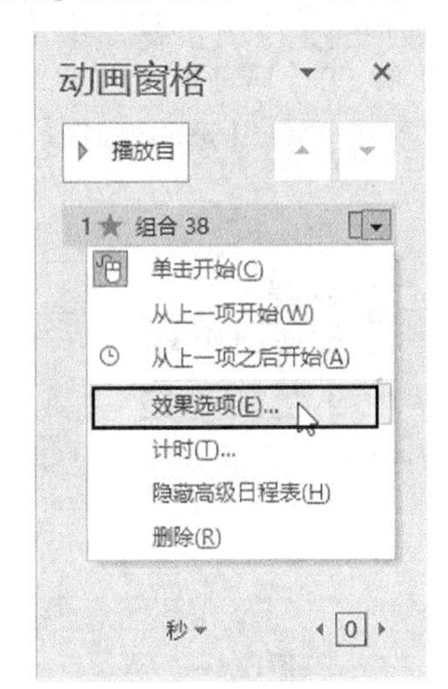

图12.1-9

❺ 弹出【飞入】对话框，切换到【效果】选项卡，在【设置】组合框中的【方向】下拉列表中选择方向，这里选择【自顶部】选项，如图12.1-10所示。

图12.1-10

❻ 切换到【计时】选项卡，默认情况下动画是单击鼠标时开始播放，用户可以根据需要进行调整。在【开始】下拉列表中选择开始播放的方式，这里选择【上一动画之后】选项，如图12.1-11所示。

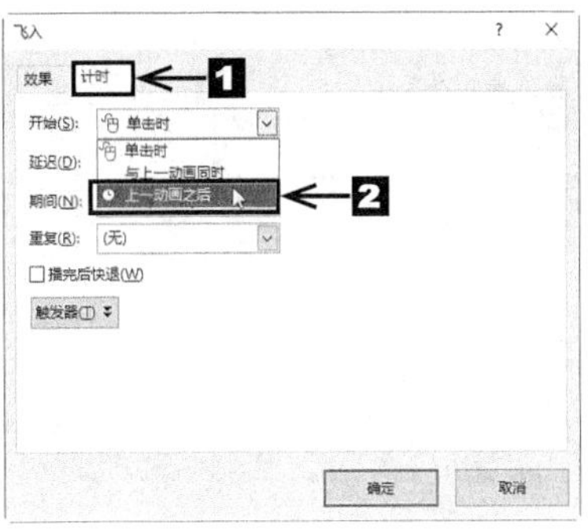

图12.1-11

❼ 动画的默认播放期间为“非常快（0.5秒）”，用户可以根据需要进行调整。在【期间】下拉列表中选择播放时间，这里选择【快速（1秒）】选项。单击【确定】按钮，如图12.1-12所示。

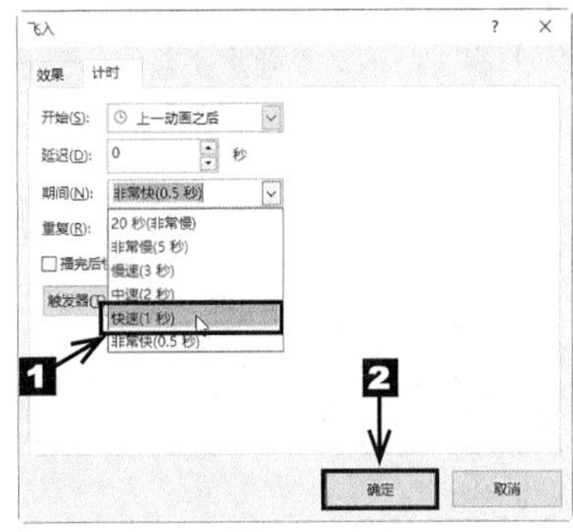

图12.1-12

❽ 返回幻灯片，单击【预览】组中的【预览】按钮即可预览当前动画效果，如图12.1-13所示。

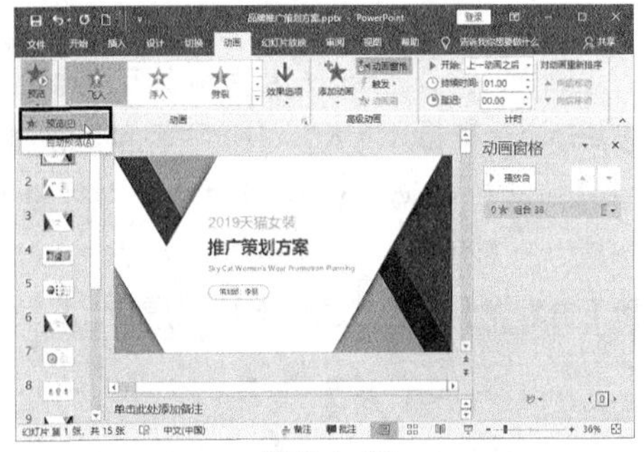

图12.1-13

❾ 选中幻灯片页面左下角的图形，设置其动画效果为“飞入”。使用前文的方法打开【飞入】对话框，切换到【效果】选项卡，在【设置】组合框中的【方向】下拉列表中选择方向，这里选择【自底部】选项，如图12.1-14所示。

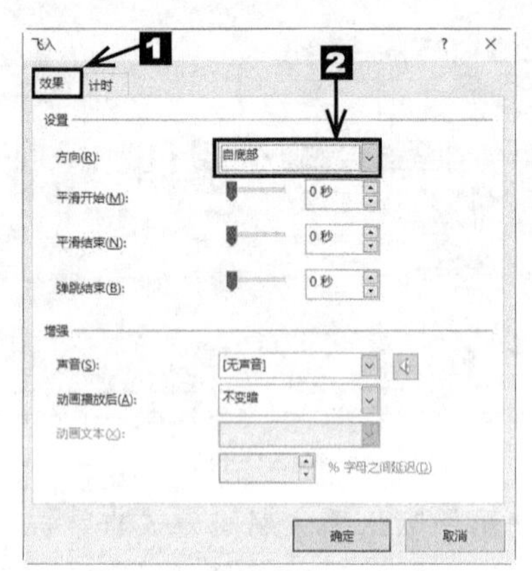

图12.1-14

❿ 切换到【计时】选项卡，在【开始】下拉列表中选择开始播放的方式，这里选择【与上一动画同时】选项。在【期间】下拉列表中选择【快速（1秒）】选项。单击【确定】按钮，如图12.1-15所示。

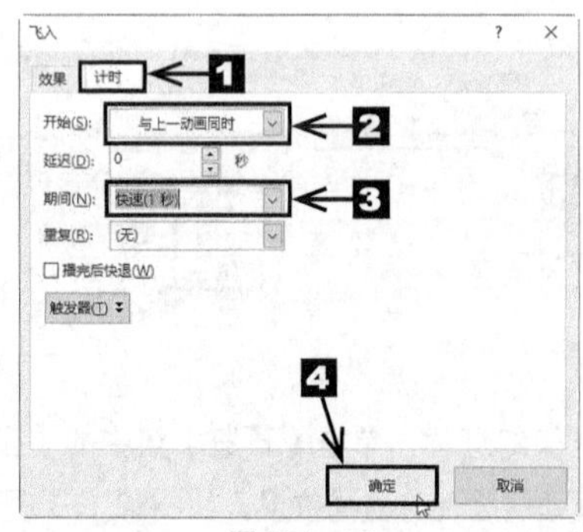

图12.1-15

⓫ 返回幻灯片，选择幻灯片页面右下角的图形，设置其动画效果为“飞入”。使用前文的方法打开【飞入】对话框，切换到【效果】选项卡，在【设置】组合框中的【方向】下拉列表中选择方向，这里选择【自右侧】选项，如图12.1-16所示。

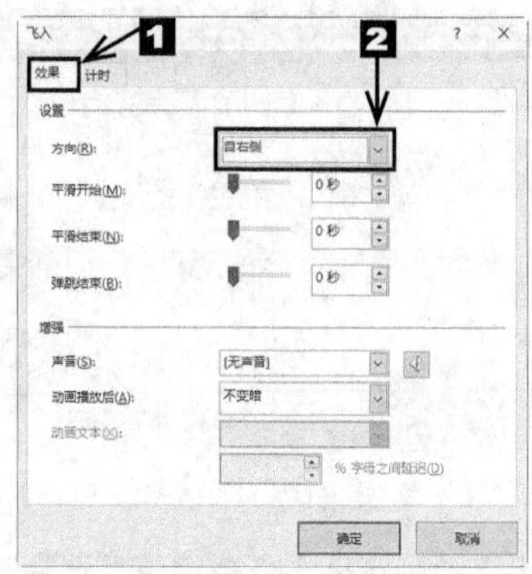

图12.1-16

⓬ 切换到【计时】选项卡，在【开始】下拉列表中选择开始播放的方式，这里选择【与上一动画同时】选项。在【期间】下拉列表中选择【快速（1秒）】选项。单击【确定】按钮，如图12.1-17所示。

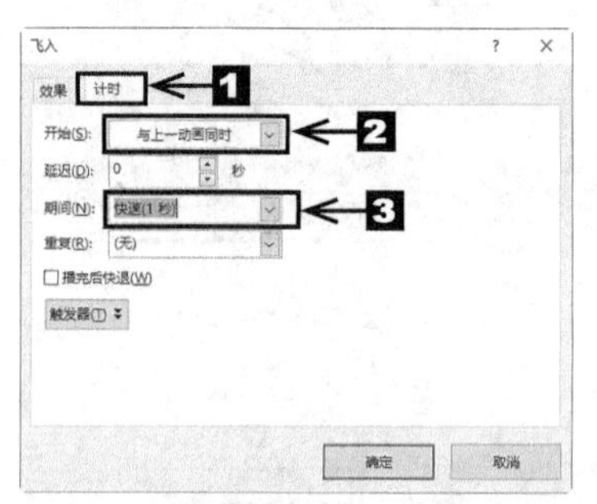

图12.1-17

⓭ 接下来设置当前幻灯片的中心内容的动画效果。选择文本“2019天猫女装”，切换到【动画】选项卡。单击【动画】组中的【其他】按钮，在弹出的动画效果库中选择【更多进入效果】选项，在弹出的【更改进入效果】对话框中选择【上浮】选项，如图12.1-18所示。

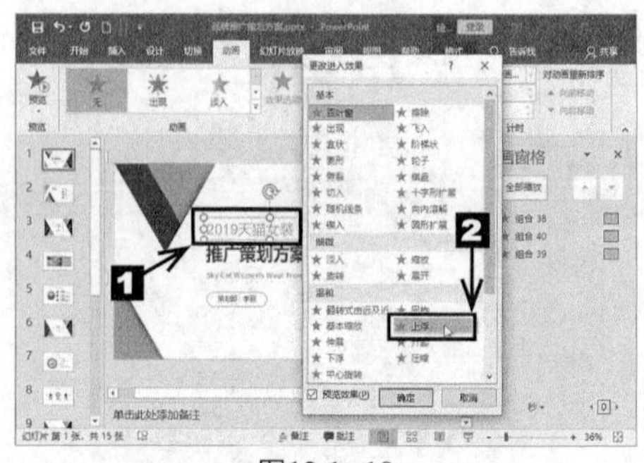

图12.1-18

⑭ 添加上浮动画后，调整动画自动播放的时间。在【计时】组中的【开始】下拉列表中选择【上一动画之后】选项，如图12.1-19所示。

图12.1-19

⑮ 接下来设置当前幻灯片标题文字的动画效果。选择文本“推广策划方案”，切换到【动画】选项卡中。单击【动画】组中的【其他】按钮，在弹出的动画效果列表中选择【擦除】选项，如图12.1-20所示。

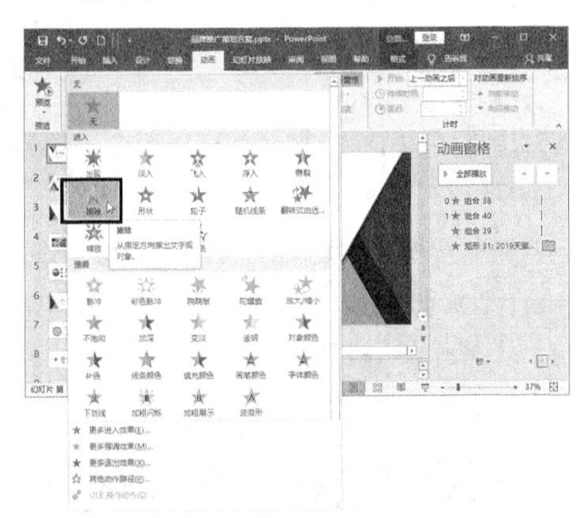

图12.1-20

⑯ 添加擦除动画后，使用同样的方法打开【擦除】对话框。切换到【效果】选项卡，在【设置】组合框中的【方向】下拉列表中选择【自左侧】选项，如图12.1-21所示。

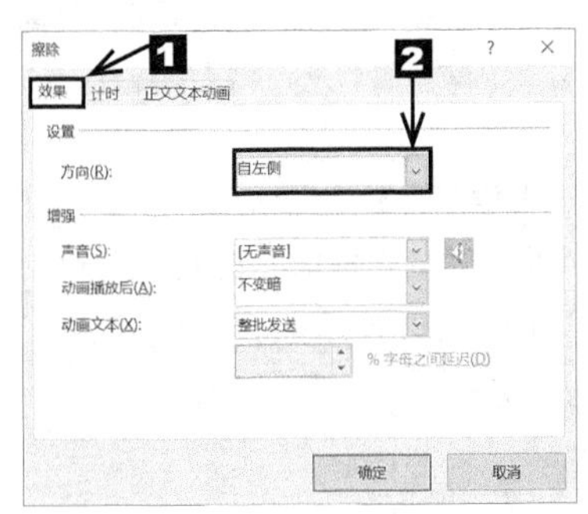

图12.1-21

⑰ 切换到【计时】选项卡，在【开始】下拉列表中选择【上一动画之后】选项，单击【确定】按钮，如图12.1-22所示。

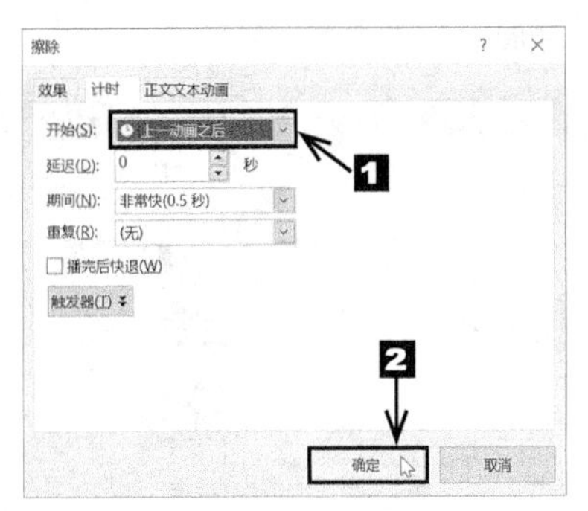

图12.1-22

⑱ 选择英文文本，切换到【动画】选项卡。单击【动画】组中的【其他】按钮，在弹出的动画效果列表中选择【随机线条】选项，如图12.1-23所示。

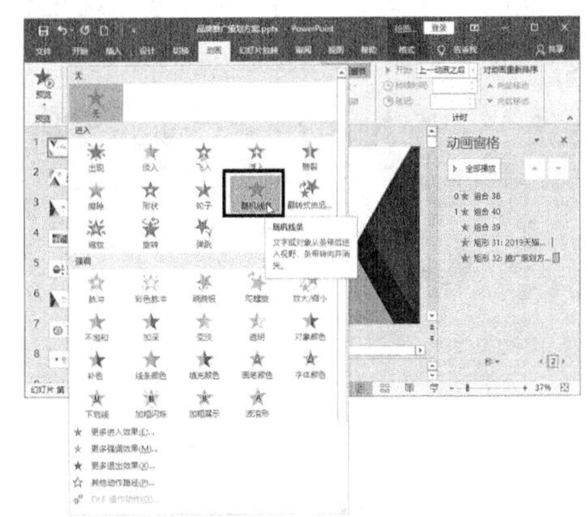

图12.1-23

⑲ 添加随机线条动画后，调整动画自动播放的时间。在【计时】组中的【开始】下拉列表中选择【上一动画之后】选项，如图12.1-24所示。

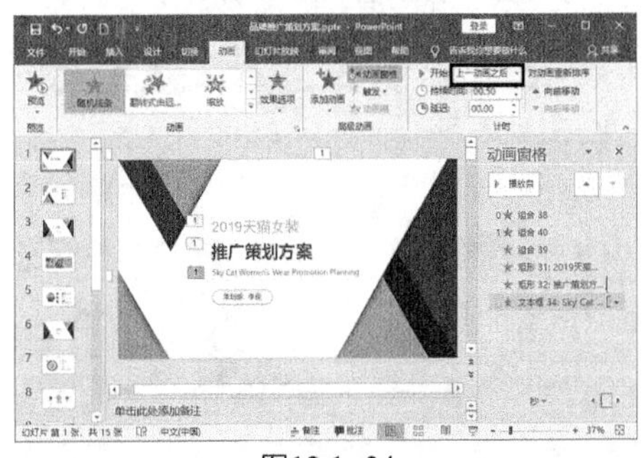

图12.1-24

⑳ 选择文本“策划部：李丽”，切换到【动画】选项卡。单击【动画】组中的【其他】按钮，在弹出的动画效果列表中【进入】组中选择【缩放】选项，如图12.1-25所示。

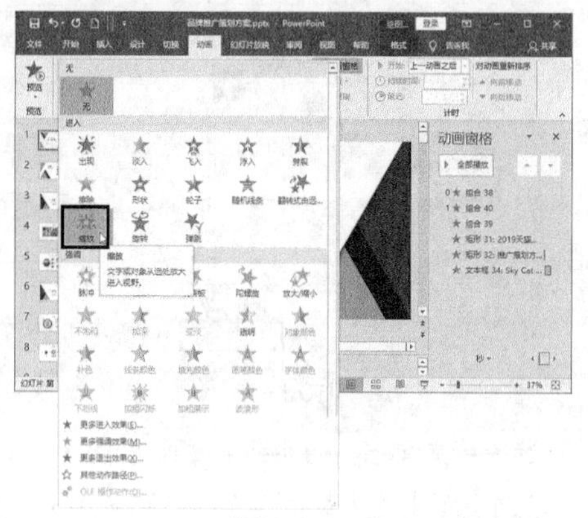

图12.1-25

㉑ 添加缩放动画后，调整动画自动播放的时间，在【计时】组中的【开始】下拉列表中选择【上一动画之后】选项，如图12.1-26所示。

图12.1-26

㉒ 至此，当前幻灯片元素的进入动画效果就设置完成了。用户可以单击【预览】按钮进行预览，还可以按照相同的方法为其他幻灯片中的元素设置进入动画效果，如图12.1-27所示。

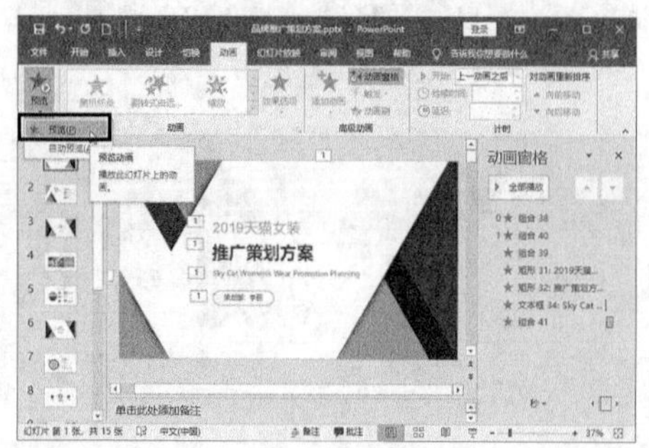

图12.1-27

强调动画是在放映过程中通过放大、缩小、闪烁等方式引起观众注意的一种动画。为一些文本或图形添加强调动画，可以获得意想不到的效果。

退出动画是让对象从有到无、逐渐消失的一种动画效果。退出动画可以实现画面的连贯过渡，是不可或缺的动画效果之一。

强调动画和退出动画的添加方式与进入动画相同，此处不再赘述。

12.1.2 添加多媒体文件

在幻灯片中恰当地插入声音，可以使幻灯片的播放效果更加生动、逼真，从而引起观众的注意，使之产生观看的兴趣。下面以在“品牌推广策划方案1.pptx”演示文稿中插入声音文件为例进行介绍，具体操作步骤如下。

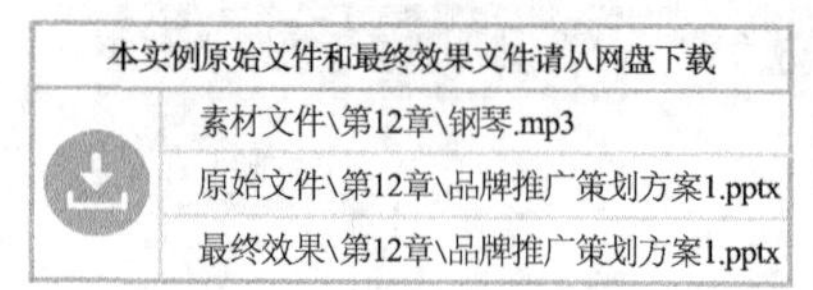

本实例原始文件和最终效果文件请从网盘下载
素材文件\第12章\钢琴.mp3
原始文件\第12章\品牌推广策划方案1.pptx
最终效果\第12章\品牌推广策划方案1.pptx

扫码看视频

❶ 打开本实例的原始文件，选择第1张幻灯片。切换到【插入】选项卡，单击【媒体】组中的【音频】按钮，从弹出的下拉列表中选择一种音频，这里选择【PC上的音频】选项，如图12.1-28所示。

图12.1-28

❷ 弹出【插入音频】对话框，打开声音素材所在的文件夹。然后选择需要插入的声音文件，这里选择【钢琴.mp3】选项，单击【插入】按钮，如图12.1-29所示。

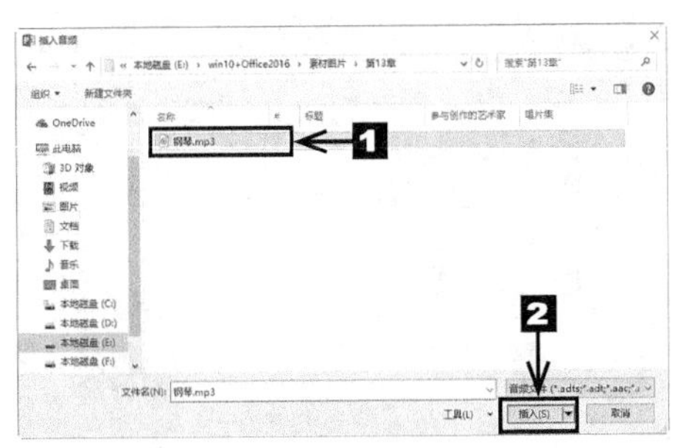
图12.1-29

❸ 可以看到在第1张幻灯片中插入了声音图标，并且会出现显示声音播放进度的显示框，如图12.1-30所示。

图12.1-30

❹ 在幻灯片中将声音图标拖动到合适的位置，并适当调整其大小，如图12.1-31所示。

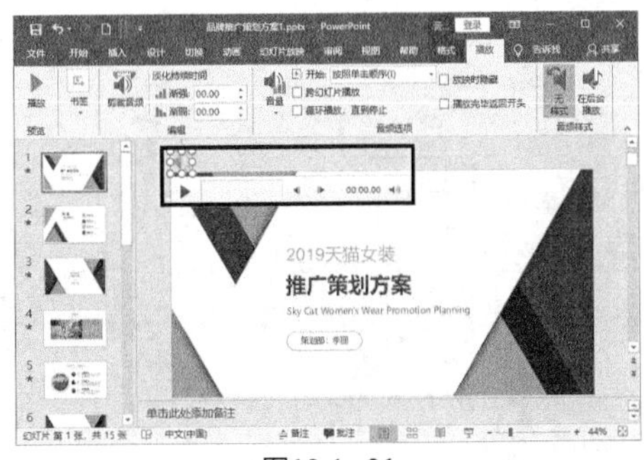
图12.1-31

❺ 在幻灯片中插入声音后，可以先听一下声音的效果。单击播放进度显示框左侧的【播放/暂停】按钮，音频文件进入播放状态，并显示播放进度，如图12.1-32所示。

图12.1-32

❻ 插入声音后，可以设置声音的播放效果，使其能和幻灯片放映同步。选择声音图标，切换到【音频工具】栏中的【播放】选项卡，单击【音频选项】组中的【音量】按钮，从弹出的下拉列表中选择合适的音量，这里选择【中等】选项，如图12.1-33所示。

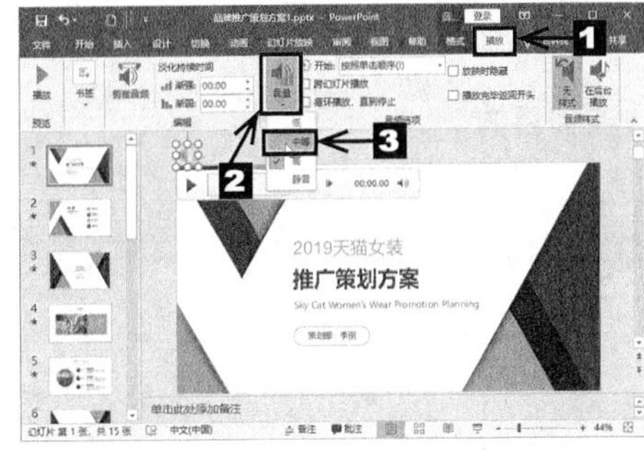
图12.1-33

❼ 单击【音频选项】组中的【开始】按钮右侧的下三角按钮，从弹出的下拉列表中选择【自动】选项，如图12.1-34所示。

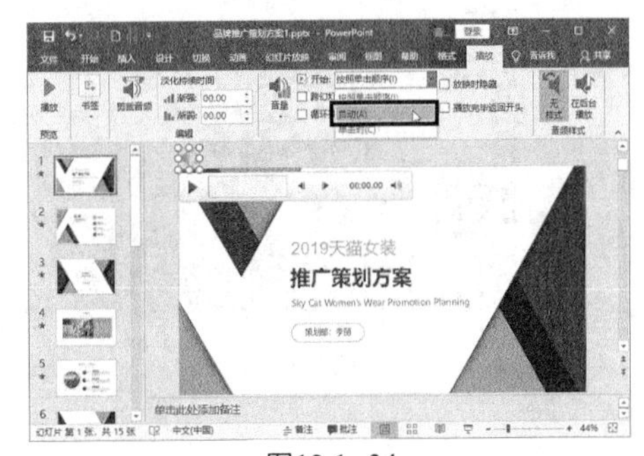
图12.1-34

❽ 选择【音频选项】组中的【循环播放，直到停止】复选框，声音就会循环播放直到幻灯片放映完才结束；选择【放映时隐藏】复选框，就会隐藏声音图标；选择【播放完毕返回开头】复选框，就会在播放完成后自动返回开头，如图12.1-35 所示。

图12.1-35

12.2 课堂实训——为“企业战略管理”演示文稿添加动画效果

根据本书12.1节学的内容，为“企业战略管理”演示文稿添加适当的动画效果。

专业背景

为演示文稿添加动画效果不仅可以指引观众的视线，还可以使演示文稿更加生动形象。

实训目的

◎ 掌握添加动画的方法

◎ 掌握预览动画的方法

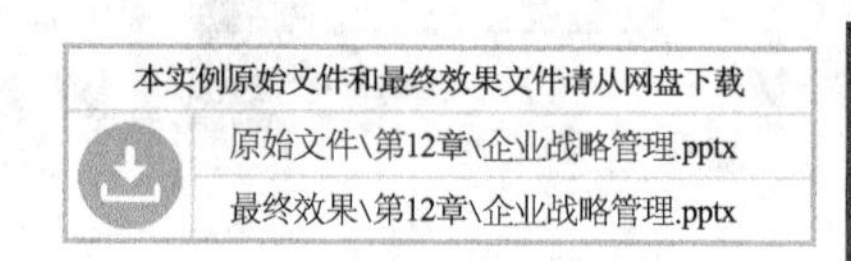

操作思路

❶ 打开本实例的原始文件，选择幻灯片中的标题文本。切换到【动画】选项卡，在【高级动画】组中单击【添加动画】按钮，如图12.2-1所示。

图12.2-1

❷ 在弹出的动画效果列表中的【进入】组中选择一种动画，这里选择【形状】选项，如图12.2-2所示。

图12.2-2

❸ 可以看到为选中的标题添加了“形状”的进入动画效果，然后在【高级动画】组中单击【动画窗格】按钮，如图12.2-3所示。

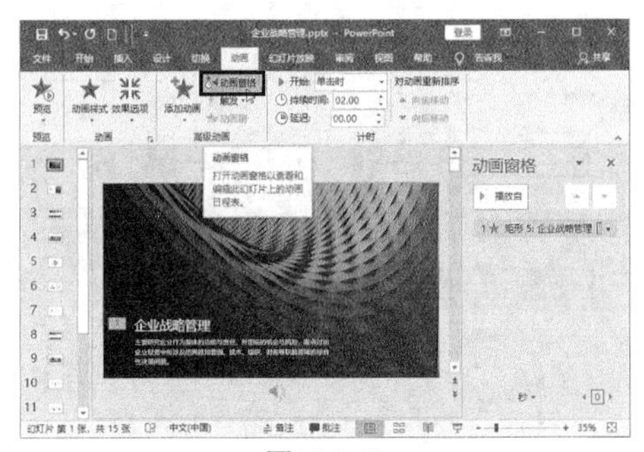

图12.2-3

❹ 弹出【动画窗格】任务窗格，选中动画1，然后单击鼠标右键，从弹出的快捷菜单中选择【效果选项】选项，如图12.2-4所示。

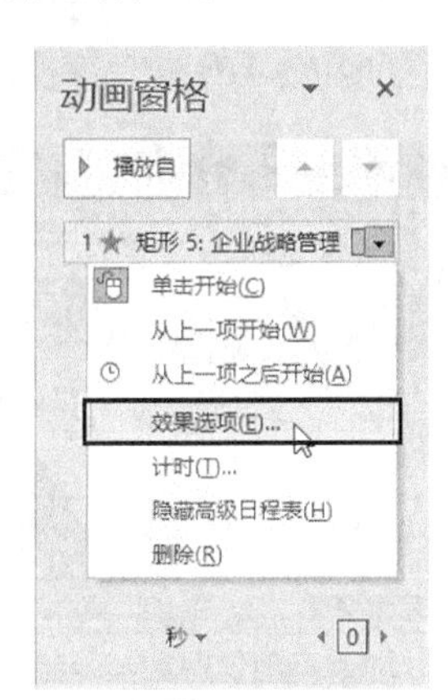

图12.2-4

❺ 弹出【圆形扩展】对话框，切换到【计时】选项卡。在【开始】下拉列表中选择开始播放的方式，这里选择【上一动画之后】选项，单击【确定】按钮，如图12.2-5所示。

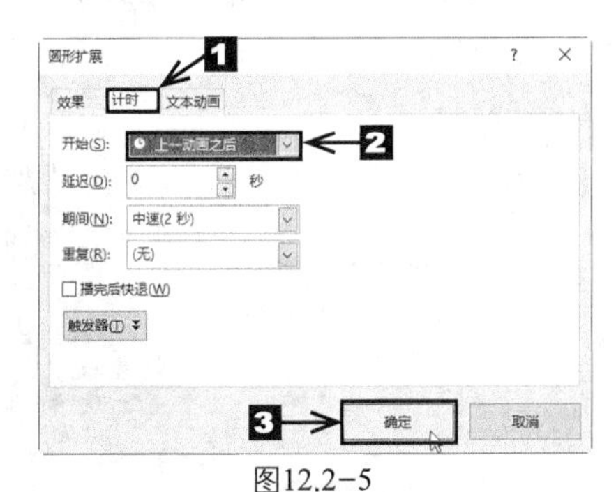

图12.2-5

❻ 选中幻灯片中的副标题文本，切换到【动画】选项卡。单击【高级动画】组中的【添加动画】按钮，在弹出动画效果列表中单击【飞入】选项，如图12.2-6所示。

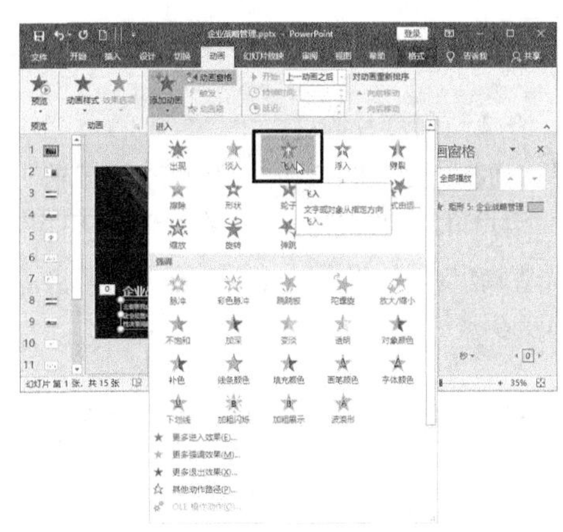

图12.2-6

❼ 添加飞入动画后，调整动画自动播放的时间。在【计时】组中的【开始】下拉列表中选择【上一动画之后】选项，如图12.2-7所示。

图12.2-7

❽ 在【预览】组中单击【预览】按钮，即可预览当前动画效果，如图12.2-8所示。

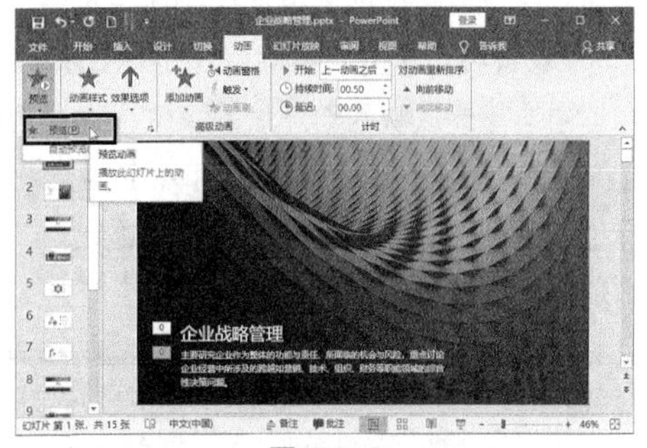

图12.2-8

12.3 放映和打包演示文稿

在放映演示文稿时，读者可以掌握幻灯片的放映类型以及为每张幻灯片设置放映时间；还可以将演示文稿打包，使演示文稿可以在任意电脑上运行。

12.3.1 放映演示文稿

在放映幻灯片的过程中，放映者可能对幻灯片的放映方式和放映时间有不同的需求。为此，用户可以对其进行相应的设置。下面以设置品牌推广策划方案演示文稿的放映方式和放映时间为例进行介绍，具体操作步骤如下。

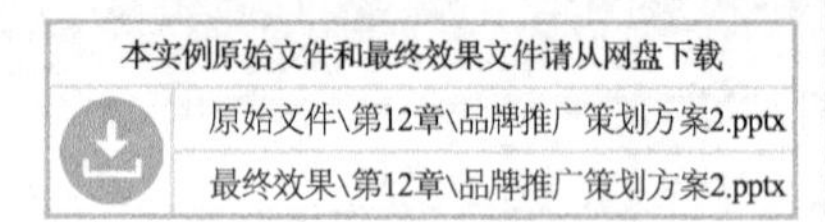

❶ 打开本实例的原始文件，切换到【幻灯片放映】选项卡。单击【设置】组中的【设置幻灯片放映】按钮，如图12.3-1所示。

图12.3-1

❷ 弹出【设置放映方式】对话框，在【放映类型】组合框中选择【演讲者放映（全屏幕）】单选钮。在【放映选项】组合框中选择【循环放映，按Esc键终止】复选框。在【放映幻灯片】组合框中选择要放映的幻灯片的页数，这里选择【全部】单选钮。在【推进幻灯片】组合框中选择【如果出现计时，则使用它】单选钮。单击【确定】按钮，如图12.3-2所示。

提示：放映演示文稿时有多种放映选项可供用户参考,例如放映时不加旁白和放映时不加动画等。

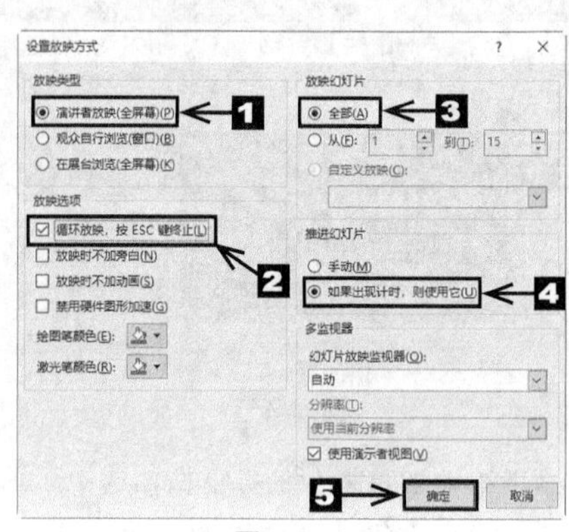

图12.3-2

❸ 返回演示文稿，单击【设置】组中的【排练计时】按钮，如图12.3-3所示。

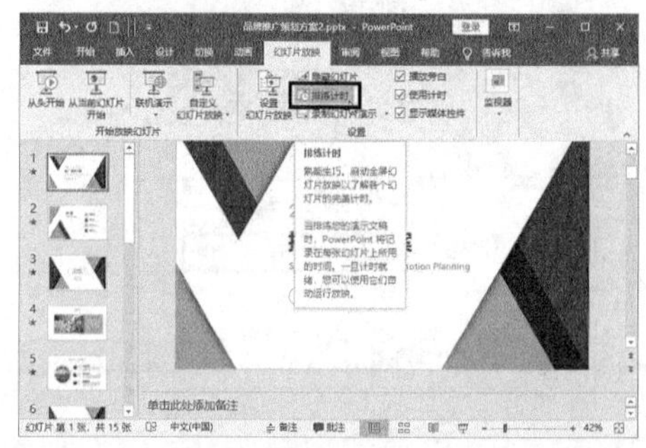

图12.3-3

❹ 进入幻灯片放映状态，在【录制】工具栏的【幻灯片放映时间】文本框中显示了当前幻灯片的放映时间，可以在此进行当前幻灯片的排练计时。单击【下一项】按钮或者单击鼠标左键即可切换到下一张幻灯片，并开始下一张幻灯片的排练计时，如图12.3-4所示。

图12.3-4

❺ 可以看到当前幻灯片的排练计时从“0”开始，而最右侧的排练计时的累计时间是从第1张幻灯片的计时时间开始的。若想重新排练计时，可单击【重复】按钮，这样【幻灯片放映时间】文本框中的时间就从“0”开始了，如图12.3-5所示。

图12.3-5

❻ 若想暂停计时，可以单击【暂停录制】按钮，这样当前幻灯片的排练计时就会暂停。直到单击【下一项】按钮，排练计时才会继续启动，如图12.3-6所示。

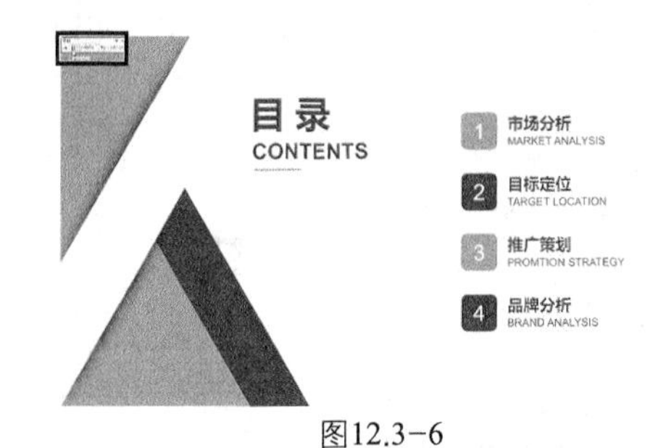

图12.3-6

> **提示**：如果用户知道每张幻灯片的放映时间，则可直接在【录制】工具栏中的【幻灯片放映时间】文本框中输入其放映时间。然后按【Enter】键切换到下一张幻灯片，继续上述操作，直到放映完所有的幻灯片为止。

❼ 单击【录制】工具栏中的【关闭】按钮，弹出提示对话框，单击【是】按钮，如图12.3-7所示。

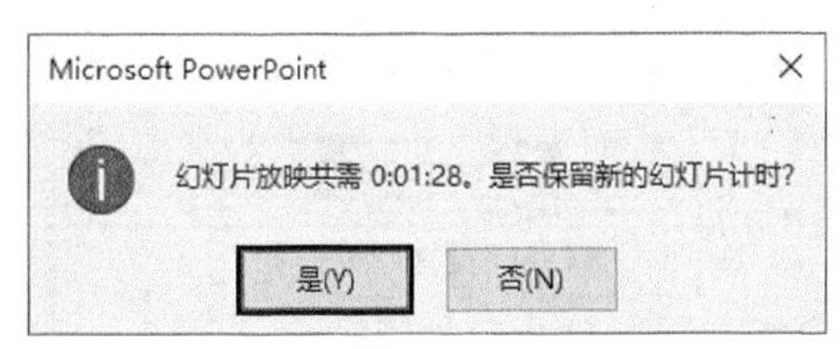

图12.3-7

❽ 切换到【视图】选项卡，单击【演示文稿视图】组中的【幻灯片浏览】按钮，如图12.3-8所示。

图12.3-8

❾ 系统自动转入幻灯片浏览视图，可以看到在每张幻灯片缩略图的右下角都显示了幻灯片的放映时间，如图12.3-9所示。

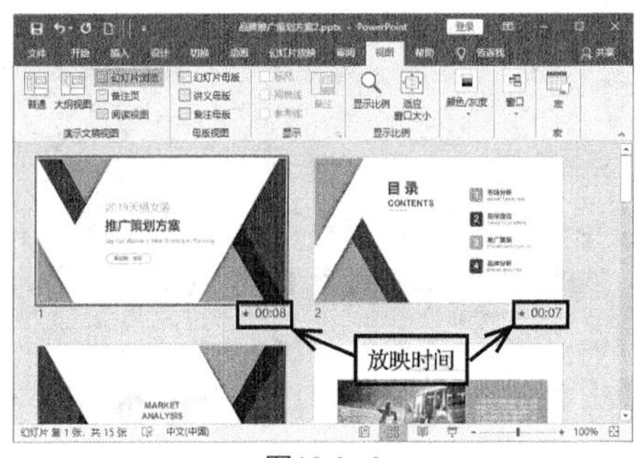

图12.3-9

❿ 切换到【幻灯片放映】选项卡，在【开始放映幻灯片】组中单击【从头开始】按钮，如图12.3-10所示。

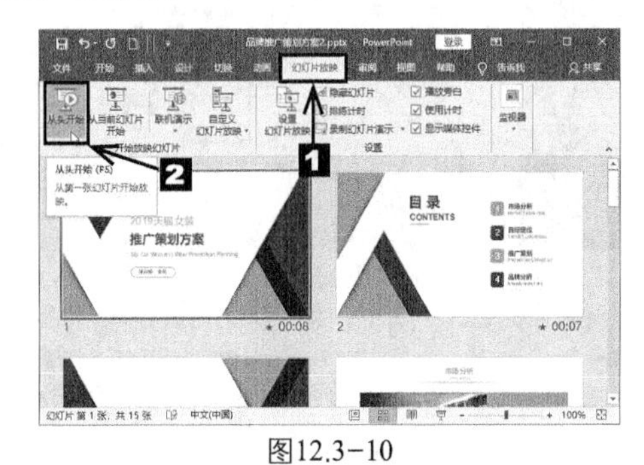

图12.3-10

⓫ 这样即可进入播放状态，可以根据排练时间来放映幻灯片了。

12.3.2 打包演示文稿

在实际工作中，用户可能需要将演示文稿拿到其他电脑演示。如果演示文稿太大，不容易复制携带，此时最好的方法就是将演示文稿打包。

用户若使用压缩工具对演示文稿进行压缩，有可能会丢失一些链接信息。因此，可以使用PowerPoint 2016提供的“打包向导”功能将演示文稿和播放器一起打包、复制到另一台电脑中，然后对演示文稿进行解压缩和播放。如果打包之后又对演示文稿做了修改，还可以使用“打包向导”功能重新打包，可以一次打包多个演示文稿。下面以打包品牌推广策划方案3演示文稿为例进行介绍，具体操作步骤如下。

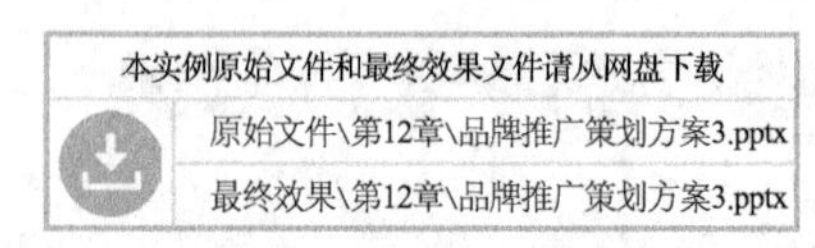

❶ 打开本实例的原始文件，单击【文件】按钮，从弹出的界面中选择【导出】选项。弹出导出界面，选择【将演示文稿打包成CD】选项，然后单击右侧的【打包成CD】按钮，如图12.3-11所示。

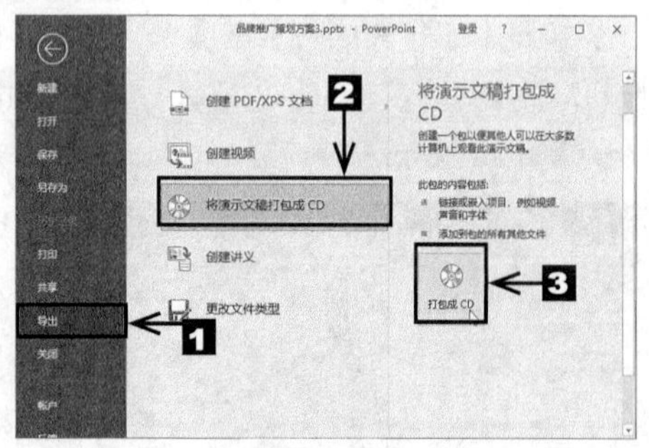

图12.3-11

❷ 弹出【打包成CD】对话框，单击【选项】按钮，如图12.3-12所示。

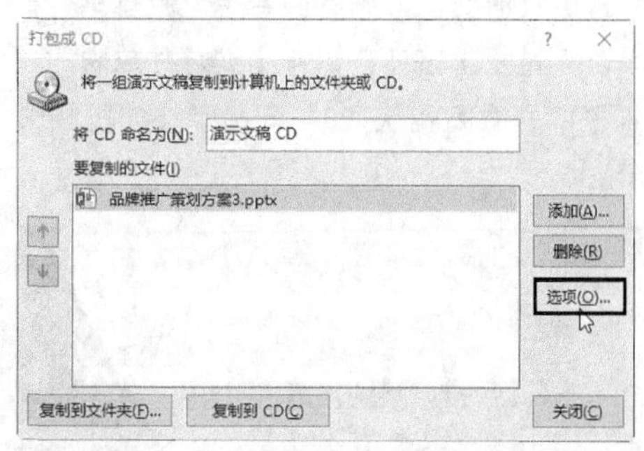

图12.3-12

❸ 打开【选项】对话框，用户可以在其中设置多个打包选项。这里选择【包含这些文件】组合框中的【链接的文件】复选框、【嵌入的TrueType字体】复选框。然后在【打开每个演示文稿时所用密码】和【修改每个演示文稿时所用密码】文本框中输入密码，这里输入“123”。单击【确定】按钮，如图12.3-13所示。

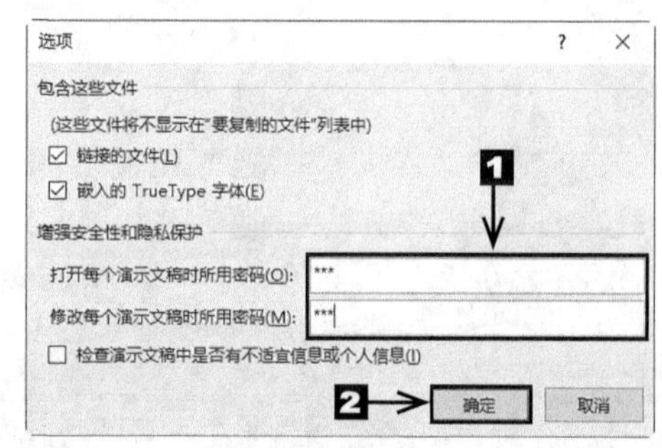

图12.3-13

❹ 弹出【确认密码】对话框，在【重新输入打开权限密码】文本框中输入密码“123”。单击【确定】按钮，如图12.3-14所示。

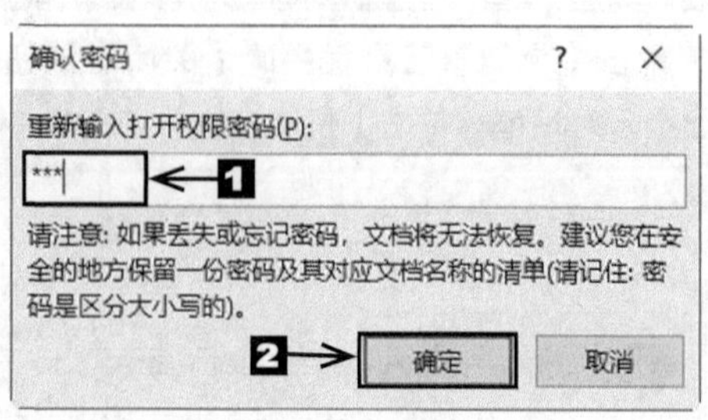

图12.3-14

❺ 再次弹出【确认密码】对话框，在【重新输入修改权限密码】文本框中输入密码“123”，单击【确定】按钮，如图12.3-15所示。

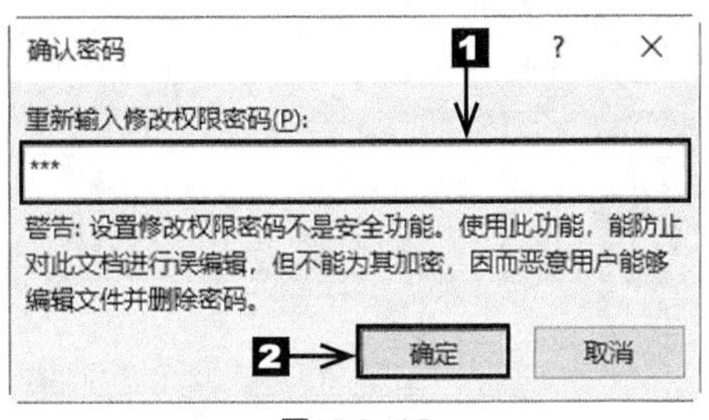

图12.3-15

❻ 返回【打包成CD】对话框，选择文件所复制的位置，这里单击【复制到文件夹】按钮，如图12.3-16所示。

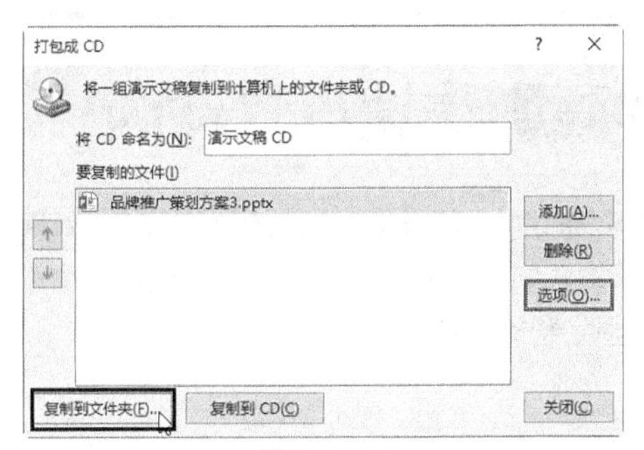

图12.3-16

❼ 弹出【复制到文件夹】对话框，在【文件夹名称】文本框中输入文件夹名称，这里输入“品牌推广策划方案（打包）”。然后单击【浏览】按钮，如图12.3-17所示。

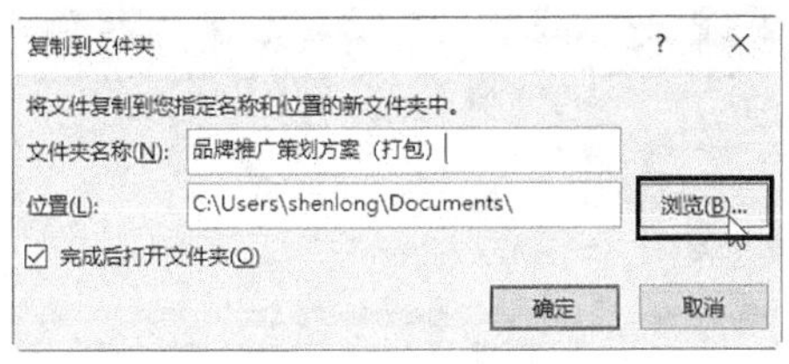

图12.3-17

❽ 弹出【选择位置】对话框，选择文件需要保存的位置，然后单击【选择】按钮，如图12.3-18所示。

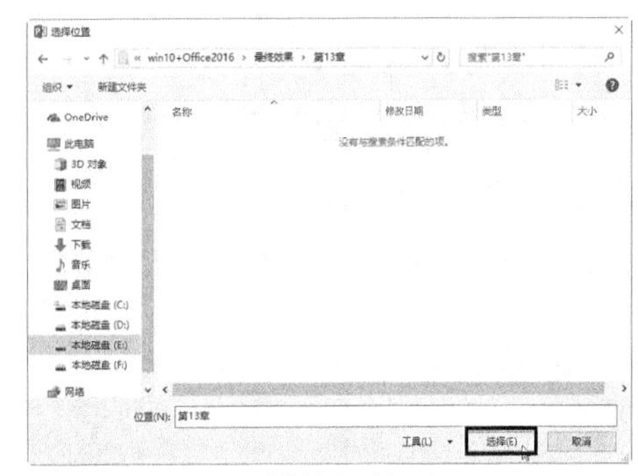

图12.3-18

❾ 返回【复制到文件夹】对话框，单击【确定】按钮，如图12.3-19所示。

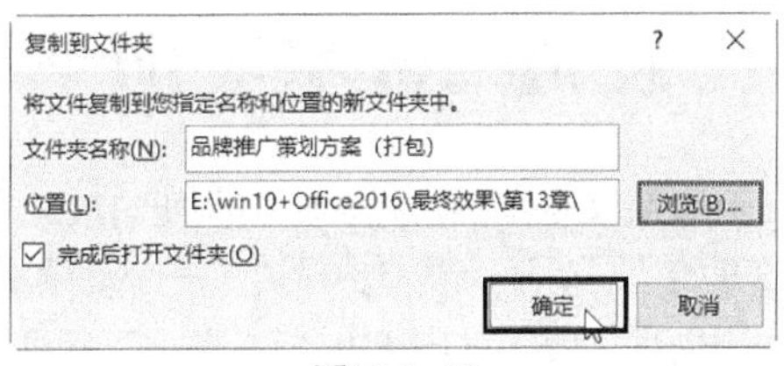

图12.3-19

❿ 弹出提示对话框，提示用户如果选择打包演示文稿中的所有链接文件，PowerPoint会将链接文件复制到计算机。只有信任每个链接文件的来源时，才应在包中包含链接文件。单击【是】按钮，表示链接的文件内容会同时被复制，如图12.3-20所示。

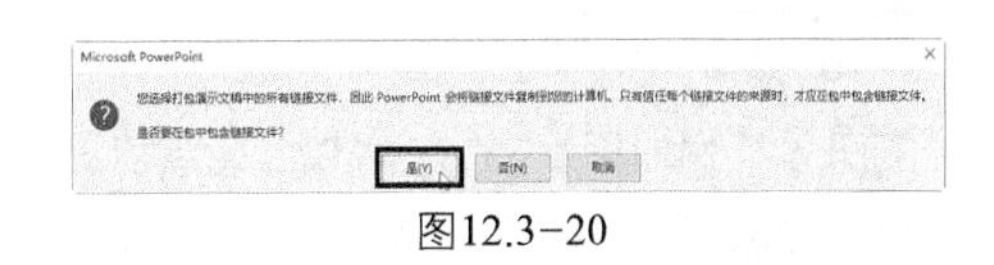

图12.3-20

⓫ 弹出【正在将文件复制到文件夹】对话框，提示用户正在复制文件到文件夹中，如图12.3-21所示。

图12.3-21

⑫ 复制完成后，返回【打包成CD】对话框，单击【关闭】按钮，如图12.3-22所示。

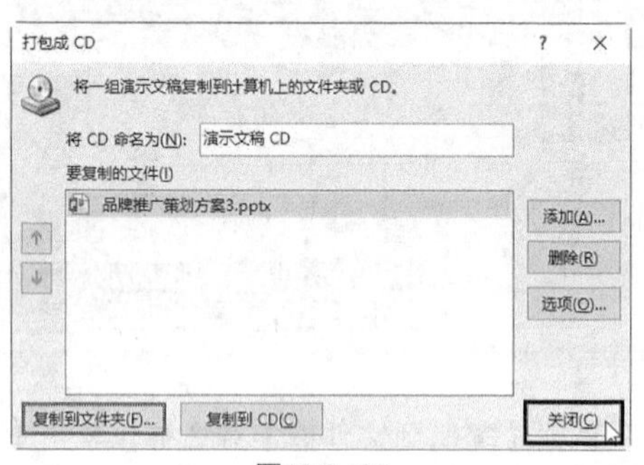

图12.3-22

⑬ 找到相应的文件夹，可以看到打包后的相关内容，如图12.3-23所示。

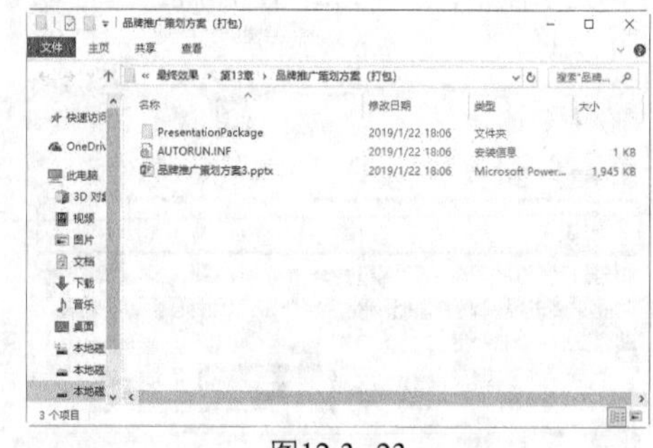

图12.3-23

提示：不可随意删除打包文件夹中的文件，并且复制整个打包文件夹到其他电脑中后，无论该电脑中是否安装PowerPoint软件，幻灯片均可正常播放。

12.4 课堂实训——用动画刷快速设置动画

在设置文本段落格式的时候，使用格式刷可以快速地为不同段落设置相同的格式。从PowerPoint 2013开始，在动画选项卡中设置了一个动画刷功能，它与格式刷有着异曲同工之妙。在幻灯片中设置好一个动画之后，对其使用“动画刷”，就可以把这个动画复制给其他对象。

专业背景

通过使用“动画刷”快速设置幻灯片中需要设置动画的对象。

实训目的

◎ 掌握动画刷的使用方法

操作思路

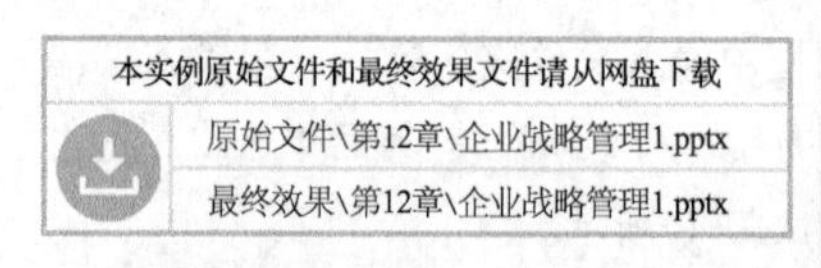

❶ 打开本实例的原始文件，可以看到当前演示文稿中的信息图表可以分为4部分。这4部分若想使用相同动画，可以只设置第一部分的动画，后3部分使用动画刷完成即可，如图12.4-1所示。

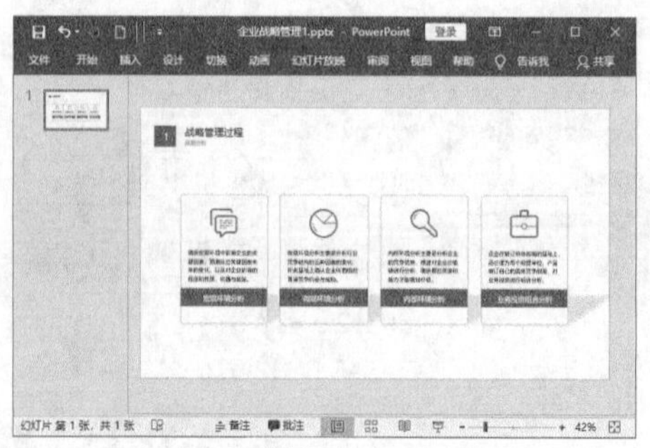

图12.4-1

❷ 选择信息图表的第一部分，切换到【动画】选项卡，在【动画】组中单击【其他】按钮，如图12.4-2所示。

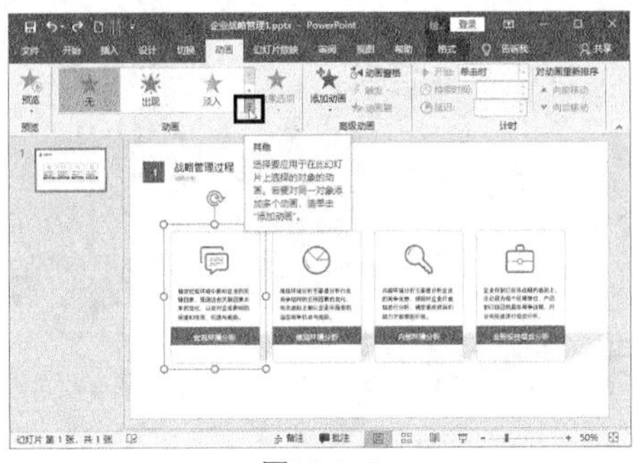

图12.4-2

❸ 弹出动画效果列表，在【进入】动画组中，选择一种合适的进入动画，这里选择【劈裂】选项，如图12.4-3所示。

图12.4-3

❹ 使用前文的方法，打开【劈裂】对话框。切换到【计时】选项卡，在【开始】下拉列表中选择【在上一动画之后】选项，如图12.4-4所示。这时已经将当前图表的动画设置为劈裂，且在上一动画结束后自动播放动画。

图12.4-4

❺ 在【高级动画】组中单击【动画窗格】按钮，打开动画窗格，在其中也可以看到当前动画，如图12.4-5所示。

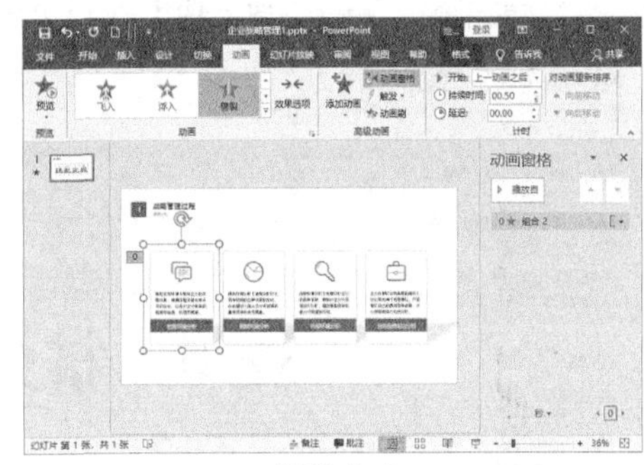

图12.4-5

❻ 选中设置过动画的图表，在【高级动画】组中单击【动画刷】按钮，如图12.4-6所示。

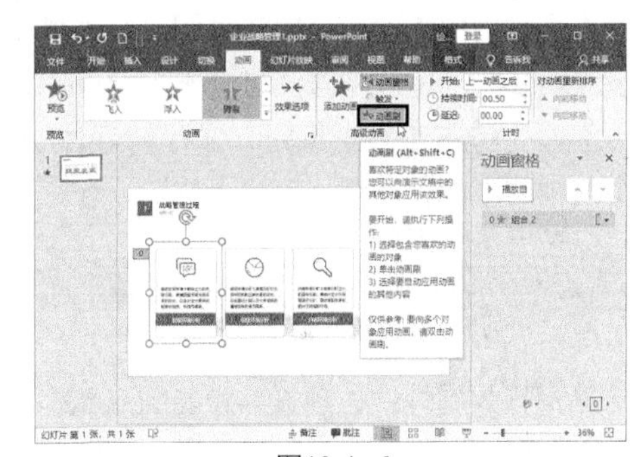

图12.4-6

❼ 随即鼠标指针变成刷子形状，此时用户在第二个信息图表上单击鼠标左键，即可为被选中的信息图表设置与所选信息图表相同的动画，如图12.4-7所示。

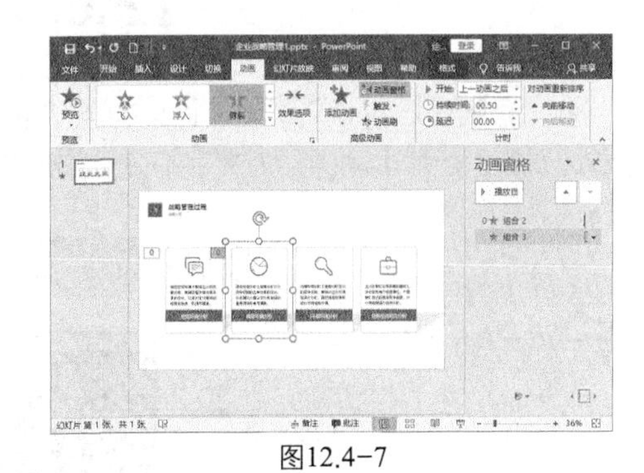

图12.4-7

❽ 如果用户想为多个信息图表设置相同的动画，可以双击【动画刷】按钮，然后依次单击需要设置动画的信息图表，这样即可为所有信息图表设置相同的动画。设置完毕后按【Esc】键退出，如图12.4-8所示。

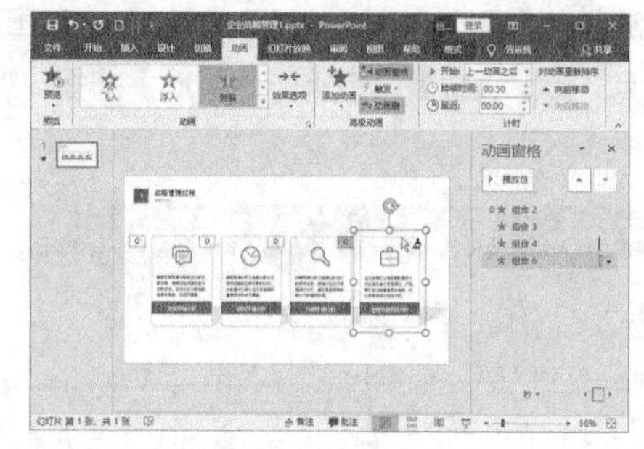

图12.4-8

12.5　常见疑难问题解析

问：怎样将幻灯片转换成自动放映格式？

答：在PowerPoint 2016中，可以给每个幻灯片设置相应的时间间隔，让它到达预定时间后自动切换而无须手动切换，设置方法如下。

首先在普通视图中选中幻灯片，再选择【幻灯片放映】→【排练计时】选项，在打开的【录制】工具栏中的【幻灯片放映时间】文本框中设置当前幻灯片的放映时间。然后依次为每一张幻灯片设置放映时间，放映时间可以根据自己的情况决定。每个幻灯片设置好放映时间之后会询问用户是否保存，单击【是】按钮，保存幻灯片的放映时间。切换到【幻灯片放映】选项卡，单击【设置】组中的【设置幻灯片放映】按钮，在弹出的对话框中选中【如果存在排练时间，则使用它】单选钮，最后单击【确定】按钮。

问：如何将表格插入到幻灯片？

答：打开幻灯片，翻页至想要插入表格的页面。切换到【插入】选项卡，单击【文本】组中的【对象】按钮。弹出【插入对象】对话框，选中【由文件创建】复选框，然后单击【浏览】按钮，弹出【浏览】对话框。选中需要插入的表格，单击【确定】按钮。返回【插入对象】对话框，选中【显示为图标】复选框，千万不要勾选【链接】复选框。选择完毕后，单击【确定】按钮。这样就成功将表格插入幻灯片中了。

12.6　课后习题

为“商业计划.pptx”演示文稿（如图12.6-1所示）中的图片加添【轮子】动画，为形状添加【菱形】动画，为文字部分分别添加【飞入】【上浮】动画。

图12.6-1